高级电力电子线路设计实践

吴小华　张晓红　杨敬儒　主编

西北工业大学出版社

西　安

【内容简介】 本书主要介绍电力电子系统工程设计与实现的相关知识,避免烦琐的理论推导,取而代之的是提供大量的实用化技术和解决方案。本书的主要内容包括嵌入式系统、高速数字电路的设计、模拟电路的设计、高级电力电子线路设计、电磁兼容设计和可靠性设计等。本书内容翔实,条理清晰,结构完整,所提出设计方法和解决方案具有非常强的工程指导意义。

本书既可以作为高等学校电子电气工程类专业的高年级本科生和研究生的专业课教材或教学参考书,也可以作为从事电气电子信息类产品设计与制造的工程技术人员的参考资料。

图书在版编目(CIP)数据

高级电力电子线路设计实践 / 吴小华,张晓红,杨敬儒主编. -- 西安 : 西北工业大学出版社,2024.8.
ISBN 978 - 7 - 5612 - 9434 - 5

Ⅰ. TM75;TN702

中国国家版本馆 CIP 数据核字第 2024ET8855 号

GAOJI DIANLI DIANZI XIANLU SHEJI SHIJIAN

高 级 电 力 电 子 线 路 设 计 实 践
吴小华 张晓红 杨敬儒 主编

责任编辑:孙 倩		策划编辑:李阿盟	
责任校对:朱辰浩		装帧设计:高永斌 侣小玲	

出版发行:西北工业大学出版社
通信地址:西安市友谊西路 127 号　　　　邮编:710072
电　　话:(029)88491757,88493844
网　　址:www.nwpup.com
印 刷 者:西安五星印刷有限公司
开　　本:787 mm×1 092 mm　　　　1/16
印　　张:23
字　　数:559 千字
版　　次:2024 年 8 月第 1 版　　　2024 年 8 月第 1 次印刷
书　　号:ISBN 978 - 7 - 5612 - 9434 - 5
定　　价:96.00 元

前　　言

　　电力电子技术广泛运用于新能源、现代交通和其他工业领域,小到人们日常所用的手机充电器、变频空调,大到出行乘坐的电动汽车、高铁,工业领域的电源装置以及清洁能源并网等,都离不开电力电子技术,其在能源转换中的效能和质量,直接影响着多行业多领域的节能减碳效果。在国家"双碳"政策的驱动下,电力电子技术得到突飞猛进的发展和持续创新。无论是电力电子技术的初学者还是工程技术人员,即使拥有扎实的理论知识,但在实际工程项目研制过程中,由于缺乏工程经验,仍面临着许多工程实践难题。对于缺乏经验的工程设计者,在设计阶段因不知道或者不能全面考虑诸多因素而使设计的系统存在大量潜在的缺陷,在调试阶段又因不知故障的本质而无从入手解决问题。这样不仅耽误了工程进度,而且所设计的系统可靠性无法得到保证。那么如何在有限的时间内成功设计可靠性高的电力电子线路,减少失误,争取一版成功呢? 高手们又是如何锻炼而成的呢? 这一方面需要深入的理论学习和大量的实践积累,另一方面更需要有大量实践实例做有效的指导,以达到事半功倍的作用。本书将帮助高等学校学生在校期间完成电子线路的自主设计和高效实践,更是研究生和工程师从事科研和产品研发时必备的参考秘籍。

　　本书共分 6 章。第 1 章为嵌入式系统,介绍嵌入式系统基本结构和设计要点,重点讲解嵌入式系统微处理器的芯片选取、复位电路、通信总线、供电电源和电气隔离等设计方法以及电阻和电容的选择依据等。第 2 章为高速数字电路的设计,涵盖传输线理论、信号的完整性和信号的反射理论的介绍,高速数字线路阻抗匹配和串扰问题解决方案以及高速电路的设计要点。第 3 章为模拟电路的设计,重点介绍运算放大器的主要参数,噪声问题和稳定性设计,模/数转换器和数/模转换器的设计要点,并围绕模拟电路的电源、测量误差和线路板放置设计问题进行详细论述。第 4 章为高级电力电子线路设计,详细介绍电力电子电路板设计要点,包括功率半导体器件及其驱动电路的布局,系统的走线、散热设计等,重点阐述功率器件双脉冲测试的设计方法并给出设计实例,围绕典型的 DC-DC 变换器工程设计进行详细的论述。第 5 章为电磁兼容设计,详细介绍电力电子线路干扰产生的机理,系统抗干扰设计的解决方案和设计要点。第 6 章为可靠性设计,介绍元器件降额使用的设计要点、嵌入式系统的热管理和设备的潮湿盐雾防护的有效方法。

本书试图填补理论与工程实践之间的鸿沟,将理论与工程实践有机地结合起来,以实用为主,相关理论为辅,避免烦琐的理论推导,取而代之的是提供大量的实用化技术和解决方案,书中提供了大量的线路设计要点和成功的工程案例,非常具有参考价值。

本书由吴小华教授、首席科学家张晓红和杨敬儒博士主编。张晓红首席编写第2章、第5章和第6章,杨敬儒博士编写第3章,吴小华教授编写第1章和第4章,并负责组织协调工作,对全书进行规划统稿。

在编写本书的过程中,笔者参阅了大量文献与资料,在此向其作者表示感谢。

由于笔者学识水平有限,书中难免会有疏漏之处,恳请广大读者批评指正。

编 者

2024 年 3 月

目　　录

第1章　嵌入式系统

嵌入式系统是一种以嵌入式处理器为核心的,能实时完成一定功能,嵌入在电子设备中的,为特定应用而设计的专用电子系统。嵌入式系统通常要执行的是带有特定要求的预先定义的任务。

(1)从硬件方面来说,嵌入式系统的体积要尽可能小,耗电要尽可能少(尤其是用电池供电的系统),成本等要尽可能低,等等。

(2)嵌入式系统的实时性要求高。有的嵌入式系统必须在一定的时间内完成特定的任务,有的嵌入式系统必须对发生的紧急情况能很快做出反应。

(3)一般来说,嵌入式系统的质量和可靠性要求高。有的嵌入式系统的质量和可靠性要求非常高。比如一辆小汽车正在高速路上行驶,它的汽车发动机的控制器(嵌入式系统)突然发生故障,刹车失灵,就有可能发生严重车祸。有的嵌入式系统的可靠性要求不高,比如电视机、游戏机或手机,即使发生故障,也不会造成很大损失。

嵌入式系统的应用很广泛,比如在汽车制造、消费电子、工业控制、医疗仪器、铁路运输等行业都有应用。

1.1　嵌入式系统的组成

嵌入式系统包含硬件层(Hardware)、固件层(Firmware)、实时操作系统(RTOS,Real Time Operating System)层和应用软件层,如图1-1所示。复杂的嵌入式系统,尤其是涉及通用串行总线(USB,Universal Serial Bus)、以太网等的多任务嵌入式系统,需要用实时操作系统。简单一点的嵌入式系统一般只包括硬件层和固件层,不需要使用实时操作系统。

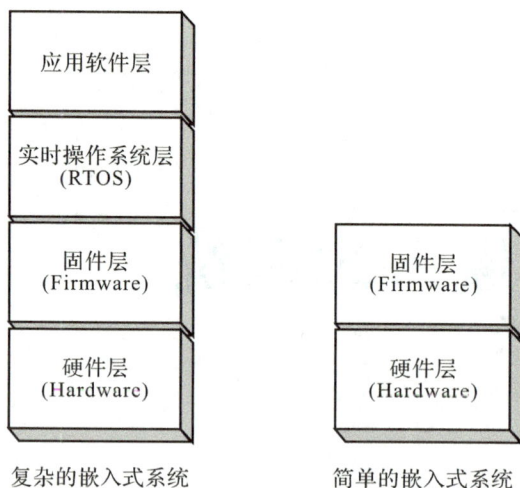

复杂的嵌入式系统　　　　　简单的嵌入式系统

图 1-1　嵌入式系统的组成

1.1.1　应用软件层

应用软件层由基于实时操作系统而开发的应用程序组成。应用程序决定嵌入式系统的功能,一般采用 C、C++、JAVA 等计算机语言。不同的系统需要设计不同的嵌入式应用程序。

1.1.2　实时操作系统层

实时操作系统层由实时操作系统、文件系统、图形界面(GUI,Graphic User Interface)、网络系统以及通用组件模块组成,完成嵌入式应用的任务调度和控制等核心功能。实时操作系统层具有内核较精减、可配置、与高层应用紧密关联等特点。实时操作系统是嵌入式软件的基础和开发平台。

实时操作系统是能在指定或确定的时间内完成系统功能和能对外部或内部,同步或异步时间做出响应的系统。早期的嵌入式芯片一般使用汇编语言,同时由于存储容量的限制,基本上不使用实时操作系统。使用实时操作系统的优点如下。

1. 程序更加模块化,降低开发难度

实时操作系统协调了不同的功能程序以便让它们共同完成一个工作。同时实时操作系统由于隔离了各个功能程序让它们的耦合程度降低,这样就方便设计人员编写各个功能模块,整个系统的结构也更加清晰。特别是系统逻辑结构复杂,在功能模块较多的情况下,实时操作系统的这一优点更加明显。

同时,由于用任务划分整个流程,编写程序的时候逻辑以及时序会相对简单,所以只需要考虑单个任务所完成的功能,不用过多地考虑人物之间的耦合关系。

2. 增加代码可读性,给后续代码维护带来方便

使用实时操作系统,可对代码进行层次管理,驱动程序归驱动程序,应用层归应用层,而

且任务内的功能都很明显。每个任务的优先级、执行周期都是可以预测的。当程序比较庞大时,拥有实时操作系统的程序的可读性将远远高于没有实时操作系统的芯片。

3. 增加代码可移植性

当使用实时操作系统时,每个任务的执行时间、优先级、延时,即大部分的逻辑方面,在实时操作系统中都已经设定好了。对需要处理的事分成多个任务处理,每个任务相对独立。当需要对代码进行移植时,只需要将实时操作系统移植,然后再将驱动程序移植就基本可以完成原来的功能。若未使用实时操作系统,移植一个逻辑,时序较为复杂的代码将是一场灾难。

4. 提供强大的网络功能

支持传输控制协议/网际协议(TCP/IP)及其他协议,提供传输控制协议/用户数据报协议/网际协议/点对点协议(TCP/UDP/IP/PPP)协议支持。

1.1.3　固件层

固件层将系统上层软件和底层硬件分离开来,使系统上层软件开发人员无需关心底层硬件的具体情况,根据板级支持包(BSP,Board Support Package)提供的接口开发即可。

BSP 有两个特点:硬件相关性和操作系统相关性。

设计一个完整的 BSP 需要完成以下两部分工作。

1. 嵌入式系统的硬件初始化和 BSP 功能

片级初始化:纯硬件的初始化过程,把嵌入式微处理器从上电的默认状态逐步设置成系统所要求的工作状态。

板级初始化:包含软硬件两部分在内的初始化过程,为随后的系统初始化和应用程序建立硬件和软件的运行环境。

系统级初始化:以软件为主的初始化过程,进行操作系统的初始化。

2. 设计硬件相关的设备驱动

一般当用户购买一个微处理器的开发板时,微处理器的生产厂家会提供微处理器的BSP。用户只要根据自己系统的需要,稍作修改即可,不用从零开始写 BSP。

1.1.4　硬件层

硬件层包括嵌入式处理器、存储器、通用设备接口和 I/O 接口等。

1.2　嵌入式系统的硬件架构和框图

一般典型的嵌入式系统的硬件架构和框图如图 1-2 所示。

一般嵌入式系统的硬件包括以下全部或部分元件:

(1)嵌入式处理器(一个或多个);

(2)程序存储器和数据存储器;

(3)直流/直流变换电路;

(4)按键、开关、键盘等输入口,又称人机界面(HMI,Human Machin Interface);

(5)现场可编程门阵列/复杂可编程逻辑器件(FPGA/CPLD)等一些逻辑电路;

(6)传感器,模拟信号处理电路,如放大器、滤波器等;

(7)模数转换器(ADC)、数模转换器(DAC)等;

(8)与外界的通信接口电路如通用异步收发传输器(UART)、CAN、USB,以太网等;

(9)马达驱动电路;

(10)时钟电路;

(11)电压监控电路;

(12)其他电路等。

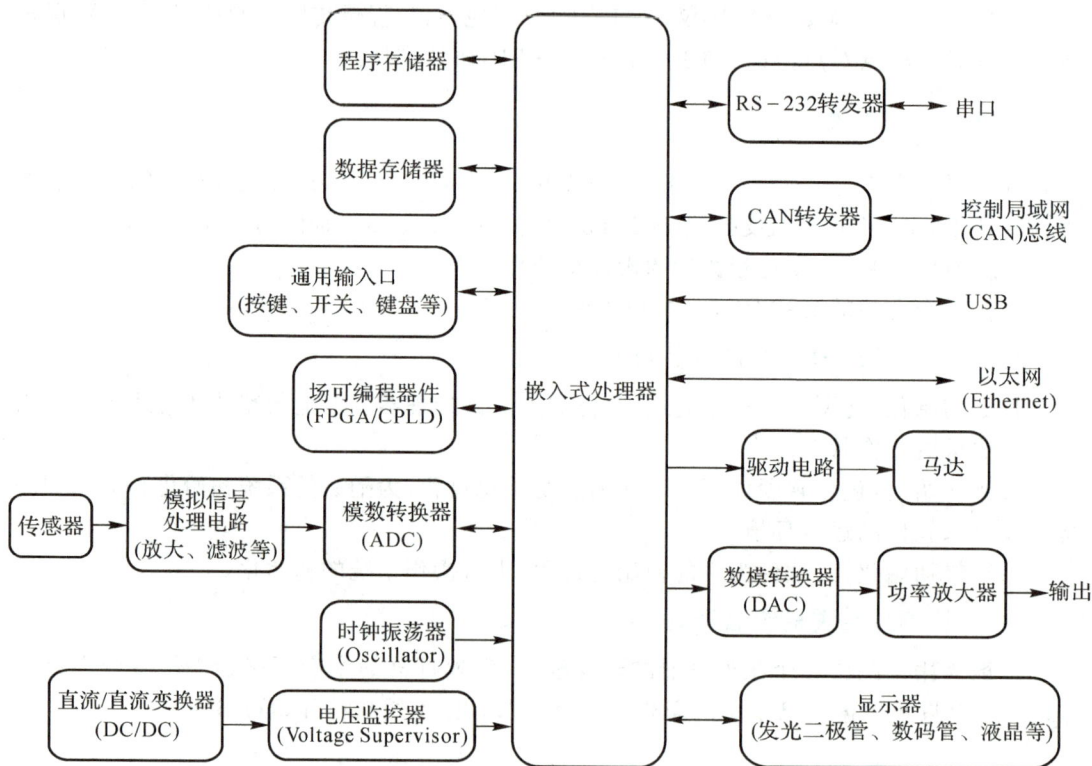

图1-2 一般典型的嵌入式系统的硬件组成

1.3 嵌入式微处理器

1.3.1 特点

嵌入式微处理器是嵌入式系统的核心,是控制、辅助嵌入式系统运行的关键单元,就像人的大脑一样。嵌入式微处理器有以下几个特点:

(1)对实时多任务有很强的支持能力,能完成多任务并有较短的中断响应时间;

(2)可扩展的处理器结构；

(3)较强的中断处理能力；

(4)低功耗。

1.3.2　体系结构

嵌入式微处理器体系结构有以下两种。

1. 冯·诺依曼结构

程序和数据共用一个存储空间,程序指令存储地址和数据存储地址指向同一个存储器的不同的物理位置,采用单一的地址及数据总线,程序和数据的宽度相同,例如,8086、ARM7、MIPS等。

2. 哈佛结构

程序和数据是两个相互独立的存储器,每个存储器独立编址、独立访问,是一种将程序存储和数据存储分开的存储器结构,例如,AVR、ARM9、ARM10等。

1.3.3　分类

嵌入式处理器的分类有以下几种。

根据微处理器的字长宽度,可以分为8位、16位、32位、64位。

根据嵌入式处理器的用途,可分为以下几类。

1. 微控制器(MCU,Microcontroller)

嵌入式微控制器在嵌入式设备中有着极其广泛的应用。早期的微控制器主要是8位的。现在随着微电子技术的发展,微控制器有8位、16位和32位。微控制器的特点是:

(1)基于哈佛结构,芯片内部程序和数据是两个相互独立的存储器。

(2)微控制器芯片内部集成了闪存(Flash,可达1 MB)、RAM(可达256 KB)、总线、总线逻辑、定时/计数器、看门狗、GPIO、串行口、脉宽调制输出、ADC、DAC等各种必要功能和外设,一般不需要外接程序存储器(如闪存等)和数据存储器(如SRAM等)。

(3)运行速度在200 MHz以下,而且有各种省电模式以减小功耗,因此耗电小。

(4)用来完成特定的工作。

(5)和嵌入式微处理器相比,微控制器的最大特点是单片化,需要较少的外围元件,体积大大减小,从而使功耗和成本下降、可靠性提高。微控制器是目前嵌入式系统的主流。微控制器的片上外设资源一般较丰富,适合控制,因此称微控制器,也可称为微处理器。

由于MCU低廉的价格,优良的功能,所以拥有的品种和数量最多,比较有代表性的包括STM8系列和STM32系列、PIC8位系列和PIC32系列、C2000系列等。

2. 微处理器(MPU,Microprocessor)

嵌入式微处理器是32位或64位的处理器,具有很高的性能。

微处理器的特点是:

(1)基于冯·诺依曼结构,程序和数据共用一个存储空间,程序指令存储地址和数据存储地址指向同一个存储器的不同物理位置。

(2)一般需要外接程序存储器(如闪存等)和数据存储器(如 SDRAM,DDR 等)。

(3)运行速度很高,可达 1 GHz 以上。

(4)由于运行速度很高,外接元件较多等因素,因此耗电很高。

(5)价格高。

3. 数字信号处理器(DSP,Digital Signal Processor)

嵌入式 DSP,在系统的硬件结构和指令算法方面进行了特殊设计,能够高速、实时地进行数字信号处理运算。为了能快速进行数字信号处理运算,DSP 设置了硬件乘法/加法器,能在单个指令周期内完成乘/加运算。为满足卷积、快速傅里叶变换(FFT)等数字信号处理的要求,目前 DSP 大多在指令系统中设置了"循环寻址""位倒序"寻址指令和其他特殊指令,使得寻址、排序的速度大大提高。DSP 在数字滤波、FFT、谱分析等各种仪器上,获得了大规模的应用。

数字信号处理器根据数据运算格式,可分为浮点运算数字信号处理器(Floating-Point DSP,字长 32 位)和定点运算数字信号处理器(Fixed-Point DSP,字长 16/24 位)。它们有以下特点:

(1)浮点 DSP 的运算精度高,动态范围大;定点 DSP 的动态范围较小,运算时为防止溢出,需经常定标,编程较麻烦。

(2)浮点 DSP 的地址总线较宽,寻址范围较大,有利于更大量的运算处理。

(3)浮点 DSP 的总体运算能力较强,比较容易开发。

(4)定点 DSP 的结构较为简单,体积小,功耗小,价格低,并且具有较多的外围电路接口,适合控制领域的应用。

最为广泛应用的数字信号处理器是德州仪器的 TMS320C5000/C6000 系列、模拟器件公司的 ADSP 系列等。

4. 内嵌微处理器 IP 核的 FPGA

随着现场可编程门阵列(FPGA)及电子设计自动化(EDA)技术的发展,百万门级甚至千万门级的 FPGA 和嵌入式 MCU IP 核的出现,可以把一个或多个 MCU IP 核嵌入到一个 FPGA 内部,这种叫作内嵌 MCU 软核,另外还有内嵌 MCU 硬核的 FPGA,如 XIL-INX 的 ZYNQ 系列 FPGA,FPGA 内部已嵌入了 ARM 硬核。

内嵌微处理器 IP 核在 FPGA 的优点是:

(1)集成度高,节省一个 MCU 的面积和通信总线的资源消耗。

(2)减小硬件的开发难度。

(3)通信更简便,节省 MCU 和 FPGA 之间的通信总线,通信速度更快,信息传递结构更简单。

(4)成本比 FPGA+ MCU 方案低。

其缺点是:

(1)如果是内嵌 MCU 软核,则要预估 FPGA 的资源是否够用。

(2)FPGA 可用管脚数量下降。

(3)开发人员要求高,开发成本高(尤其当批量比较小的时候)。

（4）开发工具不够便利。

（5）可用资源数不如同等面积的 FPGA，功耗远大于同等处理器的 MCU。

5. 用户定制集成电路

用户定制集成电路（ASIC，Application Specific Integrated Circuits）是专用集成电路，指应特定用户要求和特定电子系统的需要而设计、制造的集成电路，里面的电路结构是固定不变的，它内部可能会内嵌一个或多个微处理器。

AISC 的优点是：

（1）集成度很高，可以节省电路板面积，降低功耗。

（2）把很多电路集成在 ASIC 内部，外部连线减少，减小硬件的开发难度，因而可靠性明显提高。外部连线的减少，也可以减小 EMI。

（3）易于获得高性能，ASIC 是针对专门应用而特别设计的；系统设计、电路设计之间紧密结合，这种一体化的设计有利于获得前所未有的高性能系统。

（4）可增强保密性，难以仿造。

（5）大批量应用时，可降低系统成本。

其缺点是：

（1）ASIC 的开发成本高，开发周期长，从设计到使用需要很长时间。

（2）投片后不能修改，不可以编程。

（3）如果批量不大的话，单片 ASIC 的价格会很高。

1.3.4　嵌入式微处理器的选择

选择合适的嵌入式微处理器是一项复杂任务，不仅要考虑许多技术因素，还要考虑可能影响项目的成本和交货时间等商业问题。

在嵌入式微处理器方面做任何决策时，硬件和软件工程师首先应设计出系统的高层结构、框图和流程图，然后才有足够的信息对嵌入式微处理器选型进行合理的决策。选择微处理器时，要依照下列步骤来选择合适的微处理器。

1. 制作一份要求的硬件接口清单

利用大致的硬件框图制作一份嵌入式微处理器需要支持的所有外部接口清单，列出以下两种常见的接口类型，这两种类型接口将决定微处理器需要提供的引脚数量。

第一种是通信接口。系统中一般会使用到以太网、USB、CAN、I^2C、SPI（串行外设接口）、UART 等外设。USB 和以太网接口一般需要用到 RTOS，因此需要较大的程序空间，对微处理器需要支持多大的程序空间有很大影响。

第二种接口是数字输入和输出，模拟到数字输入，脉冲宽度调制（PWM）等。

2. 检查软件架构

软件架构和要求将显著影响嵌入式微处理器的选择。处理负担的轻重将决定使用 80 MHz 的 DSP 还是 8 MHz 的 8051。

例如，是否有算法要求浮点运算？有高速控制环路或传感器吗？并估计每个任务需要运行的时间和频度，然后推算出需要多少数量级的处理能力。运算能力的大小是确定微处理器架构和频率的最关键要求之一。

3. 选择架构

利用步骤 1 和步骤 2 得到的信息,开始确定所需要的架构。选择 8 位架构、16 位架构或 32 位架构。

同时还要考虑未来的可能要求和功能扩展。只是因为目前 8 位微处理器可以胜任当前应用,并不意味着不应为未来功能扩展甚至易用性而考虑 16 位微处理器。

4. 确定内存需求

闪存(Flash)和随机存取存储器(RAM)是任何嵌入式微处理器的两个非常关键的组件。确保程序空间或变量空间的充足无疑具有最高优先级。选择一个远多于足够容量的闪存和 RAM 通常是很容易做到的。

用户不要等到设计末尾时才发现需要 110% 的空间或者有些功能需要消减,这会引起很大的麻烦。实际上,用户可以在开始时选择一个具有较大空间的器件,后面再转到同一芯片系列中空间更小一些的器件。

借助软件架构和应用中包含的通信外设,工程师可以估计出该应用需要多大的闪存和 RAM 空间。一定要预留足够空间给扩展功能和新的版本,这将解决未来可能遇到的许多问题。

5. 开始寻找嵌入式微处理器

在对嵌入式微处理器所需功能有了更好的想法后,就可以寻找合适的嵌入式微处理器了。

用户可以与有些供应商的现场应用工程师讨论应用和要求,通常这些工程师会向用户推荐能满足要求的器件。

另一个最佳场所是用户已经熟悉的芯片供应商。例如,如果用户过去用过 Microchip 的器件,并有丰富的使用经验,那么就可以到它的网站去寻找合适的微处理器。

6. 检查价格和功耗约束

这个选型过程中应该得出许多潜在的候选器件。认真检查它们的功耗要求和价格。如果器件需要由电池供电,那么确保低功耗绝对是优先考虑的因素。

如果不能满足功耗要求,那么就按清单逐一向下排查,直到用户选出合适的器件。同时不要忘了检查处理器的单价,价格跟数量有很大的关系,如果数量比较大,价格就会便宜。

7. 检查器件的可用性

至此用户手头就有了一份潜在的器件清单,接下来需要开始检查各个器件的可用程度。需要记住一些重要事项,比如器件的交货期是多少?是否在多个分销商都有备货,或者需要 6～12 周的交货时间?用户对可用性有什么要求?

后面的问题是确定器件的新旧程度,是否能够满足用户的产品生命周期需要。如果用户的产品生命周期是 10 年,那么用户需要找到一种制造商保证在 10 年后仍在生产的器件。

8. 选择开发套件

选择一种新的微处理器的一个重要步骤是找到一款配套的开发套件,并学习微处理器的内部工作原理。一旦工程师热衷于某种器件,他们应寻找相应可用的开发套件。

如果找不到能用的开发套件,那么这种器件很可能不是一个好的选择,工程师应该重新退回去寻找一款更好的器件。

9. 调查编译器和工具

开发套件的选择基本上限制了微处理器的选型。最后一个需要考虑的因素是检查可用的编译器和工具。大多数微处理器在编译器、例程代码和调试工具方面有许多选择。

重要的是确保所有必要的工具都可用于这种器件。如果没有得心应手的工具,开发过程将变得异常艰苦且代价高昂。

10. 开始试验

即使选定了嵌入式微处理器,事情也不是说一成不变了。通常拿到开发套件的时间远早于第一个硬件原型建立的时间。要充分利用开发套件搭建测试电路,并将它们连接到嵌入式微处理器。

在任何情况下,早期的试验将确保你做出正确的选择,如果有必要做出改变,影响将降至最小。

1.4　存　储　器

嵌入式系统中的存储器(Memory)分为易失性存储器(Volatile Memory)和非易失性存储器(Non-Volatile Memory)。易失性存储器是在易失性存储器芯片的电源掉电后,存储器内的数据将丢失;非易失性存储器是在非易失存储器的电源掉电后,存储器内的数据仍将保存,不会丢失。

易失性存储器一般用来存储嵌入式微处理器运行中产生的中间变量和数据。微处理器可以从易失性存储器读出数据,也可以向易失性存储器写入数据。

非易失性存储器一般用来存储引导码(Boot Code)、程序代码(Source Code)、文件等。

1.4.1　非易失性存储器

非易失性存储器分为以下几种。

1. ROM(Read-Only Memory)

ROM 分为以下几种:

(1)PROM 是可编程的 ROM(Programmable ROM)。PROM 是一次性写入的,以后就再无法修改。微处理器只能从 PROM 中读出数据,不能向 PROM 写入数据。它是很早期的产品,现在已不太使用了。

(2)EPROM 是电可编程的 ROM(Electrical Programmable ROM)。芯片的擦除需要紫外线,因此 EPROM 现在也较少使用。

（3）EEPROM 是电可擦除/电可编程 ROM（Electrical Erasable Programmable ROM）。写入速度较慢，写入时间较长。微处理器既可以从 EEPROM 中读出数据，也可以向 EEPROM 中写入数据。现在仍在使用。它可以按字节（Byte）写入或擦除。读出数据的时间较短，但写入数据的时间较长，写一个字节大概需要几毫秒。但写入时不需要像闪存那样，需要先擦除，然后才能写。接口通常是 I^2C、SPI 或并行接口。市面上 EEPROM 的最大容量是 4 MB。相对于同样容量的闪存，EEPROM 的价格相对较贵。

2. 闪存（Flash Memory）。

闪存是另外一种非易失性存储器，断电后不会丢失数据。它可以电可擦除/电可编程，同时它的读取速度很快，而且容量非常大。但闪存的写入速度很慢，而且一般要先擦除，然后才可以写入，擦除时要以区块（Sector）为单位，不能以字节为单位。过去嵌入式系统一直使用 ROM（PROM）作为存储设备，近年来闪存全面代替 ROM（EPROM）在嵌入式系统中的地位。闪存根据芯片内部存储单元结构的不同，可分为 NOR-Flash 和 NAND-Flash 两种。

NOR-Flash 和 NAND-Flash 的特点包括以下几个方面：

（1）NOR-Flash 的读操作速度很快，写操作速度很慢；NAND-Flash 的写操作速度较 NOR Flash 快。

（2）在写操作以前，要先擦除要写入单元所在的块。擦除时间和写入时间较长。

（3）闪存的擦除是以块为单位，也可以整片擦除。

（4）NOR-Flash 的擦除/写操作次数大约 10 万次，NAND-Flash 的擦除/写次数是大约 100 万次。

（5）NAND-Flash 的容量比 NOR-Flash 的容量大很多。NAND-Flash 的容量可达 6 000 GB，而 NOR-Flash 的最大容量是 2 GB。

（6）NAND-Flash 有坏区，需要错误检测和纠错（EDC/ECC），而 NOR-Flash 没有这个问题。

基于以上这些原因，一般嵌入式系统都选择 NOR-Flash 作为程序存储器来存储程序代码；如果系统中需要存储大量数据的话，则选择 NAND-Flash 来存储这些大量数据。

3. 非易性静态随机存储器（nv-SRAM，Non-Volatile SRAM）

（1）nv-RAM。nv-SRAM 是一种断电后仍能保持数据的一种 RAM。通常有两种 nv-SRAM：一种是一般的 SRAM 集成了一个电池，通常是锂电池，正常工作时，SRAM 的供电来自系统的电源，当系统的电源电压低于某一个电压阈值时，SRAM 的供电由锂电池来提供，从而保存了 SRAM 的数据；另一种是一个高速 SRAM 芯片，在这个芯片的每一个存储单元中有一个非易失存储单元，正常工作时就像一个普通的高速 SRAM，当系统掉电时，SRAM 中的数据就会自动保存或由软件控制保存到非易失性元素中。在系统供电恢复后，数据就会在软件的控制下从非易失性元素中转移回 SRAM 中。这种 nv-SRAM 需要一个较大容量的电容（几百微法），当系统的电源电压低于某个阈值时，该电容使得系统有时间把 SRAM 的数据转移到 nv-SRAM 中的非易失元素中。

nv-SRAM 有无限的读操作、写操作和 RECALL 操作，有 100 万次的 STORE 操作。

读写速度可从几十纳秒到几百纳秒,数据保存时间可达 20 年,但容量较小。市场上最大的容量是 8 MB。

nv-SRAM 的接口有串行和并行接口。串行接口有 I^2C 和 SPI。

(2)铁电随机存储器(FRAM,Ferroelectric RAM)。FRAM 芯片包含一个锆钛酸铅 $[Pb(ZrTi)O_3]$ 的薄铁电薄膜,通常被称为 PZT。PZT 中的 Zr/Ti 原子在电场中改变极性,从而产生一个二进制开关。FRAM 在电源被关闭时,由于 PZT 晶体保持极性能保留其数据记忆。这种特性使得 FRAM 成为一个低功耗、非易失性存储器,而且它的抗辐射性能好。

FRAM、EEPROM 和闪存都属于非易失性存储器,在掉电情况下数据不会丢失。FRAM 的读写速度很快,为几十纳秒至一百多纳秒,耗电较少;但容量较小,市场上的最大容量是 8 MB。

FRAM 的读操作和写操作可多达 $10^{12} \sim 10^{14}$ 次,数据保存时间可达上百年。

FRAM 的接口有串行和并行接口。串行接口有 I^2C 和 SPI。

(3)磁性随机存储器(MRAM,Magnetic RAM)。MRAM 的存储原理是采用两块纳米级铁磁体,在界面上用一个非磁金属层或绝缘层来夹持一个金属导体的结构,通过改变两块铁磁体的方向,使下面的导体的磁致电阻(magnetoresistance)发生变化。电阻一旦变大,电流就会变小,反之亦然。只需用一个三极管来判断加电时的电流数值就能够判断铁磁体磁场方向的两种不同状态,以区分 0 或 1。由于铁磁体的磁性几乎是永远不会消失的,所以 MRAM 几乎可以无限次读写。而铁磁体的磁性也不会由于掉电而消失,所以它在掉电后保存其内容。

MRAM 的读写速度很快,可达 35 ns。读写操作次数没有限制。在掉电的情况下,数据可保持 20 年。MRAM 的容量较 FRAM 和 nv-SRAM 大,可达 256 MB,耗电较高。

MRAM 的接口有串行接口和并行接口。串行接口为 SPI 或 QSPI。

4. 非易失性存储器的选择

嵌入式系统中选用哪一种非易失性存储器要根据系统的要求,比如容量的大小、速度、价格、功耗等。

(1)基于 NOR-Flash 的可靠性,较大容量和较低的价格,选择 NOR-Flash 来存储程序代码和操作系统。

(2)基于 NAND-Flash 的大容量,较低的价格,如果需要存储大量数据,如多媒体文件、音频、视频等,则选用 NAND Flash。

(3)在一些特殊的应用中,比如用于工厂自动化的可编程控制器(PLC,Progrmmable Logic Controller)中,当系统掉电时,需要保持当前运行的参数数据;在电源恢复后,要从断点处接着运行,这就需要把有些数据快速保存到非易失存储器中,这时就要考虑使用 nv-SRAM、FRAM、MRAM 等这些非易失性存储器,因为它们的写入速度可以很快。由于 NOR-Flash 和 NAND Flash 的写入速度很慢,所以一般在这种场合不考虑 NOR-Flash 和 NAND-Flash。

(4)以上非易失性存储器有的接口是并行接口,有的接口是串行接口(如 I^2C、SPI 等)。并行接口芯片的优点是读写速度快,而且程序可以从芯片上直接运行,但接口信号较多,较占面积,而且微处理器需要有外接的并行总线;串行接口芯片的优点是接口较简单,接口信号较少,占有较少的面积,但速度较并行接口芯片要慢。SPI 接口比 I²C 接口要快很多。SPI 的速度可达 50 MHz,而 I²C 的速度通常为 400 kHz。

1.4.2　易失性存储器

易失性存储器掉电后,存储器中的数据将丢失。易失性存储器分为静态随机存储器(SRAM,Static Random Access Memory)和动态随机存储器(DRAM,Dynamic Random Access Memory)。

1. 静态随机存储器

SRAM 的一个比特位(bit)的结构如图 1-3 所示。

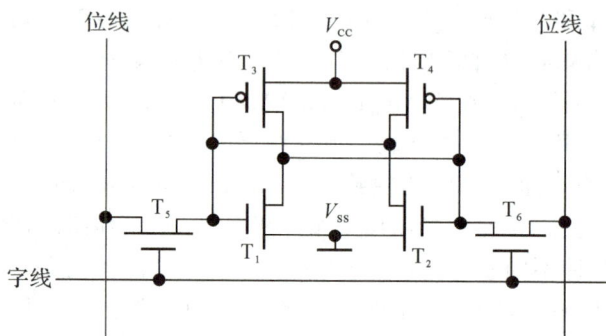

图 1-3　SRAM 一个比特位的结构

SRAM 的一个比特位保存在六个场效应晶体管(MOSFET)T_1 - T_6 构成的锁存器中。

SRAM 又可分为异步 SRAM(Asynchronous SRAM)和同步 SRAM(Synchronous SRAM)。

(1)异步 SRAM。异步 SRAM 的访问独立于时钟,数据输入和输出都由地址的变化控制。接口是并行接口或串行接口。

异步 SRAM 可分为高速异步 SRAM(High - Speed Asynchronous SRAM)和微功耗异步 SRAM(Micro-Power Asynchronous SRAM)。

高速异步 SRAM 的优点是读取速度很快,可达 10 ns,最大容量可达 32 MB;缺点是功耗较大,待机电流(Standby Current)较大(几毫安),而且价格很高。

微功耗异步 SRAM 的优点是功耗较小,待机电流很小,可低至几微安,容量可达 64 MB,价格较便宜;缺点是读取速度较慢,最快可达 45 ns。

另外有一种带错误校正码(ECC,Error Correction Coding)的异步 SRAM。这些 SRAM 的片上 ECC 功能可在一定程度上纠正由于背景辐射造成的软错误(SER,Soft Error)导致的 SRAM 中数据的损坏和错误,从而提供最高水平的数据可靠性,而无需额外的错误校正芯片。这种 SRAM 可应用在工业、军事、通信、医疗及汽车等可靠性要求很高的场合。读取速度可达 45 ns,容量可达 16 MB。

异步 SRAM 和微处理器的接口是通过微处理器的异步并行接口,如图 1-4 所示。

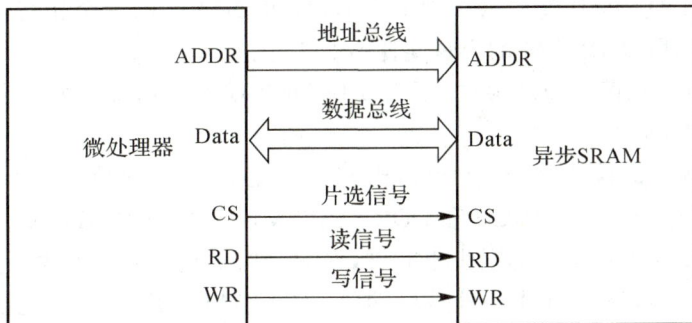

图 1-4　微处理器和异步 SRAM 的接口电路

(2)同步 SRAM。顾名思义,同步 SRAM 是与时钟同步运行的 SRAM。所有的访问都在时钟的上升/下降沿启动。地址的提取以及数据的输出全部与时钟同步。它的读写速度比异步 SRAM 快,主要工作方式有直通方式(Flow-Through)和流水线方式(Pipeline)。同步 SRAM 主要用于网络、电信等对速度和带宽要求很高的设备。同步 SRAM 的传输速率可达 150 Gb/s,时钟频率可达 600 MHz,容量可达 144 MB。其接口是并行接口。

2. 动态随机存储器(DRAM,Dynamic Random Access Memory)

DRAM 的一个比特位的结构如图 1-5 所示。

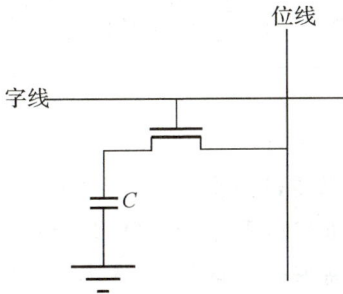

图 1-5　DRAM 的一个比特位的结构

DRAM 的一个比特位由一个场效应晶体管(MOSFET)和一个电容构成。DRAM 的数据实际上是保存在电容上的。由于 MOSFET 的泄露电流,电容上的电压会逐渐减少,而且当对 DRAM 进行读操作的时候需要打开晶体管,电容又会流失掉一部分电荷,电压进一步降低,所以在读操作结束后需要将数据重新写回到 DRAM 中。在整个读或写的周期中,都要进行 DRAM 的刷新。DRAM 中电容的数据有效保存期上限是 64 ms,也就是说,每一行刷新的循环周期是 64 ms。这样刷新速度就是 64 ms/行数。刷新命令一次对一行有效。如 DRAM 的行数是 4 096,则刷新速度就是 15.625 μs,由于 DRAM 中 MOSFET 的泄露电流随温度升高而增大,这样电容上的电荷会更快流失,电压就会更快减小,所以当工作环境温度升高时,刷新速度就需要加快。

因为要定期刷新,所以 DRAM 比 SRAM 速度慢。即使在没有读写 DRAM 时候,也需要刷新,因此 DRAM 的耗电比较高。

由于 SRAM 的一个比特位需要六个晶体管,而 DRAM 的一个比特位只需要一个晶体管和一个电容,所以 DRAM 的容量要比 SRAM 大很多。

SRAM 的特点是读写速度很快,不需要像 DRAM 那样需要经常刷新,但容量较小,容量/价格比 DRAM 差。

DRAM 的特点是容量大,容量/价格比 SRAM 好,但需要经常刷新。

DRAM 可分为 SDR SDRAM 和 DDR SDRAM(DDR,DDR2,DDR3,DDR4)。

(1)SDRAM 的所有操作都同步于时钟,在一个时钟周期内只传输一次数据,在时钟的上升沿进行数据传输。时钟信号是单端的。SDRAM 使用 3.3 V 电压的 LVTTL 标准,其时钟的最高频率是 200 MHz。

微处理器和 SDRAM 的接口电路如图 1-6 所示。

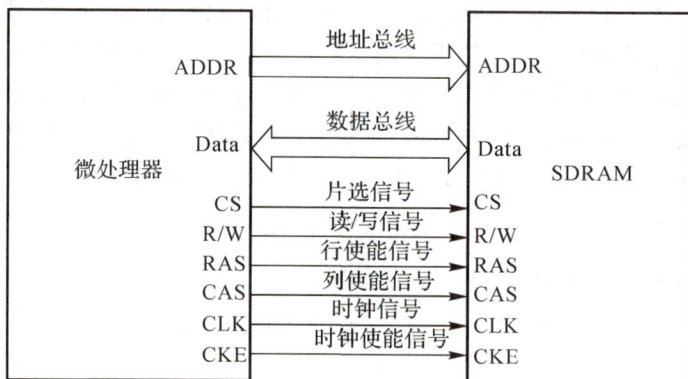

图 1-6 微处理器和 SDRAM 的接口电路

(2)DDR 一个时钟周期可以传输两次数据,能够在时钟的上升沿和下降沿各传输一次数据,因此称为双倍数同步动态随机存储器(DDR SDRAM)。与 SDRAM 相比,DDR 运用了更先进的同步电路,不需要提高时钟频率就能加倍提高速度,其时钟是差分的。DDR2 是第二代 DDR,DDR3 是第三代 DDR,DDR4 是第四代 DDR。DDR 使用 2.5 V 电压的 SSTL2 标准,最高时钟频率 200 MHz;DD2 使用 1.8 V 电压的 STTL2 标准,最高时钟频率为 266.5 MHz;DDR3 使用 1.5 V 电压的 STTL2 标准,最高时钟频率为 266.5 MHz;DDR4 使用 1.2 V 电压的 STTL2 标准,最高时钟频率为 400 MHz。从 DDR 到 DDR4,速度越来越快,但电压越来越低,主要是为了降低 DDR 的功耗。

1.5 时钟信号发生电路

时钟信号对于嵌入式系统非常重要,就像心脏对人的重要性一样。嵌入式处理器在时钟驱动下完成指令执行等各种动作。如果没有时钟信号,微处理器就会停止工作。

外设部件在时钟的驱动下进行各种工作,比如串口数据的收发、模数转换、定时器计数等。因此时钟信号对于一个嵌入式系统是至关重要的,其稳定性直接关系嵌入式系统的运行状态。通常时钟信号出现问题也是最致命的。

在嵌入式系统中,一般时钟信号是由石英晶体振荡器(Crystal Oscillator)产生的。常见的晶体振荡器有无源晶体振荡器和有源晶体振荡器。

1.5.1　无源晶体振荡器

很多微处理器片内都有振荡电路,只需外接一个石英晶体和两个匹配电容就可构成时钟发生器,如图 1-7 所示。

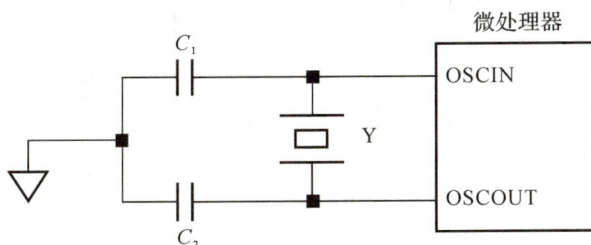

图 1-7　无源晶振电路

C_1 和 C_2 是匹配电容,C_1 和 C_2 的选择一般要依据石英晶体和微处理器的数据手册,电容值一般在几到几十皮法之间,一般选择 NPO 或 COG 介质的贴片陶瓷电容,因为这类电容的稳定性好,其电容值随温度的变化很小。Y 是晶体。

温度和微处理器的电源电压都会影响晶体振荡器的工作。通常要测试嵌入式系统在整个温度范围内和微处理器电源电压范围内,晶振能否正常工作,如:

(1)当温度最高、电源电压最小时,容易导致晶体振荡器不起振;

(2)当温度最低、电源电压最高时,容易导致晶体的损坏。

在电路板上,图 1-7 所示的元件必须尽量靠近微处理器的"OSCIN"和"OSCOUT"管脚。同时布线的时候其他信号线尽量远离这些元件。

1.5.2　有源晶体振荡器

有源晶振的电路图如图 1-8 所示。

U 是一个集成了石英晶体和振荡电路的晶体振荡器,C 是去耦电容(一般是 $0.1\ \mu F$ 的表面贴片陶瓷电容),R 是一个低阻值的源端匹配电阻,用来作源端阻抗匹配,提高时钟信号的完整性,通常阻值是 $10 \sim 50\ \Omega$,FB 是磁珠。FB,C 和 R 通常都选用表面贴装元件。

有时晶体振荡器的输出电平和微处理器要求的时钟输入电平不匹配,这时就需要电平转换器来把晶体振荡器的输出电平转换为微处理器时钟输入的电平。例如有源晶振的输出信号电平是 $3.3\ V$,而微处理器对时钟输入电平的要求是 $1.8\ V$,则需要一个电平转换器把 $3.3\ V$ 的时钟信号转化为 $1.8\ V$ 的时钟信号。

在电路板上,晶体振荡器必须尽量靠近微处理的"OSCIN"管脚。同时布线的时候其他信号线尽量远离晶体振荡器。磁珠和去耦电容需尽量靠近晶体振荡器的电源脚,终端电阻尽量靠近晶振的时钟输出脚。如果晶体振荡器非常靠近微处理器的话,那么源端匹配电阻不一定需要。

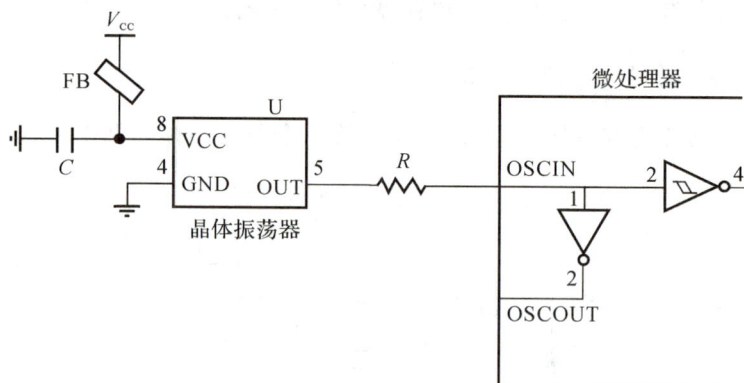

图1-8　有源晶振电路

1.5.3　无源陶瓷谐振器

陶瓷谐振器的电路同无源晶体振荡器相似,只是用陶瓷谐振器取代了石英晶体。陶瓷谐振器一般把电容C_1和C_2集成在陶瓷谐振器内,无需外接电容。

1.5.4　晶体振荡器的选择

无源晶体振荡器、无源陶瓷谐振器和有源晶振的优、缺点见表1-1。

表1-1　无源晶体振荡器、无源陶瓷谐振器和有源晶振的优、缺点

性　能	无源晶体振荡器	无源陶瓷谐振器	有源晶体振荡器
可靠性	较　低	低	高
成　本	低	很　低	高
精确度	高($10\times10^{-6}\sim300\times10^{-6}$)	低($300\times10^{-6}\sim5\,000\times10^{-6}$)	高($10\times10^{-6}\sim300\times10^{-6}$)
漂　移	较　大	较　大	小
起振时间	慢(0.1~10 ms)	快	慢(0.1~10 ms)
耗　电	低	低	较　高

一般对成本很敏感的产品,选择无源晶体振荡器和无源陶瓷谐振器;对可靠性要求高和工作环境较苛刻的产品,应选择有源晶体振荡器。

晶体振荡器和陶瓷谐振器的选择时应注意:

(1)通常微处理器的数据手册都会给出所要求时钟的频率范围,要根据数据手册的要求选择合适的、满足要求(频率和电平)的振荡器。

(2)如果嵌入式系统中有USB、以太网等通信接口,则要根据有关标准的规定,选择频率、精度等满足要求的晶振。例如对于以太网,其频率容差要求是$\leqslant\pm50\times10^{-6}$。

(3)如果嵌入式系统中有UART、CAN等通信接口,则要依据微处理器的器件手册,

计算出满足通信要求的波特率(波特率的误差要在一定范围),根据这个波特率来决定时钟频率。

(4)尽可能选择较低的频率,利用微处理器内部的锁相环来产生微处理器所需要的时钟频率。频率越低,则产生的 EMI 越小。

(5)尽量选择贴片封装的器件,以减小 EMI,而且所占的空间较小。

(6)选择比较通用的频率,尽量避免比较特殊的频率,以避免定制晶振,以降低成本和缩短订货到收货的时间。

1.6　复　位　电　路

所有的嵌入式系统都需要一个复位电路,以确保系统在上电、系统正常运行过程中电源出现异常和软件运行出现异常的时候,嵌入式系统能正确地复位,使软件的运行恢复到特定的程序段,即从程序存储器中一个已知的、固定的地址开始运行。绝大多数微处理器都有一个复位输入管脚。

复位电路看起来简单,但非常重要,而且容易被轻视,如果复位电路设计不好,则可能造成下列后果:①系统死机;②微处理器错误运行;③非易失性存储器(存有系统程序)的数据被破坏,导致系统没法正常运行。

嵌入式系统复位主要分为硬件复位和软件复位。硬件复位,即利用硬件电路产生复位信号,对处理器和外设进行复位。软件复位,即当系统运行出现异常时,通过软件对嵌入式系统进行复位,重新初始化系统。

复位一般包括:

(1)上电复位,系统上电时复位。

(2)人工/按键复位,调试程序时手动复位。

(3)欠压复位,当系统运行过程中某一电源电压出现短暂异常时复位,短暂的电源异常可能损坏微处理器中有些寄存器的数据。

(4)看门狗复位,当软件运行异常时系统复位。

硬件复位按复位电平的高低可分为高电平复位和低电平复位。高电平复位是复位信号为高电平时系统复位,在复位信号的下降沿完成复位过程;低电平复位是复位信号为低电平时系统复位,并在复位信号的上升沿完成复位过程。微处理器大多采用低电平复位。

复位时间是复位电路最重要的一个指标。它是指系统电源有效到复位释放的时间。一般来说,复位时间越长越好。但复位时间越长,系统启动时间也越长,因此对某些要求快速启动的系统,复位时间要尽可能短。计算最小复位时间时,要考虑下列因素:

(1)系统中各个电源上电时的稳定时间。

(2)晶振的起振时间(为零点几毫秒到十几毫秒)。

(3)微处理器的复位时间的要求(一般小于 1 ms)。

(4)系统中如果用到可编程逻辑器件(如 FPGA 等),则要考虑 FPGA 的配置时间,配置时间要视 FPGA 的逻辑门数而定。如果 FPGA 的逻辑门数很多,则 FPGA 的配置时间很长。如果 FPGA 的配置时间很长(超过几百毫秒),则 FPGA 的复位信号不应和微处

高级电力电子线路设计实践

理器的复位信号接在一起,可以用微处理器的一个 GPIO(输出口)作为 FPGA 的复位信号。在 FPGA 配置完成后,微处理器送出复位信号去复位 FPGA。

图 1-9 是一个简单嵌入式系统的上电复位示意图,假设系统中只有一个供电电压。在电源电压稳定后,晶振需要一定的时间起振,这段时间就是晶振的起振时间。在晶振起振后,微处理器需要一定的时间进行复位(一般数据手册会给出这个数据),因此对复位信号的要求是复位时间要大于起振时间加上时钟稳定后微处理器所需要的时间。

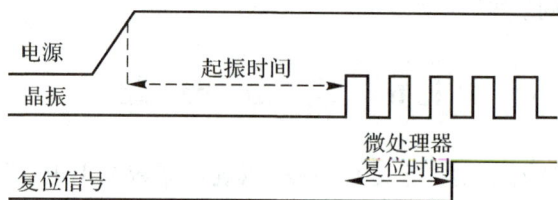

图 1-9　一个简单的嵌入式系统的上电复位图

1.6.1　简单的 RC 上电复位电路和按键复位电路

简单的 RC 上电复位电路和按键复位电路如图 1-10 所示,由一个电阻 R、一个电容 C 和一个按键 K 构成。假设图中的微处理器是低电平复位。其中按键用作手动复位。

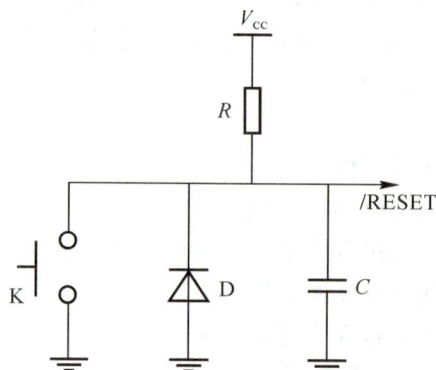

图 1-10　简单的上电 RC 复位和按键复位电路

/RESET 是微处理器的复位引脚,低电平有效。当系统上电时,V_{cc} 通过电阻 R 对电容 C 进行充电,充电时间取决于 R 的阻值和电容 C 的电容值,电容 C 上的电压慢慢增大,/RESET 的电压慢慢上升。如果复位引脚上的电压较低(低于 1.5 V),微处理器判定为低电平;当复位引脚的电压大于某一个阈值(约 1.5 V)时,则被微处理器判定为高电平。电容 C 上的电压计算公式为

$$V_c = V_{cc}(1 - e^{-t/RC})$$

根据这个公式和复位时间的要求,可以计算出 R 和 C 的值。

一般微处理器要求在时钟有效多长时间以后,复位信号才可以变为无效,这样微处理器才能正确复位,保证系统的正常运行。

从经验来看,通常 RC 时间常数(RC)大于或等于 100 ms 可以保证嵌入式系统可靠

地复位。可以选择 $R=10\ \text{k}\Omega, C=10\ \mu\text{F}$。

当按键 K 被按下时,复位引脚接地,电容 C 上的电荷被迅速放掉(一般按键按下的时间在几百毫秒以上),这就是按键复位。一般主要用于嵌入式系统软件的调试或者需要人为的去复位整个系统。D 是 ESD 二极管,用作静电保护。当人为按下按键时,防止人体静电对微处理器的破坏。一般按键复位是用来调试软件,正式产品中如没有要求则不要放,以减小成本,并减小一个 ESD 的来源。

RC 复位电路的优点是简单、成本低。但出于某些方面的原因,比如受到干扰、电源波动、电源二次开关时间间隔太短等造成电源电压出现短暂下跌时,由于持续时间较短,RC 复位电路将不会检测到这个短暂的电压下降,所以不会产生复位。这短暂的下跌可能会造成系统的运行不正常。由于没有复位,系统没有办法恢复正常运行。如图 1-11 所示,假设 RC 时间常数为 100 ms,当 V_{cc} 出现 200 μs 的短暂下跌(从 3.3 V 掉到 2 V),复位引脚的电平仍为 3.2 V 左右(高电平),仍被微处理器认定为高电平,不会复位。因此 RC 复位电路的可靠性不高,无法应对图 1-11 中所示的短暂的电源电压下跌情况。

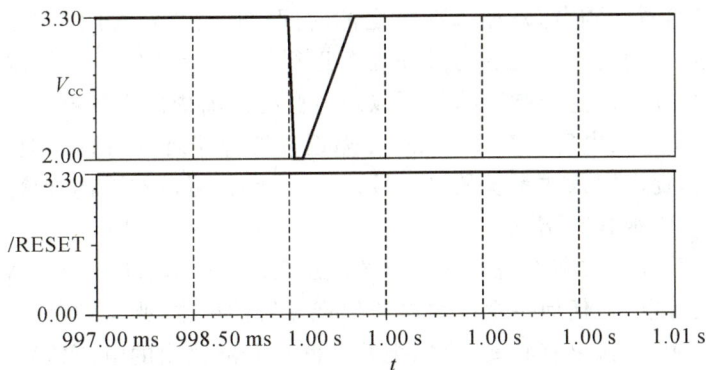

图 1-11　电源电压的短暂下跌

另外现在的微处理器和外设通常需要两个或更多的供电电源,比如 3.3 V、1.8 V、1.5 V 等,任何一个电压出现异常时,都有可能导致微处理器或系统的运行出现异常,需要复位,简单的 RC 复位电路无法应对这种情况。另外当嵌入式系统的程序运行因某种原因停止(死机)或跑飞时,简单 RC 复位电路也无法应对。

1.6.2　可靠的复位电路

为了防止嵌入式系统在上电时突然掉电,程序运行停止/跑飞等引起系统操作失误,更常用和有效的方法是采用具有复位信号输出的电压检测芯片和看门狗芯片,如图1-12 所示。这类芯片可以监测一个或多个电压,而且有的集成了看门狗电路,有多种复位时间可以选择。

通常复位时间几百毫秒就可以满足大多数嵌入式系统的要求。对于启动时间要求很短的嵌入式系统则要选尽可能短的,但满足复位要求的芯片。

图 1-12 中所示的复位芯片集成了电压检测复位(监测两个电压,假设系统中有两个电源)、按键复位和看门狗复位电路。这些电路被集成在一个电压检测芯片中。K 是按

键开关,二极管 D 提供静电保护。

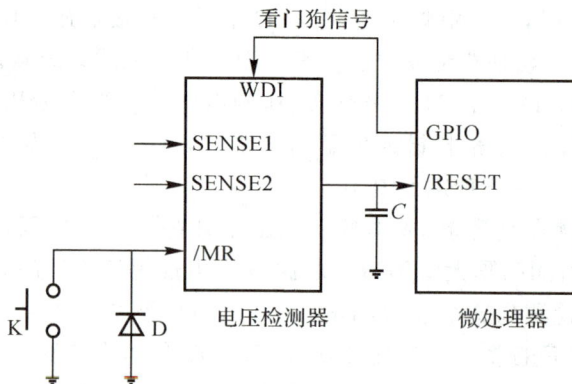

图 1-12 可靠的复位电路

硬件看门狗的基本原理是,当软件正常运行时,微处理器会在规定的时间内输出一个高电平脉冲信号给看门狗电路;如果在规定的时间内(1~2 s)看门狗电路没有收到这个高电平脉冲信号,看门狗电路就认为微处理器运行异常,会产生一个复位信号,送给微处理器,对系统进行复位。这个脉冲信号可以通过微处理器内的计数器来产生。

通常放置一个下拉电容(47 pF 左右)在靠近微处理器复位引脚的地方以提高复位信号的抗干扰能力,提高嵌入式系统的可靠性。在设计时,可以在看门狗信号上和复位信号上放测试点,以便于观察和调试。

如果嵌入式系统的数字电路有几个电源电压(如 3.3 V,2.5 V,1.8 V,1.2 V 等),则要监测每一个电源电压,任何一个电源电压出现短暂的异常,则系统都要复位。有的复位芯片为漏极开路输出,如果有必要,可以把几个漏极开路输出的电压监测芯片的复位输出直接连接在一起;有的复位芯片可以监控多个电压,当其中任何一个被监控的电压出现异常的时候,则复位输出有效,复位整个系统。

1.6.3 微处理器外设的复位

嵌入式系统通常有 LCD 显示等外设。外设正常工作也需要正确的复位。有些设计直接将外设的复位脚与微处理器的复位脚连在一起,共享一个硬件复位信号。这种连接方式有两个缺点:

(1)要求复位电路有足够的复位时间(有的外设需要较长的复位时间),才能保证微处理器和外设都正确复位。

(2)如果外设出问题,则需要复位整个嵌入式系统,包括微处理器,实际上可能只需要复位外设即可。

因此不要将微处理器的复位引脚和外设的复位引脚接在一起。微处理器的复位引脚接到复位芯片的复位输出,而外设的复位引脚则接到微处理器的一个输出引脚,在微处理器稳定上电完成初始化后,由软件控制外设复位,适当延时后,再对外设进行初始化。

通常在靠近外设的复位脚的地方放置一个较小电容值的下拉电容(几十 pF 至几百 pF)以提高抗干扰能力。

1.7　嵌入式系统中的多微处理器之间的通信

有的嵌入式系统中会有两个或多个微处理器；比如一个微处理器是通用型微处理器，主要负责通信；另一个微处理器是数字信号处理器(DSP)，主要负责数字信号的处理。通常通用型微处理器要和 DSP 进行快速通信，经 DSP 处理过的数据送给通用型微处理器，然后传送出去。方法之一是通过双口 SRAM，如图 1-13 所示。这种方式要求两个微处理器都有并行接口。

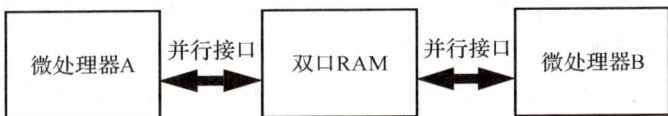

图 1-13　两个微处理器通过双口 RAM 通信

另外一个方法是通过 FPGA。FPGA 中有 RAM，可以配置成双口 SRAM。

如果通信的速度要求不高，也可以通过 UART，I^2C 或 SPI 串行接口来实现两个微处理器之间的通信，如图 1-14 所示。如果是 I^2C 或 SPI 串行接口，则一个微处理器为主器件，另外一个为从器件。

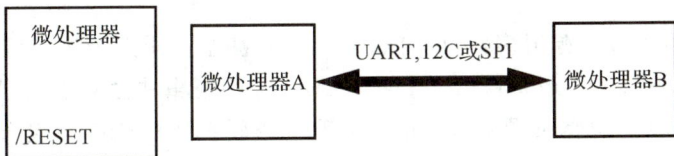

图 1-14　两个微处理通过串行接口进行通信

1.8　FPGA/CPLD

FPGA 是在可编程阵列逻辑(PAL，Programmable Array Logic)、门阵列逻辑(GAL，Gate Array Logic)、可编程逻辑器件 PLD(Programmable Logic Device)等可编程器件的基础上进一步发展的产物。现在 FPGA/CPLD 在嵌入式系统中运用非常普遍。它是通过逻辑组合来实现各种功能，几乎可以进行任何类型的处理；对于常用的数字信号处理，有些 FPGA 专门提供了 DSP 模块来实现加速；FPGA 的并行处理器架构非常适合图像处理、数字信号处理等运算密集的应用；当用某款芯片无法满足要求时，还可以通过使用同样封装且容量更大的 FPGA 芯片来提供更高的处理能力，这样可以保持管脚的兼容性，从而无需对 PCB 板进行修改；FPGA 的可编程性使设计工程师可以随时对设计进行修改，即使在产品部署后也能对设计错误进行更正。

FPGA 的特点是：

(1)FPGA 有很多逻辑资源，可以完成任何数字电路的功能，从微处理器到简单的 74 系列逻辑电路，都可以用 FPGA 实现。以前需要用很多个 74 系列逻辑器件来完成的设计,现在可以用一个 FPGA 芯片来实现。此外一个 FPGA 中可以嵌入多个微处理器。

(2)大多数 FPGA 中都具有内嵌的块 RAM(Block RAM),可以被配置为单口 RAM、双口 RAM、FIFO(First-In-First-Out,先进先出)等常用存储器结构,大大减小了嵌入式系统的复杂性且提高了灵活性和可靠性。

(3)在 FPGA 中,可以通过原理图输入,或是硬件描述语言设计一个数字电路,用软件仿真来验证设计的正确性,大大提高了系统的集成度。

(4)在 PCB 完成后,可以利用 FPGA 的在线修改能力,随时修改设计而不必改动硬件电路。

(5)当用某款芯片无法满足要求时,还可以通过使用同样封装且容量更大的 FPGA 芯片,这样可以保持管脚的兼容性,从而无需对 PCB 板进行修改。

(6)使用 FPGA 来开发数字电路,可以大大缩短设计时间,减少 PCB 面积,提高系统的可靠性。

(7)便于维护和存档。如果 FPGA 的设计输入是使用 VHDL 或 Verilog 等硬件描述语言,对于很复杂的设计,它比原理图更容易理解和维护。

复杂可编程逻辑器件(CPLD,Complex Programmable Logic Device)和 FPGA 类似,也是一种可编程器件。

CPLD 和 FPGA 都是可编程数字器件,有很多共同特点,但由于结构上的差异,具有各自的特点:

(1)FPGA 的逻辑资源很多,可以有高达几百万甚至上千万个逻辑门。FPGA 中包含成百上千或更多的"细小"逻辑块(LUT 或 CLB),这些逻辑块里有触发器、组合逻辑和存储器等。而 CPLD 的逻辑资源较少,可有几千个逻辑门。CPLD 只包含一些(可达几百个)"粗大"的逻辑块,这些逻辑块里有触发器和组合逻辑。

(2)FPGA 更适用于完成时序逻辑,CPLD 更适合完成组合逻辑。

(3)FPGA 的分段式结构决定了其时延的不可预测性,而 CPLD 的布线结构决定了它的时延是均匀的和可预测的。

(4)CPLD 的速度比 FPGA 快。

(5)FPGA 是基于 SRAM 编程,其编程信息是存放在 FPGA 里的 SRAM 中。SRAM 是易失性存储器,所以 FPGA 的编程信息在掉电时就会丢失。因此有些 FPGA 通常需要外接非易失性存储器,通常是闪存或 EEPROM,把编程信息保存在外部闪存或 EEPROM 中。在系统上电后,FPGA 编程信息从外部闪存或 EEPROM 中转移到 FPGA 的 SRAM 中,FPGA 开始工作,这通常需要一定时间。而 CPLD 的编程采用闪存或 EEPROM 技术,无需外部非易失性存储器,而且一加电就可以工作。

(6)CPLD 由于加电时不需要从外部读入编程信息,所以保密性好。而有些 FPGA 需要把编程信息从外部闪存或 EEPROM 中读入 FPGA 的 SRAM 中,所以保密性较差。现在有些 FPGA 把闪存集成进了 FPGA 中,这样就无需外接闪存或 EEPROM。当上电时,FPGA 编程信息从片内闪存中转移到片内 SRAM 中,由于闪存和 SRAM 都在芯片内部,所以编程时间大大缩短,保密性也好。比如 MICROSEMI 公司的和 LATTICE SEMICONDUCTR 公司的有些 FPGA 就是把闪存集成到了 FPGA 中。

1.8.1　FPGA 的应用举例

在一个数据采集系统中，ADC 是一个模数转换器，把模拟信号转换为数字信号，转换的结果送给微处理器进行处理。如果 ADC 的转换结果直接送给微处理器，那每一次模数转换，微处理器都需要从 ADC 读取转换的数字信号。如果转换速度很快的话，则微处理器就会忙于从模数转换器读取转换结果，有可能没有时间处理其他的任务。

为了解决这个问题，可以由 FPGA 来读取 ADC 的转换结果，先把转换结果存储在 FPGA 中的先进先出(FIFO,First In First Out)存储器中，只有当 FIFO 中的数据达到一定的数量时，才发送一个中断信号给微处理器，通知它来取数据。这样可以减小中断信号的频率，大大减小微处理器的负担。FPGA 可以先对 ADC 的数据进行一些处理，比如滤波等，减小微处理器的负担。

1.8.2　FPGA/CPLD 的设计

FPGA 的设计分为设计输入(Design Entry)、逻辑综合(Design Synthesis)、功能仿真(Behavioral Simulation,又叫前仿真)、实现(Design Implementation)、时序仿真(Timing Simulation,又叫后仿真)、编程(Device Programming)等步骤，设计流程图如 1 - 15 所示。

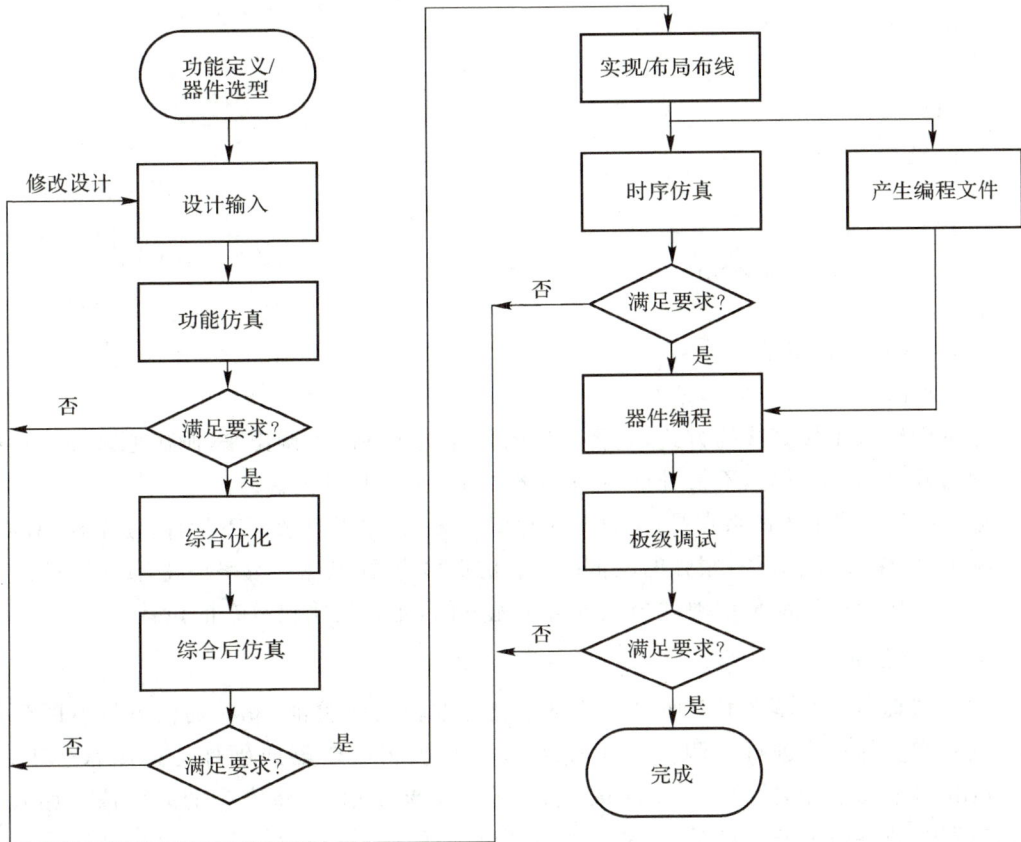

图 1 - 15　FPGA/CPLD 设计流程图

1. 功能定义/器件选型

根据任务要求,如系统的功能和复杂度等,对工作速度和器件本身的资源、成本等进行权衡,选择合适的设计方案和合适的 FPGA/CPLD 器件。一般采取自顶向下的设计方法,把系统分成若干个基本模块,然后再把每个模块划分为下一层次的基本模块,以此类推。

2. 设计输入

设计输入有两种方式:

(1)原理图输入。

(2)硬件描述语言(HDL,Hardware Description Language),最常用的是 VHDL 和 Verilog。

下面是一个用原理图输入和硬件描述语言输入的例子。

例 1 一个二输入与非门(NAND2)。

(1)原理图输入:

(2)VHDL 输入:

library IEEE;

use IEEE. std_logic_1164. all;

entity My_NAND2 is

port(

A : in std_logic;

B : in std_logic;

C : out std_logic

);

end My_NAND2;

architecture RTL of My_NAND2 is

begin

C <= not(A and B);

end RTL;

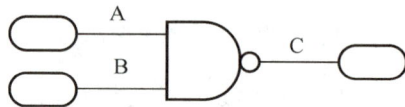

原理图输入是最直接的方式,它将所用的器件从元件库中调出来,画出原理图。这种方法很直观,但效率很低,不易维护,不利于模块化,可移植性差。

硬件描述语言输入的特点是,语言与芯片工艺无关,利于自顶向下设计,便于模块的划分与移植,可移植性好,具有很强的逻辑描述和仿真功能,而且输入效率很高,便于存档。

现在大部分设计都是用硬件描述语言来完成的,尤其是比较复杂的设计。

3. 功能仿真

功能仿真是在编译之前对所设计的电路进行逻辑功能验证,此时的仿真没有时延信息。仅对初步的功能进行检测。仿真前,要先利用波形编辑器或硬件描述语言(VHDL 或 Verilog)生成波形文件和 Test Bench 文件来产生激励信号,将产生的激励信号加入被测试电路并观察各个节点的信号,将这些信号与期望的进行比较,从而判断设计的正确性。如果发现错误,则返回设计修改逻辑设计。

4. 逻辑综合

逻辑综合将设计输入编译成由与门、或门、非门、RAM、触发器等基本逻辑单元组成的逻辑连接网表,供 FPGA 布局布线使用。

5. 综合后仿真

综合后仿真是用于检查综合结果是否和原设计一致。在仿真时,把综合生成的标准延时文件反标注(Back Annotation)到综合仿真模型中,可估计门延时带来的影响。如果和原设计不一致,则返回设计修改逻辑设计。

6. 实现、布局与布线

实现是将综合生成的逻辑网表配置到具体的 FPGA 芯片上,布局、布线是其中最重要的过程。布局将逻辑网表中的硬件和底层单元合理地配置到芯片内部的固有硬件上,通常需要在速度和面积之间做出取舍。布线根据布局的拓扑结构,利用芯片内部的各种连线资源,同时结合约束文件,合理正确地连接各个元件。布线结束后,开发工具会自动生成编程文件和报告。

7. 时序仿真

时序仿真又叫后仿真,是指在布局、布线后,提取有关的器件延迟、连线延迟等时序参数,并在此基础上进行仿真。它是接近真实器件运行的仿真。如果仿真结果和预期的不一样,则返回设计修改逻辑设计。

8. 器件编程与板级验证

如果时序仿真结果正确,接下来将布局、布线后产生的编程文件下载到具体的 FPGA 芯片中,然后进行板级电路的验证。如果板级工作正常,符合预期的要求,则大功告成,任务完成。否则,返回设计修改逻辑,重复以上的过程。

1.8.3 FPGA/CPLD 的配置下载

1. CPLD 的编程

CPLD 只有 JTAG 接口,只能通过 JTAG 接口进行编程。这种 CPLD 的编程方式有以下几种:

(1)在线编程(ISP,In System Programming)。在线编程是可编程器件已经焊接在电路板上了,利用芯片生产厂家的下载电缆和编程器(通常是 USB 接口),把配置文件从计算机下载到可编程器件中。通常是通过可编程器件的 JTAG 接口对 CPLD 进行编程。示意图如图 1-16 所示。

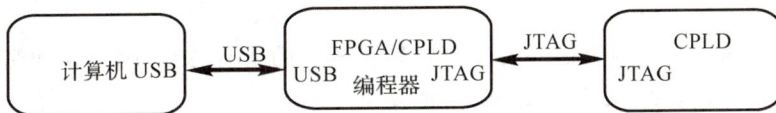

图 1-16 CPLD 在线编程示意图

这种编程方式通常是用在嵌入式系统的开发阶段,需要调试 CPLD。这个过程中可能需要反复修改 CPLD 的设计,反复编程。这种方式的缺点是需要一个一个对 CPLD 进行编程,花费时间较长,所以成本较高,一般适用于开发阶段。另外这种方式也适合小批量生产。

(2)离线编程(Off-Line Programming)。离线编程是在可编程器件被焊在电路板上以前,用 CPLD 编程器把配置文件烧入 CPLD 中,然后再焊接到电路板上。

这种编程方式的成本较低,花费时间较短,适合大批量生产。CPLD 的设计已经经过验证,产品可以正式投入生产。

(3)运行中编程(On The Fly Programming)。嵌入式系统可以通过系统中的微处理器对 CPLD 进行编程。配置文件存储在外部闪存中。在系统上电后,微处理器从闪存中读出配置文件,通过几个 GPIO 口对 CPLD 进行编程。这几个 GPIO 口用来模仿 JTAG 接口,如图 1-17 所示。

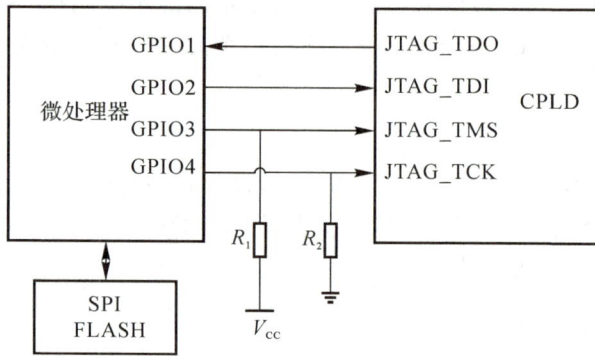

图 1-17　通过微处理器对 CPLD 进行编程

这种方式适合嵌入式系统在系统运行中出于某种原因(比如修改错误或升级、远程配置等),需要改变 CPLD 的设计。CPLD 的设计已经经过验证。

通常 JTAG 信号中的 TCK 信号要接下拉电阻,TMS 信号接上拉电阻,其阻值从几百欧姆到几十千欧姆,用来防止在系统上电复位的过程中造成误操作,提高可靠性。微处理器在上电复位的过程中,软件还没有运行,这四个 GPIO 还没有被设置,处于高阻状态,状态不定,有可能造成误操作。

(4)多片 CPLD 的编程。当一个嵌入式系统中有多片(两片以上)CPLD 时,可采用单一 JTAG 口,以菊花链(Daisy-Chain)的形式将所有芯片串联起来实现下载编程,如图 1-18 所示。TCK 和 TMS 接到所有的 CPLD 芯片,前一个 CPLD 的 TDO 接到下一个 CPLD 的 TDI,JTAG 的 TDI 接到第一个芯片的 TDI,最后一个芯片的 TDO 作为 JTAG 的 TDO。

由于 TCK 和 TMS 两个信号要连接到菊花链中的所有芯片,因此这两个信号的质量(信号完整性)非常重要,尤其是 TCK 时钟信号。

当菊花链中的芯片超过 3 个时,TMS 和 TCK 必须加缓冲器以增加其驱动能力。一般在 TCK 的缓冲器输出端接一个 $10\sim50\ \Omega$ 的电阻做源端串联阻抗匹配,以保证 TCK 信号的完整性。

(5)JTAG 信号的上拉和下拉。通常 TCK 要接一个下拉电阻,TMS 信号接一个上拉电阻,阻值通常在 500 Ω~10 kΩ 之间。这样可以提高 JTAG 的抗干扰性,防止外界噪声对 JTAG 的影响,尤其是 TCK 信号。

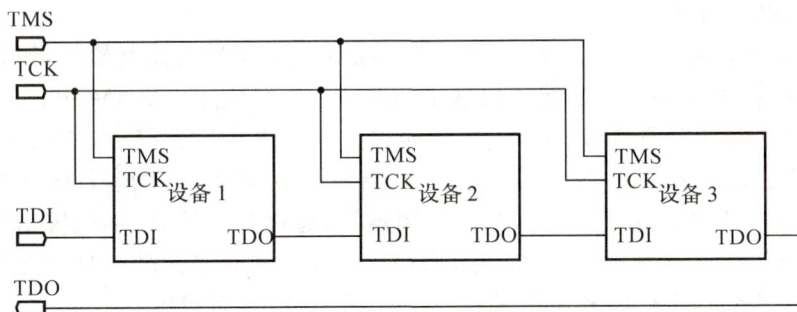

图 1-18　多片 CPLD 的编程

2. FPGA 的编程

(1)带内置闪存 FPGA 的编程。有一些 FPGA 有内置闪存,FPAG 的配置信息储存在内部闪存中,无需外接存储器件。当系统上电时,配置信息自动从内部闪存转移到内部 SRAM 中。

这种 FPGA 的特点是配置时间比需要从外部读入配置信息的 FPGA 的配置时间少很多,可快达 1 ms 左右。

这种 FPGA 的编程方式和 CPLD 是一样的。

(2)无内置闪存 FPGA 的编程。对于没有内置闪存的 FPGA,系统上电时需要从外部配置芯片或从微处理器得到配置信息文件。一般 FPGA 的配置模式有主动串行方式、被动串行方式和被动并行方式。FPGA 有几个配置模式选择管脚,根据这几个脚的电平来选择用哪一种配置模式。

1)主动串行方式(Active Serial Mode)。FPGA 的编程文件存储在片外的配置芯片中,当系统上电时,FPGA 作为主控制器,通过串行接口(通常是 SPI 或 Quad-SPI 接口),主动发出读取数据信号,把配置芯片中的配置信息读入 FPGA 内的 SRAM 中。实现对 FPGA 的编程。配置芯片中的配置信息可通过专用的编程器事先已写入,然后再焊接到电路板上。主动串行方式比较简单,连线比较少,节省 PCB 面积,但它的速度较慢,配置时间较长。如图 1-19 所示。

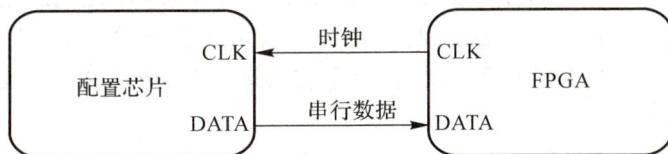

图 1-19　主动串行方式配置示意图

$$FPGA\ 配置所需时间 = \frac{FPGA\ 的配置文件大小}{时钟频率}$$

例如,如果时钟频率是 50 MHz,配置文件大小是 50 MB,则配置时间是 1 s。如果是 Quad-SPI 接口,由于 Quad-SPI 的数据线有四条,则配置时间降低到 250 ms。

通常配置芯片是由 FPGA 的生产厂家生产的,价格通常较贵。对于对价格敏感的产品,通常不建议使用这种方式。

2)被动串行方式(Passive Serial Mode)。配置芯片作为主控制器件,通过串行通信(通常是 SPI 或 Quad-SPI),把配置信息主动写入 FPGA 内的 SRAM 中,实现对 FPGA 的编程,也可以由微处理器对 FPGA 进行编程。串行方式比较简单,连线比较少,节省 PCB 面积;但它的速度较慢,配置时间较长,配置时间的计算和主动串行配置的一样。

3)被动并行方式。配置芯片作为主控制器件,通过并行接口,把配置信息主动写入 FPGA 内的 SRAM 中,实现对 FPGA 的编程。这种方式升级比较方便。并行方式的配置速度较快,配置时间较短,但需要的连线较多,占用 PCB 面积较大。

$$FPGA\ 配置所需时间 = \frac{FPGA\ 的配置文件大小}{时钟频率} \times \frac{1}{N}$$

式中:N 是并行数据线的宽度。比如:时钟频率是 50 MHz,配置文件大小是 50 MB,并行数据线宽度是 8,则配置时间为 125 ms;如果数据线宽度是 16,则配置时间降到 62.5 ms。

配置方式的选择要点:①如果 FPGA 配置时间要求很短,则选择主动并行方式或被动并行方式;②如果 FPGA 配置时间的要求不高,则可以选择主动串行方式或被动串行方式。

FPGA/CPLD 设计细则:

1)尽可能采用单一时钟。

2)跨时钟域的信号一定要做同步处理。对于控制信号,可以采用双采样。对于数据信号,可以采用异步 FIFO。

3)输入时钟信号的占空比为 40%~60%,不能太小或太大。

4)约束文件(Constraint File)很重要,尤其是在时钟速度很高的 FPGA 设计中。约束文件应包含 FPGA 设计中时钟信号的频率、占空比、一些信号的时延指标等参数。

5)没有用到的 FPGA/CLPD 的 GPIO 要接地或者把它们设定为输出,并且输出为低。否则,没有用到的 GPIO 一般默认为高阻态输入,很容易受外界噪声的影响而造成翻转,增大功耗,而且悬浮的管脚会变成一个小的天线,把耦合到它上面的干扰信号辐射出去,增大 EMI。

6)把没有用到的 FPGA/CPLD 的几个 GPIO 设为测试点,以方便 FPGA/CPLD 的调试。

7)可以把 FPGA/CPLD 的一个或几个 GPIO 接上一个发光二极管,并串入限流电阻,用来显示 FPGA/CPLD 的工作状态或内部某些电路的工作状态,对电路的调试非常有用。

8)若非必要,不要用 FPGA/CPLD 内部的上拉电阻和下拉电阻,内部的上拉电阻和下拉电阻会增加 FPGA/CPLD 的功耗。如果有必要,可以在 FPGA/CPLD 的外部接上拉电阻。

3. FPGA/CPLD 功耗的估算

FPGA/CPLD 功耗的估算对于嵌入式系统电源的设计和系统及 FPGA/CPLD 的散热设计非常重要。

FPGA 的工艺是 CMOS 工艺。其功耗包括两部分,即静态功耗(Static Power

Consumption)和动态功耗(Dynamic Power Consumption)。FPGA 的数据手册一般只给出特定温度下(通常为 25 ℃)的静态功耗,没有给出在其他温度下的静态功耗。静态功耗是由于 FPGA 中 MOSFET 的漏电流造成的,通常会随 FPGA 结温度的升高而升高。FPGA 的数据手册一般不会给出动态功耗,因为动态功耗跟很多因素都有关,比如电源电压,时钟频率,设计中使用的逻辑单元的多少,RAM 的多少等都有关系。一般 FPGA 的动态功耗要远大于静态功耗。每个 FPGA 的生产厂家都有自己的软件工具来估算FPGA的功耗,如:

1)Xilinx 公司的 Xilinx Power Estimator(XPE);

2)Altera 公司的 PowerPlay Early Power Estimator(PowerPlay EPE);

3)Lattice 公司的 Power Calculator;

4)Microsemi 公司的 Power Calculator。

当上电时,对 FPGA 的供电电压的上升时间有一定的要求,上升时间不能太短,也不能太长。上升时间太短,FPGA 电源电压的浪涌电流就会很大;上升时间太长,则会影响FPGA 的配置。

另外 FPGA 一般有几个供电电压,通常包括核电压(Core Supply)、I/O 电压(I/O Supply)、外围电压(Aux Spply)等。对上电顺序也有一定的要求,这些都是设计电源时要考虑的。

1.9　电　　源

电源对嵌入式系统,就像血液对于人体一样重要。电源设计是所有嵌入式系统中十分重要的一个部分,也是系统正常工作的基础。根据统计,一个嵌入式系统大部分(高达50％ 以上)的故障问题是由于嵌入式系统的电源引起的,而电源故障大部分(50％以上)是电源开/关时产生的。

一个好的电源设计要有较宽的输入电压范围,对外部电压有较大的容忍,以保证外部供电电源出现较大波动时不会影响系统工作,同时要有稳定的输出电压以及一定带负载能力,以保证整个嵌入式系统能够稳定地工作。

嵌入式系统的电源供应可以有以下几种:

(1)电池:分为可充电电池和不可充电电池。

(2)交流电源。

(3)直流电源。

电池供电的嵌入式系统产品,有些使用的是不可充电的电池,比如各种遥控器使用的AAA 电池等,如图 1-20 所示;有些使用的是可充电的电池,比如笔记本电脑、手机等,这些电池通常是锂电池等,因此系统中还需要充电电路和充电保护电路,如图 1-21 所示。可充电的电池一般是用直流充电,这个直流电源通常来自于一个电源适配器,即交流-直流(AC-DC)转换器,电压通常是 5～24 V。通常当充电时,直流-直流转换器由外接的电源适配器来供电,然后再由直流-直流转换器产生系统需要的各种电压。有些简单的和低成本的嵌入式系统,不需要直流-直流转换器,直接由电池供电。

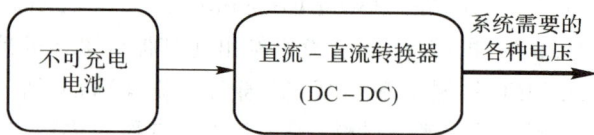

图 1-20　不可充电电池供电示意图

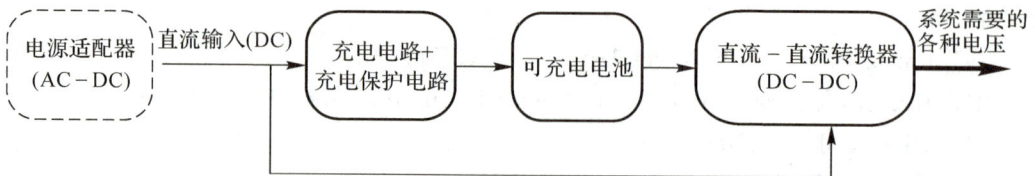

图 1-21　可充电电池供电图

如果电源是交流,则先要把交流电源通过交流-直流转换器转换为直流,一般为 5 V,12 V,24 V 等,再通过系统内部的直流-直流转换器,产生嵌入式系统中所需要的较低的电压,如 3.3 V,2.5 V 等。如图 1-22 所示。

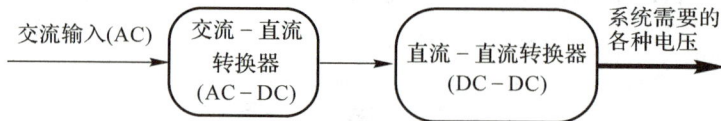

图 1-22　交流电源供电图

直流电源供电的嵌入式系统,其直流电源一般来自外部的直流电源或电源适配器,然后再由直流-直流转换器,产生系统需要的各种较低的电压,如 3.3 V,2.5 V 等,如图 1-23 所示。

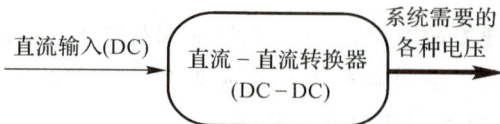

图 1-23　直流电源供电图

1.9.1　直流输入电源的短路(Short)或过流(Over-current)保护

1. 保险丝

出于某种原因,嵌入式系统的电源输入会出现短路或过流的情况,这时就需要输入短路或过流保护,以保护外接电源。短路或过流保护元件一般放在外接电源进入嵌入式系统的入口处,如图 1-24 所示,F_1 是过流保护器件。

保险丝分为一次性保险丝(Fuse)和自恢复保险丝(Resettable Fuse)。

一次性保险丝是一次性过流保护器件,在输入电流超过保险丝额定电流一定时间后,保险丝就会发热,进而因温度过高而熔断。在保险丝熔断后,需要更换保险丝,系统才能重新工作。根据反应时间的长短,保险丝分为快速保险丝和慢速保险丝。快速保险丝的反应时间较短,一般在 100 ms 以上。慢速保险丝的反应时间较长,几秒至几十秒。

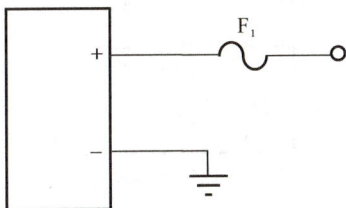

图 1-24　输入电源短路和保护电路

一次性保险丝的反应时间与短路或过载电流的大小有关。短路或过载电流越大,反应时间越快。保险丝的数据手册会给出一个反应时间对电流的曲线。根据这个曲线,可以得到不同过载电流下保险丝的反应时间。例如:一个保险丝的额定电流是 1 A,如果过载电流是 2 A,则保险丝的反应时间是 10 s;如果过载电流是 10 A,则反应时间为 1 ms。

PTC 是热敏电阻中正温度系数的过流保护器件。当输入电流超过 PTC 额定电流时,PTC 就会发热,因为是正温度系数,所以 PTC 阻值就会快速上升,这样通过的电流就会减小,从而起到过流保护作用。当输入电流小于额定电流时,PTC 恢复正常工作。

表 1-2 对一次性保险丝和自恢复保险丝做了比较。

表 1-2　保险丝和自恢复保险丝的比较

	一次性保险丝	PTC
工作方式	一次性熔断。过流消失后,不可以恢复,需要更换	过流消失后,可以自行恢复
最大额定电流	>20 A	11 A
最大额定电压	600 V	60 V
漏电流	熔断后无漏电流	有漏电流

当输入电压大于 60 V(交流或直流)时,应选用一次性保险丝。

当输入电压小于 60 V 时,应根据系统要求选择一次性保险丝或 PTC。

除了一次性保险丝和自恢复保险丝,还有用半导体器件的过流保护方式,这种保护方式会在后面提到。用半导体器件做过流保护,反应时间更快。

2. 利用热插拔控制器(Hot-Swap Controller)和功率 N-MOSFET 组成的热插拔电路来抑制浪涌电流

这种方案需要一个热插拔控制器、一个功率 N-MOSFET、一个电流检测电阻及一些分立元件组成,如图 1-25 所示。

R_{sens} 是电流检测电阻。当流经此电阻的输入电流 I_{in} 过大而导致它两端的电压 $V_{sens} = R_{sens}I_{in}$ 超过某一电压阈值 V_{th}(电压阈值通常由热插拔控制器设定)时,功率 N-MOSFET Q_1 就会断开。有的热插拔控制器过一段时间 T_{break} 会尝试再次打开 Q_1,如果过流消失,那么 Q_1 就会导通;如果过流仍然存在,则 Q_1 会再次断开,这个过程一直重复。有的热插拔控制器只要检测到有过流,则这个过流状态就会一直被锁存,Q_1 一直断开。除非关电,则锁存状态才会被解除。

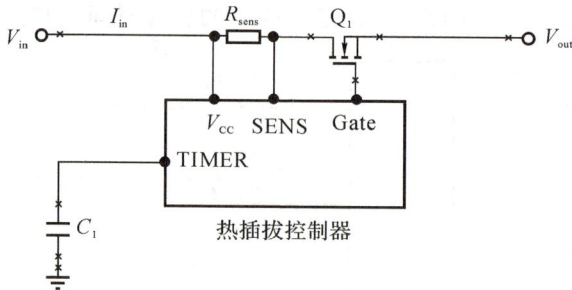

图 1-25　输入电源过流保护电路

T_{break} 通常由外接定时电容 C_1 来设定。电容值越大,间隔时间就越长。

功率 N-MOSFET 的静态功耗 $P_S = I_{in}^2 \times R_{on}$。式中:$I_{in}$ 是输入电流;R_{on} 是功率 N-MOSFET 的导通阻抗。由于功耗引起的结温度升高 $\Delta T_J = P_S \times \theta_{J-A}$,$\theta_{J-A}$ 是 MOSFET 结到环境的热阻。MOSFET 的结温度 $T_J = \Delta T_J + T_A$,T_A 是最高环境温度。MOSFET 的结温度应该小于 125 ℃。

除了要考虑 MOSFET 静态时的结温度,电路中的功率 N-MOSFET 在上电/关电期间在线性区工作的时间较长,所以一定要确保功率 N-MOSFET 工作在它的安全工作区(SOA,Safe Operation Area),以免损坏功率 N-MOSFET。这一点往往容易被忽略。功率 MOSFET 的数据手册都会给出 SOA 曲线。有些功率 MOSFET 线性特性比较好,可以优先选择这类 MOSFET。

1.9.2　直流输入电源的极性保护(RPP,Reverse Polarity Protection)

在直流输入电源的嵌入式系统中,有时由于人为失误,直流电源的极性会被接反,从而对电源电路造成损坏。因此,一般在直流电源的输入端要加极性保护电路,尤其是在电路板的调试阶段。这样就可以保证只有正确地连接电源的极性,电源电路才能正常工作。即使直流电源极性被接反了,也不会损坏电源电路,从而提高系统的可靠性。

通常输入电源的极性保护有以下方式:利用功率二极管和利用功率 P-MOSFET。

1. 二极管极性保护

二极管保护是最简单的极性保护电路,它是利用二极管的正向导通特性。二极管保护电路如图 1-26 所示。

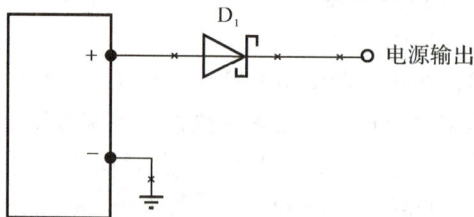

图 1-26　二极管极性保护电路

保护二极管通常用肖特基功率二极管,这是因为同其他二极管相比,肖特基二极管的正向导通压降 V_f 很低,约为 0.5 V,这样保护二极管的功耗也低,假设输入电流的均方根值(RMS)为 I,则二极管的功耗为 $V_f \times I$。假设输入电流 $I=1$ A,则二极管的功耗为 1 A×0.5 V=500 mW。

选择肖特基二极管的原则如下:

(1)肖特基二极管的反向击穿电压 V_R 应大于直流输入电压的最大值 V_{in-max} 约 30%($V_R \geqslant 1.3 V_{in-max}$)。

(2)肖特基二极管的正向导通电流 I_f 应大于输入电流的最大值 I_{in-max} 约 30%($I_F \geqslant 1.3 I_{in-max}$)。

(3)根据保护二极管的功耗和热阻,计算出它的结温度升高,再加上环境温度,就是它的结温度。在系统的整个工作温度范围内,其结温度应小于 140 ℃。

这种方式的优点是简单,适用于输入电流较小的嵌入式系统;但保护二极管会浪费掉一部分功率,所以会降低电源的效率。对输入电流较大的系统或对电源效率要求很高的系统(比如电池供电的嵌入式系统),则不适用。

如果有的嵌入式系统在运行时可以保证电源不会被接反,则在设计时可以考虑在保护二极管的两端并联一个零欧姆的电阻,在调式阶段在电路板上不放置这个零欧姆电阻。当调式完毕,进入批量生产阶段时,可以去掉保护二极管,而把零欧姆电阻放上,这样一是可以降低成本,二是可以避免保护二极管造成的电源功率的浪费。

2. 利用功率 P-MOSFET 的极性保护电路

利用功率 P-MOSFET 的极性保护的电路如图 1-27 所示。

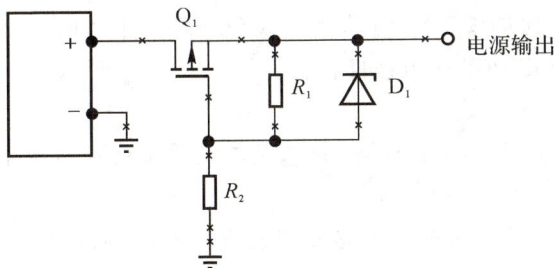

图 1-27　功率 P-MOSFET 极性保护电路

Q_1 是一个功率 P-MOSFET, R_1 和 R_2 是两个电阻, D_1 是稳压二极管,用来保护 Q_1,避免 Q_1 的栅极至源极的电压 V_{GS} 超过最大额定 V_{GS}。当上电时,如果输入电压的极性正确,则功率 P-MOSFET 内的体二极管首先正向导通,功率 P-MOSFET 源极的电压 $V_s = V_{in} - V_{diode}$, V_{in} 是直流输入电压, V_{diode} 是体二极管的正向导通压降,通常为 1 V 左右。 R_1 和 R_2 构成一个电阻分压电路,功率 P-MOSFET 的栅极–源极电压 $V_{GS} = -V_s \times \dfrac{R_1}{R_1 + R_2}$,当 V_{GS} 大于功率 P-MOSFET 的导通电压阈值 $V_{GS(th)}$ 时,功率 P-MOSFET 导通。MOSFET 的功耗 $=I_{in}^2 R_{on}$。假设输入电流 $I=1$ A,MOSFET 的导通阻抗 $R_{on}=20$ mΩ,则 MOSFET 的功耗为 $I^2 R_{on}=20$ mW。

当输入电源极性接反的时候，体二极管不会导通，功率 P-MOSFET 的栅极–源极电压 V_{GS} 接近于零伏，功率 P-MOSFET 不会导通，因此保护了后面的电源电路。

选择电阻 R_1，R_2，功率 P-MOSFET 和 D_1 的原则是：

1）R_1 和 R_2 的阻值通常很大，以降低它们的功耗，通常在 100 kΩ ～ 1 MΩ 之间。

2）选择 R_1 和 R_2 使得功率 P-MOSFET 的栅极–源极电压 V_{GS} 小于功率 P-MOSFET 的最大栅极–源极额定电压 $V_{GS(max)}$（避免损坏功率 P-MSOFET），并且大于功率P-MOSFET 的栅极–源极额定电压阈值 $V_{GS(th)}$（保证功率 P-MOSFET 导通）。在这个范围内使得 V_{GS} 尽可能大，以便降低功率 P-MOSFET 的导通阻抗，以减小功耗。如果输入直流电压小于功率 P-MOSFET 的最大栅极–源极额定电压 $V_{GS(max)}$，则可以不需要 R_1 和 R_2，直接把栅极接地。

3）功率 P-MOSFET 的漏极–源极额定电压 V_{DS} 应大于直流输入电压的最大值 V_{in-max} 约 30％（$V_{DS} \geqslant 1.3 V_{in-max}$）。

4）功率 P-MOSFET 的漏极连续导通额定电流 I_D 应大于输入电流的最大值 I_{in-max} 约 30％（$I_D \geqslant 1.3 I_{in-max}$）。尽量选择导通阻抗低的功率 P-MOSFET，以减小功耗。

5）D_1 是稳压二极管，用来保护功率 P-MOSFET，防止功率 P-MOSFET 的栅极–源极电压 V_{GS} 过大，损坏功率 P-MOSFET。它的齐纳电压应该小于功率 P-MOSFET 的最大额定栅极–源极电压 $V_{GS(max)}$，通常为 ± 20 V。有些功率 P-MOSFET 的栅级和源级之间会有内嵌的稳压二极管，因此不需要 D_1。一般选齐纳电压为 12 V 的稳压二极管。

利用功率 P-MOSFET 进行极性保护的优点是简单，只需要一个功率 P-MOSFET 和两个电阻；缺点是相对于功率 N-MOSFET，功率 P-MOSFET 的导通电阻较大，而且如果输入电源电压较低时（比如 ≤2 V）时功率 P-MOSFET 因为 V_{GS} 太小，可能无法导通，这时就无法用功率 P-MOSFET 进行极性保护。

总结：

（1）二极管极性保护电路比较简单，缺点是二极管上消耗的功率较大。二极管一般选用功率肖特基二极管。

（2）功率 P-MOSFET 极性保护电路稍微复杂一些，但同二极管相比，功耗很低

1.9.3　输入浪涌电流（in – Rush Current）的抑制

嵌入式系统中的 DC-DC 转换器的输入一般都有较大的输入电容 C_{in}，在电源接通之前，电容 C_{in} 两端的电压为零伏，相当于短路；电源 V_{in} 接通瞬间，输入电容 C_{in} 被快速充电，从而产生很大的电流，这就是浪涌电流 $I_{in-rush}$，

$$I_{in-rush} = C_{in} \times \frac{dV_{in}}{dt}$$

浪涌电流 $I_{in-rush}$ 通常远远大于正常工作时的稳态输入电流。

浪涌电流的危害主要有：电源输入保险丝熔断；电源输入插座易发生氧化，影响输入极性保护元件的可靠性（如果存在的话）；对电源产生过载。如果电源线比较细而且很长，它的电感 L 就较大。如果浪涌电流过大，则

$$\Delta V = L \frac{\mathrm{d}I_{\text{in-rush}}}{\mathrm{d}t}$$

会产生瞬间电压升高(ΔV),有可能会超过输入电容 C_{in} 的额定电压而损坏输入电容和后续电路中的元器件;另外有可能造成电源的电压跌落,如果此电源也供电给其他子系统,则有可能造成其他系统的复位和误操作,因此在可靠性要求高的嵌入式系统中,一般都要抑制浪涌电流。

图 1-28 是一个浪涌电流的仿真波形。假定输入电压是 24 V(假定电源内阻为 1 Ω),输入电容为 100 μF(假定电容的等效串联阻抗 ESR=1 Ω),负载是 100 Ω。

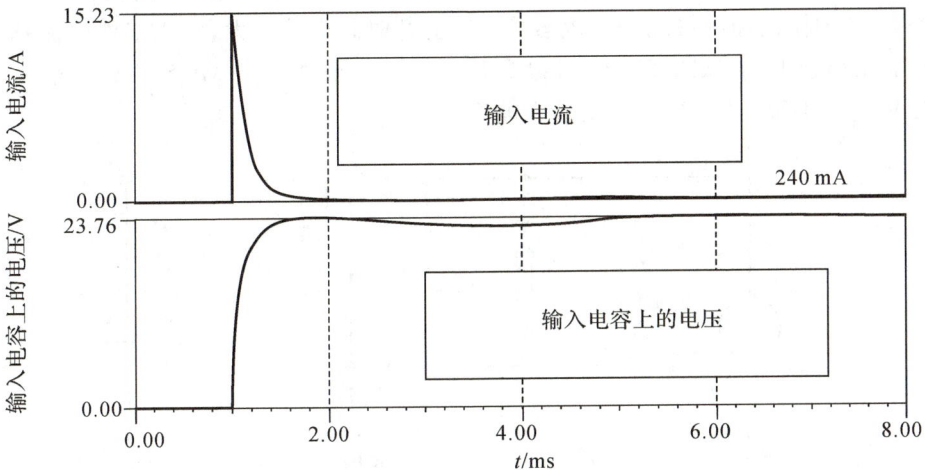

图 1-28 浪涌电流的仿真波形

由图 1-28 可见,输入电源接通瞬间,输入电流可高达 15.23 A,尽管稳态输入电流只有 240 mA 左右,输入电容上的电压很快上升至输入电压值。

抑制浪涌电流有如下几种方式。

1. 利用负温度系数热敏电阻(NTC,Negative Temperature Coefficient)来抑制浪涌电流

最常用的输入浪涌电流限制方法是串联 NTC(见图 1-29)。NTC 的阻值会随温度升高而降低。在输入电源接入时,NTC 的温度较低,有较高的电阻,因此输入电流较小;而在输入电源接入一段时间之后,NTC 会由于有电流流过,自身功耗发热而迅速升温至一定温度,电阻值则减少到室温时的几十分之一,正常工作时的功率损耗将大大减少。

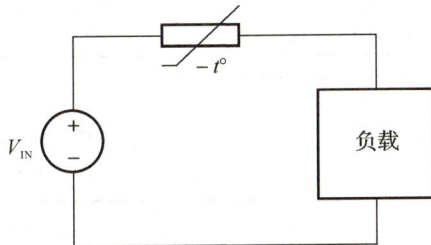

图 1-29 用 NTC 来抑制浪涌电流

这种方案简单,但缺点明显:

1)受环境温度影响较大,对于工作温度范围很大的产品,NTC 不太适合。

2)功耗较大。

2. 利用功率 P-MOSFET 组成的软启动电路来抑制浪涌电流

此电路通过控制功率 P-MOSFET 的 V_{GS} 的上升时间来控制功率 P-MOSFET 的开关时间,进而抑制输入浪涌电流,如图 1-30 所示。

R_1 和 R_2 构成一个电阻分压电路,以确保 V_{GS} 低于阈值电压(一般低于 -5 V)而大于最大额定阈值电压 $V_{GS\text{-max}}$。V_{GS} 的上升时间常数 $= R_2 C$。通常 C 的值要远大于功率 P-MOSFET 的栅极和源极之间的电容 C_{GS}。上升时间常数越大,输入浪涌电流越小。如果输入电压小于 10 V,则电阻 R_1 可以拿掉。因为一般功率 P-MOSFET 的最大额定阈值电压 $V_{GS\text{-max}}$ 小于 -15 V。C_{in} 是输入电容。

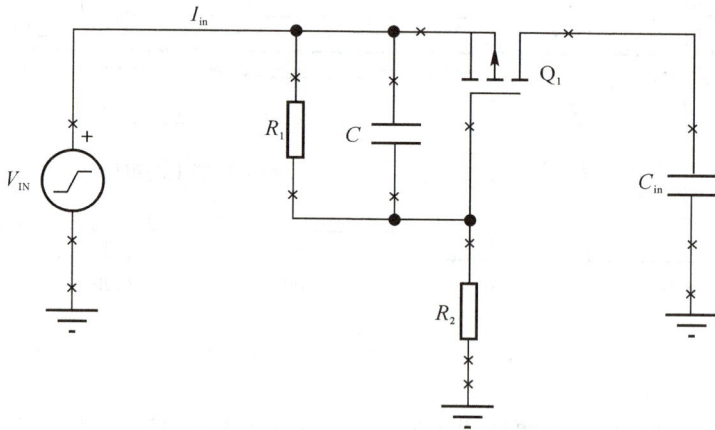

图 1-30 用功率 P-MOSFET 抑制浪涌电流

图 1-31 是上述电路的仿真结果。

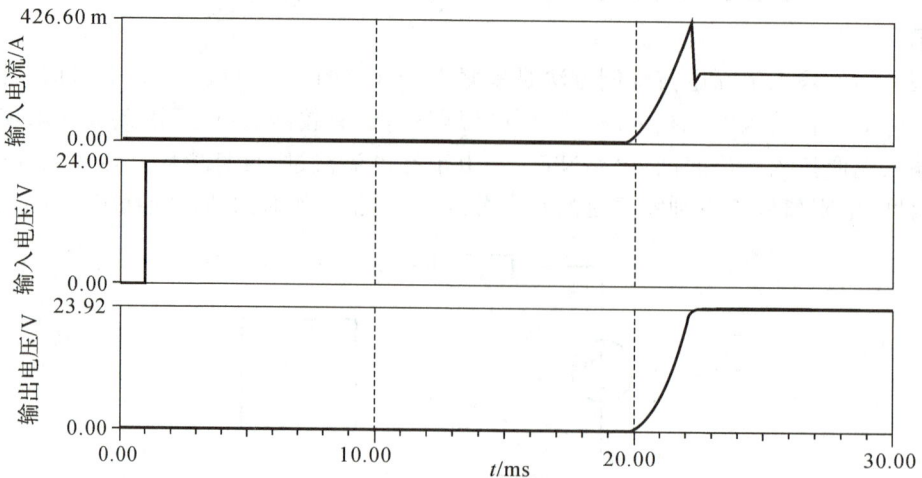

图 1-31 仿真结果

从仿真结果可见,浪涌电流的峰值被大大减小,最大浪涌电流为 426 mA。

这种方式的优点是简单,只需要一个功率 P-MOSFET,外加两个电阻和一个电容。选择功率 P-MOSFET 的时候,其导通阻抗越小越好。其缺点是相对于功率 N-MOSFET,功率 P-MOSFET 的导通电阻较大。其静态功耗为 $P_s = I_{in}^2 R_{on}$,R_{on} 是导通电阻,I_{in} 是输入电流。如果输入电流很大时,其功耗也越大。另外输入电压 V_{in} 不能太小,如果太小,则 V_{GS} 太小(低于阈值电压)使得功率 P-MOSFET 不会导通。

3. 利用热插拔控制器和功率 N-MOSFET 组成的软启动电路来抑制浪涌电流

这种方案需要一个热插拔控制器和一个功率 N-MOSFET,当外接直流电源接通时,输入电压缓慢上升,从而减小输入浪涌电流,如图 1-32 所示。

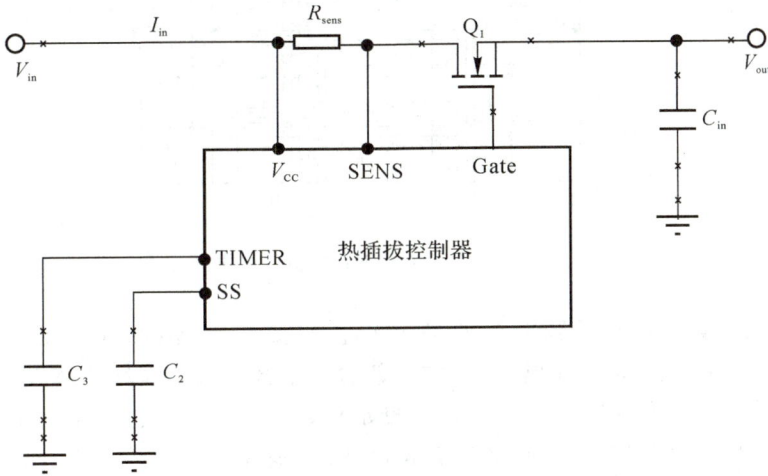

图 1-32　热插拔控制器组成的软启动电路

热插拔控制器一般有一个软启动引脚 SS,需要外接一个电容 C_2 来控制输出电压的上升时间。Q_1 是功率 N-MOSFET。R_{sens} 是电流采样电阻,用来检测输入电流。当输入电流过大时而导致 R_{sens} 两端的电压超过一定的电压阈值时,MOSFET 关断,从而起到抑制浪涌电流的作用。

软启动电路中功率 P-MOSFET 和功率 N-MOSFET 的静态功耗 $P_S = I_{in}^2 R_{on}$,I_{in} 是输入电流,R_{on} 是功率 P-MOSFET 和功率 N-MOSFET 的导通阻抗。由于功耗引起的结温度升高 $\Delta T_J = P_S \times \theta_{JA}$,$\theta_{JA}$ 是功率 MOSFET 结到环境的热阻。功率 MOSFET 的结温度 $T_J = \Delta T_J + T_A$,T_A 是最高环境温度。功率 MOSFET 的结温度应该小于 125 ℃。

除了要考虑功率 MOSFET 静态时的结温度,软启动电路中的功率 N-MOSFET 和功率 P-MOSFET 在加电/关电期间在线性区工作的时间较长,因此一定要确保功率 MOSFET 工作在它的安全工作区,以免损坏功率 MOSFET。这一点往往容易被忽略。功率 MOSFET 的数据手册都会给出 SOA 曲线。有些功率 MOSFET 线性特性比较好,在软启动电路中可以优先选择这类功率 MOSFET。

图 1-33 就是一个功率 MOSFET 的安全工作 SOA 曲线,此曲线有四个边界:

(1)安全工作区 SOA 曲线左上方的边界斜线,受功率 MOSFET 的导通电阻 R_{on} 限制。在一定的 V_{GS} 下，功率 MOSFET 都有一个确定的 R_{on}。

（2）安全工作区 SOA 曲线最右边的垂直边界，受功率 MOSFET 的最大漏源极电压 BV_{DS} 限制。

（3）安全工作区 SOA 曲线最上方的水平边界，受最大的脉冲漏极电流 I_{DM} 的限制。

（4）安全工作区 SOA 曲线右上方的平行的一组斜线，是不同的单脉冲宽度下的电流限制。

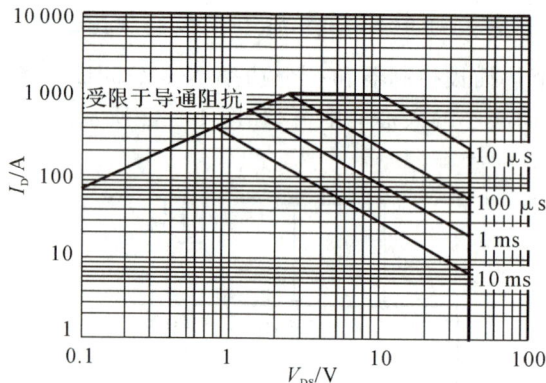

图 1-33 某功率 MOSFET 的安全工作区曲线

上述几条曲线构成的区域下方就是 SOA。只要功率 MOSFET 工作在安全工作 SOA 内，它就是安全的，可以正常工作；如果超过这个区域就会损坏功率 MOSFET。

以图 1-33 中的功率 MOSFET 为例，假如 $V_{DS}=10$ V，单脉冲宽度为 100 μs，那么如果脉冲电流幅度小于约 200 A，则此功率 MOSFET 是工作在安全工作 SOA 内；但如果 V_{DS} 和电流幅度不变，脉冲宽度增加到 1 ms，则功率 MOSFET 没有工作在安全工作 SOA 内，超出了这个范围，会损坏功率 MOSFET。

功率 N-MOSFET 的导通电阻比功率 P-MOSFET 的导通阻抗要低，因此消耗的功率较低。

总结：

（1）由功率 P-MOSFET 或功率 N-MOSFT 构成的软启动电路可以大大降低电源输入的浪涌电流，提高系统的可靠性。但要确保 MOSFET 的结温度小于 125 ℃，同时要确保功率 MOSFET 工作在它的安全工作 SOA 内。

（2）在一些对功耗和工作环境温度要求不高的嵌入式系统，也可以使用负温度系数的热敏电阻 NTC 来抑制浪涌电流。

1.9.4 过压保护

输入电源出于某种原因，可能出现输入电压超过正常工作电压的情况，会对系统的正常工作产生影响，甚至会损坏元器件，所以设计时要进行过压保护。过压通常有两种情况：短暂过压（Transient Over-Voltage）和长期过压（Long Time Over-Voltage）。

1. 短暂过压的保护

短暂过压的持续时间很短，如静电（ESD），持续时间只有不到 100 ns，但要求保护元件的反应很快。

短暂过压的保护通常用稳压二极管、ESD 保护二极管、TVS 二极管、MOV。

稳压二极管、ESD 二极管和 TVS 二极管的反应都很快,反应时间为纳秒级,一般用来保护低电压电路;MOV 反应较慢,反应时间为毫秒级,但可以吸收较大的能量,一般用来保护交流,高电压直流电路。

2. 长时间过压的保护

稳压二极管、ESD 二极管、TVS 二极管、MOV 等短暂过压保护元件不适用于长时间过压,长时间的过压会损坏这些元件。长时间过压的保护一般有一个开关元件(通常是功率 MOSFET)和电压监测及一些控制电路。当检测到输入电压过压时,开关元件会断开电源,从而保护后续电路。热插拔控制器可以完成这个功能,如图 1-34 所示。

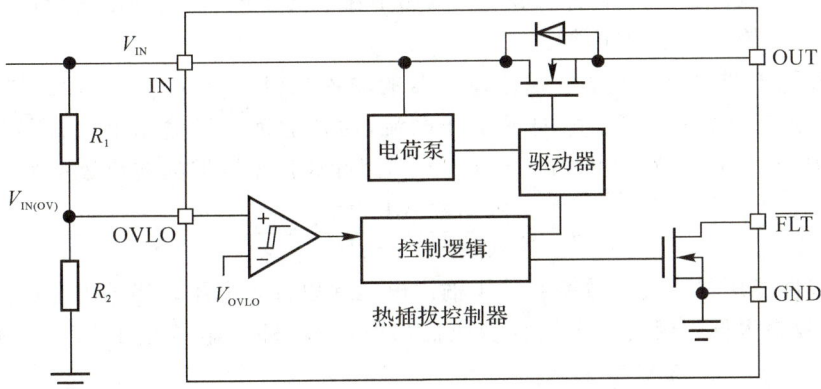

图 1-34 过压保护电路

通电时,功率 N-MOSFET 是断开的。R_1 和 R_2 组成的分压电路用来检测输入电压,分压电路的输出送到一个电压比较器,比较器的输出控制一个功率 N-MOSFET。当输入电压在工作电压范围时,功率 N-MOSFET 导通,给后级电路供电;当输入电压超出工作电压范围时,功率 N-MOSFET 断开,从而保护了后级电路。热插拔控制器的额定工作电压要远大于输入电压。

1.9.5 直流-直流转换器(DC-DC Converter)

嵌入式系统的输入电压通常较高,如 48 V,28 V,12 V 等,而系统中的数字电路和模拟电路通常需要多个低电压的供电电压(如 5 V,3.3 V,2.5 V,1.2 V 等),因此需要用直流-直流转换器来产生嵌入式系统所需要的多个低电压。

直流-直流转换器一般分为线性直流-直流转换器(又称线性稳压器)和开关直流-直流转换器(开关 DC-DC 转换器)。

1. 线性稳压器

线性稳压器的优点是输出电压的噪声小、设计简单。

其缺点如下:

a. 效率低,尤其是输入电压远大于输出电压时。

b. 只能做降压变换,即输出电压只能低于输入电压,输出电压不会高于输入电压。

c. 只能做同电压极性的转换,即输入如果为正电压,则输出只能为正电压;输入如果为负电压,则输出只能为负电压。

d. 不能实现输入电压和输出电压的隔离。

e. 由于效率较低,功耗较大,所以散热是个较大的问题,要特别注意,它的结温度不可以超过 125 ℃,以免影响它的可靠性。

线性稳压器的设计比较简单。可以采用集成的线性稳压器或由分散元件搭建的线性稳压器等两种方案。

(1)集成的线性稳压器。

最简单的线性稳压器,如 78/79 系列等,其输出电压是固定的,有些线性稳压器的输出是可变的,通过外置的两个电阻来设定输出电压。简单的、输出固定的线性稳压器有三个端口,即电压输入 V_{in}、电压输出 V_{out} 和地。

1)线性稳压器的转换效率。线性稳压器的输入电流 $I_{in} = I_{out} + I_Q$,I_{in} 是输入电流,I_{out} 是输出电流,I_Q 是稳压器本身的工作电流,通常远远小于输出电流,所以 $I_{in} \approx I_{out}$。输入功率 $P_{in} = I_{in} V_{in}$,输出功率 $P_{out} = I_{out} V_{out}$,因此线性稳压器的转换效率为

$$\eta = \frac{输出功率}{输入功率} = \frac{I_{out} V_{out}}{I_{in} V_{in}} = \frac{V_{out}}{V_{in}}$$

可见线性稳压器的转换效率约等于输出电压除以输入电压。当输出电压远小于输入电压时,其效率很低。假设一个线性稳压器(78L05)的输入电压是 12 V,其输出电压是 5 V,则其转换效率 $= \dfrac{5\ V}{12\ V} = 41.6\%$。

2)线性稳压器的额定压差。线性稳压器的输入电压 V_{in} 必须高于输出电压 V_{out} 额定的压差 V_{drop}(Dropout Voltage),其输出电压才可以保持稳定;如果输入电压和输出电压之间的差值小于这个额定的压差,则输出电压就不稳定,小于额定的输出电压,达不到稳压的目的。此额定压差通常会列在线性稳压器的数据手册上。78/79 等系列的传统的线性稳压器的额定压差通常为 2 V 左右。市场上现在流行低压差线性稳压器 LDO(Low Dropout Linear Regulator),其额定压差在几百毫伏左右。

3)线性稳压器的功耗及结温度。线性稳压器的功耗 $P_W =$ 输入功率 $-$ 输出功率 $= I_{in} \times V_{in} - I_{out} \times V_{out} = (V_{in} - V_{out}) \times I_{out}$。

假设线性稳压器的热阻系数为 $\theta_{J\text{-}A}$(Junction-to-Ambient,结到环境),环境温度为 T_A,则线性稳压器的结温度 T_J

$$T_J = P_W \times \theta_{J\text{-}A} + T_A$$

例 2 线性稳压器 TS1117B 的额定输出电压为 3.3 V,其最大额定压差为 1.5 V,其最大额定电流为 1 A,封装为 SOT - 223,热阻系数为 130 ℃/W,假设工作环境温度为 65 ℃,输入电压是 5 V,输出电压和输出电压的差值为 1.7 V,输出电流为 0.8 A。

1)首先计算输入电压和输出电压的差值 $V_{diff} = V_{in} - V_{out} = 1.7$ V,大于额定压差 V_{drop}。

2)计算出线性稳压器的功耗 $P = (V_{in} - V_{out}) \times I_{out} = 1.7$ V $\times 0.8$ A $= 1.36$ W。

3)计算出它的结温度:

$$T_J = (5\ \text{V} - 3.3\ \text{V}) \times 0.8\ \text{A} \times 130\ ℃/\text{W} + 65\ ℃ = 241.8\ ℃$$

其结温度已远远超过了半导体的额定结温度150 ℃,而且一般线性稳压器内部有热保护电路,当结温度超过一定温度(通常为165 ℃左右),线性稳压器会停止工作,以自我保护。为了解决这个问题,可以采取加散热器,通风等散热措施,或者换成另外一个稳压器。

当使用线性稳压器时,不能只看线性稳压器的数据书册,还应该注意:

a. 首先估算它的最大输出电流。

b. 输入电压和输出电压之差($V_{in} - V_{out}$)是否大于额定压差。

c. 计算出此线性稳压器的功耗。

d. 计算出在最高工作环境温度下的结温度,结温度不可以超过140 ℃。

e. 结温度如果超过140 ℃,则要考虑修改设计或采取某些散热措施。如果可能的话,尽可能使用低压差线性稳压器。

f. 线性稳压器的输入电容,输出电容和稳定性。

线性稳压器的输入和输出端一般要接一个输入和输出电容。输入电容的作用是去耦,减小输入电流的纹波。输出电容是必不可少的,它会影响线性稳压器的稳定性。线性稳压器是一个负反馈系统,任何反馈系统都会存在稳定性的问题,通常用相位裕量和增益裕量来衡量。通常对相位裕量的要求是不小于 45°,有时会要求不小于 60°,以保证在任何情况下(比如工作温度的变化,元件的参数的稍有不同等)都是稳定的。相位裕量通常用波特图来测量。

输出电容 C_{out} 对线性稳压器的稳定性有直接的影响。一般线性稳压器的数据手册都会给出对输出电容 C_{out} 的要求。对输出电容 C_{out} 的电容值和等效串联阻抗(ESR)都有一定的要求,只有满足一定的电容值和 ESR,线性稳压器才会稳定。一般输出电容可以用陶瓷电容或钽电容。陶瓷电容可分为一类,如 C0G、NP0;二类,如 X7R、X8R 等;三类,如 X5R、Y5V 等。一般输出电容用二类或三类陶瓷电容或钽电容,因为它们的电容值较大,但二类和三类陶瓷电容的电容值与环境温度、电容两端的电压都有关系,使用时要考虑到这些因素。

例如线性稳压器 TPS717 是一个 LDO,输入电压范围是 2.7~5.5 V,输出额定电流是 150 mA。它对稳定性的要求是输出电容 $C_{out} \geq 1\ \mu\text{F}$,输出电容 C_{out} 的 ESR<1 Ω。

g. 线性稳压器的电源抑制比(PSRR,Power Supply Reject Ratio)。

线性稳压器的电源抑制比是线性稳压器的输出电压的波纹对输入电压纹波的比值。它衡量线性稳压器对输入电压中的噪声的抑制能力。线性稳压器没有开关元件,所以其本身不会产生电压波纹。输入电压上的噪声频率越低,PSRR 越高;噪声频率越高,PSRR 越低。图 1-35 是一个低压降线性稳压器 TPS717XX 的 PSRR 和频率的关系。由图可以看出:输入电压上的噪声频率越低,电源抑制比越高,输出电压上的噪声就越小;频率越高,电源抑制比越低,输出电压上的噪声就越大。

(2)分立元件搭建的线性稳压器。

1)齐纳二极管(又称稳压二极管)搭建的线性稳压器。可以用一个齐纳二极管和一个电阻来搭建一个线性稳压器,其输出电压 $V_{out} \approx V_Z$,V_Z 是齐纳二级管的齐纳电压。如图

1-36所示，D_1 是齐纳二极管，R_S 是一个功率电阻，用来限流，C_{out} 是输出电容，用来滤波和提高输出的瞬态响应。R_L 是负载。I_{in} 是输入电流，I_Z 是稳定电流，I_L 是负载电流。

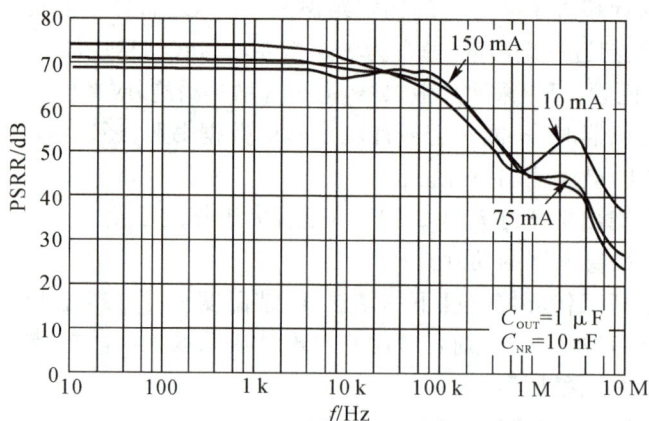

图 1-35　TPS717XX 的 PSRR-频率的关系

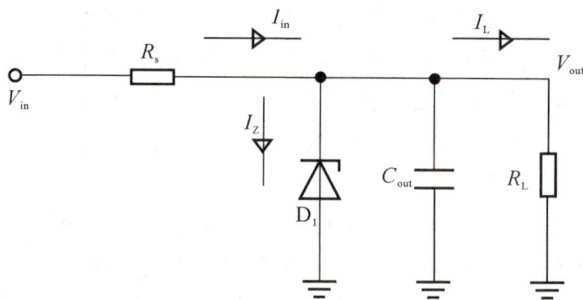

图 1-36　齐纳二极管构成的线性稳压器

设计时注意以下几点：

a.稳定电流 I_Z 必须大于或等于齐纳二极管的额定的最小的稳定电流，输出电压才能保持在齐纳二极管的额定的电压范围内。额定的最小的稳定电流 I_{Z-min} 一般在几毫安到零点几毫安之间。同时齐纳二极管也有一个的最大的稳定电流 I_{Z-max}，稳定电流 I_Z 不可以超过这个最大值。

$$I_{in} = I_{out} + I_Z$$

假设齐纳二极管的额定齐纳电压为 V_Z，则 $I_{in} = \dfrac{V_{in} - V_Z}{R_S}$，所以要根据负载电流的大小，

合理选取 R_S 的阻值。假设负载电流最大为 $I_{out-max}$，则选择 R_S 使得 $\dfrac{V_{in} - V_Z}{R_S} = I_{out-max} + I_Z$。

另外要计算 R_S 的功率，功率要小于它的额定功率。

b.要计算齐纳二极管的功耗，齐纳二极管的功耗 $P = V_Z I_Z$。当负载电流最小时，齐纳二极管的稳定电流 I_Z 最大，此时它的功耗也最大。

c.选择一个额定功耗远大于齐纳二级管最大功耗，其齐纳电压接近于输出电压的齐纳二极管。

　　齐纳二极管构成的线性稳压器简单,成本低,由于没有反馈,所以不存在稳定性问题;但缺点是由于没有反馈,所以对输入电压噪声的抑制要差,而且输出电压的精度较差,齐纳二极管的最小齐纳电压为 3.3 V,所以不可以用于输出电压为 3.3 V 以下的应用。一般用于负载电流较小,输出电压为 5 V 或以上,而且对输出电压精度要求不高的电路。

　　例如,设计一个用齐纳二极管的线性稳压器,输入电压为 12 V,输出电压为 5.1 V,输出电流最大为 50 mA,最小为 10 mA。

　　a.选择齐纳二极管。输出电压为 5.1 V,可以选择一个 5.1 V 的齐纳二极管。

　　b.假设稳定电流 I_Z 为 2 mA,则最大输入电流 $I_{\text{in-max}}$ 为 52 mA,最小的输入电流 $I_{\text{in-min}}$ 为 12 mA。

　　c.计算串联电阻 R_S。$R_S = \dfrac{V_{in} - V_Z}{I_{\text{in-max}}} = \dfrac{12\ \text{V} - 5.1\ \text{V}}{52\ \text{mA}} = 132.7\ \Omega$,选择最接近的电阻值 133 Ω。

　　d.计算电阻 R_S 的功耗。其功耗 $P_R = I_{\text{in-max}}^2 \times R_S = 360\ \text{mW}$。所以选择一个额定功耗为 0.5 W、电阻值为 133 Ω 的功率电阻。

　　e.计算齐纳二级管的功耗。当输出电流最小时,齐纳二级管稳定电流最大,其功耗也最大。稳定电流 $I_{Z\text{-max}} = \dfrac{V_{in} - V_Z}{R_S} - I_{\text{out-min}} = 42\ \text{mA}$。则其功耗为 $P_D = V_Z \times I_Z = 214\ \text{mW}$。

　　f.可以选择 TDZ V 5.1,其齐纳电压为 5.1 V,额定功率为 500 mW。

　　2)分立元件构成的线性稳压器。虽然集成的线性稳压器有很多,但有时出于各种原因,也需要用分离元件来搭建线性稳压器。其结构如图 1-37 所示。

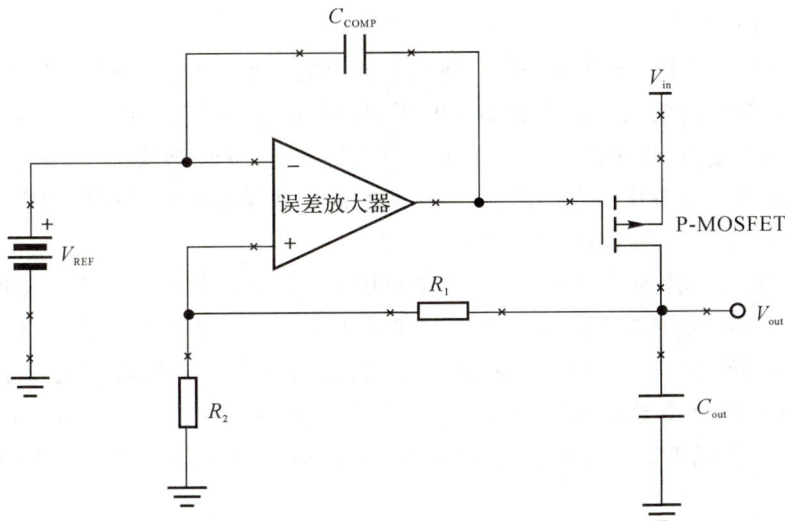

图 1-37　分立元件搭建的线性稳压器

　　通常线性稳压器会包括一个误差放大器、导通元件(功率 MOSFET 或功率双极性三极管)、基准电压源、输出电容和一些电阻、电容等。图 1-37 中的导通元件是功率

P-MOSFET,但也可以是功率 PNP 管。误差放大器就是一个运放,用来放大经分压电阻 R_1 和 R_2 分压后的输出电压和电压基准源 V_{REF} 的电压差,进而控制导通元件,达到稳压的目的。可以看出它是一个负反馈系统,所以存在稳定性的问题,需要加一些补偿。通常稳定性和运放,导通元件,输出电容的 ESR 和电容值,高位分压电阻 R_1 等都有关系。C_{COMP} 是补偿电容和高位的分压电阻 R_1 构成反馈环路传输函数的一个极点,频率为 $f_P = \dfrac{1}{2\pi R_1 C_{COMP}}$,用来提高线性稳压器的稳定性。

可以用一些免费的仿真软件(如模拟器件公司的 LTspice、德州仪器公司的 Tina 等)来仿真线性稳压器的性能和稳定性。

2. 开关 DC-DC 转换器(Switching DC-DC)

开关 DC-DC 转换器有多种,按输出和输入是否隔离,可以分为隔离型开关 DC-DC 转换器(Isolation DC-DC)和非隔离型开关 DC-DC 转换器(Non-Isolation Switching DC-DC);按输出电压和输入电压的大小,可以分为升压型 DC-DC 转换器(Boost DC-DC)、降压型开关 DC-DC 转换器(Buck DC-DC)和降压-升压型开关 DC-DC 转换器(Buck-Boost DC-DC);按是否需要电感,又可分为无电感开关 DC-DC 转换器(Inductorless DC-DC)和有电感开关 DC-DC 转换器;等等。

隔离是指输入电压的回路(即输入电压的地)和输出电压回路(即输出电压的地)是隔离的,没有连在一起,它们之间的阻抗非常大。隔离的主要原因是出于安全性,防止噪声对电路的影响,抑制 EMI 等的考虑。隔离型 DC-DC 转换器必须要用变压器,而非隔离型 DC-DC 转换器不一定需要变压器。一般来说,隔离型 DC-DC 转换器的转换效率较非隔离型 DC-DC 转换器的效率要低,噪声较大,体积也较大。因此如果没有必要的话,尽量选用非隔离 DC-DC 转换器。

降压型开关 DC-DC 转换器是指转换器的输出电压小于输入电压,升压型开关 DC-DC 转换器是指转换器的输出电压大于输入电压,升压-降压型开关 DC-DC 转换器的输出电压既可大于输入电压,也可小于输入电压。只有开关 DC-DC 转换器可以做到升压,线性稳压器没有办法做到升压。总的来说,降压型在嵌入式系统中的使用最为广泛,升压型和升压-降压型的使用较降压型要少一些。

无电感 DC-DC 转换器不需要电感或变压器,它是利用电容,所以又叫开关电容 DC-DC 转换器,通常用作反相电压发生器或倍压器。例如从 5 V 的输入电压产生 −5 V 的输出电压,或产生一个 10 V 的输出电压。它的输出电流一般低于几百毫安,效率较有电感 DC-DC 转换器要小,但产生的电磁噪声也较小。而有电感开关 DC-DC 转换器则一定需要电感或变压器,输出电流可以很大,效率也很高,但产生的电磁噪声也较大。

下面介绍比较常用的几种开关 DC-DC 转换器。

(1)降压型 DC-DC 转换器(有电感)。降压型开关 DC-DC 转换器在嵌入式系统中的应用非常广泛。它可分为异步降压 DC-DC 转换器和同步降压 DC-DC 转换器。异步降压 DC-DC 转换器的基本结构如图 1-38 所示。

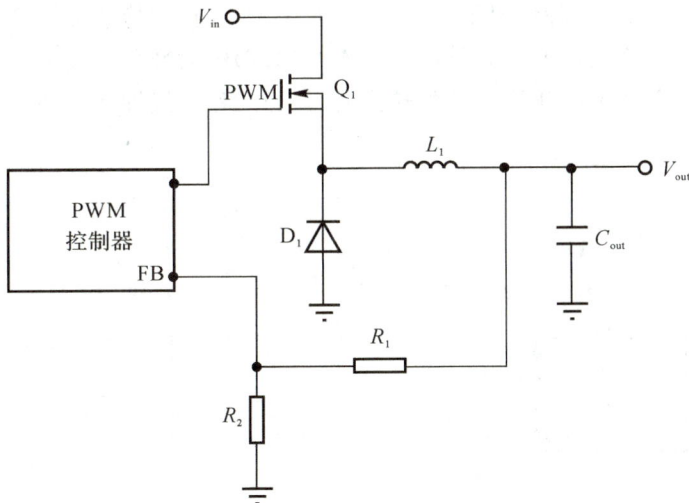

图 1-38　异步降压型 DC-DC 转换器

异步降压 DC-DC 转换器通常包括以下元件：

1）Q_1 是高位开关元件，通常是功率 N-MOSFET，也可以是功率 P-MOSFET。

2）D_1 是低位开关元件，是一个功率二极管，通常选用肖特基功率二极管。因为肖特基功率二极管的正向压降较小，所以功耗也较小。

3）L_1 是电感。

4）C_{out} 是输出电容，通常用钽电容或陶瓷电容。

5）PWM 控制器是脉冲宽度调制控制器，它根据输出电压的分压和基准电压的比较结果，产生一个固定频率或非固定频率的脉冲序列，用来控制 Q_1。当输出电压大于额定输出电压时，PWM 的占空比降低；当输出电压小于额定输出电压时，占空比增大。PWM 的频率可从几十千赫兹至几兆赫兹。当 Q_1 导通时，D_1 截止；当 Q_1 截止时，D_1 导通。

6）分压电阻 R_1 和 R_2 用来设定输出电压；分压后的电压和 PWM 控制器内的基准电压进行比较，进而改变 PWM 的占空比。

7）其他电阻、电容等。

同步降压开关 DC-DC 转换器的基本结构如图 1-39 所示。

同步降压开关 DC-DC 转换器的结构和异步降压开关 DC-DC 转换器的结构很像，区别是两个开关元件（高位和低位）都是功率 N-MOSFET。高位和低位功率 N-MOSFET 都由 PWM 控制器控制和驱动。

异步降压开关 DC-DC 转换器和同步降压开关 DC-DC 转换器的优缺点如下：

当输出电流较小时，这两个的转换效率差别不大。当输出电流较大（几安倍以上）时，尤其是当占空比较小时，对于异步降压开关 DC-DC 转换器，当高位功率 MOSFET Q_1 截止时，二极管的功耗 $P=(1-D)V_F I_{out}$ 较大，V_F 是二极管的正向压降，为零点几伏；而对于同步降压开关 DC-DC 转换器，当高位功率 MOSFET Q_1 截止时，低位 MOSFET 的导通功耗 $P=(1-D)R_{on} I_{out}^2$，R_{on} 是低位功率 MOSFET 的导通阻抗，非常小，可低至几毫欧到几十毫欧。因此在这种情况下,同步降压开关 DC-DC 转换器的转换效率较高。

开关 DC-DC 转换器的开关元件(功率 MOSFET)绝大部分时间工作在饱和和截止状态,只有从导通到截止或截止到导通的转换时,短暂工作在线性状态,所以其功耗很小,因而效率较高。

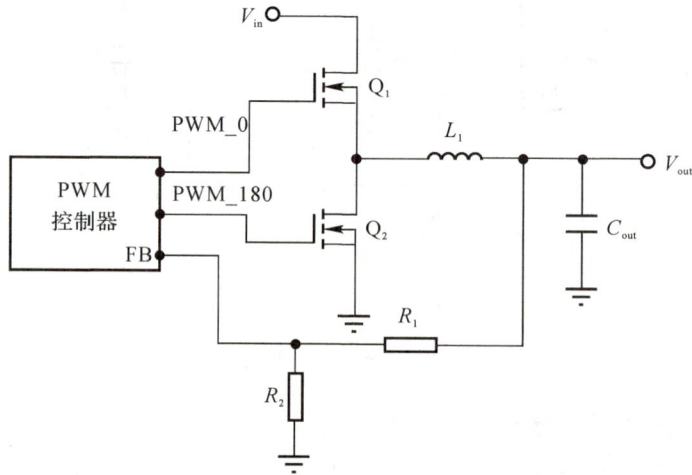

图 1-39 同步降压型 DC-DC 转换器

有些降压开关 DC-DC 转换器的两个功率 N-MOSFET 是内置的,即两个功率 N-MOSFET 和 PWM 控制器集成在一个芯片内,有些是外置的,即两个功率 N-MOSFET 是外接的,没有和 PWM 控制器集成在一起。这两种方案各有各的好处。

内置式的设计比较简单,只需要外接电感、输入电容、输出电容和一些电阻、电容等,所占用的电路板的面积较小。但缺点是由于功率 N-MOSFET 集成在了内部,因此没有选择,灵活性较小,转换效率受限,而且功耗都集中在芯片内部,所以结温度会较高。

外置式的设计较内置式要稍微复杂一些,占用电路板的面积也要大一些;但可以选择不同的功率 MOSFET,进而优化设计,如果设计好的话,转换效率要较内置式高。由于功耗分散到 PWM 控制器和两个功率 MOSFET 上,所以散热较好,可靠性相对较高。

降压开关 DC-DC 转换器 PWM 的占空比 $D = \dfrac{V_{out}}{V_{in}} \times 100\%$,其效率可达 90% 以上。

(2)有源升压开关 DC-DC 转换器。

有源升压开关 DC-DC 转换器的基本结构如图 1-40 所示。

升压开关 DC-DC 转换器有两个开关元件,即功率 N-MOSFET Q_1 和功率二极管 D_1。D_1 通常用肖特基二极管。这是因为肖特基二极管的正向导通压降较低,所以 D_1 的功耗较小。升压开关 DC-DC 转换器的转换效率也较高。

升压式开关 DC-DC 转换器中功耗比较大的元件包括功率 N-MOSFET Q_1、功率二极管 D_1 和电感 L_1。要计算出它们的功耗,进而计算出它们的结温度,以确保可靠性。

图 1-40 所示的电路中的升压开关 DC-DC 转换器需要电感,利用电感来存储能量。优点是输出电流大,转换效率高,可达 90% 以上。缺点是需要电感,占用面积较大,而且

电磁噪声大。

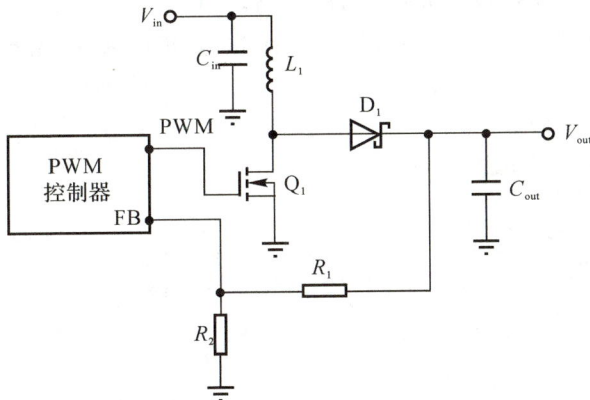

图 1 - 40　有源升压 DC-DC 转换器

（3）倍压器。有一种升压开关 DC-DC 转换器不需要电感，只需要电容，又叫开关电容 DC-DC 转换器。它可以实现二倍压（输出电压是输入电压的大约两倍），如图 1 - 41 所示。

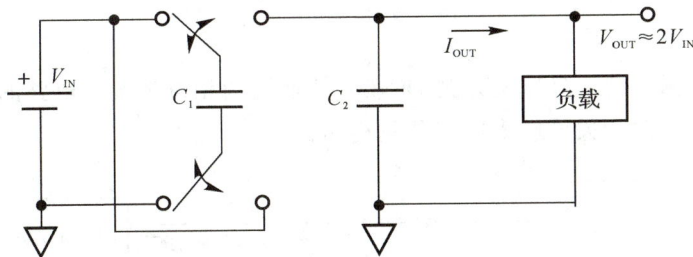

图 1 - 41　倍压器

开关电容 DC-DC 转换器利用电容作为储能元件。倍压器需要两个电容。

开关电容 DC-DC 转换器的优点是不需要电感，只需要电容；电磁噪声较小。但缺点是输出电流一般不会太大，最大输出电流仅为几百毫安；另外输出电压的纹波较大。一般输入电压为 5 V 或 3.3 V。

3. DC-DC 转换器稳定性测量

无论是线性稳压器还是开关稳压器，都需要负反馈；只要有负反馈，就会存在稳定性的问题。通过测试控制环路增益的幅频响应及相频响应（波特图）来测量，用相位裕度［单位为（°）］或增益裕度（单位为 dB）来衡量。一般来说，要求相位裕度≥45°，增益裕度要求≥10 dB。相位裕度越大，稳压器的稳定性越好；相位裕度越小，则稳压器的稳定性越差。稳压器的稳定性很不好的话（相位裕度小于 0°），则稳压器会发生自激，输出电压上会叠加一个振荡信号；如果稳定性稍差（相位裕度大于 0°但小于 45°），则当负载电流变化时，输出电压不会很快稳定下来，要经过一段时间的振荡，甚至一直振荡下去；如果稳定性好的话,则即使负载电流发生较大的变化,输出电压也会保持稳定。

图 1-42 就是一个 DC-DC 转换器的波特图。由图可见,当频率为 111 kHz 时,增益为 0 dB,相位裕度为 33°。而当频率为 300 kHz 时,其相位为 0°,增益裕度为 14.8 dB。

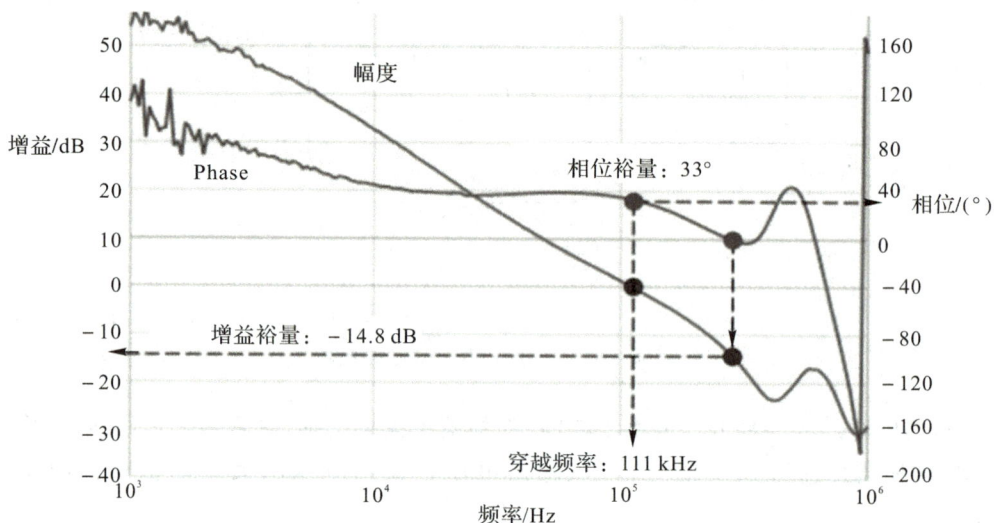

图 1-42 DC-DC 转换器的波特图

图 1-43 是测量同步降压型开关 DC-DC 转换器的相位裕度的电路的示意图,需要用到网络分析仪。功率开关管已集成在开关稳压器内。

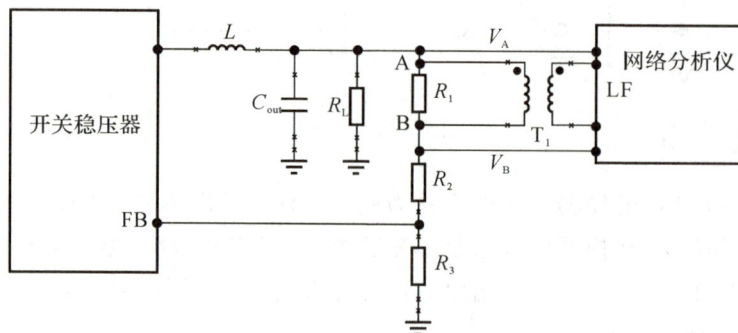

图 1-43 DC-DC 转换器的稳定性测量

L 是电感,C_{out} 是输出电容,R_L 是负载,R_1,R_2 和 R_3 构成分压电阻。DC-DC 转换器的输出电压 $V_{out} = V_{REF}\left(1 + \dfrac{R_1 + R_2}{R_3}\right)$,$V_{REF}$ 是开关稳压器内部的基准电压。R_1 的阻值很小,为 20~50 Ω,它的作用是和变压器 T_1 一起,在反馈回路上注入一个很小的激励信号(幅度为几十毫伏左右),用来测量 DC-DC 转换器的相位裕量。R_2 和 R_3 的阻值通常较大,在千欧以上。T_1 是一个信号注入变压器(Injection Transformer)。它的作用是把测试信号注入进反馈环路。它的带宽一般为几十赫兹到几十兆赫兹。测试信号是一个幅度固定的扫频信号,来自于网络分析仪,其幅度一般为几毫伏到几十毫伏。V_B 是注入进控制环路的激励信号,V_A 是控制环路的输出信号。$\dfrac{V_A}{V_B}$ 是环路的增益。这两个信号输入到网络分析仪,网络分析仪则对控制环路的增益的幅频响应进行分析,从而测量出直流-直流变换器的相位裕度。

图 1-43 所示的是一个输出可变,同步降压型开关 DC-DC 转换器的测量相位裕度的电路,对其他的 DC-DC 转换器都适用,只要它的反馈电压输入脚(FB)是外接的。

当 DC-DC 转换器的负载不一样时,其相位裕度也不一样。一般要测量最大负载和最小负载情况下的相位裕度。一般来说,当负载最小时,其相位裕度也最小。

另外输入电压对相位裕度也有影响。当输入电压的范围很广时,也要测量最大输入电压和最小输入电压情况下的相位裕度。

以上这种方法可以定量的测量 DC-DC 转换器的相位裕度和增益裕度。但这种方法需要网络分析仪,比较复杂。

另外一种测量 DC-DC 转换器稳定性的方法是负载瞬变分析法(Load Transient Analysis)。这种方法通过瞬间改变负载电流,通过观察输出电压对负载瞬变的反应,从而知道 DC-DC 转换器的稳定性。这种方法不可以精确知道相位裕度和增益裕度,但可以大概估算出 DC-DC 稳压器的相位裕度和稳定性。不需要网络分析仪,只需要示波器和函数发生器,比较简单。

图 1-44 是用这种方法来衡量 DC-DC 转换器的稳定度的示意图。尽管图中所示的是一个降压型开关 DC-DC 转换器,但适用于所有的 DC-DC 转换器。

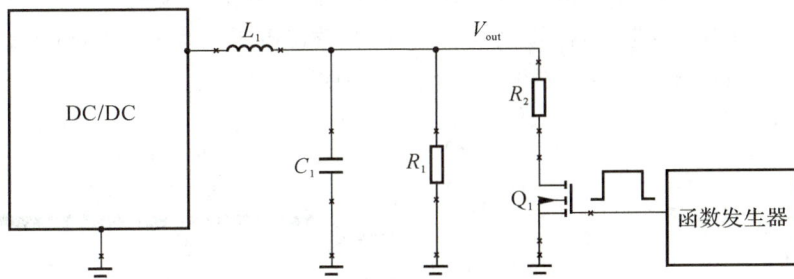

图 1-44　DC-DC 稳压器的负载瞬变分析法

R_1 是 DC-DC 转换器的最小负载。图中的功率 N-MOSFET 起到一个开关的作用。当 MOSFET 控制信号为高时,功率 N-MOSFET 导通。直流-直流变换器的负载电流瞬间增大,增大幅度为 $\dfrac{V_{out}}{R_2}$,总的负载电流为 $V_{out}\left(\dfrac{1}{R_1}+\dfrac{1}{R_2}\right)$。当控制信号变低时,功率 N-MOSFET 断开,DC-DC 转换器的负载电流瞬间减小,从 $V_{out}\left(\dfrac{1}{R_1}+\dfrac{1}{R_2}\right)$ 减小到 $\dfrac{V_{out}}{R_1}$。通过观察输出电压在负载电流瞬间增大和减小的情况下的波形,就大概可以判断出 DC-DC 转换器的稳定性和相位裕度。

图 1-45～图 1-47 是一个输出电压为 1.8 V 的 DC-DC 稳压器在不同的相位裕度的情况下的输出电压在负载电流瞬变时的波形。左边是波特图,右边是用示波器测得的输出电压的波形及相对应的负载电流的波形。

（1）相位裕度＝63.9°。如图 1-45 所示,当相位裕度为 63.9°时,DC-DC 转换器的稳定性非常好。当负载电流瞬间增加 200 mA 时,输出电压只有一个下冲（≈33.6 mV）,然后很快恢复正常;当负载电流瞬间减小 200 mA 时,输出电压只有一个上冲（≈36 mV）,然后很快恢复正常。

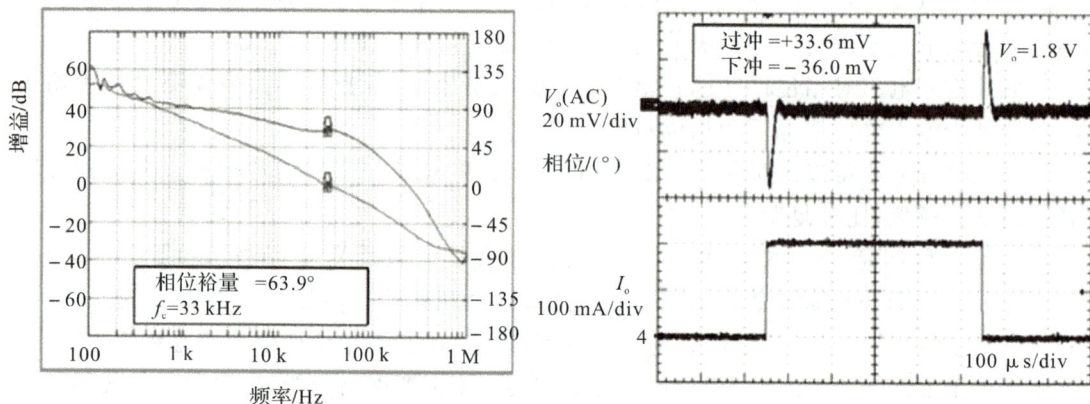

图 1-45　相位裕度＝63.9°

（2）相位裕度＝53.9°。如图 1-46 所示,当相位裕度为 53.9°时,DC-DC 转换器的稳定性也非常好。当负载电流瞬间增加 200 mA 时,输出电压只有一个下冲（≈20 mV）,然后较快恢复正常;当负载电流瞬间减小 200 mA 时,输出电压只有一个上冲（≈21.6 mV）,然后较恢复正常。只是恢复时间较图 1-45 较长一些。

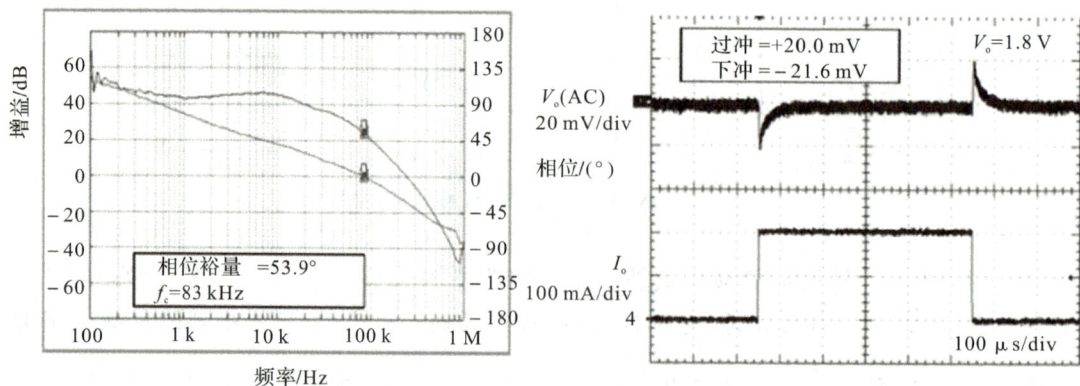

图 1-46　相位裕度＝53.9°

（3）相位裕度＝17.8°。如图 1-47 所示,当相位裕度为 17.8°时,DC-DC 转换器的稳定性不好。当负载电流瞬间增加 200 mA 时,输出电压有一个下冲（≈12.8 mV）,接着阻尼振荡一段时间,输出电压才稳定下来;当负载电流瞬间减小 200 mA 时,输出电压的波形同样,经过一段阻尼振荡,然后输出电压才稳定下来。

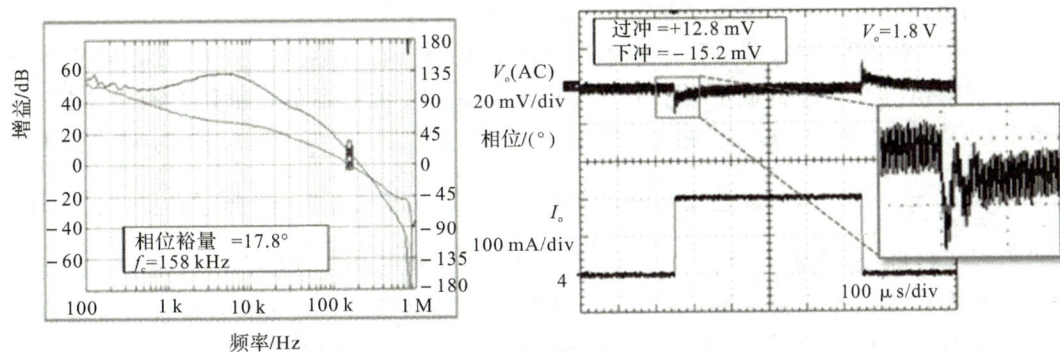

图 1-47　相位裕度＝17.8°

图 1-48 示意了在四个不同的相位裕度 φ_m 情况下,DC-DC 转换器的输出电压在负载电流瞬变时的波形。可以根据测量到的过冲电压和下冲电压值,估算出它的相位裕量。

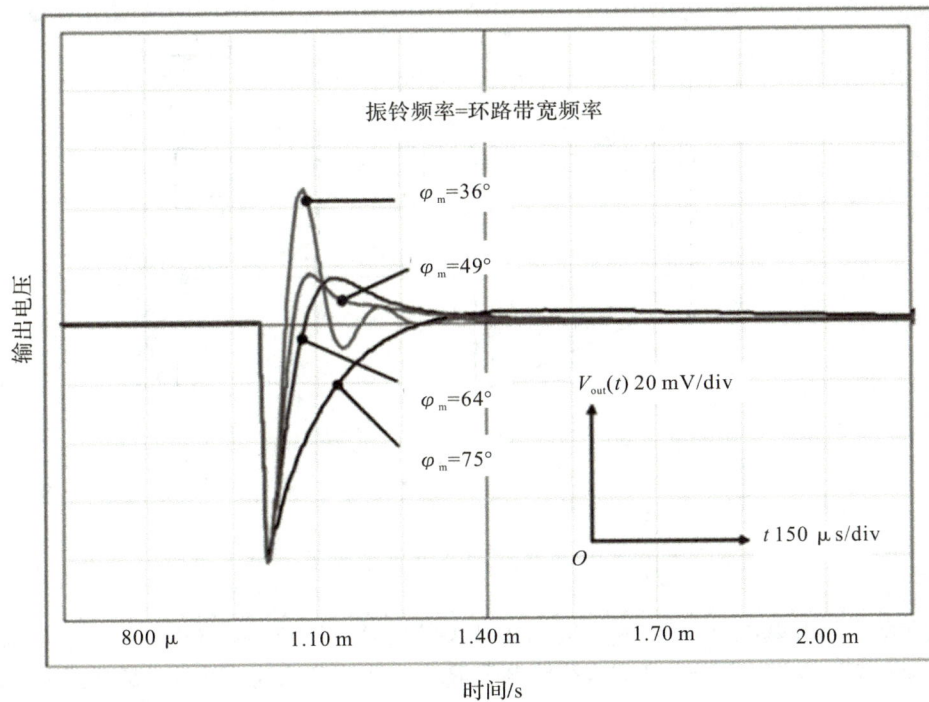

图 1-48　不同相位裕度下的负载瞬变时的过冲/下冲

4. DC-DC 转换器稳定性的补偿

(1)线性稳压器的稳定性的设计比较简单。线性稳压器的数据手册一般会给出输出电容的范围和输出电容的 ESR 的范围,只要按照要求选择合适的输出电容和输入电容,稳定性一般没有太大问题。输出电容一般选择贴片陶瓷电容或钽电容。

例如,ADP7157 是一个低压降型线性稳压器,输入电压范围为 2.2～5.5 V,输出电压范围为 1.2~3.3 V,输出电流可达 1.2 A。根据数据手册,为了确保稳定性,对输出电容 C_{out} 的要求是 $C_{out} \geqslant 10\ \mu F$,ESR$\leqslant 0.2\ \Omega$。

(2)开关 DC-DC 转换器的稳定性的设计较为复杂。有电感的开关 DC-DC 转换器中的电感和输出电容 C_{out} 构成了一个 LC 低通滤波器,LC 滤波器的传输函数有两个极点,每个极点可以带来 90°的相位延迟。所以在 LC 低通滤波器的谐振频率 $\left(f_0 = \dfrac{1}{2\pi\sqrt{LC_{out}}}\right)$ 附近,可以造成 180°的相位延迟,如果不加补偿,则会造成稳定性问题。因此开关 DC-DC 转换器一般要作相位补偿,使它有足够的相位裕度和增益裕度。相位补偿是通过在传输函数中引入零点的方式,每个零点可以带来 90°的相位超前。另外为了避免开关噪声对反馈环路的影响,反馈环路的增益的截止频率设为开关频率的 1/5~1/10。

开关 DC-DC 转换器的反馈有两种模式:电压反馈型开关 DC-DC 转换器和电流反馈型开关 DC-DC 转换器。

对于电流反馈型开关 DC-DC 转换器,通常采用Ⅱ类补偿方法,如图 1-49 所示。

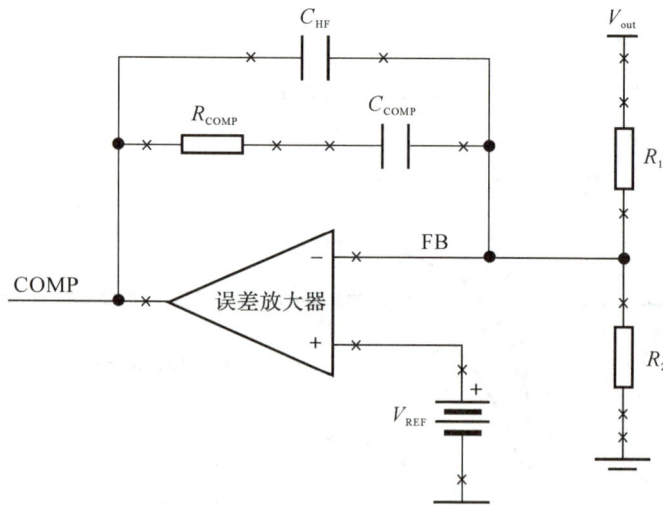

图 1-49　Ⅱ类补偿电路示意图

误差放大器和基准电压源 V_{REF} 集成在开关控制器内。FB 和 COMP 是开关电源稳压器的两个引脚。反馈电阻 R_1 和 R_2,补偿电阻 R_{COMP} 及电容 C_{COMP} 和 C_{HF} 是外接的。R_{COMP} 及电容 C_{COMP} 构成了一个零点,其零点频率 $f_{ZEA} = \dfrac{1}{2\pi R_{COMP}C_{COMP}}$,目的是使得反馈环路的相位前移 90°,以此来补偿电感 L 和输出电容 C_{out} 带来的反馈环路的 180°的相位延迟。R_{COMP} 及电容 C_{HF} 构成了一个极点,极点频率为 $f_{HF} = \dfrac{1}{2\pi R_{COMP}C_{HF}}$。一般要求 $C_{COMP} \geqslant 10C_{HF}$,使得极点频率远离零点频率,确保反馈环路有足够的相位裕度。

一般要求零点频率等于电感 L 和输出电容的自谐振频率,$f_{ZEA} = f_0 = \dfrac{1}{2\pi\sqrt{LC_{out}}}$。

输出电容和它的 ESR 也构成了一个零点，其零点频率为 $f_{ZESR} = \dfrac{1}{2\pi ESR C_{out}}$。

对于电压反馈型开关 DC-DC 转换器，通常采用Ⅲ类补偿方法，如图 1-50 所示。

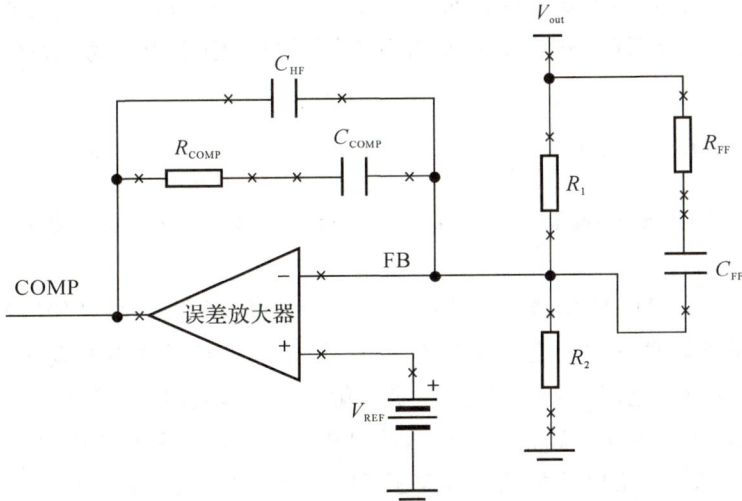

图 1-50　Ⅲ类补偿电路示意

误差放大器和基准电压源 V_{REF} 集成在开关控制器内。FB 和 COMP 是开关电源稳压器的两个引脚。反馈电阻 R_1 和 R_2，补偿电阻 R_{COMP}，R_{FF} 及电容 C_{FF}，C_{COMP} 和 C_{HF} 是外接的。R_{COMP} 及电容 C_{COMP} 构成了一个零点，其零点频率 $f_{ZEA} = \dfrac{1}{2\pi R_{COMP} C_{COMP}}$，目的是使得反馈环路的相位前移 90°，以此来补偿电感 L 和输出电容 C_{out} 带来的反馈环路的 180°的相位延迟。$(R_1 + R_{FF})$ 和 C_{FF} 也构成了一个零点，其零点频率 $f_{FZ} = \dfrac{1}{2\pi (R_1 + R_{FF}) C_{FF}}$。$R_{FF}$ 和 C_{FF} 构成了一个极点，极点频率 $f_{FP} = \dfrac{1}{2\pi R_{FF} C_{HF}}$。$R_{COMP}$ 及电容 C_{HF} 也构成了一个极点，极点频率为 $f_{HF} = \dfrac{1}{2\pi R_{COMP} C_{HF}}$。一般要求 $C_{COMP} \geqslant 10 C_{HF}$，$R_1 \geqslant 10 R_{FF}$，使得两个极点频率远离两个零点频率，确保反馈环路有足够的相位裕度。

一般要求两个零点频率等于电感 L 和输出电容的自谐振频率，$f_{ZEA} = f_{FZ} = f_0 = \dfrac{1}{2\pi \sqrt{L C_{out}}}$。

输出电容和它的 ESR 也会构成一个零点，其零点频率为 $f_{ZESR} = \dfrac{1}{2\pi ESR C_{out}}$。

从以上可以看出，下位反馈电阻 R_2 对环路的稳定性没有影响。通常很多的开关 DC-DC 转换器和开关控制器在数据手册中都提供了很多的应用电路。例如一个开关 DC-DC 转换器的输出是 5 V，如果系统中要求的电压是 3.3 V，而其他条件都一样（输入电压、输出电流等），则在设计时，可以拷贝应用电路，只需要把 5 V 电路中的反馈电阻从 $\dfrac{R_1}{\dfrac{5\,V}{V_{REF}} - 1}$

增加到 $\dfrac{R_1}{\dfrac{3.3\,\text{V}}{V_{\text{REF}}}-1}$。$V_{\text{REF}}$ 是开关稳压器的内部基准电压，R_1 是高位的反馈电阻。另外如果电感需要改动的话，则不要改变它的电感值，只需要选则另外一个同样电感值，但额定电流更大的电感。补偿电路、输出电容和高位的反馈电阻不能改动，这样稳定性就不会变化。

1.9.6 经验分享

（1）建议在 DC-DC 转换器的输出接一个 0 Ω 的电阻，尤其在第一板的时候。这样的优点有以下几方面。

1）便于测量 DC-DC 转换器的负载电流。一般在设计的时候只是预估 DC-DC 转换器的负载电流，可能跟真正的电流有较大的差距，这样 DC-DC 转换器的设计就不是最优化。测量得到真正的负载电流后，就可以进一步优化 DC-DC 转换器的设计。

2）便于电路板在电源短路情况下的故障排查。例如出于某种原因，比如电路板、焊接或去耦电容损坏等，一个电路板的 3.3 V 短路，这个 3.3 V 是由一个输入电压为 5 V 的 DC-DC 转换器产生的，3.3 V 接到很多个去耦电容上（可达几百个），而且 3.3 V 也是很多 IC 的供电电源，怎么查找是哪一个元件造成 3.3 V 对地短路呢？由于 3.3 V 对地短路，所以 DC-DC 转换器也不可能正常工作。如果 DC-DC 转换器的输出接有一个 0 Ω 电阻的话，这时就可以把 0 Ω 电阻拿掉，然后用一个有电流读数的外接电源来提供 3.3 V。刚开始时，外接电源的输出设为 0 V，然后慢慢提高电压，同时观测外接电源的电流读数，当外接电压增加到某一个数值时，由于 3.3 V 对地短路，电流会突然增大，这时停止提高外接电源的电压，然后用红外相机扫描电路板，短路的地方或元件的温度会很高，进而找出是哪一个元件造成了 3.3 V 的短路，在工作中曾经经常使用这种方法，非常有效。如果没有红外相机，也可以用手触摸电路板，用手触摸之前，先要把手上的静电放掉，防止静电对电路板上集成电路的损坏。

（2）对可靠性要求非常高的嵌入式系统，一般在电源的输入端需要有输入过流保护电路、极性反接保护电路、浪涌电流抑制电路（如软启动电路）、输入过压保护电路等。如果系统可以确保电源的极性不会反接（如通过特殊的输入电源接插件设计等），则可以不需要极性保护电路以节省成本，降低功耗，减小 PCB 的面积。

（3）DC-DC 转换器可分为线性稳压电源和开关 DC-DC 转换器。应根据系统的要求选择合适的 DC-DC 转换器。如果可能的话，在嵌入式系统中尽量用开关 DC-DC 转换器，以提高电源的转换效率，降低功耗，提高嵌入式系统的可靠性。

（4）在设计 DC-DC 转换器时，一定要估算出功耗比较大的元件，一般包括功率 MOSFET、功率二极管、电感、开关电源稳压器、线性稳压器等的功耗，进而计算出它们的结温度，从而在电路板布局和系统设计时考虑加散热片、通风等散热措施。在电路完成测试后，要测量功耗较大元件的表面温度，可以用热电偶或者热成像仪等，从而计算出系统是否在整个工作温度范围内可以可靠地工作。

1.10　嵌入式系统的电平匹配

电平匹配在嵌入式系统数字电路的设计中非常重要。电平匹配是指嵌入式系统中所有数字器件,包括微处理与外接数字器件,输入信号和输出信号的电平必须满足各自器件的要求。

1.10.1　电平类型及主要参数

电平是指能够被识别成一定逻辑信号("0"或"1")的一个电压范围,在嵌入式系统中,涉及的电平可能有很多种,因此电平匹配问题是嵌入式系统中各芯片之间能够相互连接、协同工作的基础。随着半导体工艺的提高和进步,为了降低功耗,低电压器件越来越多,因此在嵌入式系统中往往存在着很多不同工作电压的器件,如微处理器的 I/O 工作电压为 3.3 V,而有些外部器件工作电压为 5 V,工作电压不同,相应的接口往往具有不同的逻辑电平。

常用的逻辑电平有 TTL,CMOS,LVTTL,LVCMOS,CML,ECL,PECL,LVPECL,LVDS,GTL 等。其中 TTL 和 CMOS 的逻辑电平按电压又可分为四类:5 V 系列、3.3 V 系列、2.5 V 系列和 1.8 V 系列。5 V TTL 和 5 V CMOS 逻辑电平以前是通用的逻辑电平,但现在 3.3 V CMOS 逻辑电平是最通用的。

TTL 由于它的静态功耗较大,所以现在很少使用。现在集成电路几乎都采用 CMOS 工艺。

(1)TTL 和 CMOS 输入和输出都是单端信号,信号电平都是相对于"地"而言。工作频率范围可从直流到几百兆赫兹。TTL 和 CMOS 电路的功耗较小。

(2)ECL/PECL/LVPECL,CML 和 LVDS 输入输出都是差分信号,信号电平是"+"端相对于"-"端而言。一般用于高速数字信号,工作频率可达几吉赫兹,但功耗较大。

数字器件逻辑电平的输入电平参数如下:

(1)输入高电平(V_{IH}):保证逻辑门的输入为高电平时所允许的最小输入电压,当输入电平高于 V_{IH} 时,则认为输入电平为高电平("1");

(2)输入低电平(V_{IL}):保证逻辑门的输入为低电平时所允许的最大输入电压,当输入电平低于 V_{IL} 时,则认为输入电平为低电平("0")。

对于 CMOS 逻辑元件:

(1)输入高电平 $V_{IH} \geqslant 0.7V_{CC}$,$V_{CC}$ 是 CMOS 逻辑元件的供电电压(5 V,3.3 V 等)。例如如果 CMOS 逻辑元件的 V_{CC} 为 3.3 V,则此 CMOS 逻辑元件输入高电平 $V_{IH} \geqslant 0.7 \times 3.3$ V,即 $V_{IH} \geqslant 2.31$ V;

(2)输入低电平 $V_{IL} \leqslant 0.3V_{CC}$,$V_{CC}$ 是 CMOS 逻辑元件的供电电压(5 V,3.3 V 等)。例如如果 CMOS 逻辑元件的 V_{CC} 为 3.3 V,则此 CMOS 逻辑元件输入低电平 $V_{IL} \leqslant 0.3 \times 3.3$ V,即 $V_{IL} \leqslant 0.99$ V。

对于 5 V 和 3.3 V TTL 逻辑元件:①输入高电平 $V_{IH} \geqslant 2$ V;②输入低电平 $V_{IL} \leqslant 0.8$ V。

所有数字器件的输入电压电平(稳态)必须大于此器件的 V_{IH} 或者小于此器件的 V_{IL},

不能落在这两者之间。

数字器件逻辑电平的输出电平参数如下：

(1)输出高电平(V_{OH})：逻辑门的输出为高电平时的输出电压的最小值，逻辑门的输出为高电平时的电压值都大于此 V_{OH}。数据手册中给出的 V_{OH} 值是在一定输出电流 I_{OH} 的条件下测得的。

(2)输出低电平(V_{OL})：逻辑门的输出为低电平时的输出电压的最大值，逻辑门的输出为低电平时的电压值都小于此 V_{OL}。数据手册中给出的 V_{OL} 值是在一定输出电流 I_{OL} 的条件下测得的。

同样以 SN74LVC1G08 为例来说明 V_{OH} 和 V_{OL} 的概念。

从 SN74LVC1G08 的数据手册中，可以看出当 I_{OH} 和 I_{OL} 不同时，其输出电平也不一样。

(1)当 $I_{OH}=-100\ \mu A$ 时，$V_{OH}\geqslant V_{CC}-0.1\ V$；当 $I_{OL}=100\ \mu A$ 时，$V_{OH}\leqslant 0.1\ V$；

(2)若电源电压 $V_{CC}=3\ V$，当 $I_{OH}=-16\ mA$ 时，则 $V_{OH}\geqslant 2.4\ V$；当 $I_{OL}=16\ mA$ 时，则 $V_{OL}\leqslant 0.4\ V$。

由 SN74LVC1G08 的数据手册可以计算出输出高电平时的输出阻抗 R_{OH} 和输出低电平时的输出阻抗 R_{OL}。以 $V_{CC}=3.0\ V$ 为例，有

(1)输出高电平时，输出阻抗

$$R_{OH}=\frac{V_{CC}-V_{OH}}{I_{OH}}=\frac{3.0\ V-2.4\ V}{16\ mA}=37.5\ \Omega$$

(2)输出低电平时，输出阻抗

$$R_{OL}=\frac{V_{OL}}{I_{OL}}=\frac{0.4\ V}{16\ mA}=25\ \Omega$$

知道输出阻抗的值对高速电路的阻抗匹配非常重要。一般电路板上的信号线的特征阻抗 Z_0 都比 CMOS 器件输出阻抗大。为了保证高速信号的完整性，一般可以串联一个电阻 R_{SER} 来达到阻抗匹配。R_{SER} 的计算公式如下：

$$R_{SER}=Z_0-R_0$$

R_0 是数字器件的输出阻抗。

表 1-3 给出了 5 V CMOS 和 3.3 V CMOS 的输入高/低电平和输出高/低电平的电压。

表 1-3　CMOS 电平的电压

电平类型	V_{IH}	V_{IL}	V_{OH}	V_{OL}
3.3 V LVCMOS	2.3 V($0.7V_{CC}$)	0.8 V	3.2 V@$I_{OH}=-100\ \mu A$	0.1 V@$I_{OL}=100\ \mu A$
			2.4 V@$I_{OH}=-16\ mA$	0.4 V@$I_{OL}=16\ mA$
5 V CMOS	3.5 V($0.7V_{CC}$)	1.5 V($0.3V_{CC}$)	4.9 V@$I_{OH}=-100\ \mu A$	0.1 V@$I_{OL}=100\ \mu A$
			3.8 V@$I_{OH}=-16\ mA$	0.55 V@$I_{OL}=16\ mA$

TTL 电平的主要参数见表 1-4。

表 1-4　TTL 电平的电压

电平类型	V_{IH}	V_{IL}	V_{OH}	V_{OL}
3.3 V LVTTL	2.0 V	0.8 V	2.4 V*	0.4 V*
5 V TTL	2.0 V	0.8 V	2.4 V*	0.4 V*

注：* 表示电平值与输出电流有关。

从表 1-3 和 1-4 可以看出，在同样电源电压 5 V 情况下，CMOS 电路可以直接驱动 TTL，但 TTL 电路不可以直接驱动 CMOS 电路。

TTL 与 CMOS 的主要区别：

(1)TTL 电路是电流控制器件，而 CMOS 电路是电压控制器件。

(2)TTL 电路的静态功耗较大，而 CMOS 的静态功耗很小。

(3)CMOS 电路相对于 TTL，噪声容限较高。

TTL 现在已较少使用。

1.10.2　电平匹配的电路设计

电平匹配电路的设计需要根据实际应用灵活选择。

1. 直接连接

直接连接有以下几种情形：

(1)如果两个器件的电源电压相同，而且都是 CMOS 器件或 TTL 器件，则能够直接连接，嵌入式系统大部分都属于这种情形。

(2)5 V TTL 器件的高电平输入 $V_{IH} \geqslant 2$ V，低电平输入 $V_{IL} \leqslant 0.8$ V。而 3.3 V LVCMOS 和 5 V CMOS 器件的高电平输出 $V_{OH} \geqslant 2.4$ V，低电平输出 $V_{OL} \leqslant 0.55$ V，所以 3.3 V LVCMOS 和 5 V CMOS 器件可以直接驱动 5 V TTL 器件。

(3)较高电源电压(V_B)的 CMOS 器件直接驱动较低电压(V_A)的 CMOS 器件，前提是较低电压(V_A)的 CMOS 器件的 I/O 可以容忍较高的电压 V_B。

2. 非直接连接

有些情形下，两个器件不可以直接连接，比如 3.3 V LVCMOS 器件驱动 5 V CMOS 器件；5 V CMOS 器件驱动 3.3 V LVCMOS 器件，而且 3.3 V LVCMOS 器件的 I/O 不可以容忍 5 V 电压，这些情形下就需要电平转换。

(1)使用电平转换器。使用电平转换芯片是最好的选择。电平转换器的速度很高(高达几十兆赫兹)，延迟很小(可低至几纳秒)。电平转换器的电源电压有两种。它可以把低电平转换为高电平，也可以把高电平转换为低电平。图 1-51 就是德州仪器公司的八通道电平转换器 SN74LVC8T245。

从图 1-51 中可以看出，电平转换器有两个电源电压，即 V_{CCA} 和 V_{CCB}，它们的电压范围为 1.65～5.5 V，V_{CCA} 和 V_{CCB} 可以一样，也可以不一样。V_{CCA} 是 A 端的电源电压，V_{CCB} 是 B 端的电源电压。DIR 控制转换器的方向。当 DIR 为低时，B 端是输入，A 端是输出;当 DIR 为高时,A 端是输入,B 端是输出。/OE 是输出使能控制。

电平转换器的使用范围比较广泛,有单向和双向配置、不同的转换电压和速度,在实际应用中需要根据实际应用要求选择最佳的方案。

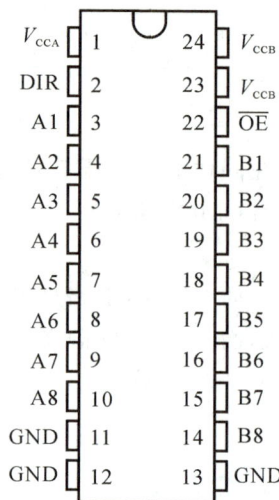

```
          ┌──┬──┐
$V_{CCA}$ │1    24│ $V_{CCB}$
    DIR   │2    23│ $V_{CCB}$
    A1    │3    22│ $\overline{OE}$
    A2    │4    21│ B1
    A3    │5    20│ B2
    A4    │6    19│ B3
    A5    │7    18│ B4
    A6    │8    17│ B5
    A7    │9    16│ B6
    A8    │10   15│ B7
    GND   │11   14│ B8
    GND   │12   13│ GND
          └──────┘
```

图 1-51 SN74LVC8T245 示意图

(2)使用电阻分压。它适用于驱动芯片的电源电压高,而接收芯片的电源电压低的情形。如图 1-52 所示,比如器件 A 驱动器件 B,器件 A 的电源电压为 5 V,器件 B 的电源电压为 3.3 V。R_1 和 R_2 构成一个电阻分压电路,C_{IN} 是器件 B 的引脚的输入电容(一般为 10 pF 左右)。

器件 B 引脚上的输入电压

$$V_{B\_IN} = \frac{R_2}{R_1 + R_2} V_{A\_OUT}$$

R_1 和 R_2 的阻值不应太小,以免超过器件 A 引脚的最大输出电流,一般大于 1 kΩ;而且阻值小的话,功耗也大。但如果阻值较大的话,由于器件 B 引脚输入电容 C_{IN} 的存在,R_1 和 C_{IN} 就构成一个 RC 电路,信号的上升沿和下降沿就会延长,速度就会降低。

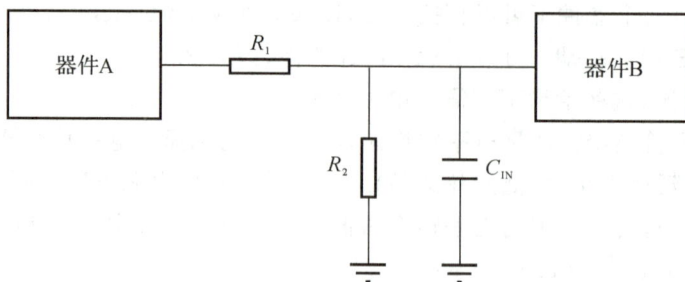

图 1-52 用电阻分压实现电平匹配

这种方式不适用于高速信号,可以用于低速信号。

（3）使用电压比较器。适用于高电压输出到低电压或低电压到高电压。

使用电压比较器是非常直接的一种方案，缺点是每一路信号需要比较器，电路略微复杂。

高速比较器的速度很快，可高达几十兆赫兹，适用于高速信号。

1.11　嵌入式系统的时序

在嵌入式系统的硬件设计开发过程中，微处理器往往需要同其他外围器件（比如存储器、FPGA 等）通信，有的外围器件相互之间也会通信，仔细的时序分析以确保它们的时序匹配就成了一个关键问题。通常的时序参数有：

（1）上升时间 t_r/下降时间 t_f（Rising/Falling time）；

（2）延迟时间 t_{pd}（Propagation Delay）；

（3）建立时间 t_{su}（Setup Time）；

（4）保持时间 t_{hd}（Hold Time）；

（5）脉冲宽度 t_{pw}（Pulse Width）；

（6）时钟频率 f_{CLK}（Clock frequency）；

（7）其他时序参数。

1.11.1　时序参数

1. 上升时间 t_r 和下降时间 t_f

假设逻辑高电平电压是 V_H，上升时间 t_r 是信号电平从 $20\%V_H$ 上升到 $80\%V_H$ 的时间；下降时间 t_f 是信号电平从 $80\%V_H$ 下降到 $20\%V_H$ 的时间，如图 1-53 所示。

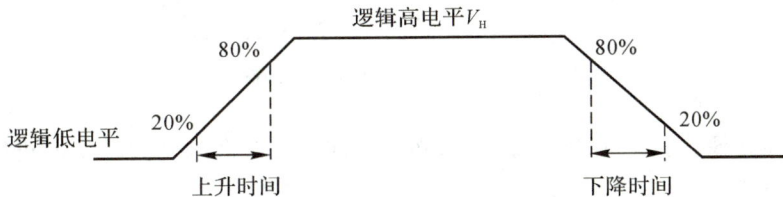

图 1-53　逻辑信号的上升时间和下降时间示意图

2. 延迟时间 t_{pd}

任何逻辑电路都有延迟。逻辑电路的延迟时间 t_{pd} 分为两部分：

（1）t_{PLH}，输入信号电平从上升沿的中点到输出电路的上升/下降沿的中点的延迟时间；

（2）t_{PHL}，输入信号电平从下降沿的中点到输出电路的上升/下降沿的中点的延迟时间。

图 1-54 示意了一个反相器（74LVC04）的 t_{PLH} 和 t_{PHL}。左边是反相器，右边是输入和输出信号的波形。

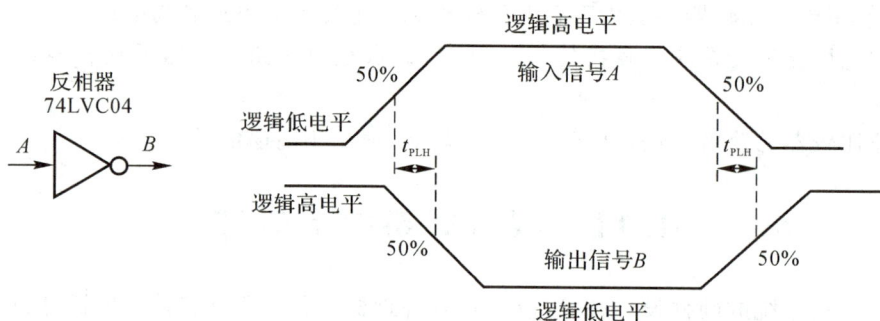

图 1-54　一个反相器和它的输入输出波形

3. 建立时间 t_{SU} 和保持时间 t_H

以 D 触发器为例,建立时间是指在触发器的时钟上升沿到来之前,输入数据必须要稳定的时间,如果建立时间不够,数据将不能可靠地在时钟上升沿被打入触发器。

保持时间是指在触发器的时钟信号上升沿以后,输入数据需要稳定保持不变的时间,如果保持时间不够,数据同样不能被可靠地打入触发器。

建立时间和保持时间在数字电路的设计中非常重要,一定要满足数字器件建立时间和保持时间的要求,数字器件才能可靠地工作。

图 1-55 是以触发器为例的建立时间和保持时间示意图。

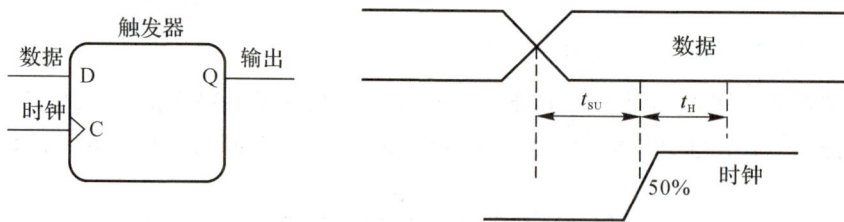

图 1-55　建立时间和保持时间示意图

建立时间就像旅客乘坐火车或飞机,必须提前一段时间赶到火车站或机场,才不至于错过火车或飞机。

数据的稳定传输必须满足建立和保持时间的要求,当然在某些情况下,建立和保持时间可以为零。

4. 脉冲宽度 t_{pw}

脉冲宽度是信号上升沿的 50% 到下降沿 50% 之间的时间,如图 1-56 所示。

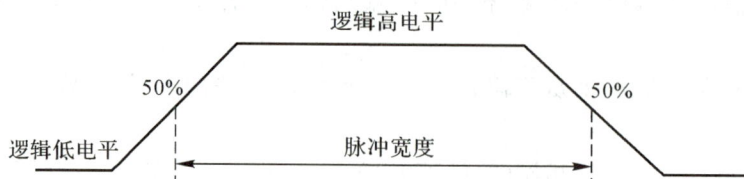

图 1-56　脉冲宽度示意图

5. 时钟的占空比和频率

时钟的占空比是指时钟信号的高电平时间占整个时钟周期的百分比。

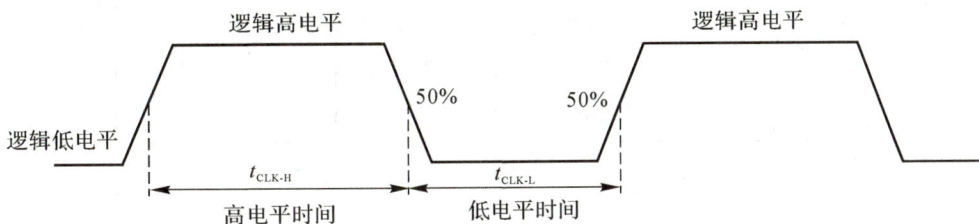

图 1-57　占空比示意图

$t_{\text{CLK-H}}$ 是时钟信号的高电平时间，$t_{\text{CLK-L}}$ 是时钟信号的低电平时间，时钟信号的周期＝$t_{\text{CLK-H}}+t_{\text{CLK-L}}$，则

$$时钟信号的占空比=\frac{t_{\text{CLK-H}}}{t_{\text{CLK-H}}+t_{\text{CLK-L}}}\times100\%$$

$$时钟信号的频率=\frac{1}{t_{\text{CLK-H}}+t_{\text{CLK-L}}}$$

在嵌入式系统中，时钟信号的占空比一般要求在 40％～60％之间。

6. 其他时序参数

以上列举的只是一小部分时序参数，像存储器等还有其他时序参数，这些时序参数在所用器件的数据手册中都有详细的描述。

1.11.2　时序分析(Timing Analysis)

时序分析是嵌入式系统的设计中非常重要的部分。

在选定微处理器及外接元件（如 SRAM，Flash ，SDRAM，DDR DRAM 等），完成电路原理图后，在电路板布线之前，一定要分析微处理器和外接器件的时序，以确保时序满足微处理器和外接元件的时序要求。否则，万一有不可克服的时序问题，已有的设计将无法使用，必须重新设计，这样会造成不必要的金钱、时间和人力的浪费。

下面以德州仪器公司的 TMS320F28069 为例来示范时序分析的步骤和过程。TMS320F280690 是一个的 32 位微处理器，有内嵌 SRAM 和闪存，有外接并行总线接口，也有 SPI，I²C 等串行通信接口等，可以外接 SRAM，SPI Flash 等。SST25 VF010 是一个 1 MB 的 SPI 接口的闪存。在这个例子中，TMS320F28069 的 SPI 被设置为主器件，SST25 VF010 是从器件（见图 1-58）。SPI 接口包括四个信号：

(1)SPI_CS_N,SPI 接口的片选信号，低有效，由主器件发出。

(2)SPI_CLK,SPI 接口的时钟信号，由主器件发出，可由 TMS320F28069 设置为在时钟的下降沿或上升沿打入接收的串行数据或发出串行数据。

(3)SPI_SIMO,SPI 接口的主器件的发送的串行数据，由主器件发出。

(4)SPI_SOMI,SPI 接口的主器件的接收的串行数据，由从器件发出。

在此例中，当设置为主器件时，TMS320F28069 的 SPI 的时钟频率设为 20 MHz（发送数据)和 12.5 MHz(接收数据)。

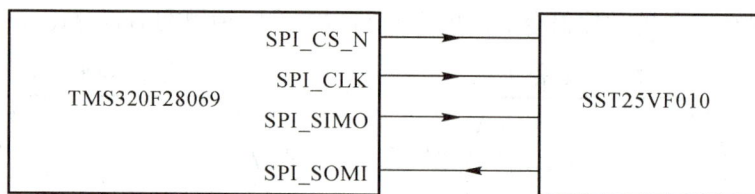

图 1-58　MCU 外接 SPI Flash 示意图

在此例中,假设 SPI 的走线较短,走线的延迟可以忽略。一般电路板上线的延迟是 6.7 ps/mm。假设走线长度是 20 mm,则走线的延迟是 0.12 ns。

TMS320F28069 的 SPI 有四种工作模式,在此例中,时钟相位(Clock Phase)设为 0,时钟极性(Clock Polarity)设为 1。

(1)主器件(TMS320F28069)接收从器件发送的数据(SOMI)。

从器件的输出数据 SPI_SOMI 是在时钟 SPI_CLK 的下降沿。根据 SST25 VF010 的数据手册,最晚在时钟的下降沿 t_{dv}(20 ns)后,输出数据出现,如图 1-59 所示。

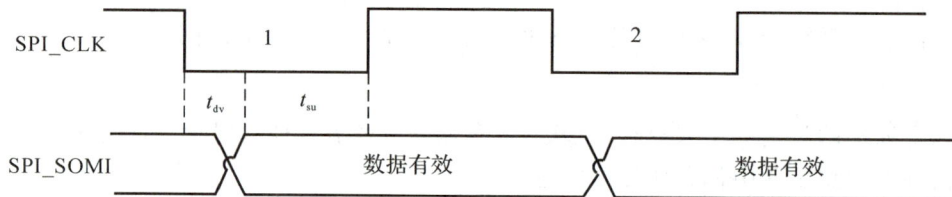

图 1-59　SPI 接收数据时序图

TMS320F28069 的 SPI 的接收数据(SOMI),根据 MCU 的数据手册,数据建立时间 $T_{spi\_su} \geq 26$ ns,数据保持的时间 $t_{spi-dh} \geq 0$ ns。

1)SPI 的时钟频率 F_{clk} 设置为 12.5 MHz。一个时钟的周期为 $t_{clk} = \dfrac{1}{f_{clk}} = 80$ ns。一个时钟内低电平的时间为 $t_{low} = \dfrac{1}{2} t_{clk} = 40$ ns。则根据图 1-59 的时序,$t_{su} = \dfrac{1}{2} t_{clk} - t_{dv} = 20$ ns < 26 ns,输入数据的建立时间小于额定要求的建立时间。因此 SPI 不可以正常工作。

2)SPI 的时钟频率 f_{clk} 设置为 10 MHz。一个时钟的周期为 $t_{clk} = \dfrac{1}{f_{clk}} = 100$ ns。一个时钟内低电平的时间为 $t_{low} = \dfrac{1}{2} t_{clk} = 50$ ns。根据图 1-59 的时序,$t_{su} = \dfrac{1}{2} t_{clk} - t_{dv} = 30$ ns > 26 ns,输入数据的建立时间大于额定的要求的建立时间。$t_{dh} = t_{dv} = 20$ ns,输入数据的保持时间大于额定的要求的保持时间。因此 SPI 可以正常工作。

(2)主器件(TMS320F28069)发送串行数据(SPI_SIMO),从器件接收串行数据。

主器件的发送数据 SPI_SIMO 是在时钟 SPI_CLK 的下降沿。根据 TMS320F28069 的数据手册,最晚在时钟的下降沿 t_{dl}(10 ns)后,输出数据 SIMO 出现,如图 1-60 所示。

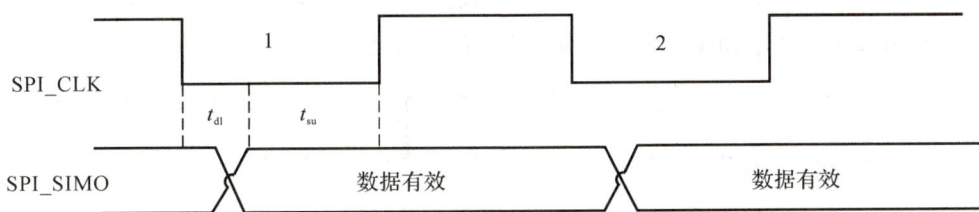

图 1-60　TMS320F28069 SPI 发送数据时序图

根据 SST25 VF010 的数据手册,数据建立时间 $t_{spi\_su}\geqslant5$ ns,数据保持的时间 $t_{spi\text{-}dh}\geqslant5$ ns。

1)SPI 的时钟频率 f_{clk} 设置为 10 MHz。一个时钟的周期为 $t_{clk}=\dfrac{1}{f_{clk}}=100$ ns。一个时钟内低电平的时间为 $t_{low}=\dfrac{1}{2}t_{clk}=50$ ns。根据图 1-60 的时序,$t_{su}=\dfrac{1}{2}t_{clk}-t_{dl}=40$ ns>5 ns,输入数据的建立时间大于额定的要求的建立时间。$t_{dh}=t_{dl}=10$ ns>5 ns,输入数据的保持时间大于额定要求的保持时间。因此 SPI 可以正常工作。

上面这个例子比较简单。MCU 的 SPI 和闪存的 SPI 直接相连,中间没有其他可以导致延迟的器件。

再例如,TMS320F28069 的 SPI 经过一个数字隔离器,接到一个 SPI 接口的 ADC,如图 1-61 所示。通常应用在需要把 ADC 和系统的其他部分隔离的应用中。

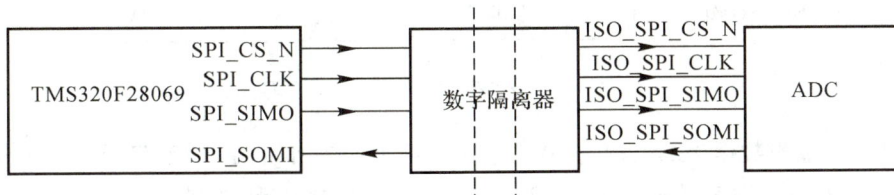

图 1-61　隔离模数转换器的 SPI 接口

数字隔离器是模拟器件公司的 ADuM241D。它的数据速率可高达 150 Mb/s,最大传输延迟是 14 ns(3.3 V 电源电压)。它有四个通道,即三个输入通道(A 到 B)和一个输出通道(B 到 A)。两个通道的传输延迟差异是 7.5 ns。

ADC 是模拟器件公司的 SPI 接口的模数转换器 AD4022。

(1)主器件(TMS320F28069)发送串行数据(SPI_SIMO),从器件接收串行数据(见图 1-62)。

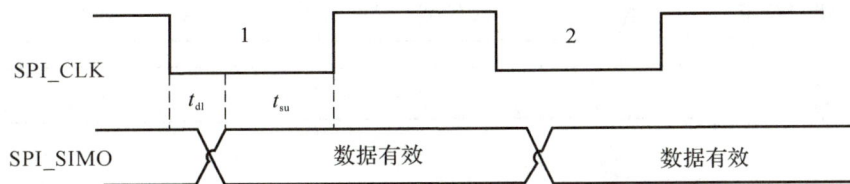

图 1-62　TMS320F28069 SPI 发送数据时序图

时钟的下降沿至数据输出延迟 $t_{dl}=10$ ns。经过数字隔离器后,ISO_SPI_CLK 和 ISO_SPI_SIMO 的时序如图 1-63 所示(考虑到最大延迟差异为 7.5 ns)。

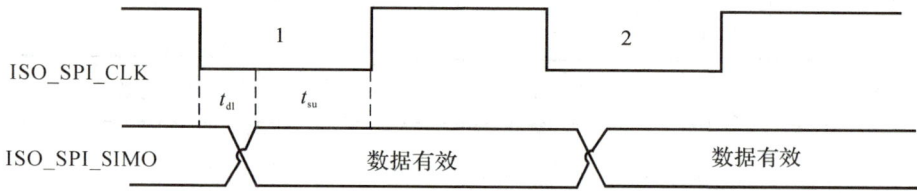

图 1-63　经过数字隔离器后的 SPI 发送数据时序图

考虑到数字隔离器不同通道之间的延迟差异(最大 7.5 ns),ISO_SPI_CLK 的下降沿到 ISO_SPI_SIMO 的时间最小为 10 ns-7.5 ns=2.5 ns,最大为 10 ns+7.5 ns=17.5 ns。而 AD4022 的 SPI 的数据建立时间为 2 ns,保持时间为 2 ns。因此建立时间和保持时间满足 AD4022 的 SPI 接收数据的要求。

(2)主器件(TMS320F28069)接收串行数据(SPI_SIMO),从器件发送串行数据(见图 1-64)。

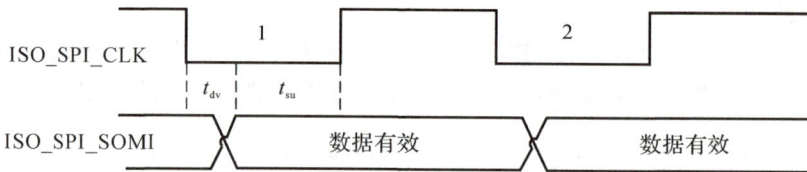

图 1-64　AD4022 的 SPI 发送时序图

从器件的输出数据 ISO_SPI_SOMI 是在时钟 ISO_SPI_CLK 的下降沿。根据 AD4022 的数据手册,最晚在时钟的下降沿 t_{dv}(7.5 ns)后,输出数据出现,如图 1-64 所示。

经数字隔离器后,ISO_SPI_CLK 相对于 SPI_CLK 延迟了 14 ns,SPI_SOMI 相对于 ISO_SPI_SOMI,也延迟了 14 ns。时序如图 1-65 所示。

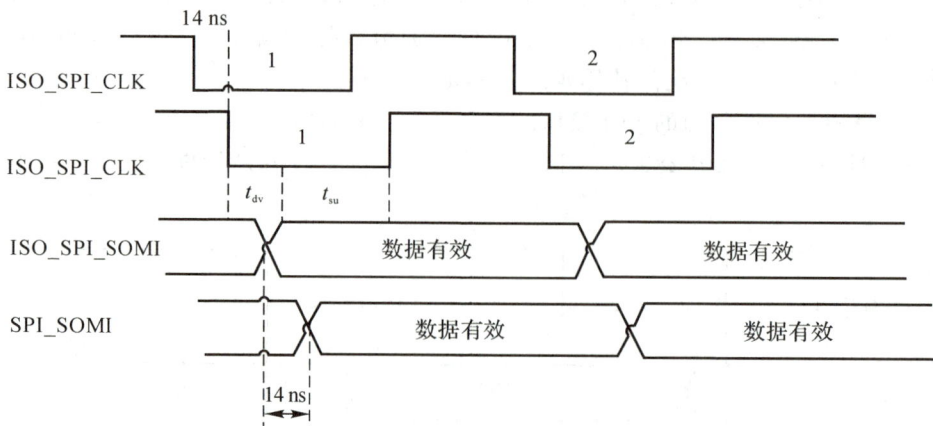

图 1-65　TMS320F28069 SPI 接收数据时序图

1)SPI 的时钟频率 f_{clk} 设置为 10 MHz。一个时钟的周期为 $t_{clk} = \dfrac{1}{f_{clk}} = 100$ ns。一个时钟内低电平的时间为 $t_{low} = \dfrac{1}{2} t_{clk} = 50$ ns。根据图 1-65 的时序，$t_{su} = \dfrac{1}{2} t_{clk} - 14$ ns $- t_{dv} - 14$ ns $= 14.5$ ns < 26 ns，输入数据的建立时间小于额定要求的建立时间。因此 TMS320F28069 的 SPI 接收数据就会有问题。

2)SPI 的时钟频率 f_{clk} 设置为 8 MHz。一个时钟的周期为 $t_{clk} = \dfrac{1}{f_{clk}} = 125$ ns。一个时钟内低电平的时间为 $t_{low} = \dfrac{1}{2} t_{clk} = 62.5$ ns。则根据图 1-65 的时序，$t_{su} = \dfrac{1}{2} t_{clk} - 14$ ns $- t_{dv} - 14$ ns $= 27$ ns > 26 ns。输入数据的建立时间大于额定要求的建立时间。$t_{dh} = 14$ ns $+ t_{dv} + 14$ ns $= 35.5$ ns，可见输入数据的保持时间大于额定要求的保持时间。因此 TMS320F28069 的 SPI 接收数据就不会有问题。

在以上的时序分析中，没有考虑电路板布线和终端匹配电阻带来的延时影响。任何电路板布线都会带来延时，电路板布线带来的延时大约是 6.7 ps/mm。另外为了保证信号的完整性，有时需要在高速数字信号靠近信号源的地方串入一个小的电阻做串联阻抗匹配，这会带来信号的延时。因此在做高速数字电路的时序分析时，一定要考虑这两个因素带来的延时影响。

在进行时序分析时，一定要用元件数据手册中最坏情况下（Worst Case）的时序参数（最大或最小参数，视情况而定），这样可以保证在任何情况下时序都没有问题。

1.12　嵌入式系统的通信总线

嵌入式系统中微处理器与外接元件的通信有两种方式：

(1)并行通信，比如微处理器同外接并行闪存，并行异步 SRAM，SDRAM，DDR SDRAM，同步 SRAM、FPGA 等的通信。微处理器需要有并行接口。

(2)串行通信，如 UART，I^{2}C，SPI，CAN，USB 以太网等。

并行通信的优点是通信的带宽很宽，传输速度快，但需要较多的连线（地址线、数据线、控制线等），电路较复杂，占用较大的电路板面积，适合微处理器和外接存储器之间的通信。

串行通信的优点是需要的连线较少，电路较简单，占用电路板面积较小，但缺点是通信的带宽较低，其适合对通信带宽要求不高的元件。

下面就介绍几种串行通信。

1.12.1　通用异步收发器(UART,Universal Asynchronous Receiver Transmitter)

通用异步收发器将要传输的并行数据在微处理器内部转换为串行数据输出，同时也将收到的串行数据转换为并行数据，供微处理器进行处理。几乎所有的微处理器都有一个或多个 UART 接口。

UART 是点对点的通信,用于微处理器和外接模块的通信或两个微处理器之间的通信。它有全双工(Full-Duplex)和半双工(Half-Duplex)两种工作模式。

(1)全双工模式:接收和发射同时工作。

(2)半双工模式:接收和发射不能同时工作。

UART 作为异步串口通信协议的一种,工作原理是将传输数据的每个字符一位一位地按帧传输,其帧格式如图 1-66 所示。

图 1-66 UART 的帧格式

UART 的一帧数据包括:

(1)起始位:1 bit。先发出一个逻辑"0"的信号,表示传输开始。

(2)信息位。可以是 8 bit,9 bit。从最低位(LSB)开始传送。通常是 8 bit。

(3)奇偶校验位。1 bit。信息位加上这一位后,使得"1"的位数应为偶数(偶效验)或奇数(奇效验),以此来效验信息传送的正确性。在接受端根据接收到的信息位和奇偶效验位,来判定收到的数据正确与否。

(4)结束位。它是 UART 一帧传输的结束标志,可以是 1 bit、1.5 bit、2 bit 的高电平。

通过 UART 进行通信的双方,它们的帧格式的设置应该相同。波特率也要相同,这样才能进行通信。

波特率(Buad Rate)是衡量数据传输速率的指标。其表示每秒钟传送的比特数,单位是 b/s。常用的比特率是 4 800 b/s,9 600 b/s,19 200 b/s,38 400 b/s,115 200 b/s 等。

波特率可由微处理器设定。通常微处理器有一个波特率控制寄存器,可以通过设定寄存器来设置波特率。例如微处理器 C8051F360 的 UART 的波特率的计算公式为

$$\text{UART 的波特率} = \frac{1}{2} \times \frac{t_{1\text{CLK}}}{256 - \text{TH}_1}$$

式中:$t_{1\text{CLK}}$ 是一个时钟的周期,这个时钟频率可被设置为 SYSCLK,SYSCLK/4,SYSCLK/12,SYSCLK/48。SYSCLK 是微处理器 C8051F360 的系统时钟频率。TH_1 是微处理器写入的 8 位数据,用来设置波特率。例如如果 TH_1 内的数据是 00001111,则

$$\text{UART 波特率(实际)} = \frac{1}{2} \times \frac{t_{1\text{CLK}}}{256 - 15} = \frac{1}{2} \times \frac{t_{1\text{CLK}}}{241}。$$

有时微处理器的波特率不可能刚好是所要求的,会和预期的理论值有一个误差,这个误差必须在一定的范围内,通信才不会有问题。

$$\text{波特率相对误差} = \frac{\text{波特率(实际)} - \text{波特率(理论)}}{\text{波特率(理论)}} \times 100\%$$

实践表明,当波特率的相对误差范围在 ±4.5% 时,不会影响数据的正确接受;一般要保证传输的可靠性,要求这个误差范围在 ±2.5%。误差越小,可靠性越高。

如果两个微处理器需要通过 UART 进行通信,如果它们都在同一块电路板上,则

UART 之间可以直接连接，如图 1-67 所示。

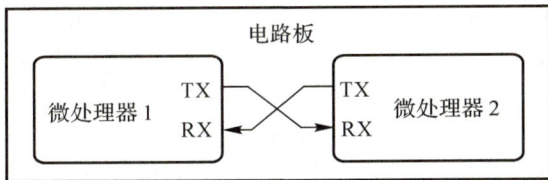

图 1-67　微处理器之间用 UART 进行通信

微处理器 1 的 UART 的发射（TX）引脚连结到微处理器 2 的 UART 的接收（RX）引脚；微处理器 1 的 UART 的接收（RX）引脚连结到微处理器 2 的 UART 的发射（TX）引脚。

1.12.2　RS-232 串行通信

在早期，当计算机还带有 RS-232 串口的时候，如果一个嵌入式系统要和其他设备（比如计算机、打印机等）进行通信，就要把 UART 的信号经过 RS-232 转换器（如 MAX232 等）转换为 RS-232 电平，如图 1-68 所示。

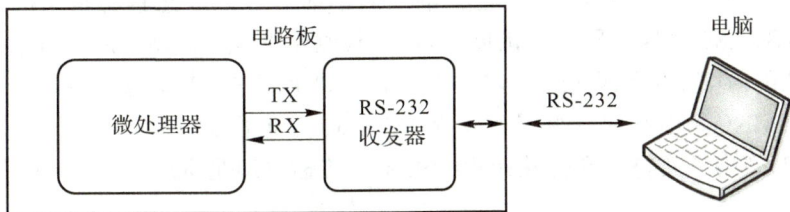

图 1-68　RS232 通信示意图

微处理器 UART 信号的电平是 3.3 V CMOS 逻辑电平或 5 V CMOS 逻辑电平（取决于供电电压 V_{CC}），其信号电压介于 0 V 和 V_{CC} 之间。

RS-232 是负逻辑电平，它定义 5～12 V 为低电平，而 -12～-5 V 为高电平。

转换为 RS-232 电平的目的是提高抗干扰能力，增强传输距离。这是因为信号电压越高，外界干扰对它的影响越小。

通常，RS-232 电平转换器最大可以驱动 2 500 pF 的容性负载，因此 RS-232 串口通信电缆的总电容不可以超过 2 500 pF。假设电缆的电容是 47.5 pF/m，则电缆的最大长度是 $\frac{2\ 500\ pF}{55\ pF/m} = 45.4$ m。另外，波特率也跟电缆长度有关系，电缆越长，波特率就越低，见表 1-5（电缆是 UTP CAT5）。

表 1-5　RS-232 波特率和电缆长度的关系

波特率/(b·s^{-1})	电缆长度/m
2 400	60
4 800	30

续表

波特率/(b·s⁻¹)	电缆长度/m
9 600	15
19 200	7.6
38 400	3.7
56 000	2.6
112 000	1.3

RS-232 是单端传输方式,其收发端的数据信号电平都是相对于"地"的电平,因此共模抑制能力差,易受外界噪声的影响,抗干扰能力不强。可见 RS-232 不适合长距离通信或干扰比较大的场合,现在已较少使用。

1.12.3 RS-485 串行通信

RS-485 采用了平衡发送和差分接受接口标准。在发送端将 UART 的 5 V 或3.3 V CMOS 逻辑电平的单端信号转换为差分信号输出,经过双绞线传输到接收端后,再将差分信号转换为 5 V 或 3.3 V COMS 逻辑电平的单端信号。因此具有很强的抗共模噪声能力,而且 RS-485 的接受器的灵敏度高,可以检测到低至 200 mV 的差分信号。如果波特率是 100 kb/s,则传输距离可以远至 1 220 m。如果通信距离较短的话(小于 12 m),波特率可达 10 Mb/s。当然传输距离和波特率也和传输电缆有关系。

图 1-69 列出了波特率和传输距离的关系。传输电缆是 RS-485 通信用电缆。

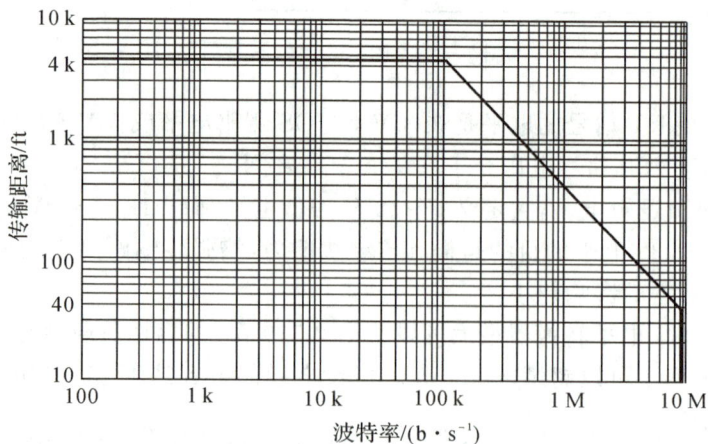

图 1-69 RS485 通信速率 vs 电缆长度

图 1-70 是利用 RS-485 收发器进行长距离串行通信的示意图。UART 的 3.3 V 或 5 V CMOS 逻辑电平被 RS-485 收发器转化为差分信号,而后通过屏蔽双绞线电缆进行传输。屏蔽双绞线的屏蔽层最好接到两个嵌入式系统的信号地。

RS-485 串行通信有以下两种模式。

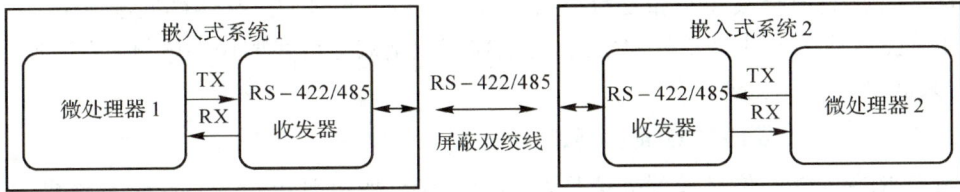

图 1-70　RS-485 串行通信示意图

1. 全双工通信（4-线通信）

全双工模式接收和发射可以同时进行。其连接图如图 1-71 所示。

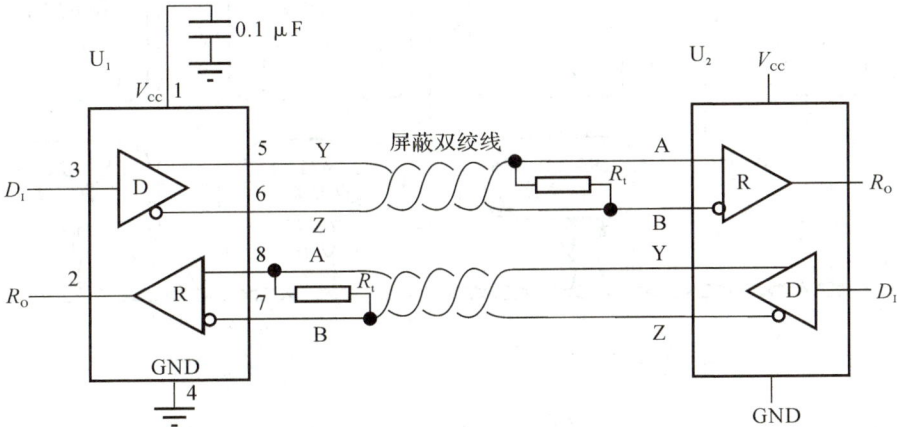

图 1-71　RS-485 全双工通信示意图

U_1 和 U_2 是 RS-485 收发器，R_t 是终端匹配电阻，其阻值等于传输电缆的特征阻抗（$60\sim120\ \Omega$）。R_t 的作用是阻抗匹配，抑制传输信号的反射，提高通信的可靠性。R_t 应尽量靠近 RS-485 收发器。

RS-485 串行通信的传输电缆通常用屏蔽双绞线。

全双工模式的优点是收发可以同时进行，但需要两对双绞线。

2. 半双工通信（2-线通信）

半双工模式接收和发射不可以同时进行。其连接图如图 1-72 所示。

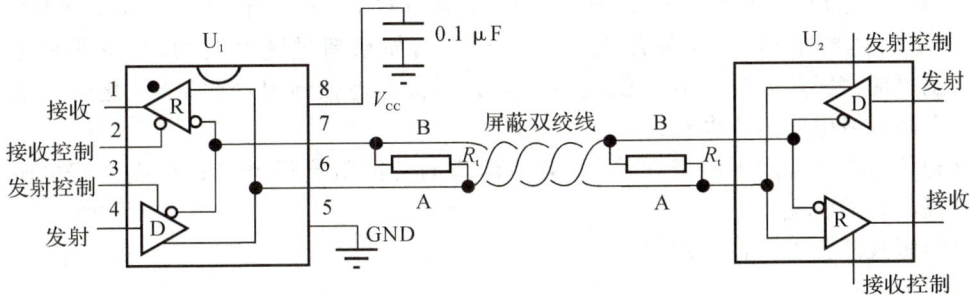

图 1-72　RS-485 半双工通信示意图

U_1 和 U_2 是有接收控制和发射控制的 RS-485 收发器，R_t 是终端匹配电阻。

半双工模式不能同时接收和发射，传输速率比全双工模式要慢一半，但同全双工模式相比，只需要一对双绞线。

3. RS-485 组成的多点通信网络

由于 RS-485 的信号是差分信号，传输距离远，所以可以组成一个有多个节点的通信网络（最多可以有 256 个节点），比如现场总线、Modbus 等。这个通信网络一般是半双工通信网络。图 1-73 所示为 n 个节点的通信网络。

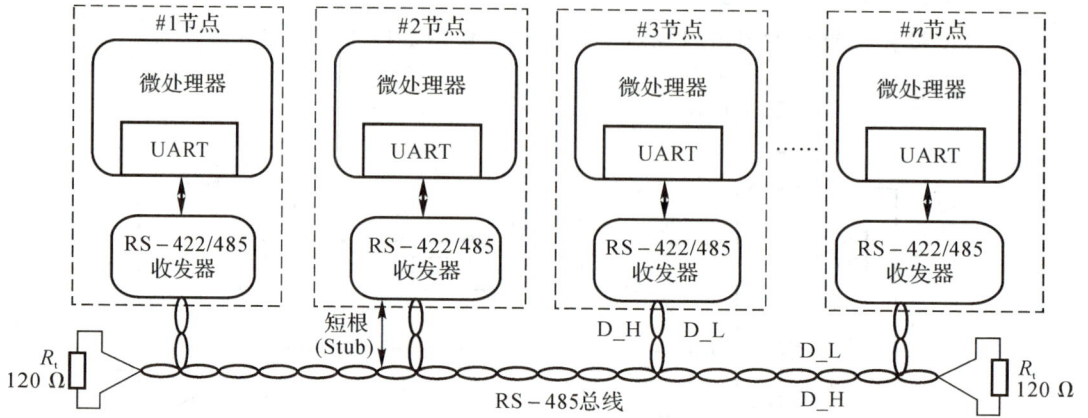

图 1-73　具有 n 个节点的 RS-485 半双工通信网络

全双工通信网络和半双工通信网络类似，区别是一个节点的收发可以同时进行，数据传输速率快了一倍，但需要多一对双绞线。

在 RS-485 组成的全双工或半双工串行通信网络中，应该注意以下几点：

（1）传输电缆的连接应该采取菊花链型连接；

（2）每个节点的短根（Stub）长度（Stub Length）L_{stub}：

$$L_{stub} < \frac{t_r}{10} \times 信号在电缆的传输速度$$

式中：t_r 是 RS-485 发射器输出信号的上升时间。

（3）终端匹配电阻应靠近第一个（最近）和最后一个（最远）RS-422/485 收发器。

（4）在工业应用中，干扰源非常复杂，有各种大型机器，比如马达等，因此各节点之间可能存在很高的共模电压。虽然 RS-485 是差分接收，有一定的抗共模干扰能力，但 RS-485 收发器的共模电压的范围是 -9~12 V，如果超过这个范围，收发器将无法工作，甚至可能烧毁收发器芯片。因此各节点必须很好地接地，以降低节点之间的共模电压；或者采取光电隔离等办法。

（5）传输线尽量用屏蔽双绞线，而且传输线的特征阻抗尽量接近终端匹配电阻的阻值，以提高终端匹配。

（6）短根部分也尽量用双绞线。

4. USART(Universal Synchronous/Asynchronous Receiver/Transmitter)

现在有些微处理器（比如 ST Semiconductor 公司的 STM32 系列）带有 USART。它可以被设置为标准的 UART,也可以设置为同步传输,但需要多一条时钟线。UART 一次只传输一个字节(8 位或 9 位),但 USART 一次可以传输很多字节。USART 的传输速率可以达到 4 Mb/s。

1.12.4　I^2C

I^2C 总线是一种简单的同步串行总线,主要用于微处理器和各个 I^2C 外接器件之间的通信。它只需要两根线:一根线传输时钟,叫作时钟线(SCL);另一根线传输数据,叫作数据线(SDA)。很多 I^2C 器件可以连在一起(见图 1-75),因此应用非常广泛。通常时钟线是单向的,是从微处理器到各个外接 I^2C 器件的;数据线一般是双向的,可以由 I^2C 外接器件发出,微处理器接收;也可以是从微处理器发出,I^2C 外接器件接收。

I^2C 通信是一种主-从方式通信。主器件通常是微处理器,从器件通常是具有 I^2C 接口的各种外接器件,比如具有 I^2C 接口的闪存、EEPROM、ADC、DAC、温度传感器等等。每个 I^2C 器件的地址都不相同,而且不能相同,否则就会发生冲突。

I^2C 总线在传送数据过程中有四种类型信号(见图 1-74):

(1)开始信号:SCL 为高电平时,SDA 从高电平向低电平跳变,开始传送数据。

(2)结束信号:SCL 为高电平时,SDA 从低电平向高电平跳变,终结数据传送。

(3)数据传输信号:在开始条件后,时钟信号 SCL 的高电平周期期间,当数据稳定时,数据线 SDA 的状态表示数据有效,即数据可以被读走,可以进行读操作。在时钟信号 SCL 的低电平周期期间,数据线上的数据才允许改变。每位数据需要一个时钟脉冲。

(4)应答信号(ACK):接收数据的器件在接收到 8 位数据后,向主器件发出特定的低电平脉冲,表示已收到数据。若没有收到 ACK,则这个从器件出现故障。

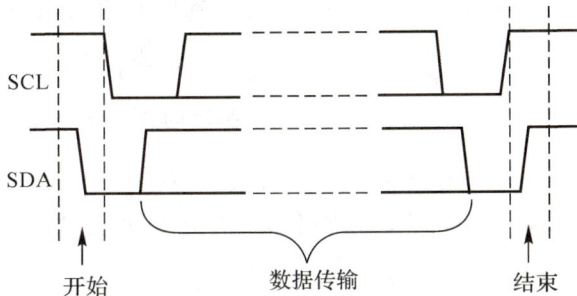

图 1-74　I^2C 信号的时序

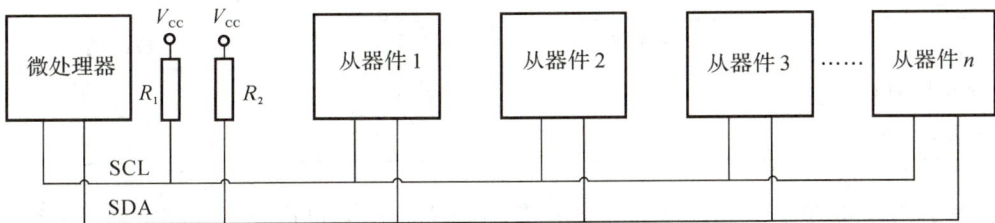

图 1-75　多个 I^2C 器件的连接图

1. 嵌入式系统中多个 I²C 器件的连接

图 1-75 中 R_1 和 R_2 是上拉电阻，由于 I²C 的时钟线 SCL 和数据线 SDA 是漏极开路输出（Open-Drain Output），所以这两个上拉电阻是必须的，否则 I²C 不可以工作。

I²C 时钟线 SCL 和数据线 SDA 的内部基本结构如图 1-76 所示。R_{PU} 是外接上拉电阻。I²C 的 SCL 和 SDA 的基本结构包括一个输入缓冲门来接收数据，一个 MOSFET 来发送数据。输出是漏极开路输出。漏极开路的输出结构，如果要输出"0"（低电平），则拉低总线；如果要输出"1"（高电平），则释放总线，依靠上拉电阻对总线电容充电来建立高电平。

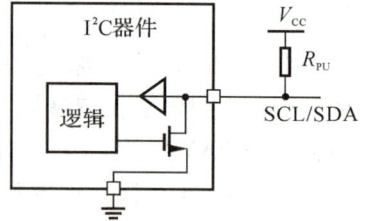

图 1-76　I²C SCL/SDA
内部基本结构图

上拉电阻的最小值取决于 I²C 器件的供电电压 V_{CC} 和最大低电平输出 V_{OL_max}。假设 $V_{CC}=3.3\ \text{V}$，$V_{OL\_max}=0.4\ \text{V}$

（电流 $I_{OL}=3\ \text{mA}$），则上拉电阻 R_1 和 R_2 的最小值 $=\dfrac{V_{CC}-V_{OL\_max}}{I_{OL}}=\dfrac{3.3\ \text{V}-0.4\ \text{V}}{0.003\ \text{A}}=967\ \Omega$。

上拉电阻的最大阻值取决于 I²C 总线上的电容以及 I²C 对 SCL 和 SDA 上升时间的要求。I²C 总线是漏极开路输出，上升时间就取决于上拉电阻和总线上的电容。如果上拉电阻太大，则上升时间太长，I²C 总线信号在没有上升到高电平之前已经被拉低，高电平就建立不起来。I²C 信号电压在上升时相当于 RC 充电，R 是上拉电阻，C 是 I²C 总线电容，计算公式如下：

$$V(t)=V_{CC}(1-e^{-\frac{t}{RC}})$$

I²C 信号的高电平 $V_{IH}=0.7V_{CC}$，上升到 V_{IH} 所需时间为 t_1，有

$$V_{IH}=0.7V_{CC}=V_{CC}(1-e^{-\frac{t_1}{RC}})$$

I²C 信号的高电平 $V_{IL}=0.3V_{CC}$，上升到 V_{IL} 所需时间为 t_2，有

$$V_{IL}=0.3V_{CC}=V_{CC}(1-e^{-\frac{t_2}{RC}})$$

上升时间 $t_r=t_1-t_2=0.847\ 3RC$，则上拉电阻的最大值

$$R_{P\_max}=\frac{t_r}{0.847\ 3C}$$

表 1-6 列出了 I²C 两种模式对上升时间和总线电容的规定。

表 1-6　I²C 总线电容的规定

	标准模式	快速模式	快速模式＋
最大上升时间/ns	1 000	300	120
最大总线电容/pF	400	400	550

表 1-6 只是给出了总线电容的最大值，实际总线电容可以根据计算得到。总线电容 $C=\sum C_i$，是所有 I²C 总线上所有器件 SCL 和 SDA 引脚所有输入电容的总合（所有 I²C 器

件 SCL 和 SDA 引脚都会有输入电容),通常这个电容是 10 pF 左右,可以从 I²C 器件的数据手册上得到。假如 I²C 总线上接有五个 I²C 器件,则总线电容为 5×10 pF$=50$ pF,对于标准模式,有

$$R_{\text{P\_max}} = \frac{1\ 000\ \text{ns}}{0.847\ 3 \times 50\ \text{pF}} = 23.7\ \text{k}\Omega$$

对于快速模式,有

$$R_{\text{P\_max}} = \frac{300\ \text{ns}}{0.847\ 3 \times 50\ \text{pF}} = 7.08\ \text{k}\Omega$$

对于快速模式+,有

$$R_{\text{P\_Max}} = \frac{120\ \text{ns}}{0.847\ 3 \times 50\ \text{pF}} = 4.72\ \text{k}\Omega$$

因此如果 I²C 总线上接有五个 I²C 器件,则上拉电阻的阻值为 967 Ω～23.7 kΩ(标准模式),967 Ω～7.08 kΩ(快速模式)。

在对功耗要求高的嵌入式系统,为了减小功耗(当输出低电平时,$P = \frac{V_{\text{CC}}^2}{R_{\text{PU}}}$),在满足上述条件的基础上,上拉电阻的阻值应尽可能大。

2. I²C 总线有三种模式

(1)标准模式(Standard Mode):波特率可达 100 kb/s;
(2)快速模式(Fast Mode):波特率可达 400 kb/s;
(3)快速模式+(Fast-Mode Plus):波特率可达 1 Mb/s;
(4)高速模式(High-Speed Mode):波特率可达 3.4 Mb/s。

I²C 总线地址有 7 位和 10 位两种。如果是 7 位地址,理论上 I²C 总线上可以接 256 个 I²C 器件,但有些地址是保留的,可见可用的地址是不到 256 个。

如果是 10 位地址,理论上 I²C 总线上可以接 1 024 个 I²C 器件,但有些地址是保留的,可见可用的地址是不到 1 024 个。

I²C 总线设计要点:

(1)I²C 总线上每个从器件的地址必须是不同的、唯一的。

(2)上拉电阻的选择要根据总线电容,工作模式来计算。总线电容的计算要根据总线上 I²C 器件的数量和每个器件 SCL 和 SDA 引脚的输入电容(一般为 10 pF 左右)。

(3)电路板布线的时候,I²C 总线要采用菊花链型布线。SCL 和 SDA 布线的时候要布在一起。

1.12.5　串行外设接口(SPI,Serial Peripheral Interface)

SPI 是一种同步串行通信接口,在嵌入式系统中应用非常广泛,主要用于微处理器同一个或多个外接 SPI 器件的通信。它采用主-从式方式通信,微处理器通常是主器件,其他 SPI 器件为从器件。通常 SPI 通信需要四条信号线:

(1)接收数据线,主器件入-从器件出(MISO,Master In Slave Out);
(2)发射数据线,主器件出-从器件入(MOSI,Master Out Salve In);

（3）时钟线，来自于主器件（SCLK，SPI Clock）；

（4）片选线，来自于主器件（/CS，SPI Chip Select），通常低电平有效。

图 1-77 是微处理器和一个 SPI 器件的连接图。

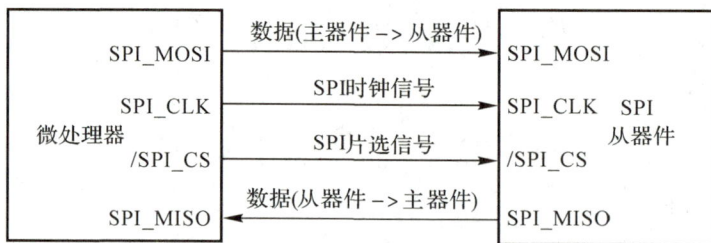

图 1-77　微处理器和一个 SPI 从器件的连接示意图

SPI 接收数据线和发射数据线是独立的，所以收发可以同时进行，可工作在全双工模式。接收和发射都是在 SPI 时钟的上升沿或下降沿进行。

通常当 SPI 的片选信号/CS 为低时，SPI 从器件被选中，从器件的 MISO 输出高电平或低电平；当片选信号为高时，SPI 从器件没有被选中，从器件的 MISO 是高阻态。利用这个特性，微处理器的一个 SPI 接口可以连接多个 SPI 从器件，利用微处理器的 GPIO 作为这些 SPI 从器件的片选信号，这些从器件的 MISO，CLOCK 和 MOSI 接在一起，如图 1-78 所示。

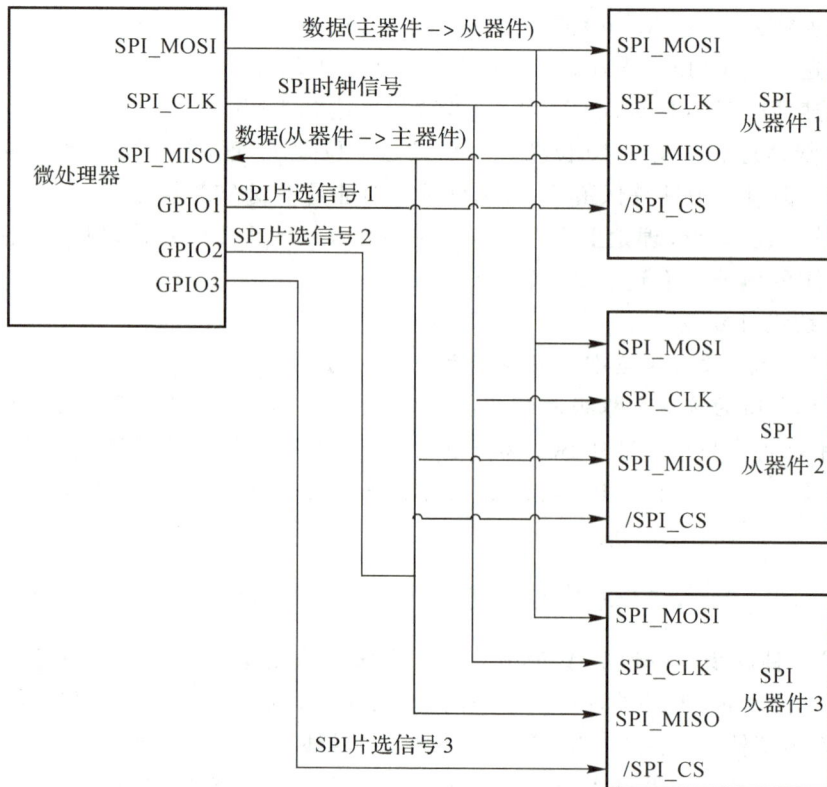

图 1-78　微处理器的 SPI 接口和三个 SPI 从器件的连接示意图

微处理器的固件设计必须保证三个 SPI 从器件的片选信号在同一个时间只能有一个为低电平,其他为高电平。

所有 SPI 的片选信号必须有一个上拉电阻,其原因如图 1-79 所示。

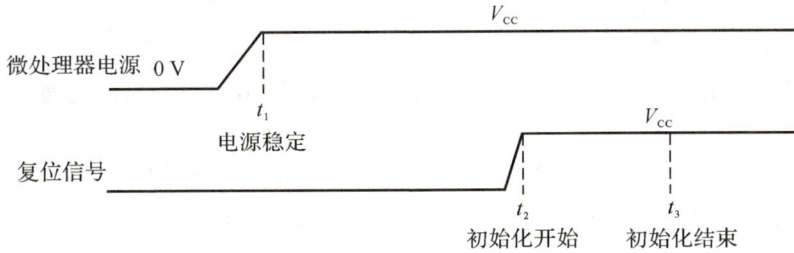

图 1-79　微处理器上电过程示意图

系统在上电的过程中,微处理器的电源在 t_1 时刻从 0 V 上升到正常工作电压,但此时复位信号仍为低电平,直至 t_2 时刻,然后复位信号被释放,变为高电平,微处理器的固件开始 GPIO 的初始化,在 t_3 时刻完成初始化。SPI 从器件的片选信号受软件控制,在 t_1 至 t_3 这段时间,微处理器的 GPIO 通常是高阻状态,不受软件控制,可能为高,可能为低,而且容易受外界噪声的影响。如果 SPI 片选信号上没有上拉电阻,则一个或多个 SPI 从器件就有可能同时被选中,有可能有误动作发生。上拉电阻的作用是保证系统在上电复位过程中,这些片选信号为高电平,以保证这些 SPI 从器件未被选中,防止误动作发生,以提高嵌入式系统的可靠性。上拉电阻的阻值范围通常为 $1\sim100$ kΩ。

前面所讲的是标准 SPI,需要四根线,数据线有两根,全双工模式,读入数据和输出数据同时进行。

Dual-SPI 也是四根线,但 MISO 和 MOSI 就变成一次一个方向,要不就是读入数据,要不就是输出数据,工作方式是半双工方式。

Quad-SPI 总共有六根线,有四根数据线,一次一个方向,读入数据和输出数据不能同时进行,工作方式是半双工方式。由于有四根数据线,所以单向传输速率是标准 SPI 的四倍。现在有很多 Quad-SPI Flash 芯片。

图 1-80 是微处理器和一个 Quad-SPI Flash 的连接示意图。

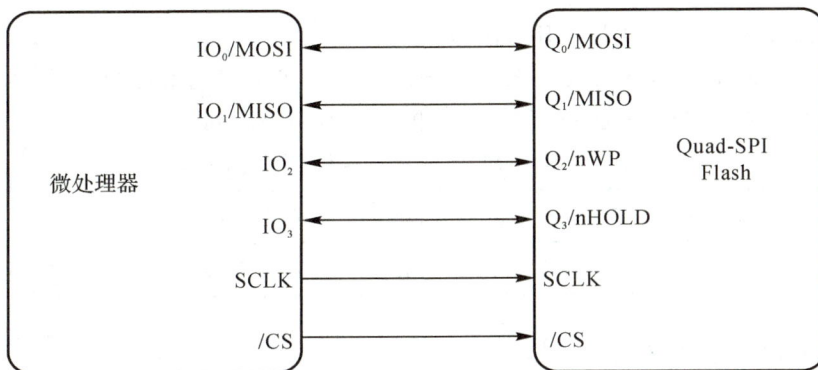

图 1-80　微处理器 Quad-SPI Flash 的连接示意图

通常微处理器可以把 SPI 接口设置为标准 SPI、Dual-SPI 和 Quad-SPI。SPI 的时钟频率可以达到 80 MHz 左右。现在有很多带有 SPI 接口的元件，如 ADC、DAC、EEPROM、Flash、温度传感器等等。

在设计的时候要注意以下几点：

（1）SPI 的片选信号要有上拉电阻。

（2）在 SPI 的时钟线上，要串入一个小的电阻（阻值 10～50 Ω），这是为了保证时钟信号的完整性，减小过冲和下冲。在电路板上，这个电阻要靠近主器件。

（3）如果一个 SPI 主器件和几个 SPI 从器件像图 1-78 一样接在一起，一定要保证所有 SPI 从器件的片选信号在一个时间只能有一个有效（为低电平，如果片选信号是低有效的话）。

（4）一定要对 SPI 主器件和从器件作仔细的时序分析，确保 SPI 没有时序问题。

（5）在布线的时候，SPI 的四根（或六根）线要布在一起。如果有多个从器件的话，布线要采用菊花链型（Daisy-Chain）。

1.12.6 控制器局域网（CAN，Controller Area Network）总线

CAN 属于现场总线的范畴，是一种有效支持分布式控制系统的串行通信网络。CAN 总线最早是专门为汽车行业开发的一种串行通信总线，由于其高性能，高可靠性而被广泛应用。

1. CAN 总线特点

（1）信号线是差分的，只需要两根线。

（2）通信没有主从之分，任意一个节点可以在任何时候向 CAN 网络上任何其他节点发送信息而不分主从。

（3）各个节点具有不同的优先级，当两个节点同时向网络发送信息时，优先级低的先停止发送，而优先级高的节点不受影响，继续发送。

（4）多个节点同时发起通信时，优先级低的避让优先级高的。

（5）当总线增加节点时，连接在网络上的其他节点的软硬件和应用层都不需要改变。

（6）通信距离最远可达 10 km（传输速率低于 5 kb/s）；如果通信距离小于 40 m，则传输速率可达 1 Mb/s。

（7）CAN 总线传输介质最好用屏蔽双绞线。

（8）CAN-FD（CAN with Flexible Data Rate，可变速率的 CAN）是 CAN 协议的升级版，通过改变帧结构和提高位速率等方法把传输速率提高到可达 8 Mb/s。

表 1-7 CAN 总线波特率和通信距离的关系

特率/(kb·s^{-1})	1 000	500	250	125	100	50	20	10	5
最远通信距离/m	40	130	270	530	620	1 300	3 300	6 700	10 000

2. CAN 报文发送优先权选择

CAN 总线以报文为单位进行数据传输，报文的优先级结合在 11 位标识符中，具有最

低二进制数的标识符有最高的优先级。这种优先级一旦在系统设计时被确定后就不能被更改。

CAN 的帧有两种:标准帧和扩展帧。

(1)标准帧的标示符是 11 bit。

(2)扩展帧的标识符是 11 bit 再加上 18 bit,总共是 29 bit。

3. CAN 总线的电平

CAN 总线采用差分信号传输,根据两根信号线 V_{CAN_H} 和 V_{CAN_L} 的电位差判断总线电平是显性电平还是隐形电平。显性电平对应逻辑"0",隐形电平对应逻辑"1",如图 1-81 和表 1-8 所示。

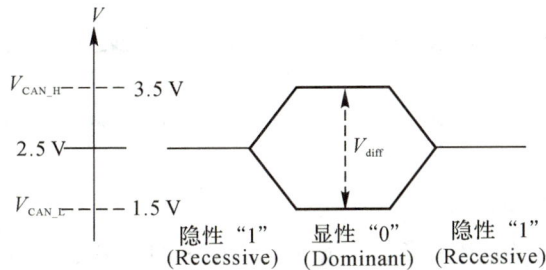

图 1-81　CAN 显性和隐性电平示意图

表 1-8　ISO11898 CAN 电平标准

物理层	ISO11898 标准	
电平	显性	隐形
V_{CAN_H}	3.5 V	2.5 V
V_{CAN_L}	1.5 V	2.5 V
V_{diff}	2.0 V	0 V

4. CAN 的总线仲裁

CAN 总线上的节点都可以在任何时候向总线上发送数据。发送的同时也在接收。比如节点 A 想发送数据,则发送的过程如下:

(1)发送数据以前,A 节点先"听"(接收)总线上是否有节点在发送,如果有,则等待,直到总线空闲。

(2)一旦总线空闲,A 节点就向总线上发送数据。其他节点也可能同时向总线上发送数据,这就可能造成总线的冲突。CAN 总线是根据标示符 ID 来决定发送的优先级,标示符 ID 越小,表示优先级越高。

图 1-82 是一个有 n 个节点的 CAN 总线连接图。

一个 CAN 总线上可以有多达 100 多个节点,视 CAN 收发器的性能和传输电缆而定。

现在很多微处理器都有内嵌的 CAN 控制模块。只需要外接一个 CAN 收发器。

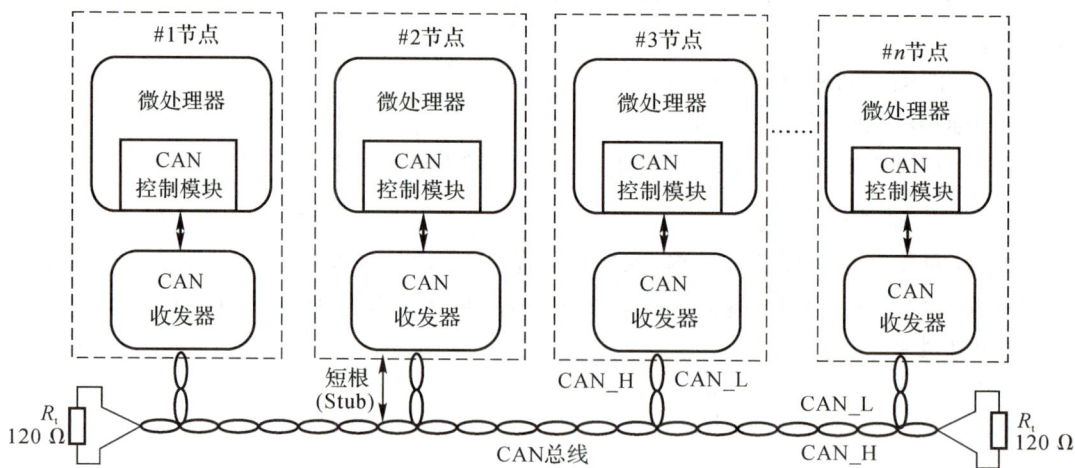

图 1-82　典型的 CAN 总线连接图

5. CAN 总线的终端匹配

为了提高抗干扰能力,提高信号质量,CAN 总线的传输电缆的两端,即最远端和最近端,各接入一个终端匹配电阻(约 120 Ω),而处于中间部分的节点不能接入电阻,如图 1-83 所示。

终端匹配的方式有两种:

(1)单电阻法,在 CAN 总线的最远端和最近段,各接入一个 120 Ω 左右的电阻,这种接法大部分时候可以满足要求。

(2)分离式终端接法(Split-Termination),如图 1-83 所示。

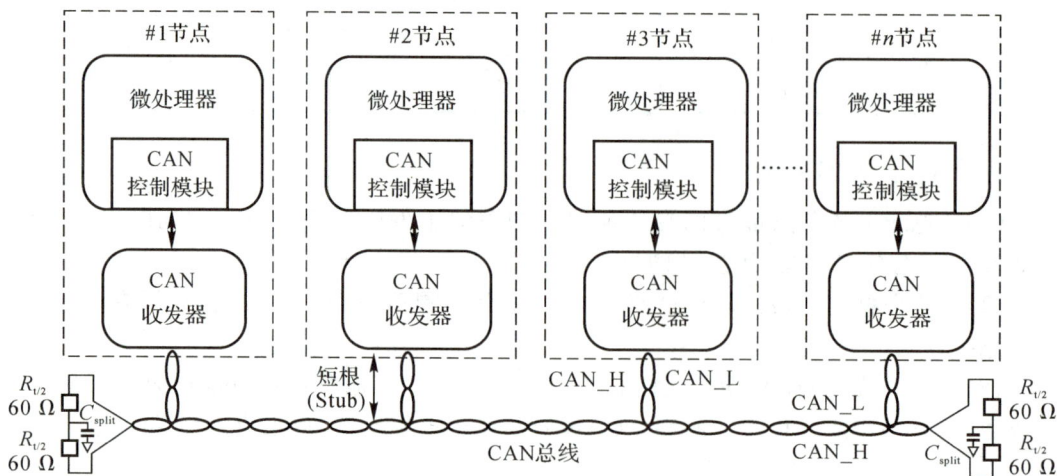

图 1-83　CAN 总线的分离式终端接法

这种终端电阻的接法是在最远端和最近端,用两个 60 Ω 电阻串联起来,在这两个电阻之间再接一个对地的电容 C_{split},电容值是 4.7 nF 左右。

在这种接法中,两个 60 Ω 电阻和电容 C_{split} 构成了一个 T 形低通滤波器,因此可以减少共模噪声,提高 CAN 总线通信的可靠性,应用越来越普遍。

CAN 总线的设计要点是:

(1)传输电缆的连接应该采取菊花链形连接。

(2)每个节点的短根长度(stub length)L_{stub} 要小于 75 cm。

(3)终端匹配电阻应靠近最近和最远的节点。

(4)在工业应用中,干扰源非常复杂,有各种大型机器,比如马达等,因此各节点之间可能存在很高的共模电压。虽然 CAN 总线是差分接收,有一定的抗共模干扰能力,但 CAN 收发器的共模电压的范围是—7～24 V,如果超过这个范围,收发器将无法工作,甚至可能烧毁收发器芯片。因此各节点必须很好的接地,以降低节点之间的共模电压;或者采取光电隔离等办法。

(5)传输线应尽量用屏蔽双绞线,而且传输线的特征阻抗尽量为 120 Ω 左右,以保证很好的终端匹配。

(6)短根部分也尽量用双绞线。

(7)最高传输速度和传输电缆长度及电缆的特性有关。

1.12.7　USB

USB(Universal Serial Bus),通用串行总线,是连接计算机系统与外部设备的一种串口总线标准,被广泛用于个人计算机和移动设备等信息通信产品,并扩展至其他领域。USB 已取代串口和并口,成为当今电脑与大量智能设备的必配接口。USB 经历了多年的发展,到如今已经发展为 USB 3.1 版本,传输速度可达 10 Gb/s。最多可接 127 个外设。

USB 有 USB 1.0、USB 2.0、USB 3.0 和 USB 3.1 等版本,它们的性能比较见表 1-9。

表 1-9　USB 版本的性能比较

USB 版本	最大传输速率	速率称号	最大输出电流
USB 1.0	1.5 Mb/s	低速	500 mA@5 V
USB 1.1	12 Mb/s	全速	500 mA@5 V
USB 2.0	480 Mb/s	高速	500 mA@5 V
USB 3.0	5 Gb/s	超高速	900 mA@5 V
USB 3.1	10 Gb/s	超高速＋	5 A@20 V

USB 可分为 USB 主机和 USB 器件。USB 主机可以向 USB 器件提供 5 V 供电,电流可达 500 mA。

USB 允许热插拔,允许外设在开机状态下热插拔。

1. USB 的接口类型

除了 USB 3.1C 型接口,通常 USB 接口分为 A 型和 B 型。A 型接口通常用在 USB 主机或 USB 集线器上,B 型接口通常用在 USB 器件上。

(1)标准 USB 接口。标准 USB 接口包括标准 A 型和标准 B 型两种。其引脚见表 1-10。

表 1-10　标准 USB 接口引脚表

引脚	功能	备注
1	V_{BUS}	电源,5 V
2	Data—	数据—
3	Data+	数据+
4	GND	地

(2)Mini-USB 接口。其包括 Mini-A、Mini-B 和 Mini-AB。同标准 USB 接口类似,Mini-A 是在 USB 主机上,Mini-B 是在 USB 器件上。Mini-AB 是用于 USB OTG(On-The-Go),既可以作为 USB 主机,也可以作为 USB 器件。Mini-USB 接口有五个引脚(见表 1-11)。

表 1-11　Mini-USB 接口引脚表

引脚	功能	备注
1	V_{BUS}	电源,5 V
2	Data—	数据—
3	Data+	数据+
4	ID	A 型,接地
		B 型,悬空
5	GND	地

ID 引脚只有在 OTG 功能中才使用。

Mini-USB 接口占用空间较少。Mini-USB 接口用在早期的智能手机和 PDA 上。

(3)Micro-USB 接口。其包括 Micro-A,Micro-B 和 Micro-AB。

同 Mini-USB 接口一样,Micro-USB 接口也有 5 个引脚。

Micro-USB 接口的宽度同 Mini-USB 接口一样,但厚度小一半,而且比 Mini-USB 接口可靠性高。

Micro-USB 接口的使用非常广泛。

(4)USB 3.0 接口。其包括 USB 3.0 A 型和 B 型接口、USB 3.0 Micro-B 接口。

同标准 A 型和 B 型 USB 接口,Micro-USB 接口相比,USB 3.0 A 型和 B 型接口,USB 3.0 Micro-B 接口多了 5 个引脚以满足高速数据传输的需要。

(5)C 型接口。USB C 型接口有 24 个引脚。它不像之前的 USB 接口,没有 A 型和 B 型之分,既可用于 USB 主机,也可用于 USB 器件。C 型接口没有正反之分,体积比 A 型和 B 型小。C 型接口的供电能力可高达 240 W。现在已成为便携智能设备,如手机、笔记本电脑的标准充电接口。

2. USB 接口的速度识别

一个 USB 器件必须在 USB 接口中的两根数据线的其中一根接上拉电阻,以便向 USB 主机或 USB 集线器表明它是低速器件或是全速器件。这个上拉电阻和 USB 主机或 USB 集线器中 D+或 D−构成了一个电阻分压器,USB 主机或 USB 集线器通过检测 D+或 D−上的电压就可判定 USB 器件是低速、全速或高速,如图 1−84 和图 1−85 所示。

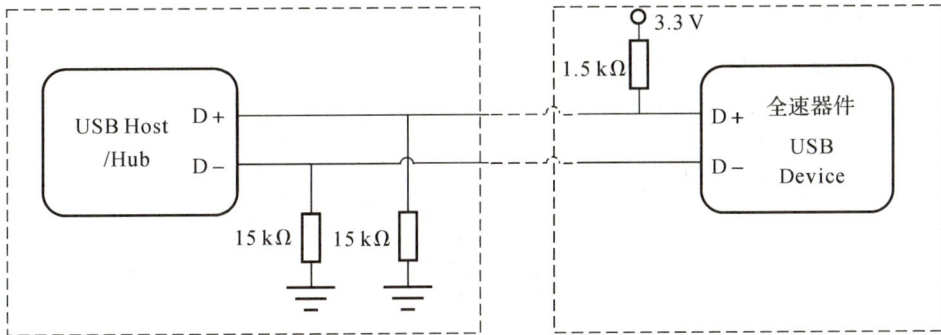

图 1−84　全速器件中 D+接上拉电阻

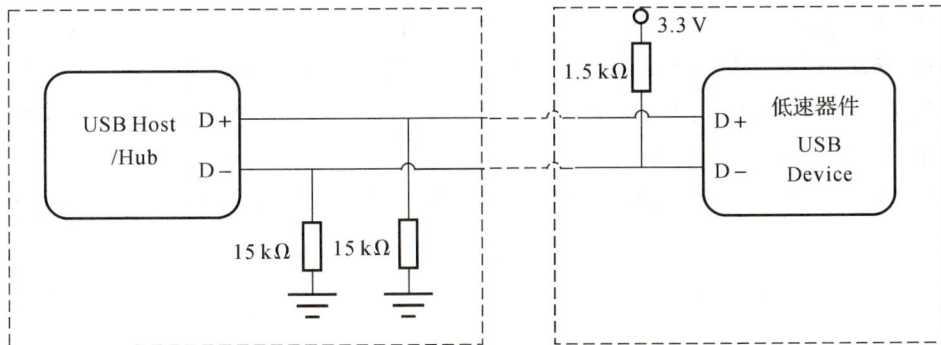

图 1−85　低速器件中 D−接上拉电阻

3. USB 器件的供电

USB 器件的供电有三种模式。

(1)低功耗总线供电模式。USB 总线提供 5 V,最高电流达 100 mA。5 V 电源的范围是 4.4~5.25 V。

(2)大功率总线供电模式。USB 总线提供 5 V,最高电流达 500 mA。5 V 电源的范围是 4.4~5.25 V。

(3)自供电功能。外接电源供电给 USB 器件。

USB 器件的输入浪涌电流必须被限制,这取决于 V_{BUS} 上的电容。V_{BUS} 上的电容值应在 1~10 μF 之间。

4. USB 的电缆

USB 电缆的特征阻抗为 90 Ω。USB 1.0,USB 1.1 和 USB 2.0 电缆的最大长度为 5 m;USB 3.0,USB 3.1 的电缆的最大长度为 3 m。

5. USB 的时钟容差

USB 对时钟容差有一定要求,传输速率越高,容差要求越严格。

(1)高速 USB,时钟容差:$\pm 500 \times 10^{-6}$。

(2)全速 USB,时钟容差:$\pm 0.25\%$,$\pm 2\,500 \times 10^{-6}$。

(3)低速 USB,时钟容差:$\pm 1.5\%$,$\pm 15\,000 \times 10^{-6}$。

6. USB 接口电路

图 1-86 是一个典型的 USB 接口电路。

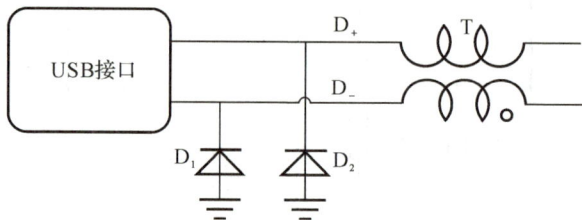

图 1-86　典型的 USB 接口电路

USB 接口通常在电路板的边缘,以便于插拔。为了防止插拔 USB 时人体静电 (ESD)的破坏,通常在靠近 USB 接口的地方在数据线上要放上 2 个 ESD 二极管(D_1 和 D_2)。这 2 个 ESD 二极管的寄生电容必须非常小,以免对通信造成影响。T 是共模抑制圈,用来抑制共模噪声,减小 EMI。

在电路板布线时,USB 的差分数据线必须严格遵守差分布线的原则,差分数据线的差分阻抗必须是 90 Ω。

1.12.8　以太网

以太网是一种使用相当广泛的局域网,被作为 802.3 标准,为 IEEE 所采纳。

最开始以太网的传输速率只有 10 Mb/s,使用 CSMA/CD(带有冲突检测的载波侦听多路访问)的控制方法。最新的以太网标准,其传输速率可达 10 Gb/s。

以太网主要有两种传输媒介:双绞线和光纤(单模和双模)。

以太网的标准见表 1-12。

表 1-12　以太网的标准

以太网标准	传输速率	传输距离	传输媒介
10BASE-T	10 Mb/s	100 m	双绞线
100BASE-TX	100 Mb/s	100 m	双绞线
100BASE-FX	100 Mb/s	2 km	多模光纤
1000BASE-T	1 Gb/s	100 m	双绞线
1000BASE-SX	1 Gb/s	500 m	多模光纤

续 表

以太网标准	传输速率	传输距离	传输媒介
1000BASE – LX	1 Gb/s	2～70 km	单模光纤
10GBASE – LR	10 Gb/s	10 km	单模光纤
10GBASE – ER	10 Gb/s	40 km	单模光纤

1. 以太网工作原理

以太网采用带冲突检测的载波侦听多路访问(CSMA/CD)机制。以太网中的节点都可以看到在网络中发送的所有消息。

当以太网中的一个节点要发送数据时,将按照如下步骤进行:

(1)侦听信道上是否有信号在传输。如果有的话,表明信道处于忙状态,就继续侦听,直到信道空闲为止。

(2)若没有侦听到任何信号,即传输数据。

(3)传输的时候继续侦听,如发现冲突则执行退避算法,随机等待一段时间后,重新执行步骤(1)。

(4)如未发现冲突则发送成功。

2. 以太网的接口电路

以太网的接口电路如图 1 – 87 所示。

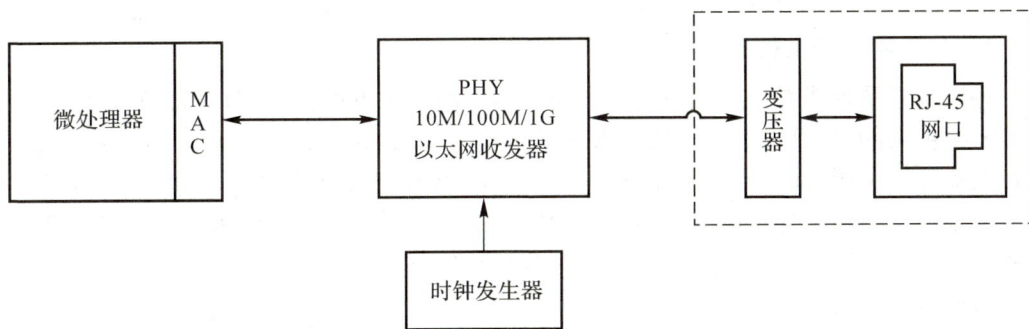

图 1 – 87 以太网接口电路图

以太网接口电路包括以下几部分:

(1)内嵌在微处理器的 MAC(Media Access Controller)控制器。

(2)物理层接口芯片(PHY,Physical Layer)。

(3)时钟发生器,通常使用晶体振荡器,时钟的容差要小于 $\pm 50 \times 10^{-6}$。

(4)变压器,通常和共模抑制器集成在一起,以提高 EMI 性能。

(5)RJ – 45 网口连接器,有时和变压器会集成在一起。

在电路板布线时,以太网的数据线必须严格遵守差分布线的原则,差分数据线的差分阻抗必须是 100 Ω。

1.13　嵌入式系统的电气隔离

1.13.1　电气隔离的概念

电气隔离的概念如图 1-88 所示,指的是一个嵌入式系统中的 A 部分电路的"地"和 B 部分电路的"地"是分开的,电源也是分开的,两者之间信号也不可以直接连接。两个"地"之间的阻抗可高达 $10^6\ \Omega$ 以上。

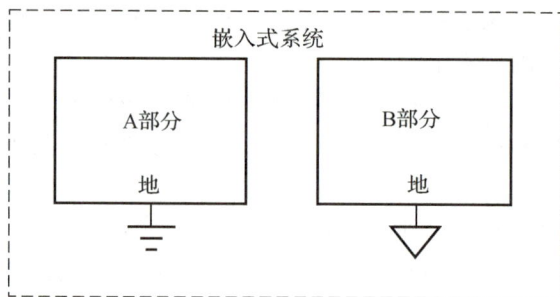

图 1-88　电气隔离的概念

1.13.2　电气隔离的必要性

电气隔离的主要原因有以下几点。

1. 系统本身安全性的考虑

将嵌入式系统或者嵌入式系统的主要控制电路与供电电源、大功率设备、主要通信接口等进行电气隔离,可以有效保证嵌入式系统稳定运行,例如嵌入式系统通过隔离电源,可以避免供电电源中的谐波、脉冲等干扰;通过隔离通信接口等,可以防止外界的强干扰信号通过通信结构耦合进嵌入式系统,对系统的正常工作造成影响;用在工业控制领域的设备一般需要把通信接口,输入输出数字和模拟接口进行隔离,以防止外界环境的强电磁干扰对嵌入式系统的影响。

2. 系统对人的危害的考虑

在医疗设备中,有些传感器要和人体接触,这样就会有所谓的泄漏电流流经人体到地。如果泄漏电流过大的话,就会对人的生命安全造成危害。因此医疗设备对隔离要求极为严格,所有的通信接口必须隔离;所有跟人体接触的传感器部分的电路也必须跟系统隔离,以尽量减小流经人体的泄漏电流。详细要求请参考 IEC 60601-1(医疗设备的安全要求)。所有医疗设备都必须满足这个要求。

另外像交流-直流适配器、手机充电器等都必须把输入交流高电压和输出直流低电压隔离开来,以防止危害人的安全。

3. 系统抗干扰和可靠性的考虑

通过隔离元件(变压器、光耦、数字隔离器等)把噪声干扰的路径切断,从而达到抑制外界干扰的效果;另外也可以防止系统内部的噪声干扰传输到外部,从而减小电磁干扰。

4. 系统内部的电气隔离

如果一个嵌入式系统要驱动马达等大功率设备,则一般要把大功率的驱动电路和其他小信号控制电路隔离开来,以免大功率电路影响小信号控制电路的工作。

1.13.3　电气隔离的类型

电气隔离一般包括电源隔离和信号(数字信号和模拟信号)隔离。

1. 直流电源的隔离

直流电源的隔离一般需要变压器。但由于是直流,所以不可以直接用变压器,而要产生变化的电流,这样才可以通过变压器把能量从初级耦合到次级。图 1-89 所示的是一个简单的单端反激式 DC-DC 转换器的示意图。T_1 是反激式变压器,Q_1 是一个功率 N-MOSFET,其控制信号是 PWM,来自于一个 PWM 控制器。PWM 是一个频率固定,但脉冲宽度可控的脉冲信号;D_1 是功率二极管,通常用功率肖特基二极管;C_{IN} 是输入电容,C_{OUT} 是输出电容。PWM 控制器输出的 PWM 信号控制 MOSFET 的"开"和"关",从而产生一个变化的电流,耦合到次级,经过二极管 D_1 的整流,产生需要的直流电压。

图 1-89 所示的是一个没有反馈的反激式隔离 DC-DC 转换器,实际中很多反激式隔离 DC-DC 转换器需要反馈,通常用光耦。

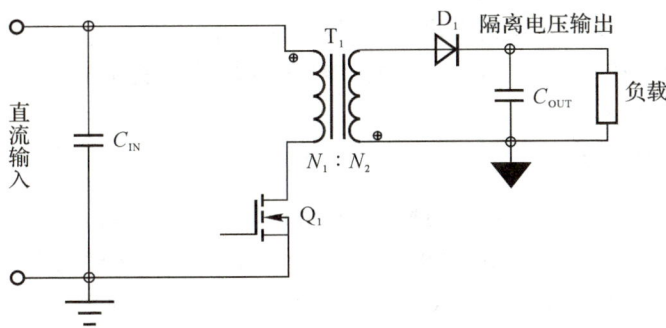

图 1-89　单端反激式隔离 DC-DC 转换器

PWM 的频率通常是几十千赫兹到几百千赫兹,根据需要而定。PWM 频率高,需要的变压器的体积就较小,输出电容 C_{OUT} 的值也较小,但功率 MOSFET 的开关损耗大,转换器的效率也较低,而且电磁干扰也大;频率低,则转换器的效率较高,但变压器的体积较大,输出电容 C_{OUT} 的值也较大。实际应用中要做一个权衡。

反激式隔离 DC-DC 转换器只是隔离 DC-DC 转换器的一种,另外还有正激式隔离 DC-DC 转换器、对称式隔离 DC-DC 转换器等,将在后面的电源设计中作详细的介绍。

上面所讲的隔离 DC-DC 转换器是用变压器实现电气隔离,适用于从小功率到较大功率。现在还有一种 DC-DC 转换器,比如图 1-90 所示的 ADuM 系列数字隔离器芯片,已经把变压器集成进了芯片中,同时集成了几路数字隔离器,大大简化了隔离电路的设计。

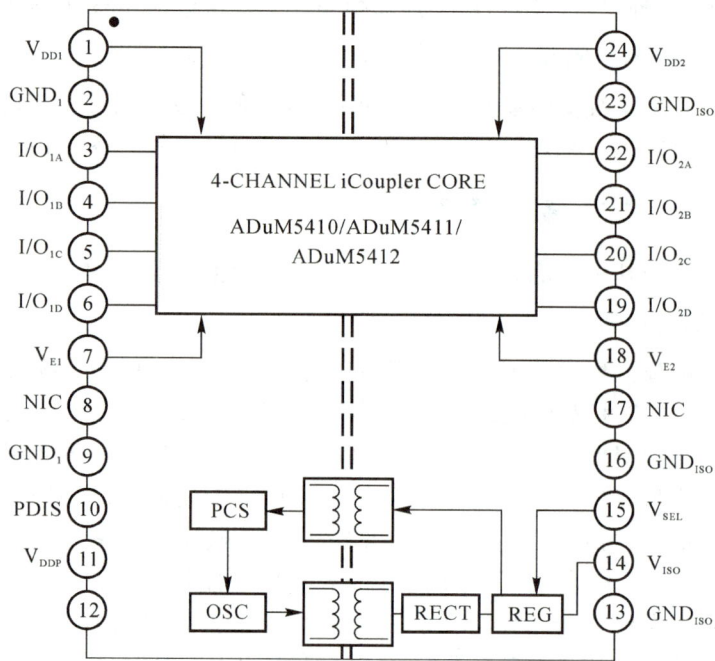

图1-90　带隔离电源的数字隔离器芯片

以上这种芯片的缺点是输出功率较小,约几百毫瓦;而且由于变压器集成在很小的芯片内,变压器的体积很小,所以需要很高的 PWM 频率,可高达几百兆赫兹,因此电磁噪声较大,使用时要特别小心。

2. 数字信号的隔离

数字信号的隔离可以用光耦进行隔离,也可以用数字隔离器。

(1)光耦隔离。传统上数字信号的隔离是用光耦合器件,简称光耦。光电耦合一般由三部分组成:光的发射、光的接收及信号放大。输入的电信号驱动光耦里的发光二极管,使之发出光信号,被光耦里的光探测器接收从而产生光电流,再经过进一步放大后输出,完成了电-光-电的转换,从而起到隔离作用。

光耦又分为集电极输出光耦、MOSFET 输出光耦、逻辑电平输出光耦等。

1)集电极输出的光耦。典型的集电极输出光电耦合电路如图1-91所示。

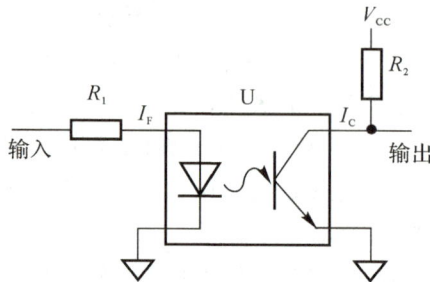

图1-91　典型的集电极输出光电耦合电路

U 是一个光电耦合器，R_1 是一个电阻，起到限流的作用，防止发光二极管的电流过大，损坏光耦。R_2 是一个上拉电阻。V_{CC} 是隔离端的电源电压。当输入信号为高电平时，发光二极管导通，发出光信号；光电探测器接收到光信号后，有电流从三极管的集电极-发射极流过，在 R_2 上产生压降，使得输出变低；当输入信号为低电平时，发光二极管不导通，不会发光，因而没有电流从三极管的集电极-发射极流过，R_2 没有压降，输出为高电平。

发光二极管的电流 $I_F = \dfrac{V_{IN} - V_D}{R_1}$，$V_{IN}$ 是输入信号电压，V_D 是发光二极管的正向压降。发光二极管的电流值请参考光耦的数据手册。

集电极输出的光耦有一个重要的参数，叫作电流转换比（Current Transfer Ratio）。$CTR = I_C/I_F$。所以上述电路的输出 $V_{OUT} = V_{CC} - CTR \times I_F R_2$。

集电极输出的光耦的缺点是它的电流转化比 CTR 随着温度的变换而变换，而且范围很大，对设计会造成一定的困难。设计时一定要考虑到这一点。

2）逻辑电平输出的光耦。逻辑电平输出的光耦如图 1-92 所示。

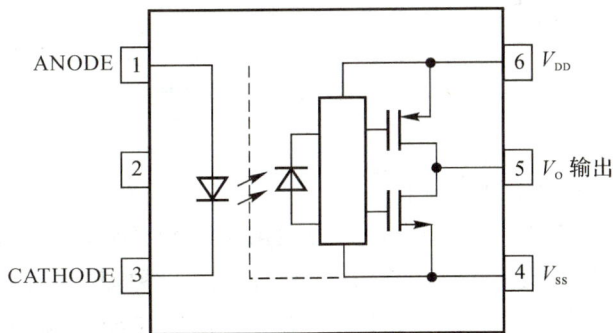

图 1-92　逻辑电平输出的光耦

逻辑电平输出的光耦设计比较简单，只要保证发光二极管的电流在一定的范围内，光耦输出的电平就能满足逻辑电平的要求。

由于光耦的工作是借助发光二极管的发光，在使用光耦的时候，应该避免强光直接照射在光耦上，否则强光会有可能使光电探测器发生错误检测，造成错误动作。这种情况曾经发生过。在有强光的工作环境下，应该用遮光的东西盖住光耦。

另外光耦的另一个缺点是发光二极管需要的电流较大，功耗较大，通常需要十几毫安，有时微处理器不可以直接驱动发光二极管，需要加缓冲器。

（2）数字隔离器。近些年有些公司，如美国模拟器件公司、德州仪器等推出了数字隔离器。如模拟器件公司的 ADuM 系列产品，利用 iCoupler 技术，即芯片级变压器隔离技术，来实现数字信号的隔离传输。

图 1-93 是一个模拟器件公司的四通道的数字隔离器。

德州仪器公司的 ISO7xx 系列数字隔离器件是利用电容进行隔离，而不是变压器。

同光耦相比，这类数字隔离器件的优点是：

（1）体积小，一个芯片最多可有六个通道。

（2）性能高，更高的速率，信号速率可达 150 Mb/s。

(3)功耗小,输入是 CMOS 电平,可直接和微处理器等 CMOS 器件接口。

(4)简化的外电路,设计非常简单。

(5)受周围环境的影响小,如温度等。

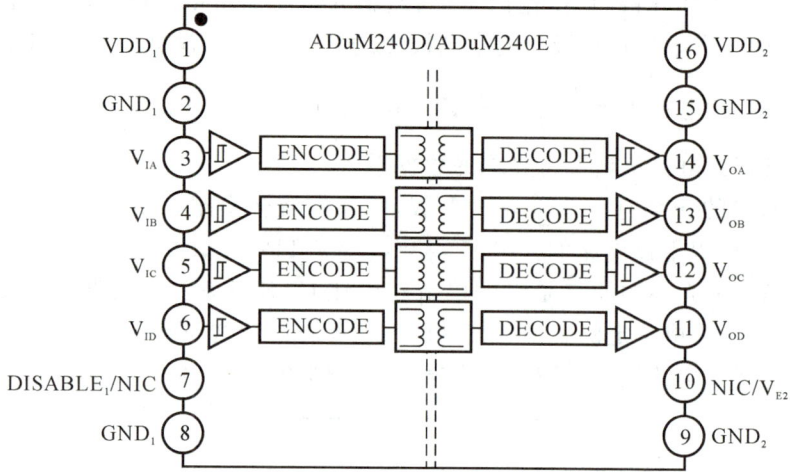

图 1-93 四通道数字隔离器

3. 模拟信号的隔离

模拟信号的隔离有以下几种方式:

(1)如果模拟信号是交流信号,则可以考虑用变压器。如果模拟信号频率很高,则所需变压器的体积小;如果模拟信号频率很低,则所需变压器的体积大。因此这种方式比较适合于模拟信号频率较高的情形。另外变压器的容差较大,因此误差较大。可见这种方式不太适合精密测量电路,比较适合对精确度要求不高的应用,比如通信等。

(2)如果模拟信号包括直流分量,则不可以用变压器来隔离,可以考虑用隔离信号放大器,如模拟器件公司的 AD215,德州仪器的 AMC3301 等。

嵌入式系统中利用隔离放大器来隔离模拟信号如图 1-94 所示。

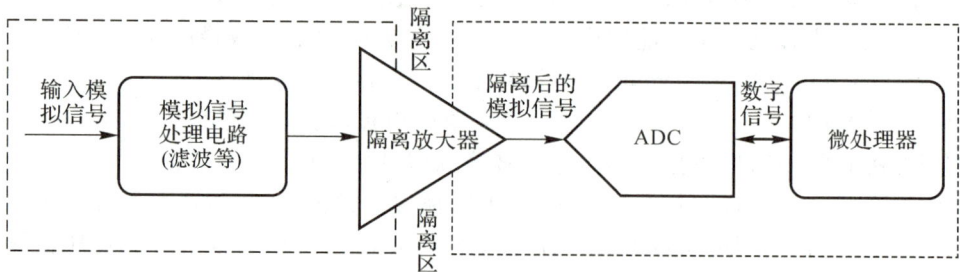

图 1-94 隔离放大器在嵌入式系统中的运用

隔离放大器的工作频率不高,最高达几百千赫兹,不适合高速模拟信号的隔离,而且会引入增益误差、直流漂移和谐波。另外通常只是单通道。这些都是设计时要考虑的。

(3)如果交流信号在嵌入式系统中最终要经过 ADC 转换,则可以先把交流信号经过 ADC 转换,然后再用数字隔离器来进行隔离,从而达到隔离交流信号的目的,如图 1-95 所示。

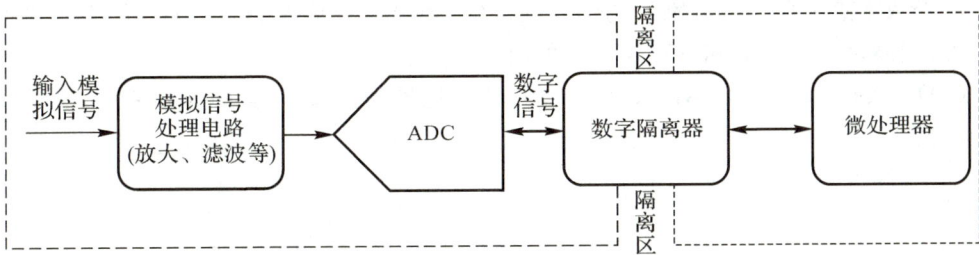

图 1-95　利用数字隔离器来隔离模拟信号

这种方式的优点是避免了隔离放大器带来的增益误差、直流漂移和信号失真等缺点。ADC 的分辨率可以很高（可高达 24 位），而且一个数字隔离器芯片可有多达 6 个通道，所以这种方式应用很广。

4. 通信接口的隔离

（1）RS-232 串口的隔离。RS-232 串口的隔离如图 1-96 所示。

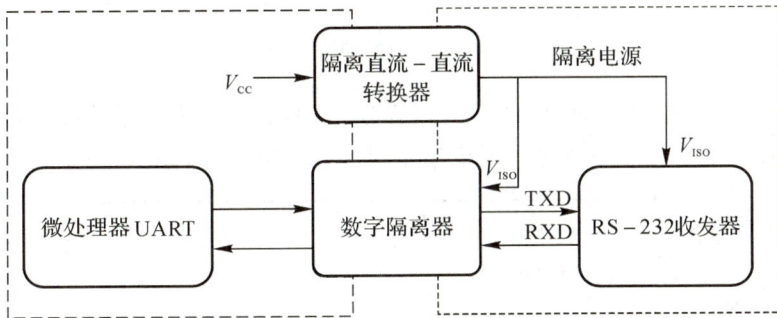

图 1-96　RS-232 隔离电路示意图

隔离 DC-DC 转换器供电给 RS-232 收发器和数字隔离器。由于 UART 是异步通信，数字隔离器带来传输延迟对通信没有影响，只要数字隔离器的速度满足 RS-232 的要求。

（2）SPI 的隔离。很多 ADC、DAC 和其他一些器件的接口都是 SPI，所以 SPI 的隔离在电器隔离应用中非常普遍。SPI 的隔离电路如图 1-97 所示。

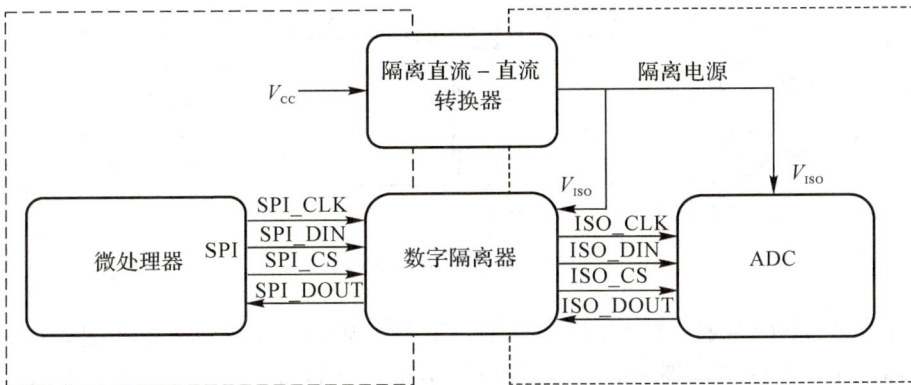

图 1-97　SPI 隔离电路示意图

由于数字隔离器会带来额外的延迟,所以必须对微处理器和 SPI 从器件做仔细的时序分析,以满足微处理器和 SPI 从器件的时序要求。

(3)I^2C 的隔离。很多 ADC、DAC 和其他一些器件的接口是 I^2C,可见 I^2C 的隔离也比较常见。

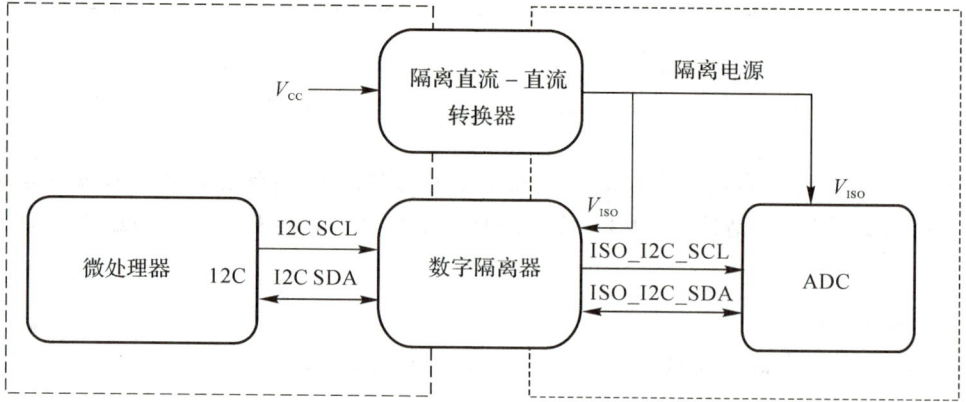

图 1-98 I^2C 隔离的时序示意图

I^2C 的时钟信号是单向的,来自于微处理器;而数据信号是双向的,因此不能用单向的数据隔离器。模拟器件公司等公司推出了 I^2C 数字隔离器,如图 1-99 所示。

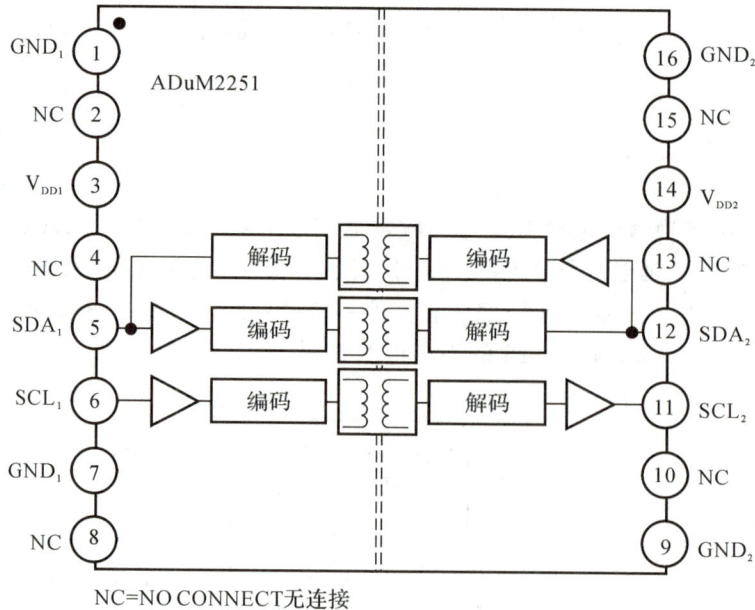

NC=NO CONNECT无连接

图 1-99 I^2C 数字隔离器

由于 I^2C 像 SPI 一样,也属于同步通信,I^2C 数字隔离器带来额外的延迟,所以必须对微处理器和 I^2C 器件做仔细的时序分析,以满足微处理器和 I^2C 器件的时序要求。

(4)RS-485 的隔离。RS-485 的隔离如图 1-100 所示。

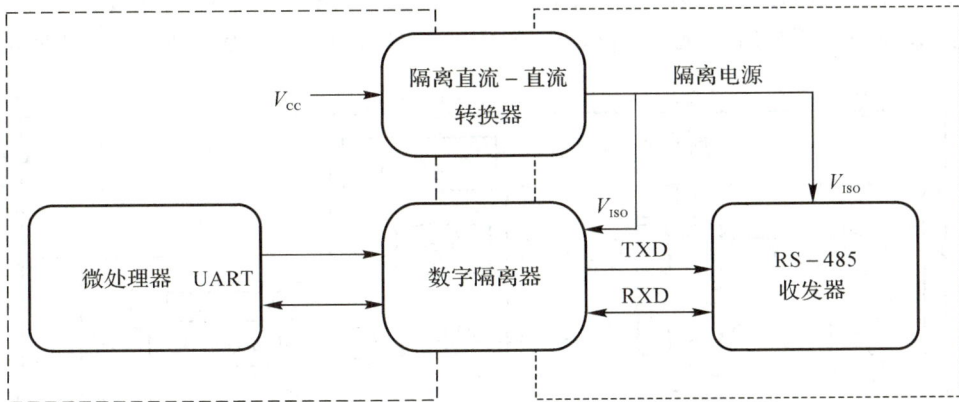

图 1-100　RS-485 隔离示意图

数字隔离器的速度必须满足 RS-485 的要求。有些芯片把 RS-485 收发器和数字隔离器集成在一个芯片内,以减小面积,如图 1-101 所示的模拟器件公司的 ADM2491E 等。

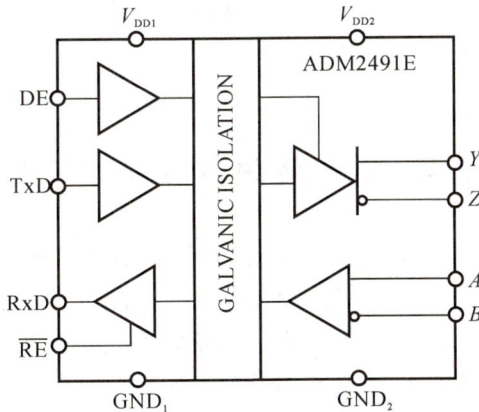

图 1-101　RS-485 隔离芯片

(5)CAN 的隔离。CAN 总线的隔离和 RS-485 非常相似,如图 1-102 所示。

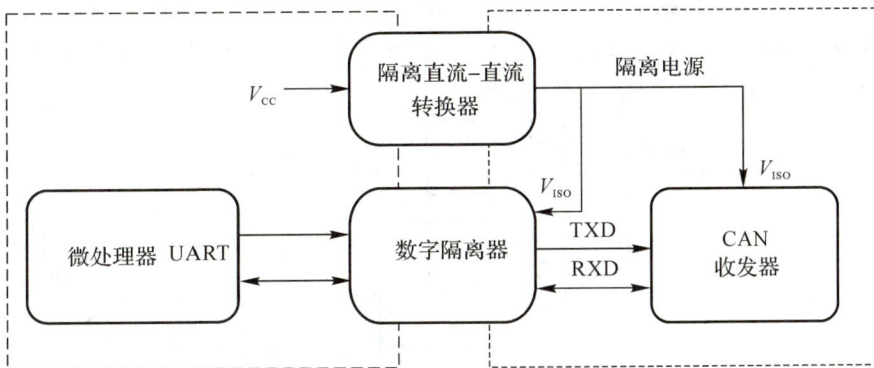

图 1-102　CAN 总线隔离示意图

数字隔离器的速度必须满足 CAN 总线的要求。有些芯片把 CAN 收发器和数字隔离器集成在一个芯片内,以减小面积,如 ADI 公司的 ADM3052 等,如图 1-103 所示。

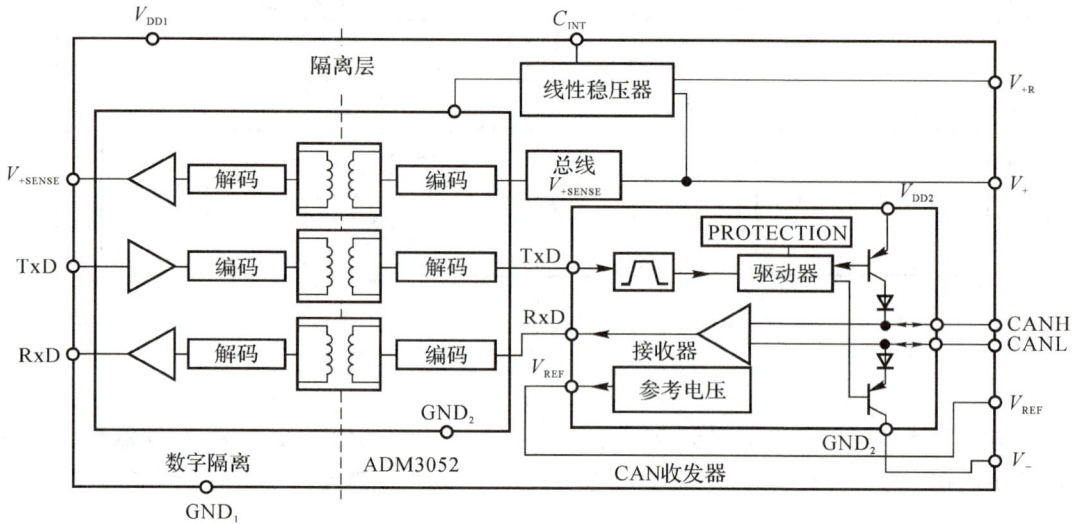

图 1-103　CAN 隔离芯片

1.14　嵌入式系统的上电/关电顺序

现在的微处理器和 FPGA 等为了降低功耗,一般需要两个或多个供电电压,比如 3.3 V、2.5 V、1.8 V、1.5 V、1.2 V 等。3.3 V 一般用作 GPIO 的供电电压,其他较低的电压用作内核等的供电电压,以减小功耗。一般微处理和 FPGA 上电/关电时都需要一定的顺序,所以需要对系统的上电/关电顺序进行控制,否则会影响系统的正常工作,甚至对微处理器或 FPGA 等芯片造成损坏。

下面就介绍几种上电/关电顺序控制电路。

1. 利用 DC-DC 转换器的控制和状态指示引脚

现在很多 DC-DC 转换器,包括线性稳压器和开关 DC-DC 转换器,都有使能引脚来控制 DC-DC 转换器的开/关,有的还有输出正常指示引脚(POWER_GOOD),可以利用这些来控制上电/关电顺序,如图 1-104 所示。

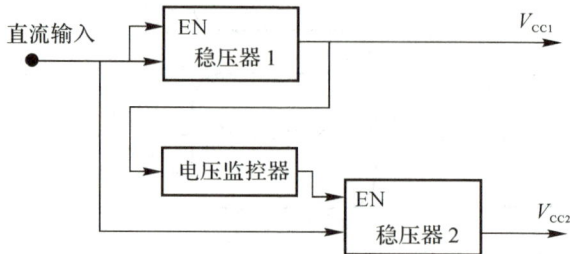

图 1-104　利用 DC-DC 转换器的控制管脚做上电/关电顺序控制

上电时,稳压器 1 的输出 V_{CC1} 逐渐升高,当 V_{CC1} 上升到一定电压时,电压监视器的输出变为高电平,稳压器 2 开始工作,V_{CC2} 的电压逐渐上升至预定电压。关电时,当稳压器 1 的输出 V_{CC1} 下降到一定电平时,电压监视器的输出变为低电平,关掉稳压器 2,V_{CC2} 降到 0 V。

有些稳压器的输出带有输出正常指示引脚"POWER_GOOD",表明稳压器的输出已达到正常,可以利用这个芯片提供的这个功能,用这个指示引脚去控制稳压器 2 的工作或停止。图 1-105 就是利用 DC-DC 转换器的输出正常指示管脚来做上电/关电顺序控制的示意图。

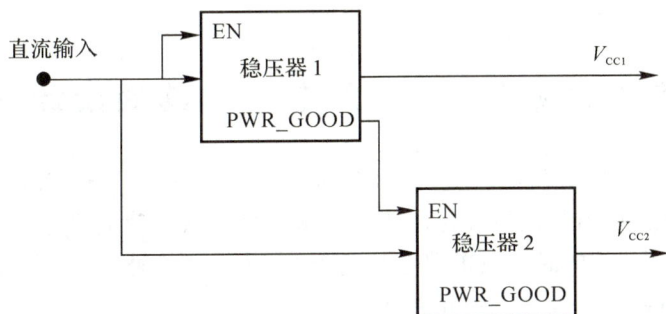

图 1-105　利用 DC-DC 转换器的控制和指示管脚做上电/关电顺序控制

如果可能的话,利用 DC-DC 转换器芯片的使能控制和输出正常指示来做上电/关电顺序控制是最理想的方式,可以省掉额外的控制电路,减小电路板面积,降低成本。

2. 上电/关电顺序控制芯片

图 1-106 所示为一个简单的上电/关电顺序控制芯片 MAX6819。

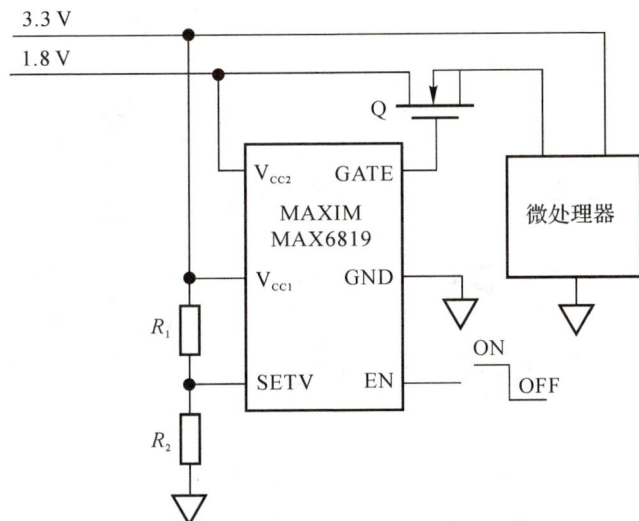

图 1-106　利用上电/掉电顺序控制专用芯片

MAX6819 监视主电源 3.3 V 的电压,上电时,只有当 3.3 V 到达一定的电压时,N-MOSFET 才导通,1.8 V 才开始供电给微处理器;关电时,当 3.3 V 下降到一定电压时,N-MOSFET 截止,1.8 V 停止给微处理器供电。

现在有很多种专用的上电/关电顺序控制芯片。有的芯片甚至把 N-MOSFET 也集成进芯片中。

上电/关电控制电路设计要点：

(1)由于现在的嵌入式系统有多种供电电压,所以上电/掉电顺序非常重要,要仔细阅读微处理器、FPGA 等数据手册来了解对上电/关电顺序的要求。

(2)有多种上电/关电顺序控制电路,要根据具体情况来决定选用何种方式的上电/关电顺序控制电路。

1.15 嵌入式系统上电/关电时的其他设计注意事项

据统计,高达 50% 的嵌入式系统的故障和问题都发生在上电/关电的时刻,而上电/关电的持续时间较短,因此往往容易被忽视。除了采用软启动电路等限制上电/关电时的浪涌电流,保证上电/关电时集成电路芯片的上电/关电顺序外,还要注意以下几点。

1. 不同模块之间的上电/关电顺序

假如嵌入式系统中有多个电路板,每个电路板都有自己独立的供电电压,而这些电路板之间有信号的相互连接。这时要注意各个电路板之间的供电时序,以免发生问题。

例如,电路板 A 和 B 的 3.3 V 供电是由各自的电路板独自产生的,有一个信号从电路板 A 的 U_1 输出,到电路板 B 的 U_2。U_1 和 U_2 的电源分别是"3.3 V_A"和"3.3 V_B"。

通常 CMOS 集成电路的输入都会有两个钳位二极管 D_1 和 D_2,起静电保护作用,如图 1-107 所示。假如"3.3 V_A"先于"3.3 V_B"起来,如图 1-108 所示。

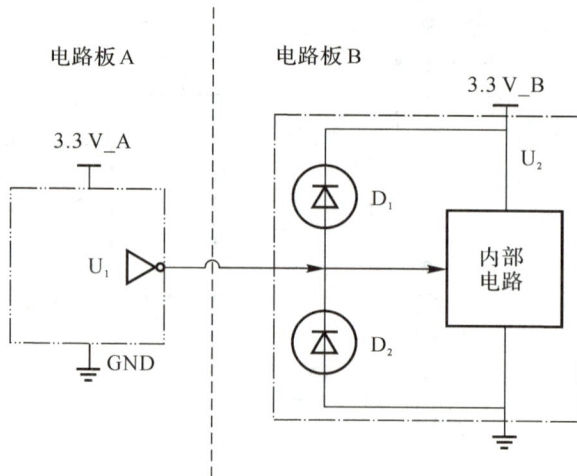

图 1-107 两个不同供电电压的电路图

在 T_1 时刻,"3.3 V_A"的电压上升到 3.3 V,而"3.3 V_B"仍为 0 V。假如此时 U_1 的输出为高电平(3.3 V),则二极管 D_1 导通,会有一个很大的电流流经二极管 D_1,从而对二极管 D_1 和 U_1 的输出电路造成损害。

为了避免这个问题,可以在信号线上串一个电阻,以减小开电时流经二极管 D_1 的电流(一般应小于 10 mA)。同时电阻带来的延迟不能影响系统的正常工作。

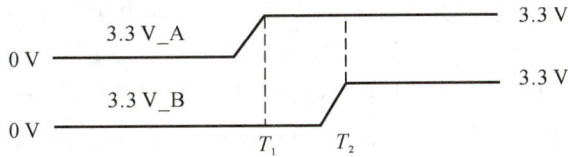

图 1-108　3.3 V_A 和 3.3 V_B 的时序图

2. 复位时的状态未定

在系统复位阶段,微处理器需要一定的时间完成有关输入输出口的初始化。在这个阶段,微处理器的输出输出口的状态是未定的,如图 1-109 所示。

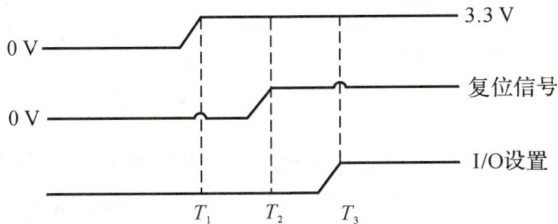

图 1-109　复位时序图

假设一个嵌入式系统只有 3.3 V 供电,在 T_1 时刻,3.3 V 先起来。$T_1 \sim T_2$ 是复位时间,在 T_2 时刻复位信号变为高电平(假设低电平复位),$T_2 \sim T_3$ 是系统的初始化时间,在 T_3 时刻完成初始化。从开始上电直至 T_3 时刻,微处理器的输入输出口的状态是不确定的,可以为高电平,也可以为低电平。

(1)并行总线接口举例。图 1-110 是一个微处理器和一个并行接口的 NOR Flash 的接口电路。图中三个使能信号上的上拉电阻 R_u 的作用是确保三个使能信号(片选信号,读信号和写信号,低电平有效)在系统上电至初始化结束期间为高电平,因此在这个期间对 NOR Flash 就不会有任何操作,防止了误操作。

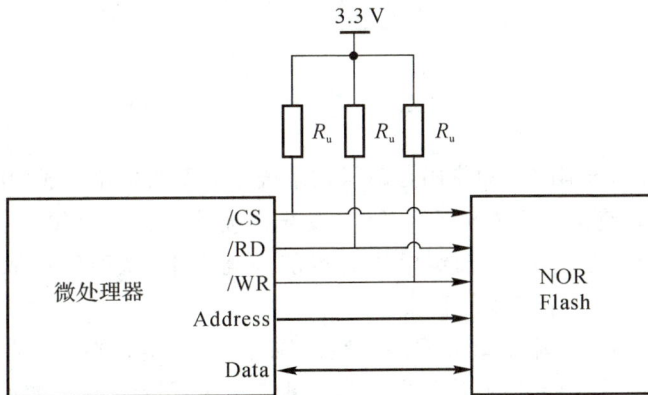

图 1-110　微处理器 并行接口电路示意图

因此在电路设计时,如果用到微处理器的并行接口,要把并行总线的一些控制信号(比如片选信号,读信号,写信号等)上拉(如果这些信号是低电平有效)或下拉(如果这些信号是高电平有效),使得它们在这段时间是无效。上拉电阻的阻值一般为 $1\sim10$ kΩ。

(2)SPI 接口举例。图 1-111 是一个微处理器和一个 SPI 接口的 NOR Flash 的接口电路。图中的片选信号(低电平有效)上的上拉电阻的作用是确保片选信号在系统上电至初始化结束期间为高电平,因此在这个期间对 NOR Flash 就不会有任何影响,防止了误操作。

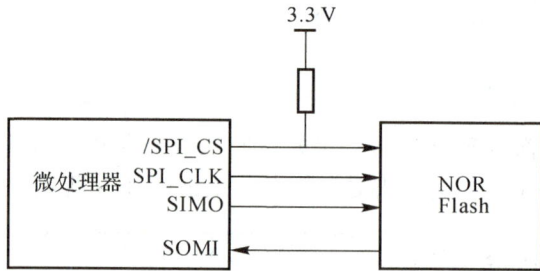

图 1-111　微处理器 SPI 串行接口电路示意图

(3)输出口举例。假设微处理器的一个输入输出口控制一个报警用的发光二极管,电路如图 1-112 所示。当发光二极管变亮时,则表明系统中有故障。正常情况下,发光二极管应该不亮。

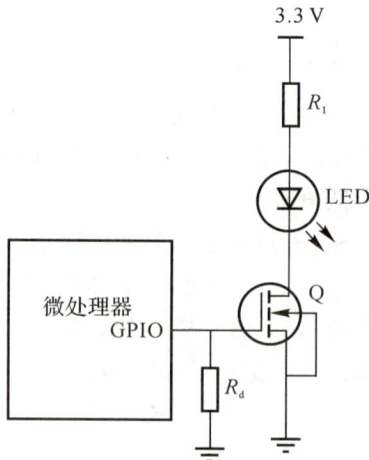

图 1-112　微处理器的输出驱动一个 LED

图 1-112 中下拉电阻 R_d 的作用是确保在系统上电至初始化完成期间,N-MOSFET 的栅级为低电平,从而使得 N-MOSFET 关断,发光二极管不亮。假如没有下拉电阻 R_d,则在系统上电至初始化完成期间,栅级电压有可能为高电平,从而使得 N-MOSFET 导通,发光二极管变亮,给出一个错误的警报。

如果微处理器的输入输出口去控制一些外围器件,一定要在这些控制信号上加上拉电阻或下拉电阻,确保这些从微处理器来的控制信号在系统上电至初始化完成期间的状态是固定的(为高电平或低电平),而不是悬浮未定的。

3. 嵌入式系统中集成电路无用管脚的处理

嵌入式中有很多的集成电路(通常是 CMOS)。现在集成电路的规模越来越大,如今的大规模芯片都集成了很多功能模块,在嵌入式系统中不可能用到所有的功能模块或管脚,因此总会有或多或少的管脚会用不上。

如果不对这些没有用到的管脚进行处理,会造成下列后果:

(1)现在很多的集成电路都是 CMOS 集成电路,其输入阻抗很高。如果没有处理没有用到的输入管脚,比如输入引脚悬空,则很容易受电磁干扰,产生逻辑错误。

(2)功耗会增大。输入管脚悬空,容易受电磁干扰,造成输入信号的错误翻转,从而造成芯片的功耗增大。

(3)输入管脚悬空,容易受静电干扰,损坏芯片。影响抗静电干扰和抗辐射干扰。

(4)输入脚悬空,输入阻抗很高,耦合到这个管脚的高频电磁噪声(来自于相邻管脚或芯片内)会通过这个管脚辐射出去。

微处理器、FPGA、CPLD 等芯片的 GPIO 可以被软件设置为输入或输出口,对于这些芯片中没有用到 GPIO,可以作如下的处理:

(1)如果软件没有对这些没有用到的 GPIO 口进行设置,则通常这些没有用到的 GPIO 的缺省状态是高阻输入。在这种情况下,要把这些没有用到的 GPIO 接到地。

(2)通过软件对这些没有用到的 GPIO 进行设置,设置这些没有用到的 GPIO 为输出,输出"低电平"。

有的芯片的没有用到的管脚是不可以被设置的,其输入或输出是固定的。对于这些没有用到的管脚,可以作如下的处理:

(1)如果是输入口,则按照数据手册的要求,要把这个输入口接地或接到芯片的电源上,或通过上拉电阻接电源或通过下拉电阻接地。上拉电阻或下拉电阻的阻值一般在几千欧姆到几十千欧姆。

(2)如果是输出口,则可以悬空。

(3)如果是双向的,既可以输入,也可以输出,比如存储器的数据线、I^2C 的数据线等,都是双向的。对这些管脚,当作输出口处理。

1.16 热插拔电路

热插拔是指系统主板在正常工作的时候,将插卡或连接器插到系统主板上而不影响系统的工作。

一般在插卡上的电源输入端都有电容。把插卡插入系统主板之前,输入电容没有被充电,电容两端的电压为 0 V,相当于对地短路。当把插卡等插入系统主板的时候,插卡上的电源就和系统上的电源连接在一起,系统主板上的电源会有一个很大的瞬间电流向插卡上的电容充电,有可能造成系统主板的电源有一个短暂的下降。如果下降幅度过大,有可能会造成系统主板的复位,影响系统的正常工作。

除了电源,通常插卡上的信号也要和系统主板上的信号连接在一起。如果插卡上的

高级电力电子线路设计实践

信号,首先和系统主板上的信号连接在一起,如图1-113所示,而此时插卡上的电源V_{CC}还未与系统主板上的电源连接在一起,插卡上的电源电压V_{CC}为0 V。如果此时从系统主板输出的某个信号线A为高,假如这个信号接到插卡上的芯片X,则此引脚的嵌位二极管D_H就会导通,如果没有限流电阻,就会有一个很大的电流流经此二极管和系统主板上的信号源,有可能损坏主板上的芯片和插卡上的芯片X。

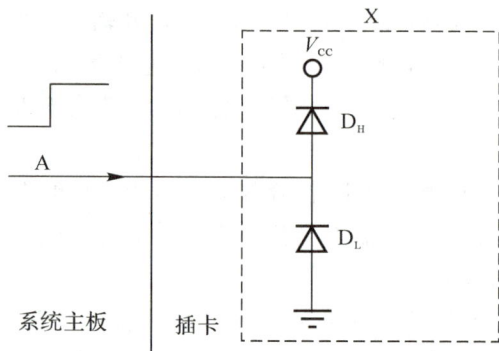

图1-113　热插拔示意图

为了解决以上的热插拔造成的问题:

(1)插卡上特殊的接插件设计使得插拔的时候,地要首先连接,接着是电源连接,最后是信号线连接。

(2)如果可能,在信号线上串联一个电阻来限制电流,阻值以不影响系统的正常工作为原则;或者在系统主板的信号线上加三态缓冲器,只有当检测到插板完全插到系统主板上时,三态门才打开,否则输出高阻态。

(3)在插板上的电源上用热插拔控制器来合理控制充电时的浪涌电流,确保插卡安全上电。上电后,热插拔控制器还能持续监控插卡上的电源电流,在正常工作中避免插卡上的电源电流过大和短路,使得系统主板不受影响。

(4)用所谓的"智能连接器",使得系统主板和插卡的"地"先连接,接着是系统主板上的电源和插卡上的电源线连接,最后是信号线,这样就可以避免上述的部分问题,但插卡上仍然需要上述的热插拔控制器来控制插入时由于对插板上电源线上的电容充电所引起的浪涌电流。

1.17　嵌入式系统的低功耗设计

设计嵌入式系统时,应尽量降低嵌入式系统的功耗,主要有以下原因:

(1)系统中的某些器件功耗过大会导致此器件发热,影响此器件的可靠性,严重时甚至会损害器件。

(2)系统功耗过大会导致整个系统的工作环境温度升高,尤其是如果此系统是在一个密闭的机壳内,这样会影响系统中其他元件的可靠性。

(3)系统功耗过大会对电源的要求提高,增加成本,而且功耗过大的器件可能需要散热器。

（4）对电池供电的系统，降低功耗尤其重要。功耗决定着系统中电池的工作时间。

（5）功耗也可能会影响嵌入式系统的电磁干扰（EMI）的大小。例如在用降低微处理的时钟频率来降低功耗的同时，也会减小系统产生的电磁干扰。

1.17.1　CMOS 集成电路功耗分类

嵌入式系统中很多数字器件都是 CMOS 集成电路，对 CMOS 器件来说，功耗包括静态功耗 P_{static} 和动态功耗 $P_{dynamic}$ 两部分。

1. 静态功耗

CMOS 器件的静态功耗通常情况下较小，主要是由 CMOS 器件内的 MOSFET 的泄漏电流所引起的。当温度升高时，泄漏电流增大，静态功耗也会升高。温度超过 150 ℃后，泄漏电流会呈指数级增大。

2. 动态功耗

CMOS 的动态功耗又分为开关损耗和短路损耗。

（1）开关功耗是 CMOS 电路在开关过程中对输出节点的负载电容 C_L 充电和放电所消耗的功耗。比如对图 1-114 所示的 CMOS 电路，有：

1）当 $V_{in}=0$ 时，高位 P-MOSFET 导通，低位 N-MOSFET 截止，V_{cc} 经 P-MOSFET 对负载电容 C_L 充电。

2）当 $V_{in}=1$ 时，高位 P-MOSFET 截止，低位 N-MOSFET 导通，负载电容 C_L 经 N-MOSFET 对地放电。

这样来回对负载电容充电和放电，就形成了开关功耗，其计算公式如下：

$$P_{SW}=V_{cc}{}^2 f C_L$$

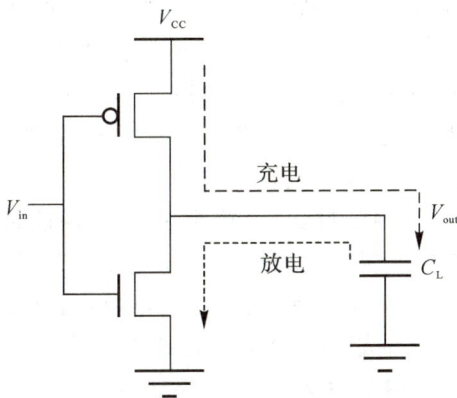

图 1-114　CMOS 对负载电容的充电和放电示意图

（2）短路功耗。由于输入电压波形实际并不是阶跃信号，存在一定的上升时间和下降时间（见图 1-115），在输入信号的上升下降的过程中，在某个电压输入范围内，P-MOSFET 和 N-MOSFET 都会导通，这时就会出现电源 V_{cc} 到地的短路电流，这就是开关过程中的短路功耗。

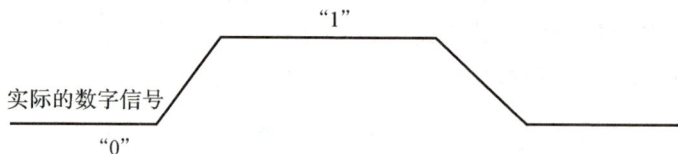

图 1-115　实际的数字信号

为了减小短路电流,CMOS 器件的输入信号的上升/下降时间应尽可能短。如果输入信号的上升/下降时间太长,可以考虑用施密特触发器,对输入信号进行信号的整形,减小上升/下降时间,再送入 CMOS 器件。

1.17.2　减小嵌入式系统功耗的方法

减小嵌入式系统功耗的方法包括硬件方法和软件方法。

1. 硬件方法降低功耗

(1)提高电源电路的效率,如尽量用开关 DC-DC 转换器,避免用线性稳压电源,尤其是当 DC-DC 转换器的输入电压比输出电压高很多,而且输出电流较大的情况,这种情况应该用开关 DC-DC 转换器,不能用线性稳压器。设计开关 DC-DC 转换器时,也应尽量提高 DC-DC 转换器的效率。

(2)从 CMOS 开关功耗的公式中可以得知,开关功耗和电源电压的二次方成正比,和开关频率成正比。因此应尽可能降低集成电路的电源电压,尽量降低开关频率。对微处理器来说,在保证系统正常工作的前提下,尽量降低微处理器内部的时钟频率。

(3)应充分利用微处理器的各种省电模式,比如待机模式、睡眠模式等。

(4)如果微处理器上的某些功能模块不需要,则不要打开这些模块。

(5)对 FPGA 的设计来说,在某些模块不需要开关的情况下,可以把这些模块的时钟关掉(Clock Gating)。另外在满足正常工作的前提下,尽量降低 FPGA 的时钟频率。

(6)有些 FPGA 在编程的时候需要较高的内核电压,正常工作时需要的内核电压较低。内核电源的设计应设计成可控模式。

(7)尽量利用系统中各芯片提供的片选功能,利用软件控制芯片的使能和关断。

(8)微处理器不用的 GPIO 要接地或电源。接电源或地要视此 GPIO 在芯片内部是否接上拉电阻还是下拉电阻。如果接有上拉/下拉电阻,则可以不用外接电源或地。

(9)尽量不要用 FPGA 提供的 GPIO 的上拉或下拉功能。FPGA 不用的 GPIO 口要接 FPGA 的地。其他芯片不用的输入引脚如果芯片内部没有上拉/下拉电阻的话,要接地。

(10)在驱动发光二极管时,可以利用人眼的视觉暂留特点来减小功耗,即不必要一直驱动发光二极管,而可以用 PWM 来驱动发光二极管,以减小功耗。PWM 脉冲的占空比可以根据试验结果而定,频率为 1 kHz 以上。

(11)上拉电阻和下拉电阻的阻值不要太小。

(12)尽量选择低功耗器件。

2. 软件方法降低功耗

(1)尽量减少微处理器的工作时间。

(2)在编写程序时尽量合理利用中断让程序工作在待机或停止模式。

(3)用快速算法来减少微处理器所花费的时间。

(4)通信口的接收和发送均应采用中断处理方式,避免查询方式。

(5)利用嵌入式操作系统提供的动态电源管理功能。

(6)应尽量利用处理器内部的存储器或寄存器。

1.18　半导体器件的软错误

近年来,半导体技术取得了巨大进步,但这种进步也带来了新的问题。当今的 CMOS 工艺已缩至很小的尺寸,以致于来自外界的辐射可能会在半导体中造成随机的、临时的状态瞬变,这就是所谓的软错误(Soft Error)。与硬错误不同的是,一个简单的复位/重写操作可以使受影响的器件恢复正常运行。数字器件和模拟器件都可能发生软错误,但因为存储器的单元尺寸较大,而且每位保持某种状态("0"或"1")的时间较长,因此发生软错误的概率就较大。

存储器的软错误发生概率有以下趋势:

(1)SRAM 的软错误发生概率在增加。

(2)SRAM 比 DRAM 更容易发生软错误。

根据一些报告,现代的存储器(SRAM、DRAM 等)的软错误发生概率为 1 000~5 000 FIT/Mb,意思是每 1 兆位、每 10^9 h,软错误发生的次数是 1 000~5 000 次。

例如对一台计算机来说,如果 DRAM 容量是 4 096Mb,假设软错误发生概率是 1000FIT/Mb,则

$$MTBF = \frac{10^9}{1\,000 \times 4\,096}\ h = 244\ h$$

MTBF(Mean Time Between Fialue)是平均失效时间,也就是说,计算机中的 DRAM 每 244 h 就会发生一次软错误。

软错误的发生概率取决于很多因素,如入射粒子、撞击区域和电路设计等。

电路设计对软错误的影响如下:

(1)电路越复杂,软错误发生概率越高。

(2)SRAM、DRAM、FPGA、微处理器等的容量(芯片内部的晶体管数目)越大,软错误发生概率越高。在满足要求的条件下,尽可能用容量较小的器件。

(3)电源电压越低的器件,软错误发生概率越高。3.3 V 供电的器件,比 5 V 供电的器件,软错误发生的概率更高。但 5 V 器件比 3.3 V 器件的功耗要大,设计时要有一个取舍。

(4)高速器件更容易发生软错误。因此在速度满足要求的前提下,尽量选用速度慢的器件。

(5)器件单元的电容越大,软错误发生概率越低。

导致软错误的辐射源有 α 粒子、宇宙射线、热中子等。一般来说,海拔越高,辐射越

大。在太空中的宇宙辐射很强。这些地方半导体器件(尤其是 SRAM、FPGA、微处理器等)发生软错误的概率就很大。因此在设计飞机、空间飞行器上(如卫星等)的电子设备时,一定要考虑这一点。

消减半导体器件软错误影响的方法有:

(1)改进半导体工艺,增加存储单元中所存储的电荷等方法来降低软错误发生的概率。

(2)利用 SOI(Silicon-On-Insulator)等新的半导体工艺来减小软错误发生概率。SOI 是一种不同于传统 CMOS 工艺的半导体工艺。SOI 很适合低电压、低功率和高速数字系统。另外 SOI 器件的漏电流很小,抗辐射能力也很强,能有效降低半导体器件,尤其是存储器软错误发生概率。

(3)在嵌入式系统中采用带 ECC 功能的 SRAM 或 DRAM 芯片。现在 Cypress,ISSI,Micron 等公司都有带 ECC 功能的同步 SRAM、异步 SRAM 和 DRAM 等。ECC 功能是由芯片本身的硬件完成的。

(4)在嵌入式系统中使用抗辐射加固(Rdiation Hardened)的元件。

(5)在向存储器的一个地址中写入数据时,除了数据本身,同时还要写入此数据的奇偶校验位;当从这个地址读数据时,对读取的数据作奇偶校验,来判断数据是否正确。但如果数据中有两位出错,则这种方法没有办法判断数据是否正确。这种方法适合软错误是一位发生错误的情形。另外一种是用 CRC 效验,在向存储器的一个地址中写入数据时,除了数据本身,同时还要写入此数据的 CRC 效验码;当从这个地址读数据时,对读取的数据作 CRC 效验,来判断数据是否正确。这种方法可以判断有多位发生错误的情形。

(6)使用金属机箱把嵌入式系统屏蔽起来,以减小进入机箱的 α 粒子、宇宙射线、热中子等的辐射,减小软错误发生的概率。

1.19　嵌入式系统中电阻和电容的选择

1.19.1　电阻

电阻在嵌入式系统中的使用非常广泛,主要用作上拉电阻、下拉电阻、匹配电阻、限流、分流、降压、分压和负载等。

电阻按制造材料可分为炭膜电阻、金属膜电阻和线绕电阻等。

电阻按阻值特性可分为固定电阻、可变电阻和特种电阻(敏感电阻)。固定电阻的阻值是固定的,可变电阻的阻值是可以调节的。

固定电阻按封装又可分为通孔电阻和贴片电阻。

电阻的主要参数有阻值、精度、功率、温度系数和封装大小。

实际中的电阻都不是理想的电阻,都有寄生电容和寄生电感。实际电阻的等效模型如图 1−116 所示。

图中,R 是电阻的纯阻值,C_{par} 是电阻的寄生电容,L_{ESL} 是电阻的寄生电感。

线绕电阻的寄生电感和寄生电容很大,因此不能用于高频电路,一般只能用于直流和低频电路中。

炭膜电阻的寄生电感和寄生电容较线绕电阻小,但比金属膜电阻的寄生电感和寄生电容大,一般最好不要用于高频电路,包括高速数字电路中。

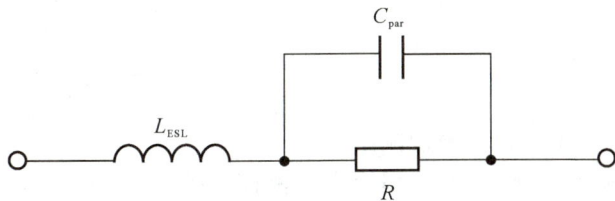

图 1-116　实际电阻的等效模型

金属膜电阻的寄生电容和寄生电感最小,而贴片金属膜电阻的寄生电容和寄生电感比通孔金属膜电阻小,所以在高频电路和高速数字电路中要用贴片金属膜电阻。

选择贴片电阻的另外一个好处是贴片电阻所占的面积小,所占的电路板面积小。而且可以用波峰焊等生产工艺,适合大批量生产。如果用通孔电阻的话,要用人工的方式,所以在设计的时候要尽可能用表面贴装电阻。

选择电阻的时候,要注意电阻在电路中消耗的功率要小于此电阻的额定功率,一般要小于额定功率的 80% 左右,以保证可靠性。

选择电阻时要考虑下列因素:电阻值及容差、额定功率、额定工作环境温度、封装。

电阻在电路中的失效模式是开路,也就是当电阻在电路中由于功率过大等而损坏时,它的阻值变很大。

1.19.2　电容

电容也是嵌入式系统中使用非常广泛的元件。它是一种能够储藏电荷的元件。电容的主要作用是去耦、隔直流、交流耦合、滤波、储能等。

实际中的电容都不是理想的电容,都有等效串联阻抗(ESR,Equivalent Seriral Resistance)和寄生电感。实际电容的等效模型如图 1-117 所示。

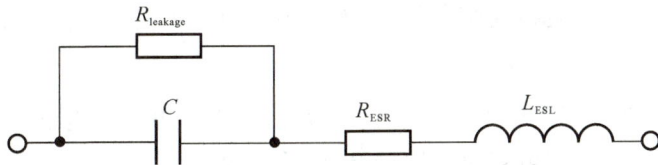

图 1-117　电容的等效模型

图中,R_{ESR} 是电容的等效串联阻抗(几毫欧到几欧),C 是电容值,L_{ESL} 是电容的等效串联电感,$R_{leakage}$ 是由于电容的漏电流 $I_{leakage}$ 而引起的漏阻抗。

在嵌入式系统中最常使用的是铝电解电容、钽电容、陶瓷电容等。

以上几种电容按封装形式可分为通孔电容和表面封装电容。

1. 电解电容

电解电容的优点是电容值很大,而且价格便宜,常用作旁路电容。

电解电容的缺点：

(1)寄生电感 L_{ESL} 较大,不适合作为高频电路中的去耦电容。

(2)ESR 较大。

(3)漏电流 $I_{leakage}$ 较大。

(4)寿命较短。

(5)电容值会随工作时间而慢慢减小。

电解电容的介质是电解液,但电解液会慢慢挥发掉,导致电容值降低,尤其当温度升高时,挥发速度更快。电解液的挥发会直接影响电解电容的寿命。一般温度每升高 10 ℃,电解电容的寿命会减少一半。

因此在可靠性要求很高或者工作温度比较高的嵌入式系统,应避免使用电解电容。如果使用电解电容要特别小心,一定要根据系统工作的环境温度和工作电压等参数,计算出电解电容的寿命,看是否满足要求。一般电解电容的数据手册都会给出电解电容在额定工作电压和特定的温度下的工作寿命。

电解电容的温度 T_C 每升高 10 ℃,电解电容的工作寿命会减小一半；温度 T_C 每降低 10 ℃,电解电容的工作寿命延长一倍。根据这个原则,就可以根据系统的环境温度,计算出电解电容的寿命。电解电容 T_C 的温度不等于环境温度 T_A。电解电容的温度为

$$T_C = T_A + T_+$$

T_+ 是电解电容的 ESR 和纹波电流 I_{ripple} 导致的电解电容的温度升高。电解电容的 ESR 可从几毫欧到几欧。如果 ESR 较大,而且纹波电流 I_{ripple}(Ripple Current)较大的话,则由于电解电容的 ESR 及纹波电流而产生的功耗 $P_C = I_{rippple}^2 \times ESR$ 较大,这会造成电解电容温度升高,影响寿命。电解电容的温度升高容易被忽略,设计时一定要考虑这一点。

电解电容通常用在直流电源的输入端作为旁路电容使用。

电解电容是有极性的,电解电容两端电压的极性一定不能接反,否则会烧坏电容,而且造成电源短路。

OS-CON 电解电容是一种新型的电解电容。同传统的电解电容相比,由于介质不是电解液,不存电解液挥发得问题,所以在寿命等方面有了很大提高。

2. 钽电容

钽电容的电容值介于电解电容和陶瓷电容之间,但钽电容比电解电容可靠性高,寿命长,而且在整个寿命期间其电容值都比较稳定,而且寄生电感 L_{ESL} 较小。钽电容的 ESR 可从几毫欧到几欧。

同电解电容一样,设计时要考虑钽电容由于 ESR 和纹波电流而引起的发热而导致的电容温度的升高。

有通孔钽电容和表面封装的钽电容,在设计时要尽量选用表面封装的钽电容,以便于大批量生产,降低生产成本。

选择钽电容要考虑下列因素：电容值及容差、额定电压、额定工作环境温度、纹波电流、封装。

一般来说,当钽电容的温度超过 85 ℃时,钽电容要降额使用。一般数据手册中都会

给出一张图,列明电容温度和降额比例的关系。当电容温度为 125 ℃时,一个额定电压为 50 V 的电容,只能当作 33 V 的电容来使用(50 V×66％＝33 V)。

使用钽电容的时候,一定要降额使用(电压降额)。一般要求降额在 80％以下。比如一个额定电压为 50 V 的钽电容,它的工作电压不要超过 40 V(50 V×80％＝40 V)。

在温度高的时候要降额更多。电容的温度和工作环境温度不一定一样,电容温度＝工作环境温度＋由于纹波电流和 ESR 而引起的电容温度升高。

钽电容也是有极性的,极性接反时会烧坏钽电容。它的失效模式大多数情况下是短路,也就是当它损坏的时候,表现出来就是很低的电阻(低于几欧姆)。

另外 MnO_2 钽电容由于工作电压超过额定电压等原因而损坏的时候会起火燃烧,有些行业,如医疗设备等,就不允许使用这类钽电容。

钽电容的使用非常广泛,可用作直流-直流变换器的输出电容,低频电路的去耦电容等。

3. 陶瓷电容

陶瓷电容的电容值最小,但它的高频性能最好,自谐振频率很高,漏电流很小,ESR 也很小(低于几十毫欧),使用非常广泛。建议去耦电容使用贴片陶瓷电容,因为其寄生电感较小。

陶瓷电容根据介质材料的不同,又分为:

(1)一类(Class Ⅰ)陶瓷电容,又称 C0G 或 NP0 电容。

(2)二类(Class Ⅱ)陶瓷电容,如 X8R,X7R,X5R 等。

(3)三类(Class Ⅲ)陶瓷电容,如 Z5U,Y5 V 等。

一类陶瓷电容 C0G 或 NP0 电容的电容值较小,但它的温度和电压稳定性很好,电容值在整个工作温度范围内的变化很小,而且电容值随电容两端的电压的变化也很小(见图 1-118),常用在谐振电路、滤波电路(有源滤波器)等对电容的稳定性要求高的情况。C0G 电容的另外一个优点是它的电容值随工作时间变化很小。

二类陶瓷电容,如 X8R,X7R 等,其电容值较大,工作温度范围也较宽(−55～＋125 ℃),但它们的电容值随温度的变化较大(电容值随温度的升高而降低),随电容两端电压的变化,电容值变化也较大(见图 1-119)。

三类陶瓷电容,如 X5R,Z5U,Y5V 等,其电容值大,但它们的电容值随温度的变化大,工作温度范围较窄(最高温度是 85 ℃),随电容两端电压的变化,电容值变化较大(见图 1-120)。

陶瓷电容的工作温度范围及电容值的变化见表 1-13。

表 1-13　陶瓷电容的工作温度范围及电容值的变化

陶瓷电容	工作温度	电容值变化($\Delta C/C_0$)
C0G	−55～125 ℃	<±0.2％
X8R	−55～150 ℃	±15％
X7R	−55～125 ℃	±15％

高级电力电子线路设计实践

续表

陶瓷电容	工作温度	电容值变化($\Delta C/C_0$)
X5R	$-55\sim85$ ℃	$\pm15\%$
Z5U	$10\sim85$ ℃	$+22\%\sim-56\%$
Y5V	$-30\sim85$ ℃	$+22\%\sim-82\%$

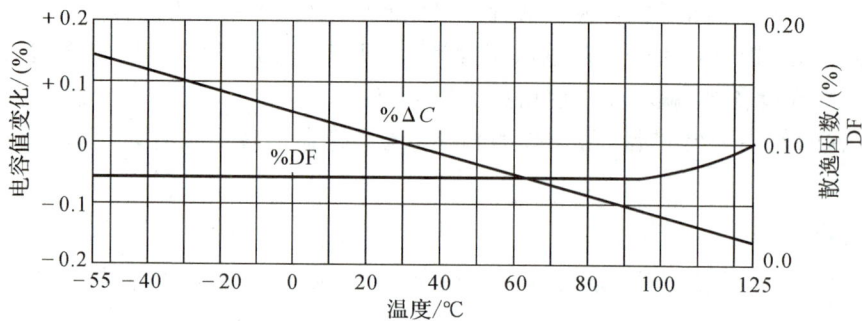

图 1-118 C_0G 电容的电容值变化跟温度的关系

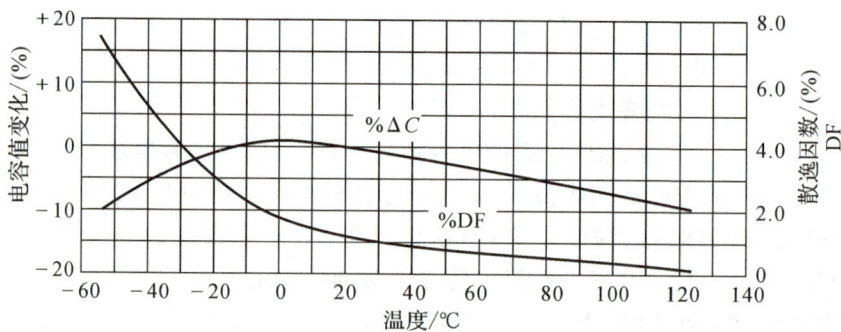

图 1-119 X7R 电容的电容值变化跟温度的关系

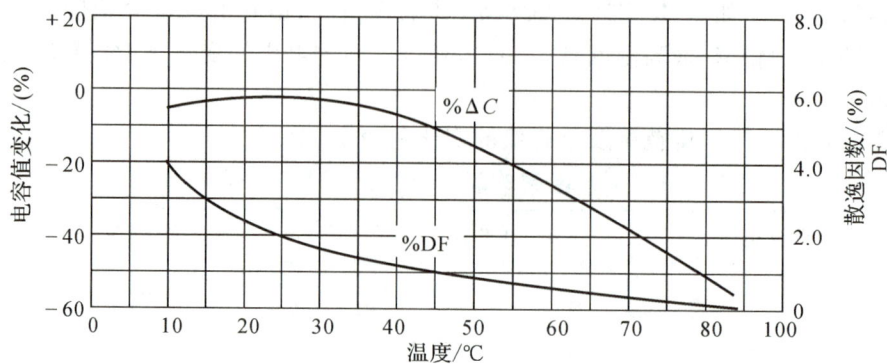

图 1-120 Z5U 电容的电容值变化跟温度的关系

二类/三类陶瓷电容的电容值跟电容两端的电压的关系,如图 1-121 所示。

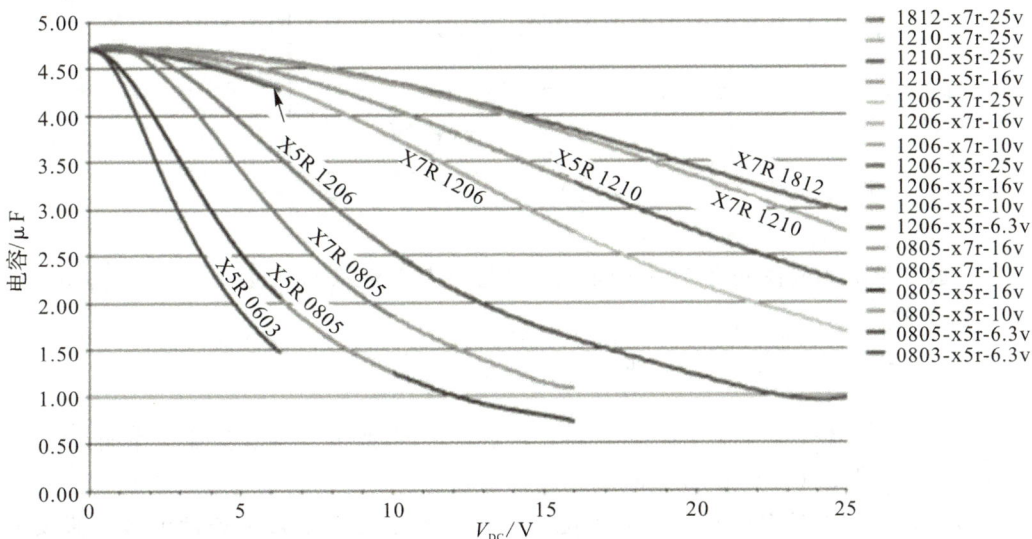

图 1-121　X7R,X5R 电容的电容值变化跟电压及封装的关系

从图 1-121 可以看出,当电容两端的电压为 5 V 的时候,对于一个 0603 封装的额定电压是 6.3 V 的 4.7 μF 的 X5R 电容,它的实际电容值只有 1.5~2.0 μF。对于一个 0805 封装的额定电压是 6.3 V 的 4.7 μF 的 X5R 电容,其实际电容值增加到 2.5 μF 左右。

对于一个 0805 封装的额定电压是 10 V 的 4.7 μF 的 X5R 电容,其实际电容值增加到 3.5 μF 左右。

现在越来越多的 DC-DC 转换器选择二类/三类陶瓷贴片电容来作为输出电容,在利用二类/三类陶瓷电容作为 DC-DC 转换器的输出电容的时候,一定要注意以上几点,以免影响 DC-DC 转换器的稳定性,因为 DC-DC 转换器的稳定性跟输出电容值有直接的关系。

1.20　嵌入式系统中有源元件的去耦

当嵌入式系统中的有源元件开关的时候,此元件的电源引脚就会有一个电流脉冲,此电流脉冲会造成电源电压的瞬时下降,其计算公式如下:

$$\Delta V = -L\frac{\mathrm{d}i}{\mathrm{d}t}$$

式中:ΔV 电源电压的下降幅度;L 是电源线上的寄生电感;$\dfrac{\mathrm{d}i}{\mathrm{d}t}$ 是单位时间内电流的变化值。寄生电感包括电源引脚的寄生电感和电路板上电源线的寄生电感。

举例,如图 1-122 所示,假设一个集成电路 IC_1 的电源引脚为 V_{CC},IC_1 的电源电压为 3.3 V,V_{CC} 引脚至 3.3 V 直流电源的走线的寄生电感为 100 nH。当 IC_1 的输出从低电平转换为高电平时,V_{CC} 会有一个较大的瞬态电流(假设幅度为 0.1 A,时间为 10 ns)。

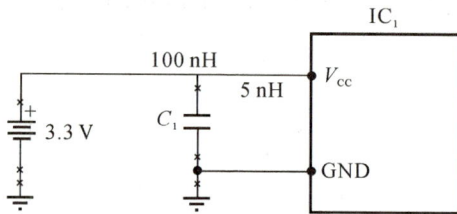

图 1-122　去耦电容示意图

（1）假如 V_{cc} 引脚附近没有去耦电容，则此瞬态电流来自于远处的 3.3 V 电源，则 V_{cc} 引脚上的压降

$$\Delta V = -L\,\frac{\mathrm{d}i}{\mathrm{d}t} = -100\text{ nH} \times \frac{0.1\text{ A}}{10\text{ ns}} = -1\text{ V}$$

则 V_{cc} 引脚上的电压变为 3.3 V−1 V＝2.3 V，这已经低于了 IC_1 正常工作的最低电压要求（3.0 V），因此 IC_1 不会正常工作。

（2）假如 V_{cc} 引脚附近有一个去耦电容 C_1，则瞬态电流来自于去耦电容。假设 V_{cc} 引脚至去耦电容的走线的寄生电感为 5 nH。如果去耦电容是 0.1 μF，则去耦电容的压降为

$$\Delta V_C = \frac{\Delta Q}{C} = \frac{\Delta I\,\Delta T}{C} = \frac{0.1\text{ A} \times 10\text{ ns}}{0.1\ \mu\text{F}} = 0.01\text{ V}$$

则 V_{cc} 引脚上的压降

$$\Delta V_{cc} = -L\,\frac{\mathrm{d}i}{\mathrm{d}t} = -5\text{ nH} \times \frac{0.1\text{ A}}{10\text{ ns}} = -0.05\text{ V}$$

则 V_{cc} 引脚上的电压变为 3.3 V−0.01 V−0.05 V＝3.24 V，仍然在正常工作电源电压范围内，IC_1 可以正常工作。

从上例可见，如果没有去耦电容，集成电路工作时的电源上的电流脉冲就会造成电源电压的突然大幅度下降，因此在嵌入式系统中靠近有源元件的电源引脚的地方，一定要放一个去耦电容。去耦电容的寄生电感必须很小。一般会选用陶瓷贴片电容。大多数情况下可选用 0.01～0.1 μF 的陶瓷贴片电容，一般原则是靠近每个电源引脚放置一个去耦电容，但如果元件有很多电源引脚（比如微处理器和 FPGA 等），而电路板空间不够的话，可在元件的每一边放置两到三个去耦电容。去耦电容一定要靠近电源引脚。而在稍远的地方可以放一些电容值较大的电容，可以是贴片陶瓷电容或钽电容，电容值从几微法到几十微法。

由于实际电容中 ESR 和寄生电感的存在，不同的电容对不同频率的噪声有不同的去耦效果，选择去耦电容的时候，要注意这一点，如图 1-123 所示。

电容的阻抗越低，其去耦效果越好。从图 1-123 中可以看出，对于 100 nF 的 X7R 电容，当频率为十几兆赫兹的时候，其阻抗最低，低于 0.1 Ω，所以 100 nF 的 X7R 电容对十几兆赫兹的电源上的噪声，去耦效果最好；当频率大于一百多兆赫兹的时候，1 nF 的 X7R 电容和 NP0 电容的阻抗低，为 0.1～0.5 Ω 之间，而 NP0 电容的阻抗最低，所以 1 nF 的 NP0 电容对 100 MHz 以上的电源上的噪声，去耦效果最好。一般来说，电容值越小，

对高频的去耦效果越好;电容值越高,对低频的去耦效果越好。应根据具体情况,选择不同的电容值。或者同时放几种电容值的电容,以取得较好的去耦效果。

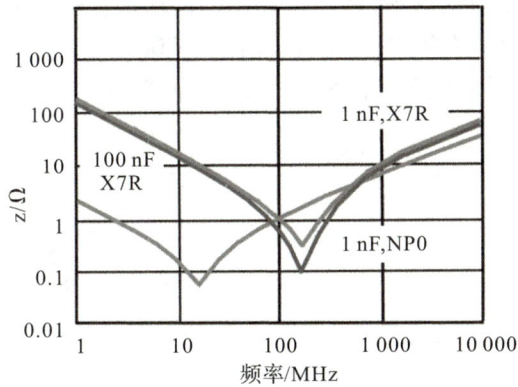

图 1-123　电容的阻抗跟频率的关系

除了小电容值的电容之外,每几个有源元件,要放置一个电容值为几微法至几十的陶瓷电容或钽电容在电源线上,位置可以稍微远一些,这些电容要均匀分布在电路板上。

另外一般在电源进入电路板的地方,放置一个或多个电容值比较大的电容,如钽电容、电解电容等,起到局部电荷池的作用,可以减少局部的干扰通过电源耦合出去。

电源的去耦对于嵌入式系统的正常工作非常重要。一定要仔细阅读嵌入式系统中各有源元件对去耦的要求,并在设计时遵守这些要求。

1.21　CMOS 逻辑器件控制大电流负载

嵌入式系统中有时需要用微处理器、FPGA 等 CMOS 逻辑器件的输出口去控制一些需要较大电流的负载,比如继电器(驱动电流可达上百毫安)等。逻辑器件的输出口的驱动电流和电压有限,一般电压小于 5 V,驱动电流小于 20 mA,不能直接去驱动这些器件,所以通过外接的功率 MOSFET 来驱动较大电流的负载。

1.21.1　逻辑器件的输出口直接驱动功率 MOSFET

功率 MOSFET 是电压控制型半导体。微处理器的输出口可以直接驱动有些功率 MOSFET,控制功率 MOSFET 的关断和导通。功率 MOSFET 一般工作在截止状态和饱和状态,而不是工作在放大状态。图 1-124 是一个用微处理器的输出口控制功率 MOSFET 去驱动一个继电器线圈的电路。

功率 MOSFET 一般选用功率 N-MOSFET。R_{ser} 是串联限流电阻,目的是防止当逻辑器件的 GPIO 输出高电平时,由于功率 N-MOSFET 的栅极-源极之间的电容 C_{GS} 比较大,会有一个比较大的瞬间充电电流,损坏逻辑器件的 GPIO。R_{ser} 的阻值一般为几十欧姆到几百欧姆。

R_{pd} 是下拉电阻。在系统上电复位的过程中,如果没有下拉电阻,GPIO 在这个期间为高阻态,状态不定,功率 N-MOSFET 的栅极可能为高电平,从而错误打开功率 N-MOSFET Q,造成误动作。R_{pd} 的作用是保证系统在上电复位的过程中,功率 N-MOSFET 的栅极电压为低电平,因而不会发生误动作。R_{pd} 会和 R_{ser} 构成一个电阻分压,所以它的值一般比 R_{ser} 大很多(一百倍以上),以避免当 GPIO 输出为高电平时,由于分压而导致栅极上的电压过低而无法使功率 N-MOSFET 导通。

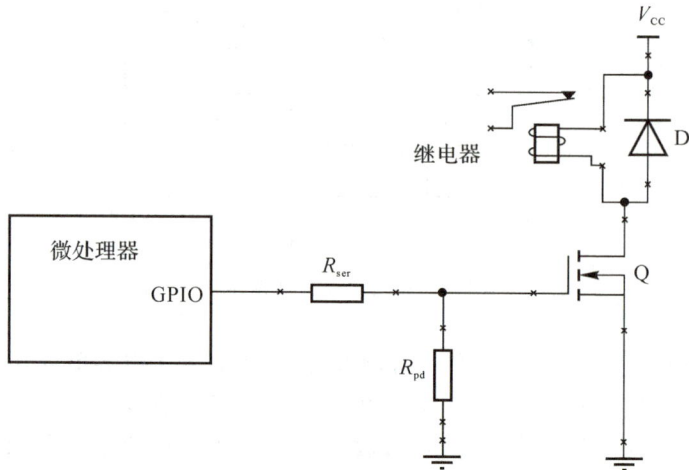

图 1-124　微处理的输出口直接控制功率 N-MOSFET 去驱动继电器的线圈

当负载为纯阻性负载的时候,不需要图中所示的二极管 D;当负载包含感性负载的时候,比如继电器的线圈,需要二极管 D。这是因为当功率 N-MOSFET 突然从导通变为截止时(漏极电流 I_D 突然从很大变为很小),由于线圈电感 L 的存在,漏极上会出现一个很高的电压 $\left(L \dfrac{\mathrm{d}I_D}{\mathrm{d}t}\right)$,可能超过功率 N-MOSFET 的额定漏-源击穿电压。对功率 N-MOSFET 造成损坏。二极管 D 的作用就是保护功率 N-MOSFET,把 N-MOSFET 的漏极电压钳位在电源电压 V_{cc} 加上二极管 D 的正向压降。

选择功率 N-MOSFET 的时候,逻辑器件的输出高电平时的最小电平 $V_{OH(min)}$ 要大于栅极-源极的阈值电平 V_{th}(假设 R_{pd} 比 R_{ser} 大很多,分压效果可以忽略不计)。功率 N-MOSFET 栅极-源极的阈值电平 V_{th} 跟功率 N-MOSFET 的结温度是呈反比的,当结温度降低时,阈值电平 V_{th} 升高;当结温度升高时,阈值电平 V_{th} 降低,设计时要注意这一点。

MOSFET 在饱和状态的导通功耗 $P_{conduction} = I_D^2 R_{on}$,$R_{on}$ 是 MOSFET 饱和时的导通阻抗。MOSFET 的功耗包括导通功耗和动态功耗。如果开关频率不高的话,动态功耗可以忽略不计。如果开关频率很高的话,就要考虑动态功耗。

用逻辑器件的 GPIO 控制功率 MOSFET,只限于开关频率很低及负载电流不大的应用,比如驱动继电器的线圈等。如果负载电流很大,则不能用这种方法,而要用专门的栅极驱动器。

用微处理器的输出口直接控制功率 MOSFET 的设计要点:

（1）选择合适的 R_{ser}，使得最大栅极电流 I_G 不超过逻辑器件输出高电平时 V_{OH} 的最大输出电流 I_{OH}。

（2）逻辑器件的 GPIO 输出高电平时的最小电压 V_{OH_min} 要大于功率 N-MOSFET 的最大栅-源极电压阈值 V_{th_max}；通常选择阈值电压 V_{th} 是逻辑电平的功率 N-MOSFET。功率 N-MOSFET 的阈值电压随温度的降低而升高。当温度最低时，其阈值电压最大。

（3）在系统的工作环境温度范围内，功率 N-MOSFET 的结温度不能超过额定的结温度，而且要有一定的裕量，以提高其可靠性。

（4）确保功率 N-MOSFET 的额定漏极-源极额定电压大于电源电压 V_{cc}，一般为电源电压的两倍以上。

（5）当开关频率很低时，尽量选择导通阻抗低的功率 N-MOSFET，以降低功耗。

（6）由于微处理器的输出口的输出电流有限（小于 20 mA），所以功率 N-MOSFET 的导通/关断时间较长，导致动态功耗增大，另外功率 N-MOSFET 在线性区的时间较长，所以要确保功率 N-MOSFET 工作在安全工作区域。

1.21.2　栅极驱动器（Gate Driver）

当需要用 CMOS 逻辑器件的 GPIO 去控制一些大电流的负载时，一般需要用栅极驱动器去控制功率 MOSFET 的导通/关断。如图 1-125 所示，微处理器的输出口控制一个直流电机。

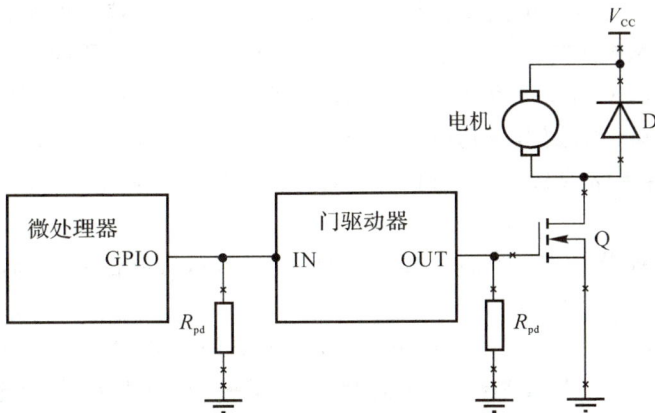

图 1-125　微处理器的输出口控制直流电机

用栅极驱动器的电路非常简单。逻辑器件的 GPIO 口直接连到栅极驱动器的输入端，栅极驱动器的输出去驱动一个功率 N-MOSFET。栅极驱动器的输出电流可达几个安倍。

在系统上电复位的过程中，如果没有图 1-125 中的两个下拉电阻 R_{pd}，逻辑器件的 GPIO 口在复位过程中的状态是高阻态，栅极驱动器的输入端状态不确定，有可能是高电平，从而导致错误的动作。下拉电阻的作用是保证系统在上电复位的过程中，栅极驱动器的输入端为低电平，因而不会误动作。下拉电阻 R_{pd} 的阻值一般为几千欧姆到几十千欧姆。

1.22 小 结

嵌入式系统的设计要点：

(1)微处理器的选择非常重要,要综合考虑各种因素,选择一个合适的微处理器。

(2)根据嵌入式系统的需要决定是否要用实时操作系统 RTOS;如果涉及以太网等比较复杂的多任务系统,则一般需要用 RTOS。如果任务比较简单,则没有必要用 RTOS,以减小成本。使用 RTOS 时,需要较大的程序存储器和数据存储器。

(3)如果微处理器需要外接程序存储器时,一般用 NOR Flash。如果需要存储大量数据的时候,一般用 NAND Flash。

(4)数据存储器有异步 SRAM、同步 SRAM、DRAM 等。异步 SRAM 又分为高速异步 SRAM 和微功耗异步 SRAM;同步 SRAM 也分为好几种;DRAM 又分为 SDRSDRM、DDR SDRM、DDR2 SDRAM 等。DRAM 的容量比 SRAM 大很多。要根据系统需要,选择合适的数据存储器。

(5)微处理器、FPGA、存储器等数字电路是高速电路,电路设计和电路板布线时一定要遵守高速数字电路的设计原则。

(6)嵌入式系统中数字电路设计最重要的三个方面是:逻辑要正确;时序要满足器件的时序要求,一定要做仔细的时序分析;电平要匹配。

(7)嵌入式系统的复位电路要仔细设计,要考虑到晶体振荡器的起振时间等因素。

(8)在嵌入式系统上电复位的过程中,由于微处理器需要一段时间来完成初始化和对输入输出口的设置,FPGA 等也需要一定的时间来完成配置,在这段时间内有些信号的状态是不受控的,在设计时要考虑到这种情况,以防止误操作或对器件造成损害。通常存储器芯片的片选信号通常要接上拉/下拉电阻,通常是接上拉电阻(如果片选信号是低电平有效的话)。

(9)时钟电路对嵌入式系统的正常工作非常重要,对可靠性要求高的应用,建议用片外晶体振荡器。

(10)如果嵌入式系统中有多个供电电压,一定要仔细阅读各个器件的数据手册中对上电/关电顺序的要求,尤其是微处理器和 FPGA 等,设计相应的上电/关电顺序控制电路。

(11)如果嵌入式系统涉及通信,在选择时钟频率的时候,要注意对时钟容差的要求,比如对以太网,就要求时钟容差要小于 $\pm 50 \times 10^{-6}$。而且要注意对通信波特率误差的要求。

(12)在强噪声和强干扰的应用中,通信一定要用差分通信,比如 RS - 485、CAN、1553 等,电缆一定要用双绞线,最好是屏蔽双绞线。在电缆的两端一定要接终端匹配电阻,电缆的特征阻抗要和匹配电阻的阻值一致或接近。如果隔离的话,抗噪声和干扰效果更好。

(13)在有些情况下,要对电源和信号进行隔离。电源隔离通常需要变压器,信号隔离通常用光耦和数字隔离器等。

(14)电源的去耦非常重要,通常在每个元件的电源引脚处接一个 0.01~0.1 μF 的贴片陶瓷电容或其它电容值的贴片陶瓷电容。

(15)电解电容的电容值很大,但寿命和温度有关,设计时一定要要根据电解电容的数据手册和使用条件(温度、纹波电流、电压等)来估算它的寿命是否满足要求。钽电容的电容值介于电解电容和陶瓷电容之间,比较稳定,但当工作温度超过一定的温度时,要降额使用。陶瓷电容的电容值小,通常用作去耦电容。C0G 电容最稳定,电容值随工作温度变化很小,但电容值小。X8R,X7R 和 X5R 等二类陶瓷电容的电容值较 C0G 电容大,但电容值随温度变化较大;Z5U,Y5 V 等三类陶瓷电容的电容值大,但电容值随温度变化很大。而且陶瓷电容的电容值跟电容上的电压也有关系。使用电容时要注意各种电容的特点。

(16)半导体的结温度对半导体的可靠性和寿命影响很大,应尽量减小嵌入式系统的功耗和各个器件的功耗。

(17)在系统设计时一定要估算系统中各个器件的功耗,尤其是耗电比较大的器件的功耗,比如微处理器、FPGA、直流-直流变换器(尤其是线性稳压器)、功率 MOSFET、功率二极管等,再进一步计算出这些器件的结温度,以决定是否需要散热。

(18)利用风冷、液冷、散热器和电路板来散热,以降低半导体的结温度。

(19)一定要仔细阅读系统中各器件的数据手册。数据手册中的参数是在一定的测试条件下取得的。

(20)设计时要做最坏情况分析,按照系统中器件的数据手册中提供的最大和最小值,进行分析。

(21)要特别留意系统在上电/关电过程中可能出现的问题,尤其是电源部分。比如在上电/关电过程中浪涌电流抑制电路中的功率 MOSFET 在上电过程中有一段时间工作在线性区域,要确保它工作在安全工作区域内;在上电/关电过程中微处理器完成初始化之前,它的输入输出口的状态可能未定,可能为高电平,也可能为低电平,所以要接适当的上拉电阻或下拉电阻。

(22)通常在 MOSFET 的栅极和源级之间接入一个几十千欧左右的电阻,以保护MOSFET。

(23)在电路板上要尽可能设置测试点(Test Point),以方便电路板的调式以及批量生产时的在线测试。测试点通常是圆形。但在高速信号线上(几百兆赫兹以上)测试点会影响导线的特征阻抗,从而影响高速信号的完整性,因此要仔细考虑是否放置。

第2章 高速数字电路的设计

2.1 传输线理论

随着半导体技术的不断进步,数字电路的频率越来越高,数字信号的上升时间和下降时间也越来越短,可以小到几纳秒,甚至小于 1 ns。所谓高速,并不是根据数字信号的频率来判定的,而是根据数字信号的上升时间和下降时间来判定的。一般认为导线的传输时间如果大于或等于数字信号上升时间或下降时间的 1/6 时,要把此数字信号视为高速数字信号。上升时间是数字信号的电压从稳态电压的 10% 上升到稳态电压的 90% 之间的时间差,如图 2-1 所示。而下降时间则是数字信号从稳态电压的 90% 下降到稳态电压的 10% 之间的时间。

图 2-1 上升/下降时间

对于一个上升时间为 t_r 的数字信号,其最高频率为 $f_{max} = \dfrac{0.35}{t_r}$。假如一个数字信号的上升时间为 10 ns,则最高频率可为 35 MHz;若上升时间为 1 ns,则最高频率为 350 MHz。

图 2-2 是一个简单的数字电路的信号仿真波形,用一个 5 V 的 CMOS 器件 A 驱动另外一个 CMOS 器件 B,传输线长度为 127 mm,传输线的特征阻抗为 83.3 Ω。发送端信号是一个10 MHz 的时钟,上升时间为 1 ns。

图 2-2 是在接收端 B 的仿真波形。从图中可见接收端的信号有较大的过冲(可达 6 V)和下冲(可达 −1 V)。

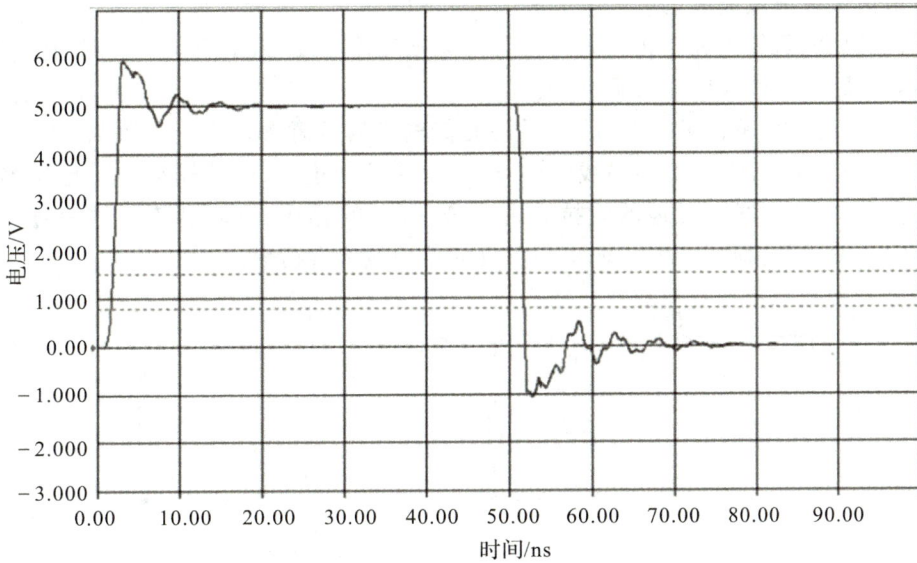

图 2-2　接收端的仿真波形 @长度=127 mm

图 2-3 是把传输线长度减小到 2.54 mm 后的仿真波形。从图中可见接收端的信号质量较好,没有太大的过冲和下冲。

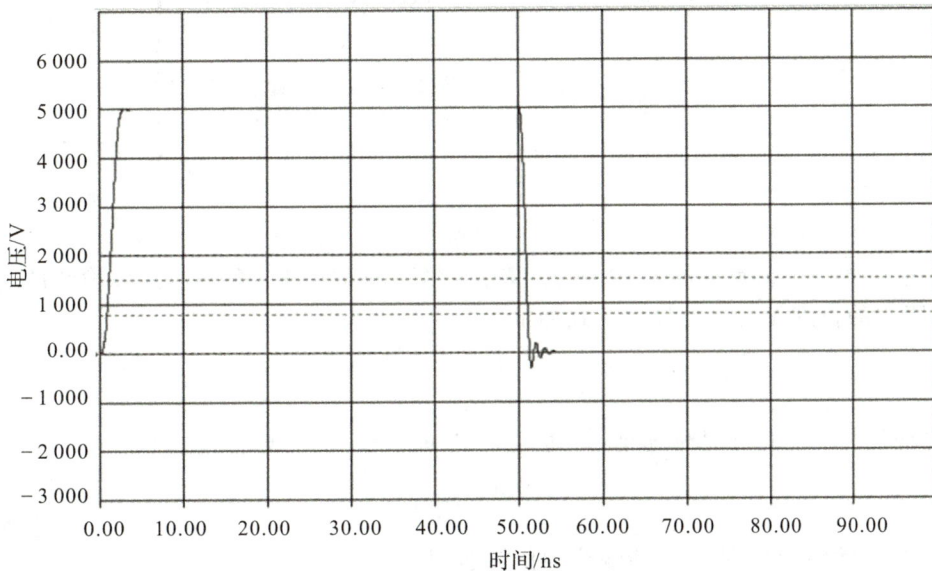

图 2-3　接收端的仿真波形 @长度=2.54 mm

电路板上的导线(信号线)都会有电感,同时导线和它的电流回路之间也会有电容。对于低频数字信号,电感和电容的影响可以忽略,在电路板上可以随便直接使用一根导线把数字信号连接起来而不会有问题。但在高频电路中不可以这样做,必须考虑导线的电感和电容,把导线视为传输线。当信号的频率较低时,其电流回路是沿着最小阻抗的路

高级电力电子线路设计实践

径。但当信号频率较高时,其电流回路是沿着电感最小的路径。传输线是由一系列离散的电容、电感、电阻等组成。传输线可以分为无损耗传输线(为了简化分析)和有损耗传输线。实际电路中传输线都是有损耗的。

图 2-4 是一个单位长度为 dl 有损耗的传输线的示意图。R 是长度为 dl 的传输线的电阻,L 是单位长度 dl 的传输线的电感,C 是单位长度 dl 的传输线的对地电容,G 是单位长度 dl 的传输线的对地的阻抗。由于 R 和 G 的存在,所以对传输的信号有损耗。传输线的长度越长,损耗越大。现实中所有的传输线都有损耗。

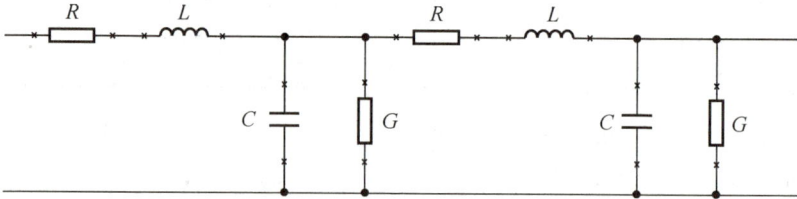

图 2-4　有损耗传输线模型

图 2-5 是一个无损耗传输线的示意图。L 是单位长度 dl 的传输线的电感,C 是单位长度 dl 的传输线的对地电容。

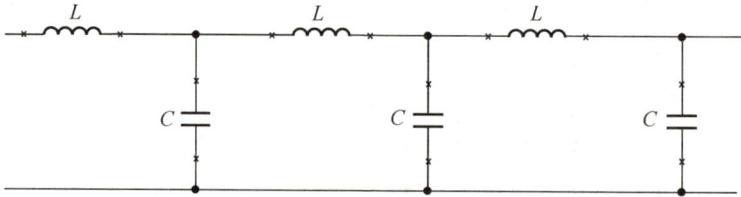

图 2-5　无损耗传输线模型

传输线的一个最重要的参数是它的特征阻抗,通常用 Z_0 来表示。传输线的特征阻抗 Z_0 跟它的长度无关。其计算公式如下:

$$Z_0 = \sqrt{\frac{L\,\mathrm{d}z}{C\,\mathrm{d}z}} = \sqrt{\frac{L}{C}}$$

传输线另一个特性是传输延迟,通常用 T_d 来表示;其计算公式如下:

$$T_d = \frac{l}{v}$$

式中:l 是传输线的长度;v 是传输线的传输速度。

电磁波在空气中的传播速度是 3×10^8 m/s,但在相对介电常数为 ε_r 的电路板上,其传输速度 v 为

$$v = \frac{3\times10^8}{\sqrt{\varepsilon_r}}\ \mathrm{m/s}$$

如果电路板的介质材料是 FR4(玻璃纤维布,一种电路板的原材料),其介电常数 ε_r 为 3.5~4.5,则传输线的传输延迟 T_d 大约为 0.006 7 ns/mm。

传输线有两种：

(1)微带线(Microstrip Line)。微带线如图 2-6 所示。一根导线和地线层(或电源层)被一层绝缘电介质隔开,地线层作为信号的电流回路。导线的表面裸露在空气中。因此微带线只能走在电路板的表层和底层。

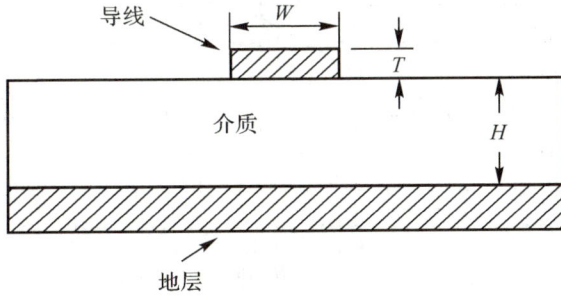

图 2-6　微带线示意图

微带线的特征阻抗的计算公式如下：

$$Z_0(\Omega) = \frac{87}{\sqrt{\varepsilon_r + 1.41}} \ln\left(\frac{5.98H}{0.8W + T}\right)$$

式中：ε_r 是介质的相对介电常数；T 是敷铜厚度；H 是导线和地线层(或电源层)之间的介质高度；W 是导线的宽度。

从以上公式可以看出：当介质厚度 H 一定时,微带线的宽度越宽,则特征阻抗越小；高度越高,则特征阻抗越大；当导线的宽度 W 一定时,介质厚度越大,其特征阻抗越大；介质厚度越小,其特征阻抗越小。一般可以通过调整这两个参数来调整微带线的特征阻抗。大多数电路板的介质材料是 FR4,其介电常数为 3.5～4.5。

假设微带线的宽度 W 是 0.2 mm,高度 H 为 0.127 mm,敷铜厚度 T 为 0.035 mm,ε_r 为 4.1,则根据以上公式,$Z_0 = 50\ \Omega$。

当微带线高度 H 为 0.127 mm,敷铜厚度 T 为 0.035 mm,ε_r 为 4.1,对于不同的微带线的宽度 W,微带线的特征阻抗如图 2-7 所示。

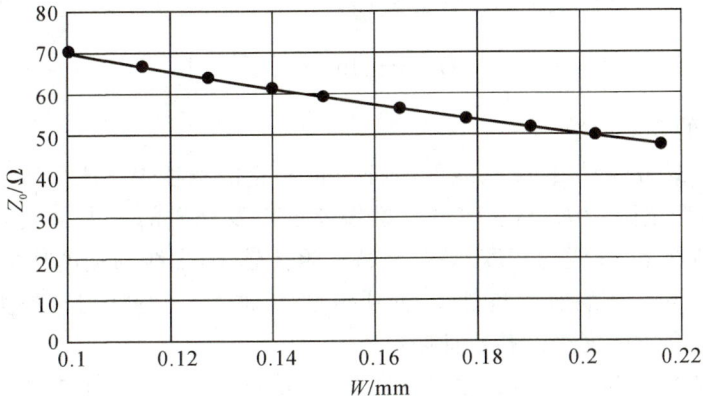

图 2-7　微带线的特征阻抗 Z_0-微带线的宽度 W

当微带线宽度 W 为 0.2 mm，敷铜厚度 T 为 0.035 mm，ε_r 为 4.1，对于不同的微带线的高度 H，微带线的特征阻抗如图 2-8 所示。

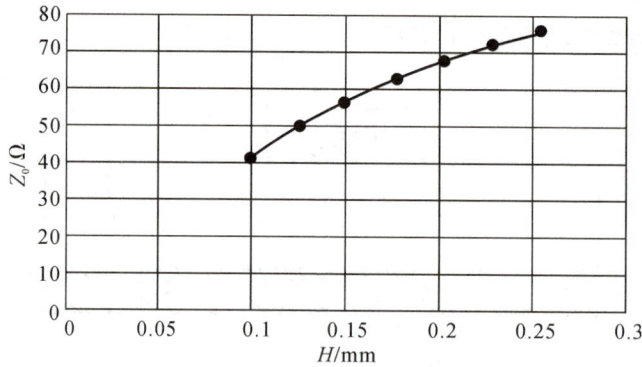

图 2-8　微带线的特征阻抗 Z_0-微带线的高度

(2)带状线(Stripline)。带状线如图 2-9 所示。一根导线被两层地线层(或两层电源层，或一层地线层、一层电源层)夹在中间，导线所在的层和上下地线层(或上下电源层，或一个电源层、一个电源层)被绝缘电介质层隔开。

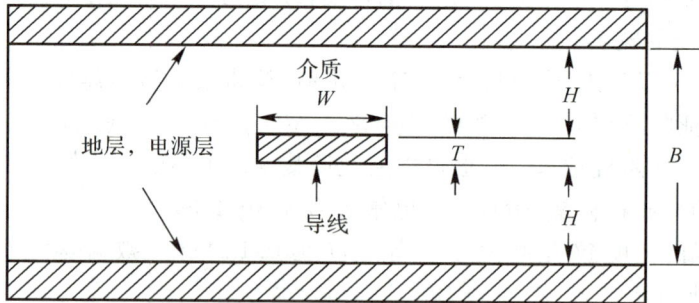

图 2-9　带状线示意图 Z_0-微带线的高度

对称的带状线的特征阻抗的计算公式如下：

$$Z_0(\Omega) = \frac{60}{\sqrt{\varepsilon_r}} \ln\left(\frac{1.9B}{0.8W + T}\right)$$

式中：ε_r 是介质的介电常数。

从上面的公式可以看出，带状线的特征阻抗和它的宽度 W，导线到上下两个地线层的介质高度 H(假定两个 H 是相等的)，敷铜厚度以及介质的介电常数有关。在其他三个条件相同的情况下，导线的宽度越宽，其特征阻抗越小，导线的宽度越窄，其特征阻抗越大；介质厚度 B 越小，其特征阻抗越小，介质厚度 B 越大，其特征阻抗越大。一般通过调整导线的宽度或介质厚度来调整特征阻抗。

当带状线厚度 B 为 0.6 mm，敷铜厚度 T 为 0.035 mm，ε_r 为 4.1，对于不同的带状线宽度 W，带状线的特征阻抗如图 2-10 所示。

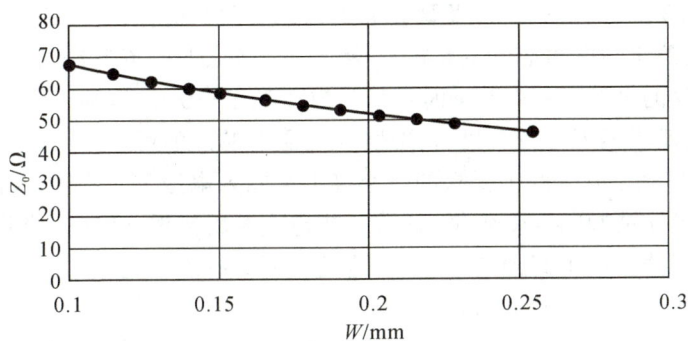

图 2-10　带状线的特征阻抗 Z_0-带状线的宽度

当带状线宽度 W 为 0.228 6 mm，敷铜厚度 T 为 0.035 mm，ε_r 为 4.1，对于不同的带状线高度 B，带状线的特征阻抗如图 2-11 所示。

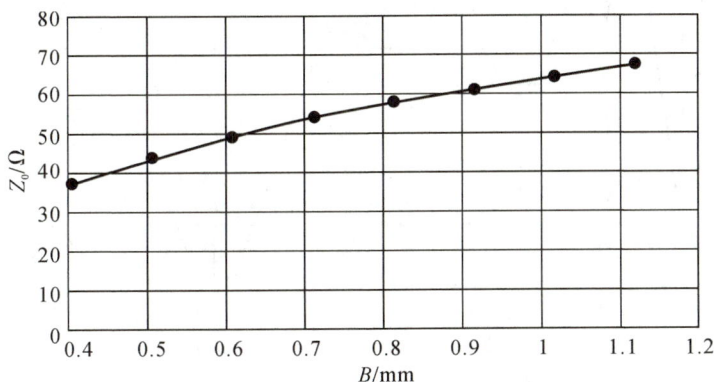

图 2-11　带状线的特征阻抗 Z_0-带状线的高度

2.2　信号完整性

信号完整性是指信号沿着传输线传输时的质量。信号具有较好的信号完整性是指接收端接收到的信号符合逻辑电平要求、时序要求和相位要求。信号完整性设计的目的是保证信号波形的完整和信号时序的完整。

当信号频率较低或数字信号的上升/下降时间较长的时候，信号完整性通常不是问题。但当信号频率较高或数字信号的上升/下降时间较短的时候，信号完整性就是一个比较棘手的问题，需要特别小心。

当信号沿着传输线传输的时候，发射端发送的信号和接收端接收到的信号会不一样，会有一些失真。

图 2-12 是一个典型的接收端收到的数字信号，其完整性不太好，将会造成以下问题：

(1)这个信号在上升沿 t_1 有较大过冲，在下降沿 t_3 有较大的下冲。如果 t_1 时刻信号电压高于电源 0.3 V,则上钳位二极管会导通(通常 CMOS 集成电路的输入端有上下两个钳位二极管以防止静电对芯片的影响),会有一个较大的电流流经这个钳位二极管到电源,从而影响芯片的可靠性;如果 t_3 时刻信号电压低于 -0.3 V,则下钳位二极管导通,会有一个较大的电流流经下钳位二极管到地,从而影响芯片的可靠性。

(2) t_2 时刻的信号电压低于要求的最小高电平输入电压 V_{IH},则输入信号有可能被判断为高电平,也可能被判断为低电平,这就可能造成逻辑错误,从而造成系统误操作。

(3)过冲和下冲会产生高频噪声,从而造成较大的电磁干扰。

(4)过冲和下冲会产生较大功耗。

从上面可以看出,信号完整性对于高速数字电路的正常工作非常重要。

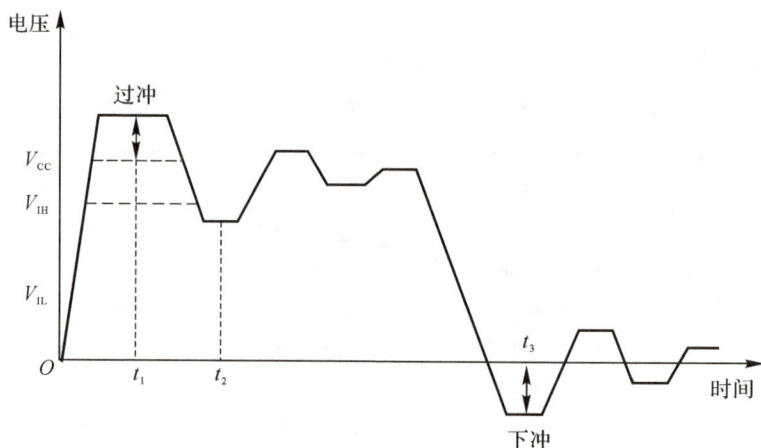

图 2-12　信号的完整性示意图

2.3　信号的反射

传输线在发射端和接收端的反射取决于发射端的输出阻抗(见图 2-13),接收端的输入阻抗和传输线特征阻抗的匹配程度,通常用反射系数 Γ 来表示。

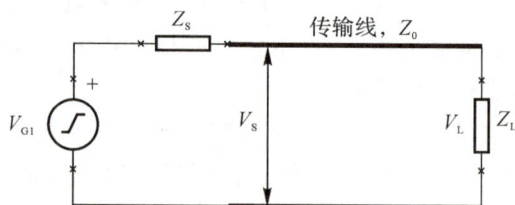

图 2-13　传输线上信号的发射和接收

发射端的反射系数 Γ_S 为

$$\Gamma_S = \frac{Z_S - Z_0}{Z_S + Z_0}$$

式中: Z_S 是发射端的输出阻抗; Z_0 是传输线特征阻抗。

接收端的反射系数 Γ_L 为

$$\Gamma_L = \frac{Z_L - Z_0}{Z_L + Z_0}$$

式中: Z_L 是接收端的输入阻抗。

接收端的初始电压取决于发送端的输出阻抗和传输线的特征阻抗。发射端初始电压 V_{init} 为

$$V_{init} = V_G \frac{Z_0}{Z_0 + Z_S}$$

式中: V_G 为发送信号的电压。

当发送端的反射系数和接收端的反射系数不为 0 的时候,信号会在发送端和接收端来回反射。可以用图 2-14 所示的梯格图来计算发送端和接收端的电压。

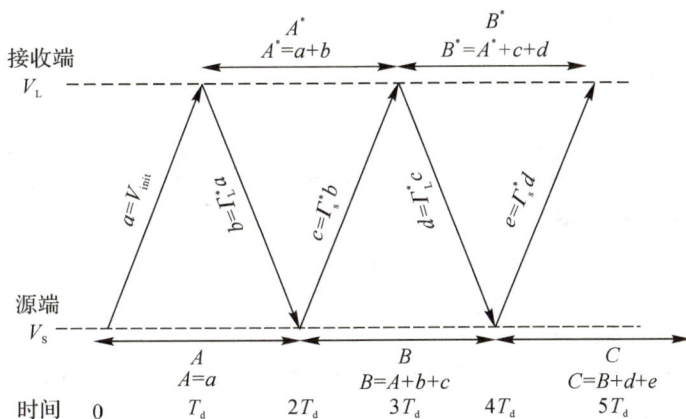

图 2-14　传输线的梯格图

下面用一个例子来说明传输线的特性,假定输入信号是一个阶跃信号,其幅度从 0 V 跳变到 3.3 V,传输线的特征阻抗为 50 Ω,信号源的输出阻抗为 20 Ω,接收端是开路,相当于输入阻抗无穷大。

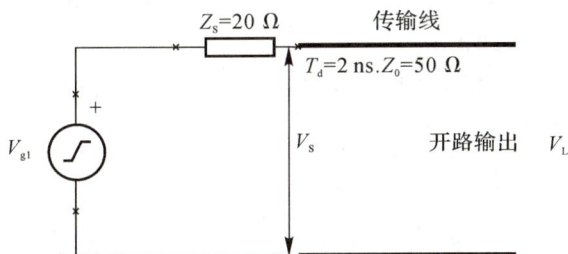

图 2-15　接收端开路

发送端的反射系数 Γ_S 为

$$\Gamma_S = \frac{Z_S - Z_0}{Z_S + Z_0} = \frac{20\ \Omega - 50\ \Omega}{20\ \Omega + 50\ \Omega} = -0.43$$

接收端的反射系数 Γ_L 为

$$\Gamma_L = \frac{Z_L - Z_0}{Z_L + Z_0} = 1$$

发送端的初始电压（$T=0$）为

$$V_{init} = V_{G1}\frac{Z_0}{Z_0 + Z_s} = 3.3\ V \times \frac{50\ \Omega}{50\ \Omega + 20\ \Omega} = 2.36\ V$$

发送端和接收端在不同时间的电压的计算如图 2-16 所示。

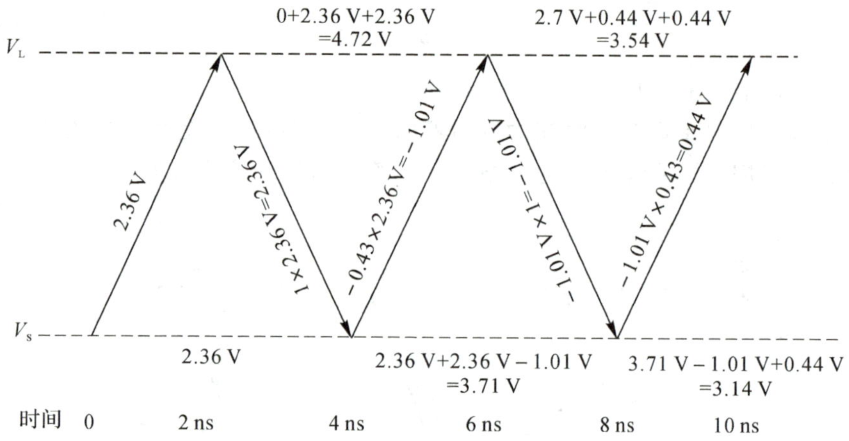

图 2-16　接收端开路情况下的梯格图

当 $T_1 = 1 \times T_d = 2$ ns 时，有

接收端的电压 $V_{L-T_1} = V_{init} + \Gamma_L V_{init} = 2.36\ V + 2.36\ V = 4.72\ V$。

当 $T_2 = 2 \times T_d = 4$ ns 时，有

发送端的电压 $V_{S-T_2} = V_{L-T_1} + \Gamma_S V_{init} = 4.72\ V - 1.01\ V = 3.71\ V$。

当 $T_3 = 3 \times T_d = 6$ ns，有

接收端的电压 $V_{L-T_3} = V_{S-T_2} + \Gamma_L(\Gamma_S V_{init}) = 3.71\ V - 1.01\ V = 2.7\ V$。

当 $T_4 = 4 \times T_d = 8$ ns 时，有

发送端的电压 $V_{S-T_4} = V_{L-T_3} + \Gamma_S[\Gamma_L(\Gamma_S V_{init})] = 2.7\ V + 0.44\ V = 3.14\ V$。

当 $T_5 = 5 \times T_d = 10$ ns 时，有

接收端的电压 $V_{L-T_5} = V_{S-T_4} + \Gamma_L\{\Gamma_S[\Gamma_L(\Gamma_S V_{init})]\} = 3.14\ V + 0.44\ V = 3.54\ V$。

接收端的波形如图 2-17 所示。

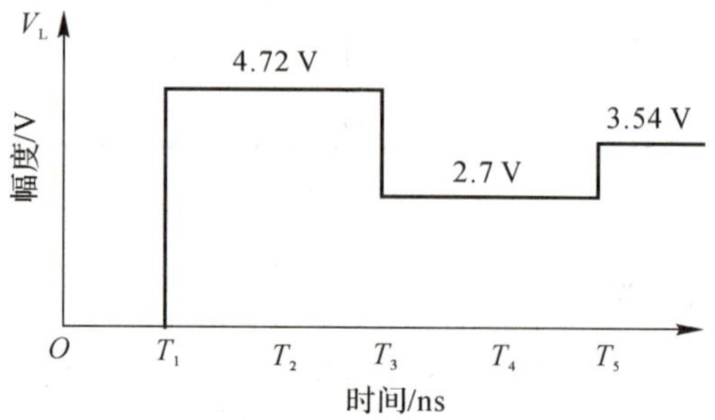

图 2-17　接收端开路情况下的波形图

从上例可以看出,由于反射的原因,对于 3.3 V 的阶跃信号,在接收端的过冲电压可达 4.72 V。由此可以得出以下结论:

(1)接收端在 T_1 时刻的电压取决于接收端的输入阻抗和传输线的特征阻抗。

(2)发送端在 T_2 时刻(当反射的信号到达源端的时刻)的电压,取决于发送端的输出阻抗和传输线的特征阻抗。

(3)接收端在 T_3 时刻(当反射的信号再次到达源端的时刻)的电压,取决于反射信号在 T_2 时刻和 T_3 时刻的电压。

(4)这个过程一直持续到输出达到稳定状态。

如果在接收端接一个 50 Ω 的终端电阻,仍然假定输入信号是一个阶跃信号,其幅度从 0 V 跳变到 3.3 V,传输线的特征阻抗为 50 Ω,信号源的输出阻抗为 20 Ω(见图 2−18)。

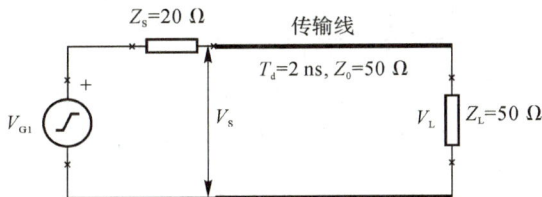

图 2−18 接收端接 50 Ω 负载

发送端的反射系数 Γ_S 为

$$\Gamma_S = \frac{Z_S - Z_0}{Z_S + Z_0} = \frac{20\ \Omega - 50\ \Omega}{20\ \Omega + 50\ \Omega} = -0.43$$

接收端的反射系数 Γ_L 为

$$\Gamma_L = \frac{Z_L - Z_0}{Z_L + Z_0} = 0$$

发送端的初始电压($T=0$)

$$V_{init} = V_{G1} \frac{Z_0}{Z_0 + Z_S} = 3.3\ \text{V} \times \frac{50\ \Omega}{50\ \Omega + 20\ \Omega} = 2.36\ \text{V}$$

发送端和接收端在不同时间的电压的计算如图 2−19 所示。

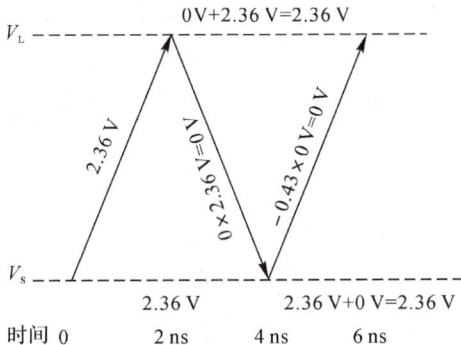

图 2−19 接 50 Ω 负载的梯格图

当 $T_1 = 1 \times T_d = 2$ ns 时,有

接收端的电压 $V_{L-T_1} = V_{init} + \Gamma_L V_{init} = 2.36$ V。

当 $T_2 = 2 \times T_d = 4$ ns 时,有

发送端的电压 $V_{S-T_2} = V_{L-T_1} + \Gamma_S \Gamma_L V_{init} = 2.36$ V $+ 0$ V $= 2.36$ V。

当 $T_3 = 3 \times T_d = 6$ ns 时,有

接收端的电压 $V_{L-T_3} = V_{S-T_2} + \Gamma_L \Gamma_S \Gamma_L V_{init} = 2.36$ V。

接收端的波形如图 2-20 所示。

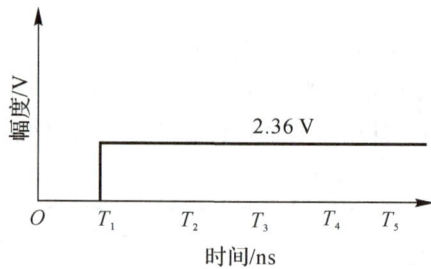

图 2-20 接 50 Ω 负载的波形图

从上例可以看出,由于在接收端有 50 Ω 的端接电阻,对于 3.3 V 的阶跃信号,没有出现过冲,输出很快到达稳定状态。

如果在接收端是开路,仍然假定输入信号是一个阶跃信号,则其幅度从 0 V 跳变到 3.3 V,传输线的特征阻抗为 50 Ω,信号源的输出阻抗为 50 Ω。

发送端的反射系数 Γ_S 为

$$\Gamma_S = \frac{Z_S - Z_0}{Z_S + Z_0} = \frac{50\ \Omega - 50\ \Omega}{50\ \Omega + 50\ \Omega} = 0$$

接收端的反射系数 Γ_L 为

$$\Gamma_L = \frac{Z_L - Z_0}{Z_L + Z_0} = 1$$

发送端的初始电压($T=0$)为

$$V_{init} = V_{G1} \frac{Z_0}{Z_0 + Z_S} = 3.3\text{ V} \times \frac{50\ \Omega}{50\ \Omega + 50\ \Omega} = 1.65\text{ V}$$

发送端和接收端在不同时间的电压的计算如图 2-21 所示。

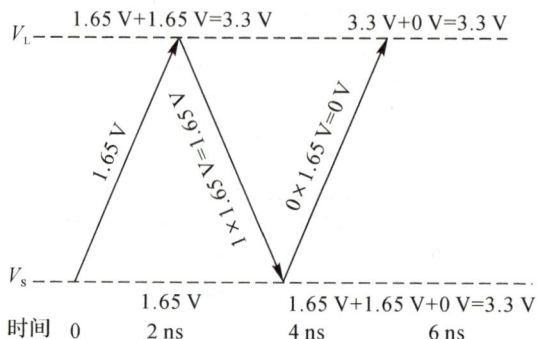

图 2-21 发送端匹配情况下的梯格图

当 $T_1 = 1 \times T_d = 2$ ns 时,有

接收端的电压 $V_{L\text{-}T_1} = V_{init} + \Gamma_L V_{init} = 1.65$ V $+ 1.65$ V $= 3.3$ V。

当 $T_2 = 2 \times T_d = 4$ ns 时,有

发送端的电压 $V_{S\text{-}T_2} = V_{L\text{-}T_1} + \Gamma_S \Gamma_L V_{init} = 3.3$ V $+ 0$ V $= 3.3$ V。

当 $T_3 = 3 \times T_d = 6$ ns 时,有

接收端的电压 $V_{L\text{-}T_3} = V_{S\text{-}T_2} + \Gamma_L \Gamma_S \Gamma_L V_{init} = 3.3$ V。

接收端的波形如图 2-22 所示。

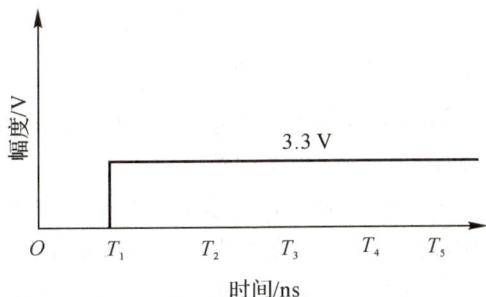

图 2-22　发送端匹配情况下的波形图

从上例可以看出,由于发送端的输出阻抗变为 50 Ω,发送端的反射系数为 0,对于 3.3 V 的阶跃信号,接收端没有出现过冲,输出很快到达稳定状态。

从以上几个例子可以得出以下结论:

(1)如果发送端的输出阻抗和传输线的特征阻抗相同,发送端就没有信号的反射,接收端的信号的质量就较好,没有过冲或下冲。

(2)如果接收端的输入阻抗和传输线的特征阻抗相同,接收端就没有信号的反射,接收端的信号的质量就较好,没有过冲或下冲。

2.4　阻 抗 匹 配

从上面可以看出阻抗匹配对于高速数字电路和高频电路非常重要。设计高速电路(包括数字电路和模拟电路)时,一定要考虑阻抗匹配。

常用的匹配方式为串联匹配和并联匹配。

串联匹配的串联匹配电阻靠近发送端。并联匹配的并联匹配元件靠近接收端,并联匹配又可分为下拉电阻并联匹配、戴维南匹配、接收端交流匹配等。

2.4.1　发送端串联匹配(Series Termination)

发送端串联匹配是指在靠近发送端的位置串联一个电阻 R_T,使发送端的反射系数为零,从而抑制从接收端反射回来的信号再从发送端反射回接收端(见图 2-23)。R_T 加上信号源的输出阻抗应该等于传输线的特征阻抗。

$$R_S + R_T = Z_0$$

式中：R_S 是信号源的输出阻抗；Z_0 是传输线的特征阻抗。

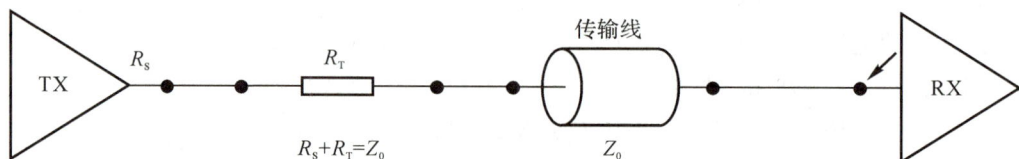

图 2-23　串联阻抗匹配示意图

对于 CMOS 数字集成电路，其输出阻抗通常较低。一般生产厂家的数据手册不会给出输出阻抗，不过可以根据数据手册的某些参数计算出来。CMOS 集成电路的输出可为高电平或低电平，因此其输出阻抗又可分为高电平输出阻抗 R_{OH} 和低电平输出阻抗 R_{OL}。一般这两个不完全一样，在考虑阻抗匹配时，其输出阻抗可以取它们的平均值。例如在一个 CMOS 反相器 SN74LVC1G04 的数据手册中，给出当输出为高电平时，输出驱动电流为 I_{OH} 为 4 mA 时，其输出高电平 V_{OH} 为 4.3 V，电源电压 V_{CC} 为 4.5 V，则当输出为高电平时，其输出阻抗为

$$R_{OH} = \frac{V_{CC} - V_{OH}}{I_{OH}} = 50\ \Omega$$

当输出为低电平时，输出吸收电流 I_{OL} 为 4 mA 时，其输出低电平 V_{OL} 为 0.17 V，则当输出低电平时，其输出阻抗 R_{OL} 为

$$R_{OL} = \frac{V_{OL} - 0\ V}{I_{OL}} = 42.5\ \Omega$$

R_{OH} 和 R_{OL} 的平均值为 46.25 Ω，所以它的输出阻抗为 46.25 Ω。

因此对 SN74LVC1G04，如果用串联匹配，则串联电阻的阻值为

$$R_T = Z_0 - R_O = 3.75\ \Omega$$

发送端串联匹配的优点在于：

(1)匹配方式简单，只需要一个串联匹配电阻，因此不会引起额外的功耗。

(2)当驱动高容性负载时可提供限流作用，这种限流作用可以减小地线反弹噪声。

发送端串联匹配的缺点是：由于在信号通路上串联了电阻，增加了 RC 时间常数，从而延长了负载信号的上升时间和下降时间，所以不适用于速度特别高的数字电路中，如 DDR2(Double Data Rate 2 DRAM)等。

发送端串联匹配在数字电路中很常用。在电路板上，串联电阻的位置越靠近信号源效果越好。串联电阻一般选用寄生电感小的贴片金属薄膜电阻，电阻值通常为几欧姆到几十欧姆。

例 1　仿真电路和图 2-2 中的相同，只是在发送端器件的输出串接了一个电阻(见图2-24)。当电阻为 0 Ω 时的波形(即没有串联阻抗匹配)时的波形如图 2-25 所示，可见在没有考虑阻抗匹配时，接收端的信号质量较差，有较大的过冲和下冲，以及振铃。

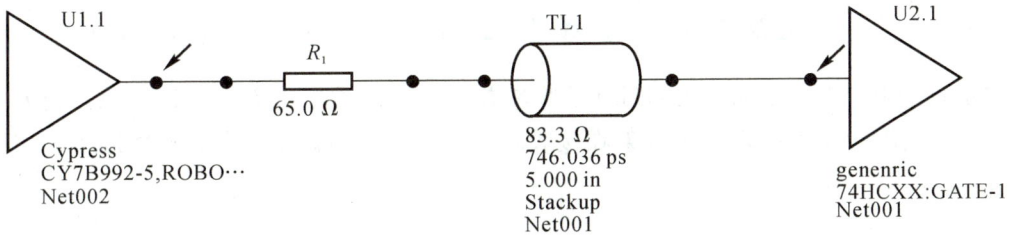

图 2-24 串联阻抗匹配仿真电路

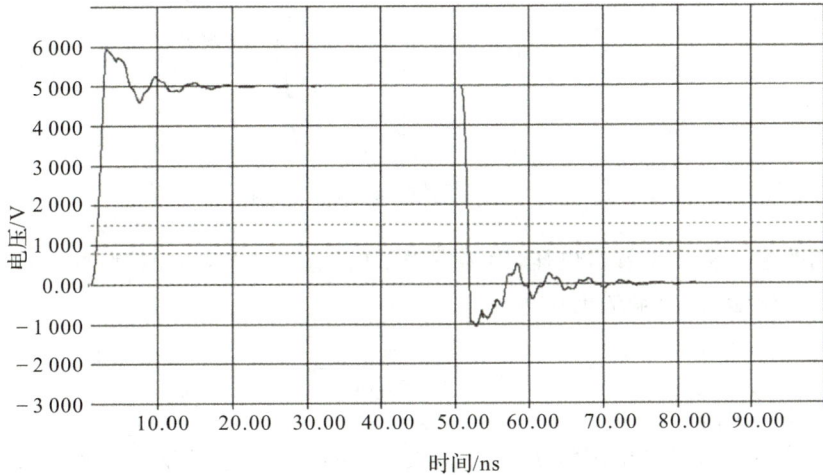

图 2-25 串联电阻为 0 Ω 时的接收波形

当把串联输出电阻增大到 65 Ω 时,接收端的信号波形如图 2-26 所示。接收端的信号质量改善很多,过冲和下冲很小,振铃也消失了。

串联匹配的电阻的位置对匹配效果影响很大,串联匹配电阻应尽可能靠近发送器件。

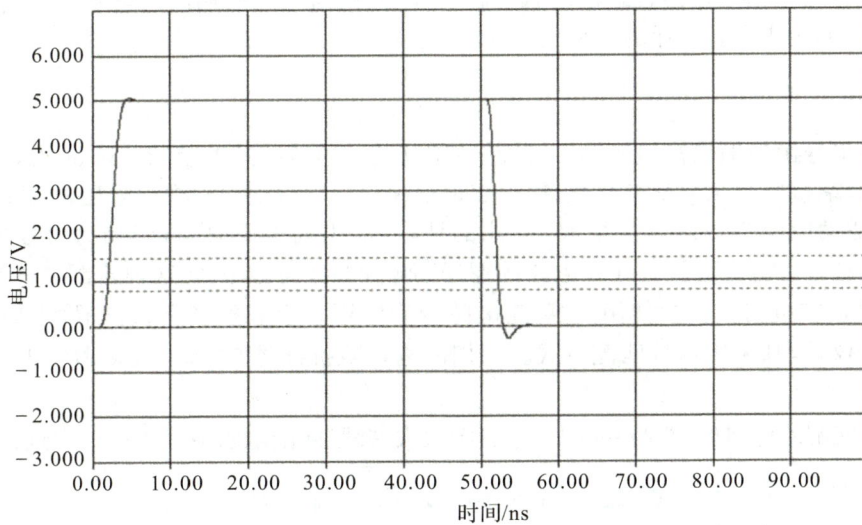

图 2-26 串联阻抗匹配下的接收端的波形

2.4.2　接收端下拉电阻并联匹配(Parallel Termination)

接收端下拉电阻并联匹配通过在接收端并接一个匹配电阻 R_T,下拉到地。当 $R_T = Z_0$ 时,接收端的反射系数为 0,反射在接收端消除。匹配电阻 R_T 应非常靠近接收端(见图 2-27)。

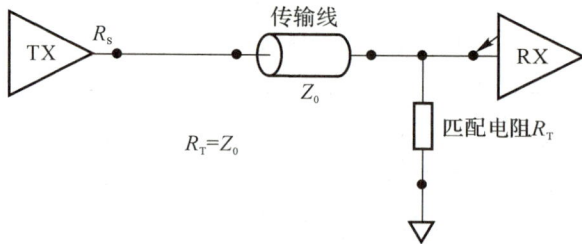

图 2-27　并联阻抗匹配示意图

接收端的电压会小于发送电压,因为发送端的输出阻抗 R_0 和接收端的匹配电阻 R_T 会构成一个分压器,接收端的电压为

$$V_{RX} = \frac{R_T}{R_0 + R_T} V_{TX}$$

式中:V_{TX} 是发送端的工作电压。

假设发送端高电平输出阻抗 R_T 为 20 Ω,发送端工作电压 V_{TX} 为 3.3 V,匹配电阻 R_T 为 50 Ω,则接收端的电压

$$V_{RX} = \frac{R_T}{R_0 + R_T} V_{TX} = 2.36 \text{ V}$$

接收端并联匹配的优点在于设计简单,易行,对上升时间和下降时间没有影响。

接收端并联匹配的缺点是消耗的直流功率大(和信号源输出信号的占空比有关,占空比越大,消耗的功率越大),而且会降低高电平。假设信号源的输出高电平为 V_{OH},信号的占空比为 D,则 R_T 上消耗的功率为

$$P_{RT} = D \frac{V_{OH}^2}{R_T}$$

假设信号源的输出高电平为 3.3 V,占空比为 50%,端接电阻 R_T 为 50 Ω,则当输出高电平时,端接电阻 R_T 消耗的功率为 108 mW。另外,CMOS 数字电路的驱动能力有限,最大驱动电流 24 mA。如果 R_T 过小的话,当输出高电平时,负载端的信号高电平幅值会减小很多,无法满足 CMOS 电路的逻辑高电平的要求。因此这种匹配方式在 TTL、CMOS 等数字电路中较少使用,在射频电路较为常用。很多射频测试仪器,比如频谱仪、网络分析仪等,都采用这种匹配方式。它们的输入阻抗都是 50 Ω。很多射频电缆的特征阻抗也是 50 Ω。

并联匹配的电阻的位置对匹配效果影响很大,并联匹配电阻应尽可能地靠近接收器件。

2.4.3　戴维南匹配(Thevenin Termination)

戴维南匹配采用上拉电阻 R_U 和下拉电阻 R_D,R_U 和 R_D 的并联构成匹配电阻,上拉

电阻和下拉电阻吸收反射(见图 2-28)。

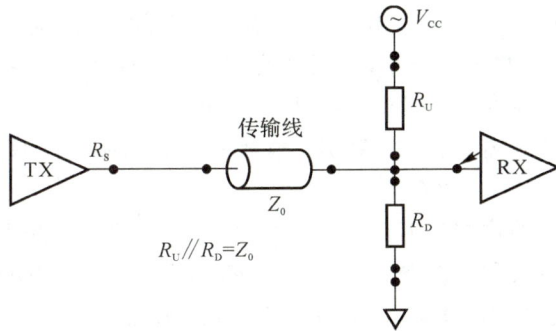

图 2-28　戴维南匹配示意图

R_U 和 R_D 的并联阻抗等于传输线特征阻抗 Z_0 以达到最佳匹配。R_U 和 R_D 在电路板上要非常靠近接收端。戴维南匹配通常用于发送端驱动能力不足,而又必须使用接收端并联匹配的场合。

当发送端输出高电平时,上拉电阻 R_U 可以提供一部分电流给接收端以帮助发送端输出高电平;当发送端输出低电平时,下拉电阻 R_D 可以吸收一部分从负载来的电流以帮助发送端输出低电平。

当发送端输出高电平时,由于有下拉电阻 R_D,所以高电平会被拉低;当发送端输出低电平时,由于有上拉电阻 R_U,所以输出低电平会被拉高。

假设发送端高电平输出阻抗为 R_{OH},低电平输出阻抗为 R_{OL},则发送端输出高电平和低电平时的直流等效电路如图 2-29 所示(V_{CC} 是发送端和接收端的工作电压)。

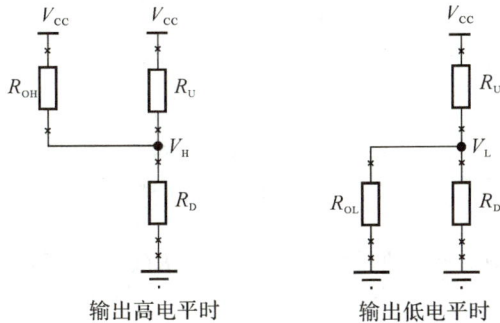

图 2-29　发送端为高电平和低电平时的等效电路图

V_H 是发送端输出高电平时接收端收到的电平,有

$$V_H = V_{CC} \frac{R_D}{R_D + R_U /\!/ R_{OH}}$$

$V_H > V_{IH\_min}$,V_{IH_min} 是接收端的最低输入高电平电压。

V_L 是发送端输出低电平时接收端收到的电平,有

$$V_L = V_{CC} \frac{R_D /\!/ R_{OL}}{R_U + R_D /\!/ R_{OL}}$$

$V_L > V_{IL\_max}$，V_{IL_max} 是接收端的最高输入低电平电压。

戴维南匹配的优点是不影响接收端信号的上升时间/下降时间，较容易实现接收端高、低电平相对门限电平的对称分布，可满足接收端对共模偏置电平的要求。因此比较适用于速度特别高的数字电路，如 DDR2、DDR3、DDR4 等。

戴维南匹配的缺点是需要在 R_U 和 R_D 消耗一定的功率。当采用戴维南匹配的信号数目较多时，需要消耗较大的功率。

戴维南匹配的电阻的位置对匹配效果影响很大。戴维南匹配电阻 R_U 和 R_D 应非常靠近接收器件。为了最大化匹配效果，DDR3，DDR4 等最新的高速动态存储器甚至把这两个匹配电阻集成在芯片内（ODT，On-Die Termination）。

2.4.4 接收端交流匹配（AC Termination）

接收端交流匹配使用串联 RC 作为接收端并联阻抗（见图 2-30）。可消除接收端的信号反射。匹配电阻 R_T 等于传输线阻抗 Z_0，电容 C_T 的选择应保证 RC 网络的时间常数应大于传播延时 T_D 的两倍，即 $R_T C_T > 2T_D$。C_T 的值一般为几十皮法至几百皮法，一般选择一类（C0G 或 NP0）贴片陶瓷电容。

接收端交流匹配的好处在于电容阻隔了直流通路而不会在电阻上产生额外的直流功耗，同时允许高频能量通过，缺点是 RC 的时间常数会降低接收端信号的上升/下降速率。交流匹配比较适合时钟信号的匹配，不适合数据信号的匹配。

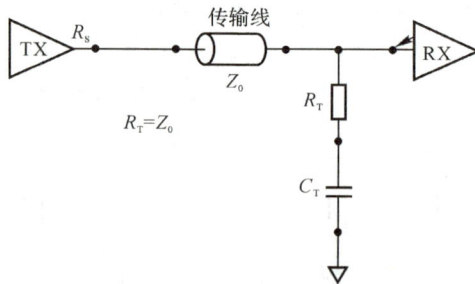

图 2-30 接收端交流匹配

例 2 仿真电路如图 2-31 所示，采用接收端 RC 并联匹配。R_1 为 83 Ω，等于传输线的特征阻抗，C_1 为 100 pF。

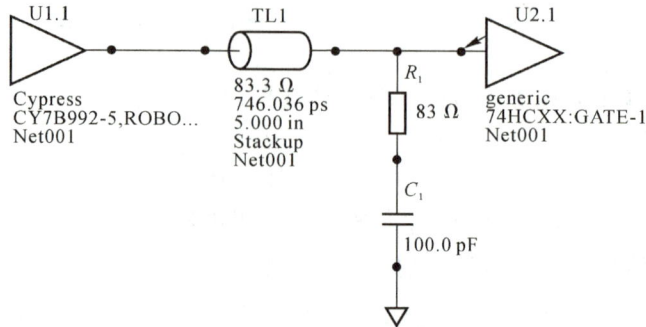

图 2-31 接收端交流并联匹配仿真电路图

接收端的仿真波形如图 2-32 所示。接收端的信号质量改善很多,过冲和下冲很小,振铃也减小了。

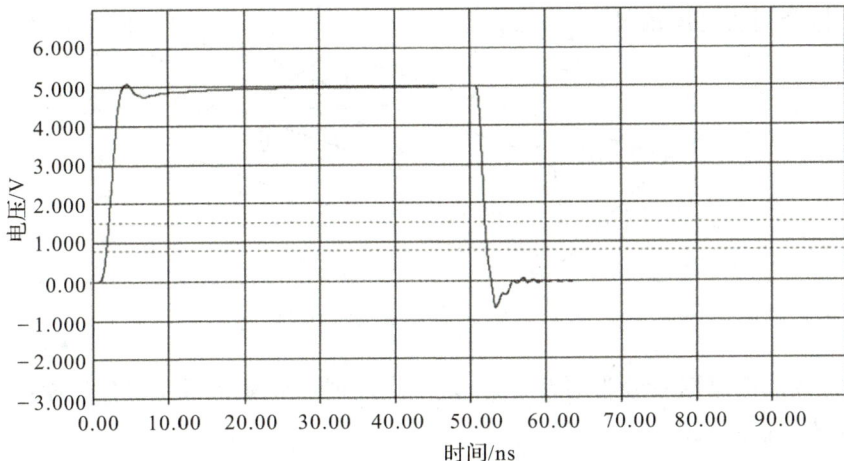

图 2-32　接收端交流匹配下接收端的波形

接收端交流匹配的电阻和电容的位置对匹配效果影响很大。接收端交流匹配的电阻和电容应非常靠近接收器件。

2.4.5　有源并联匹配(Active Parallel Termination)

有源并联匹配通过在接收端并接一个匹配电阻 R_T,将接收端电平上拉到一个偏置电位 V_{bias},当 $R_T = Z_0$ 时,接收端的反射系数为 0,反射在接收端消除。匹配电阻 R_T 应尽可能地靠近接收端。这种匹配方式和简单并联匹配非常相似,只是把下拉到地变为上拉到一个偏置电平(见图 2-33)。

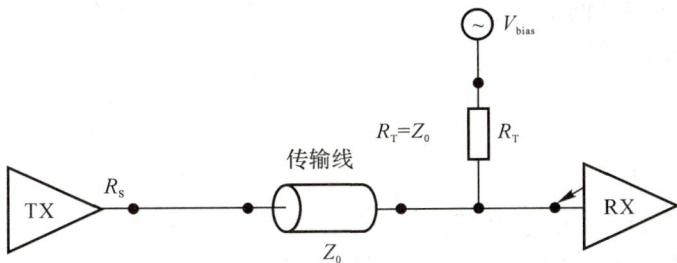

图 2-33　有源并联匹配示意图

这种匹配的优点是不影响接收端信号的上升时间/下降时间,所以适用于速度特别高的数字电路,而且相对于并联匹配,匹配电阻上消耗的功率要小一些。

2.5　串　　扰

串扰是电路板上相邻两条信号线之间的耦合,包括容性耦合(Capacitive Coupling)和感性耦合(Inductive Coupling)。

图 2-34 中，A 和 B 是电路板上相邻的两条线，V_g 是 A 上的信号，Z_1 和 Z_2 是 B 两端的终端阻抗。C_M 是 A 和 B 的耦合电容，M 是 A 和 B 的互感。I_R 是 A 上的信号电流，V_r 是 B 上耦合到的电压信号。

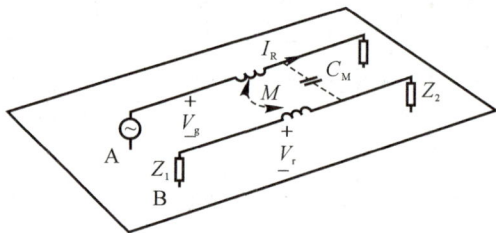

图 2-34　有源并联匹配示意图

耦合到 B 的电压信号分为两部分，分别是容性耦合分量和感性耦合分量：

（1）容性耦合分量为

$$V_{r\_C}=(Z_1 /\!/ Z_2)C_M \frac{dV_g}{dt}$$

从上式可以看出，耦合到 B 的电压和 B 对地的阻抗成正比，和 A 和 B 之间的耦合电容成正比，和 A 的电压的跳变斜率成正比。B 对地的阻抗越小，耦合到 B 的电压越小；两条线之间的耦合电容越小，耦合到 B 的电压越小；A 的电压的跳变斜率越小，耦合到 B 的电压就越小。

（2）感性耦合分量为

$$V_{r\_M}=M \frac{dI_R}{dt}$$

从上式可以看出，耦合到 B 的电压和 A 和 B 之间的互感成正比，和 A 的电流的跳变斜率成正比。两条线之间的互感越小，耦合到 B 的电压越小；A 的电流的跳变斜率越小，耦合到 B 的电压就越小。

总的耦合电压为

$$V_r=V_{r\_C}+V_{r\_M}$$

减小串扰的方法：

（1）布线时尽可能增大线的间距，减小线的平行长度，这样可以减小两条线之间的耦合电容和互感，从而减小串扰。一般要遵循 3W 原则。假设导线的宽度为 W，则相邻两条导线之间的距离（导线中心到中心的距离）要大于 3W。

（2）对于微带线和带状线尽量减小走线到地平面的距离，走线到地平面的距离越近，高速信号产生的电磁场就越集中在高速信号线附近，从而减小串扰。

（3）尽量使用地平面或电源平面来隔离两个信号层，对于相邻的两个信号层，则要采用垂直布线，这样可以减小相邻两个信号层上信号之间的耦合电容和互感，从而减小串扰。

（4）在串扰较严重的两条线之间插入一条地线，而且地线经多个过孔连接到地线层上，可以起到隔离的作用，从而减小串扰。

（5）用差分线来传输关键的高速信号，差分信号的两根线上的电流方向相反，所产生的电磁场的会互相抵消掉大部分,所以可以减小串扰。

2.6　地　线　反　弹

我们看到的芯片都是封装后的芯片。通常封装材料是塑料,也有陶瓷封装的。一个塑料封装的芯片的横截面图如图 2-35 所示。

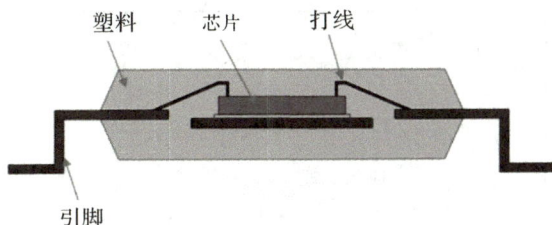

图 2-35　集成电路的剖面图

芯片的引脚是通过打线(Bondwires)接到芯片(芯片未封装前的晶粒)上的。每个芯片就是一个独立的功能芯片,由无数个晶体管电路组成。芯片上的所有的电源、地和信号都要经过打线和引脚接到电路板上。

图 2-36 是一个典型 CMOS 集成电路内部的推挽式输出电路。

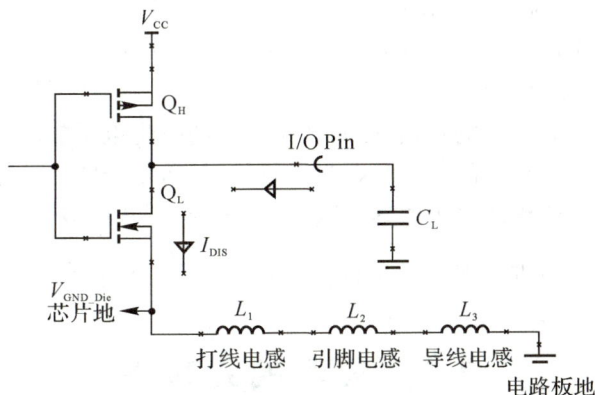

图 2-36　集成电路地线寄生电容示意图

1. 地线反弹电压

芯片上的地线要经过打线、引脚和电路板上导线等环节后与电路板的地线相连。这些线都会有寄生电感。假定 L_1 是打线的寄生电感,L_2 是引脚的寄生电感,L_3 是电路板上导线的寄生电感,则总的寄生电感 $L_{Total} = L_1 + L_2 + L_3$(一般为几纳亨到几十纳亨)。当输出信号变低时,高位 MOS 管(Q_H)关断,低位 MOS 管(Q_L)导通,就会有一个放电电流 I_{Dis} 从负载电容 C_L 经低位 MOS 管 Q_L 到电路板的地上,则芯片地和电路板地之间的电平有一个电压差 V_{GND_Die},$V_{GND\_Die} = L_{Total} \times \dfrac{\mathrm{d}I_{Dis}}{\mathrm{d}t}$,这个就是地线反弹电压。假设总的寄生电感是 10 nH, $\dfrac{\mathrm{d}I_{\mathrm{Dis}}}{\mathrm{d}t}$ 是 50 mA/10 ns,则 $V_{\mathrm{GND\_Die}} = 10\ \mathrm{nH} \times \dfrac{50\ \mathrm{mA}}{10\ \mathrm{ns}} = 50\ \mathrm{mV}$。

2. 芯片地上的谐振

寄生电感 L_{Total} 和负载电容会产生谐振,但低位 MOS 管 Q_L 有一定的导通电阻 R_{ON}(几十欧姆左右),因此这个谐振是阻尼谐振,会逐渐衰减。

从图 2 - 37 可以看出,在信号的下降沿,地线上会有较大的噪声。

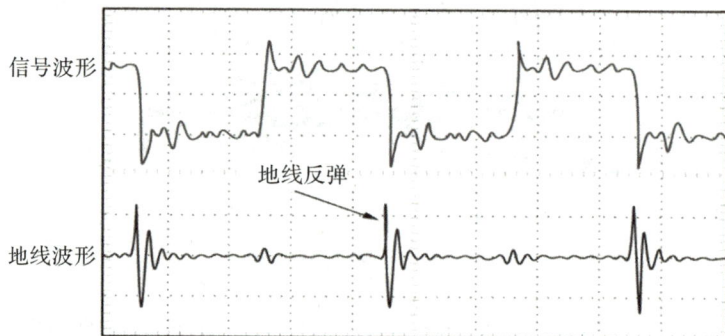

图 2 - 37　地线反弹示意图

3. 地线反弹的减小

以下几种方法可以减小地线反弹。

(1)在电路板上靠近电源引脚处放置贴片去耦电容(0.01~0.1 μF),以减小接地线的寄生电感,从而减小地线反弹。

(2)尽量减小引脚的寄生电感,有的封装的引脚的寄生电感较小。双列直插封装的引脚的寄生电感最大,表面封装的引脚的寄生电感较小,BGA 封装的引脚的寄生电感最小。

(3)减小电路板上地线的寄生电感,地线必须短而粗,从而减小地线反弹。

(4)减小 $\dfrac{\mathrm{d}i}{\mathrm{d}t}$,从而减小地线反弹。可以在输入输出引脚上串入一个小的电阻以减小 $\dfrac{\mathrm{d}i}{\mathrm{d}t}$。

2.7　电源的完整性

理论上一个集成电路芯片内的电源电位($V_{\mathrm{VCC\_Die}}$)和电路板上的电源电位(V_{CC})应该相同。芯片上的电源线和电路板的电源之间要经过打线,引脚和电路板上导线如图 2 - 38 所示。这些线都会有寄生电感。假定 L_1 是打线的寄生电感,L_2 是引脚的寄生电感,L_3 是电路板上导线的寄生电感,则电源线上总的寄生电感 $L_{\mathrm{Total}} = L_1 + L_2 + L_3$(一般为几纳享到几十纳享)。当输出信号变高时,高位 MOS 管(Q_H)导通,低位 MOS 管(Q_L)关断,则就会有一个充电电流 I_{CHG} 从 V_{CC} 经高位 MOS 管 Q_H 到电路板的负载电容上,对负载电容充电。$V_{\mathrm{VCC\_Die}} = V_{\mathrm{CC}} - L_{\mathrm{Total}} \dfrac{\mathrm{d}I_{\mathrm{CHG}}}{\mathrm{d}t}$,则芯片上的电源的电平($V_{\mathrm{VCC\_Die}}$)和电路板电源之间的电平($V_{\mathrm{CC}}$)有一个电压差 $L_{\mathrm{Total}} \dfrac{\mathrm{d}I_{\mathrm{CHG}}}{\mathrm{d}t}$。如果这个电压差太大,从而导致芯片电源低于芯片对最低电源电压要求,则芯片的工作就会受影响。假设总的寄生电感是 5 nH, $\dfrac{\mathrm{d}I_{\mathrm{CHG}}}{\mathrm{d}t}$

是50 mA/ns,则 $V_{\mathrm{VCC\_Die}}=V_{\mathrm{CC}}-L_{\mathrm{Total}}\dfrac{\mathrm{d}I_{\mathrm{CHG}}}{\mathrm{d}t}=3.3\ \mathrm{V}-0.25\ \mathrm{V}=3.05\ \mathrm{V}$。

以下方法可以提高电源的完整性:

(1)在电路板上靠近 IC 的电源引脚处放置贴片去耦电容(0.01~0.1 μF),以减小电源线上的寄生电感,从而提高电源的完整性。

(2)尽量减小引脚的寄生电感,有的封装的引脚寄生电感较小。双列直插封装的引脚的寄生电感最大,表面封装的引脚的寄生电感较小,BGA 封装的引脚的寄生电感最小。

(3)减小电路板上电源线的寄生电感,电源线必须短而粗,从而提高电源完整性。

(4)设法减小电源电流的 $\mathrm{d}i/\mathrm{d}t$,从而提高电源的完整性。比如可以设法减小芯片内同时开/关的 MOS 管的数目,从而减小 $\mathrm{d}i/\mathrm{d}t$。

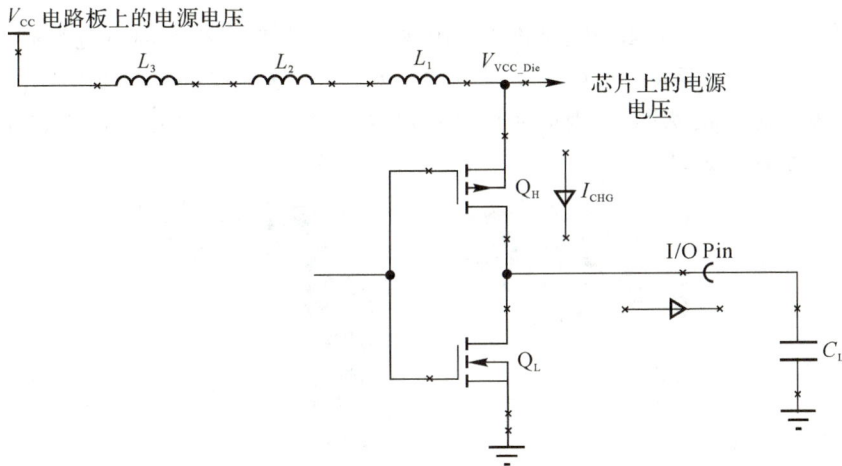

图 2-38　集成电路电源线寄生电容示意图

2.8　影响信号的完整性的其他因素

除了上几节所讲的影响信号的完整性的因素,还有其他因素可以影响信号的完整性,主要包括以下几方面。

1. 传输线的阻抗不连续会造成反射,从而造成信号质量下降

当传输线的阻抗突变的时候,在阻抗突变处就会产生反射,从而影响信号的完整性。传输线的特征阻抗跟传输线的宽度 W、高度 H 有关。

造成特征阻抗突变的因素包括:

(1)电路板上传输线的宽度变化。传输线的特征阻抗跟它的宽度有关,当传输线的宽度变化时,传输线的阻抗会发生变化。这时就会有信号反射回去。因此走线时不要随意改变线的宽度。

(2)传输线拐弯时走直角。假设导线的宽度为W,在直角拐弯的地方导线的宽度为$1.414W$,这样在拐弯的地方导线的阻抗就会发生变化,从而导致信号的反射,影响信号的完整性(见图2-39)。

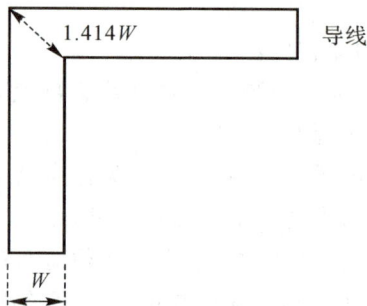

图2-39　传输线拐弯时走直线

高速信号的走线应走45°角,如图2-40所示。这样在拐弯处的线宽没有太大变化,因而特征阻抗也变化不大。最好的走线方式是圆弧形,这样在拐弯处线的宽度就完全没有变化,其特征阻抗也就不变,因而完全没有发射发生。一般射频电路的走线在拐弯处都走圆弧形,就是这个道理。

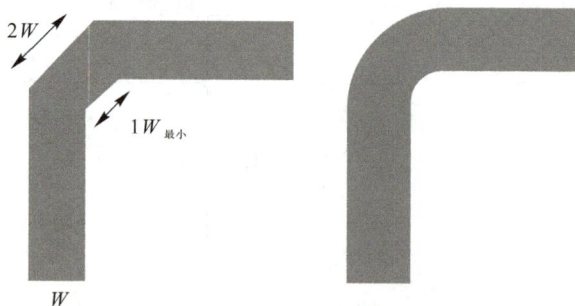

图2-40　高速信号的走线

(3)传输线上有过孔。过孔有寄生电容和寄生电感,虽然数值较小,但会影响传输线的特征阻抗,从而导致信号反射。走线时应尽量避免换层(换层时需要过孔),尤其是时钟线等。如果避免不了换层,也要尽量减小导线换层的次数。

(4)信号的电流回路路径要保持连续性,通常电流回路路径是地线层,如果在传输线附近的地线层上有一个槽,则传输线的特征阻抗会发生变化,从而造成信号的反射。

(5)传输线上有分支。在分支处的特征阻抗就会变化,从而导致信号反射。分支的长度越短越好。

(6)源端或接收端会连接到接插器上,一般接插器的特征阻抗和传输线的特征阻抗可能不一样,所以会发生反射。如果要用接插器,那么要确保接插器的特征阻抗和导线的特征阻抗尽量接近。

2. 传输延迟造成的信号质量降低

信号从发送端到接收端都需要一定的时间(传输延迟),延迟时间跟传输线的长度有关。假如一个存储器和微处理器之间有很多数据线和时钟线,如果数据线的长度和时钟线的长度不一致,则数据线的延迟和时钟线的延迟不一致,如果这个时间差异达到一定的程度,就有可能导致违反接收端的建立时间和保持时间,从而造成错误。

3. 传输线的衰减造成的信号质量下降

实际的传输线都是有损耗的,当信号沿着传输线传输的时候,会发生衰减;而且由于集肤效应,大部分信号会沿着传输线的表面传输,信号频率越高,集肤效应越严重。集肤效应会导致传输线的横截面积减小,从而导致其阻抗增大,因而衰减也增大。信号频率越高,衰减也越大。这就会导致在接收端信号的上升时间变长。如果上升时间太长,那么有可能会导致接收端的检测错误。

4. 布线的拓扑结构造成的信号质量下降

电路板上布线的拓扑结构也会影响信号的完整性。如果一个信号驱动好几个负载,比如嵌入式系统中 MCU 上的地址线,数据线等并行总要从 MCU 连接到几个存储器上,这时就要考虑布线的拓扑结构。不同的拓扑结构对信号完整性的影响也不一样。

(1)菊花链结构。菊花链结构的优点是简单,阻抗较容易控制(见图 2-41),比较适合高速率传输,可以采用发送端串联匹配,戴维南匹配或接收端有源并联匹配的方法来实现阻抗匹配。假设 A 是发送端器件,D 是最后一个接收端器件,如果采用发送端串联阻抗匹配,则应把匹配电阻靠近器件 A 的相应引脚。由于串联阻抗会带来额外的延迟(串联阻抗 R 和接收器的输入电容 C 带来的 RC 延迟),所以一般应用在速度不是特别高的数字电路;如果采用接收端并联匹配,则并联匹配电阻应靠近最远端的器件 D 的相应引脚。速度特别高的数字电路,比如 DDR3,DDR4 等高速存储器接口电路,一般采用戴维南匹配或接收端并联匹配。

图 2-41　菊花链布线拓扑

(2)星形结构。星形结构的比较复杂,阻抗不容易控制,一般要求发送端到各个接收端的导线的长度一致,特征阻抗一致,其优点是发送端到各个接收端的延迟都一致(见图 2-42)。

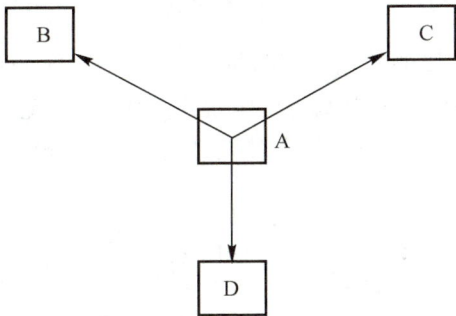

图 2-42　星形布线拓扑

2.9 差分信号线

差分信号传输是一种信号传输技术,差分传输在两个差分线上都传输信号,这两个差分信号(D_+,D_-)的幅度相等,但相位相反。在这两根线上传输的信号就是差分信号。

差分传输有以下优点:

(1)地线上没有返回电流(理想情况下)。所以地线反弹对它的影响很小。

(2)对外界的 EMI 和串扰具有较强的抵抗能力。外界的 EMI 和串扰耦合到两根差分线上的干扰信号(V_{Noise})一般幅度相等,相位也相等,这样在接收器的输入端两个差分信号的幅度为 $V_{D+}+V_{Noise}$ 和 $V_{D-}+V_{Noise}$,差分信号的幅度 $V_{Diff}=(V_{D+}+V_{Noise})-(V_{D-}+V_{Noise})=V_{D+}-V_{D-}$,因此外界的 EMI 和串扰的影响就很小。

(3)差分线产生的 EMI 和串扰较小。因为两个差分线上产生的电磁场的幅度相等,但相位相反(相差180°),所以两根差分线产生的大部分 EMI 和串扰互相抵消。

(4)差分信号的电压较单端信号要小,这是因为差分信号不容易受 EMI、串扰等的影响,所以可以使用较低的电压,低电压可以减小 EMI,降低功耗,工作频率较高。

现在很多高速数字信号都采用差分方式,如 LVDS(Low Voltage Differential Signaling)、CML(Current Mode Logic)、以太网线、USB 等。差分线的走线要遵循下列原则:

(1)差分信号的匹配。一般是要求两根差分线的单端特征阻抗 Z_0(Single - Ended Impedance)和差分特征阻抗 Z_{Diff}(Differential Impedance)满足特定差分信号传输协议的要求。差分信号一般采用接收端并联匹配,一般在差分信号的接收端的两个差分线之间要接一个并联电阻,电阻的阻值等于差分信号的差分特征阻抗 Z_{Diff}。

1)LVDS 要求两根差分线的单端特征阻抗 Z_0 为 50 Ω,差分特征阻抗 Z_{Diff} 为 100 Ω(见图 2 - 43)。

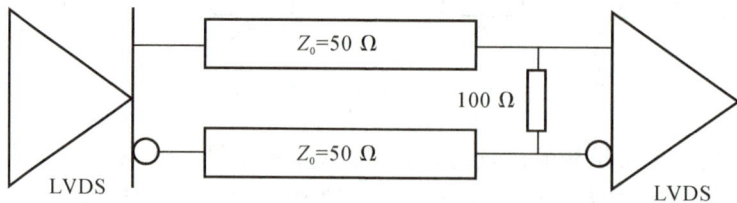

图 2 - 43 LVDS 差分信号阻抗匹配示意图

2)USB 要求两根差分线的单端特征阻抗 Z_0 为 50 Ω,差分特征阻抗 Z_{Diff} 为 90 Ω。

3)以太网要求两根差分线的单端特征阻抗 Z_0 为 50 Ω,差分特征阻抗 Z_{Diff} 为 100 Ω。

如图 2 - 44 所示,如果差分信号是微带线(既差分线是走在电路板的顶层或底层),则其差分阻抗的计算公式如下:

$$Z_0=\frac{174}{\sqrt{\varepsilon_r+1.41}}\ln\left(\frac{5.98H}{0.8W+T}\right)$$

$$Z_{Diff}=\frac{174}{\sqrt{\varepsilon_r+1.41}}\ln\left(\frac{5.98H}{0.8W+T}\right)\left[1-0.48\exp\left(-0.96\frac{D}{H}\right)\right]$$

式中:ε_r 为相对介电常数,对 FR4 材料,为 4.3;W 为差分线的宽度;H 为顶层到地线层的高度;D 为两个差分线之间的距离;T 为顶层的敷铜厚度。

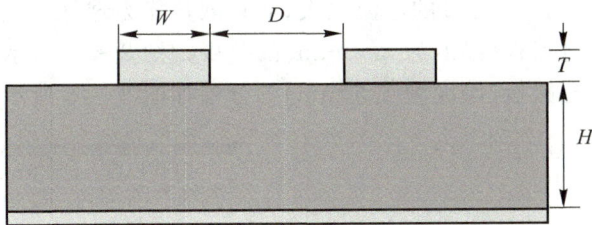

图 2-44　一个四层板的分层示意图

(2)差分线的两根差分线(D_+ 和 D_-)的长度应该一致。

(3)差分线之间的距离应该始终保持一致,以保持差分线差分特征阻抗 Z_{Diff} 的恒定。

(4)差分线的每根线宽度应该保持不变,以保持单端特征阻抗 Z_0 的恒定。

(5)差分线下面的地线层应该是连续的,不要开槽。否则差分线的两根线的单端阻抗会变化,而且差分阻抗也会变化,从而产生反射,影响信号的完整性。另外产生的 EMI 也会比较大。如果有开槽,则差分线的布线要绕开开槽。

(6)尽量避免在差分信号上使用过孔,因为过孔会带来单端特征阻抗 Z_0 和差分特征阻抗 Z_{Diff} 的变化,从而影响差分信号的完整性。如果要用,则应尽量减小过孔的数目,而且两个差分线上的过孔数目应该一致。

2.10　电路板的分层

电路板对高速电路来说非常重要。电路板有单面、双层及多层。多层板(偶数层)的层数不限,最多可超过 100 层。电路板的成本和层数有关,层数越多,成本越高。

电路板的分层原则:

(1)对于高速电路,建议电路板最好有四层或更多层,如六层、八层、十层等。电路板一般分为信号层、地线层和电源层。

(2)分层的原则是每个信号层要紧邻一个地线层或电源层(最好紧挨一个地线层,因为地线层一般较电源层完整。一般嵌入式系统中会有多个电源,因而电源层要化分给好几个电源,因而没有地线层完整);这样就可以构成微带线和带状线,易于控制传输线特征阻抗。

(3)元件层/布线层到相邻地线层/电源层的距离 H 尽可能小。如果要维持一个特定的特征阻抗 Z_0,传输线的宽度 W 就可以变窄,这样可以增大布线的密度。例如微带线的特征阻抗 Z_0 为 75 Ω,敷铜厚度 T 为 0.035 mm,如果 H 为 0.5 mm,根据微带线特征阻抗的计算公式,则微带线的宽度 W 为 0.43 mm;如果 H 为 0.2 mm,则微带线的宽度为 0.15 mm。另外如果 H 小,对 EMC 也有帮助。

一般电路板的厚度为 0.8～1.6 mm。1.6 mm 是默认的厚度。如果需要更厚或更薄的,需要咨询电路板的生产厂商。

电路板的敷铜厚度 T 为 0.035 mm,0.05 mm 或 0.07 mm。70% 的电路板使用

0.035 mm 的敷铜厚度。多层板的顶层/底层的敷铜厚度一般为 0.035 mm,内层的敷铜厚度为 0.017 5 mm,对于大电流的电路板,部分会用到 0.07 mm,0.105 mm,甚至可以到 0.14 mm,敷铜厚度越厚,可通过的电流越大,而且散热能力越好。

例3　一个四层电路板(厚度为 1.6 mm)的分层如图 2-45 所示。

例4　一个六层电路板(厚度为 1.6 mm)的分层如图 2-46 所示。

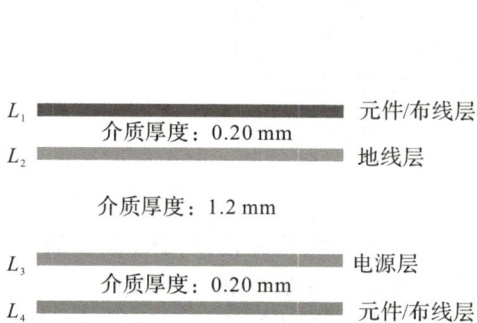

图 2-45　一个四层板的分层示意图　　　图 2-46　一个六层板的分层示意图

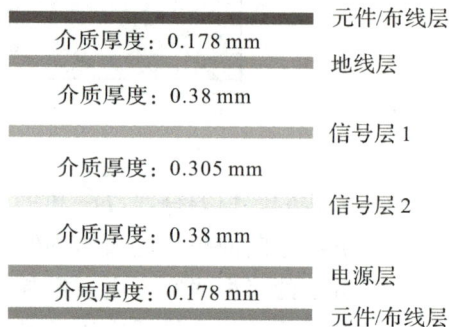

2.11　设 计 要 点

(1)随着数字电路的工作频率越来越高,数字信号的上升沿/下降沿也越来越快,数字信号的完整性也越来越重要。一定要把电路板上高速数字信号线视为传输线。

(2)传输线分为微带线和带状线。传输线的特征阻抗跟导线的宽度,电路板的介电常数,导线到地平面的距离和敷铜厚度有关系。

(3)为了确保高速数字信号的完整性,当它在电路板上的传输时间大于其上升时间/下降时间的 1/6 时,要考虑传输线阻抗匹配。

(4)传输线的阻抗匹配分为源端匹配和接收端匹配。

(5)电路板的分层非常重要。一般要确保布线层紧挨一个地线层或电源层。

(6)不要随意改变传输线的宽度,因为会导致传输线的特征阻抗发生变化,产生反射,影响信号的质量。

(7)传输线要拐弯时,不要走直角,要走 45°角或圆弧线,这样可以确保传输线的宽度一致,从而使得其特征阻抗不变,信号不会发射,保证了信号质量。

(8)电源的完整性也非常重要,要确保有足够的去耦电容,电路板上 IC 的每个电源脚尽量接一个 0.001~0.1 μF 的去耦电容,同时在电路板上均匀放置一些较电容值较大的去耦电容(1~47 μF)。

(9)当一个高速信号去驱动几个负载时,布线的拓扑结构也非常重要。一般采用菊花链或星形结构。

(10)差分信号线要严格遵守差分走线的原则。

第3章 模拟电路的设计

在嵌入式系统中,通常需要模拟电路(见图3-1)对系统中的模拟信号进行一些处理,比如放大、滤波、电平抬升等,然后送到模数转换器(ADC),把经过处理的模拟信号转换为数字信号,再由微处理器对数字信号进行处理。这些模拟信号有的可能来自于设备外的传感器,有的可能是设备内部的模拟信号,比如马达控制电路中的电流采样信号和电压采样信号等。这些模拟信号大部分是电压信号,有时也可能是电流信号。如果是电流信号,需要先把电流信号转化为电压信号。有的嵌入式系统需要产生一些模拟信号,这时就需要先用数模转换器(DAC)把数字信号转化为模拟信号,然后对DAC的输出进行低通滤波,再根据系统的要求,做相应的信号处理,比如放大、缓冲或功率放大等等。

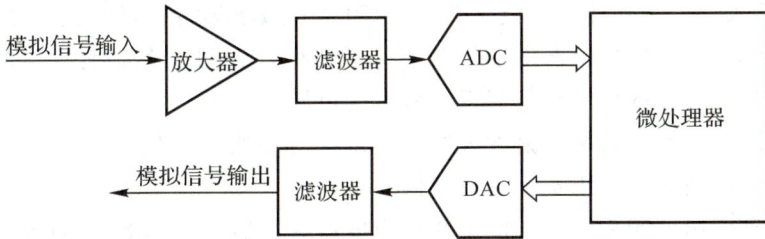

图3-1 嵌入式系统中的模拟电路

放大器应尽量把输入的模拟信号放大到非常接近 ADC 的基准电压,以充分利用 ADC 的分辨率,提高信噪比。假设 ADC 的基准电压为 V_{REF},模拟输入信号的最大幅度为 $V_{in\text{-}max}$,则放大器的信号放大倍数(假设滤波器的增益为1)应设为

$$G \approx \frac{V_{REF}}{V_{in\text{-}max}}$$

3.1 放 大 电 路

放大器在模拟电路中的使用非常广泛。从功能上放大器可分为信号放大器和功率放大器。信号放大器将输入的微弱电压信号的电压幅值放大到所需要的幅度。信号放大器只放大信号的电压幅值,不进行功率放大。功率放大器放大信号的功率,既放大电压,又

放大电流。本书主要讨论信号放大器。

3.1.1 电压放大器

电压放大器用来放大输入信号的电压幅值,通常都是线性的,波形失真非常小,如图 3-2 所示。

电压放大器几个重要的参数:

(1)电压放大倍数 G,又称为增益(Gain)。V_{in} 是放大器的输入信号,V_{out} 是放大器的输出信号,放大器的放大倍数 G 定义为

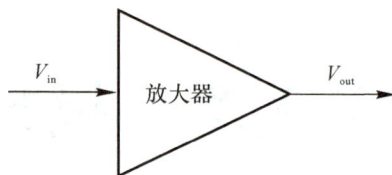

图 3-2　放大器示意图

$$G = \frac{V_{out}}{V_{in}}$$

增益通常用分贝(dB)来表示,有

$$G(dB) = 20lg\left(\frac{V_{out}}{V_{in}}\right)$$

(2)输入阻抗。输入阻抗就是放大器输入端的等效阻抗。假设输入信号为 V_{in},输入电流为 I_{in},放大器的输入阻抗 Z_{in} 定义为

$$Z_{in} = \frac{V_{in}}{I_{in}}$$

通常对电压放大器而言,输入阻抗越大越好,因为这样输入信号源的输出阻抗的影响就比较小。输入信号源并非理想电压源,输出阻抗一般不为零,这样就会和放大器的输入阻抗形成一个分压电路,信号源的电压信号将不会全部加到放大器上。放大器的输入阻抗越高,加到放大器上的信号就越接近信号源的电压。

(3)输出阻抗。输出阻抗就是放大器输出端的等效阻抗。输出阻抗一般来说越小越好,这样对后级电路的输入阻抗要求就较低。

(4)输入到输出的频率响应。此参数反应电压放大器的失真度,一般放大器都会有失真。通常当信号频率较低时信号的失真度较小,当信号频率变高时信号的失真度变大。

电压放大器可以用双极性晶体管或场效应管来实现,也可以用集成电路来实现。

1. 晶体管电压放大器

晶体管放大器可以用分立的双极性晶体管或场效应管来实现,通常用双极性晶体管较多。晶体管放大器有共发射级、共集电极和共基级结构。图 3-3 所示是使用 NPN 晶体管的一个共发射极交流信号放大器。

R_1 和 R_2 是偏置电阻,用来设置 NPN 晶体管的直流工作点;C_1 是隔直电容,只让交流信号通过;R_E 是反馈电阻,用来提高放大器的稳定性。

NPN 晶体管的基极电压:

$$V_B = \frac{R_2}{R_1 + R_2} V_{CC}$$

NPN 晶体管的电流放大倍数:

$$\beta = \frac{\Delta I_C}{\Delta I_B} = \frac{\dfrac{\Delta V_C}{R_C}}{\dfrac{\Delta V_B}{R_B}}$$

式中：ΔI_C 和 ΔI_B 是集电极电流和基极电流的变化；ΔV_C 和 ΔV_B 是集电极电压和基极电压的变化。

基极的输入阻抗：

$$R_B = \frac{V_B}{I_B} = \frac{V_{BE} + I_E R_E}{I_B} = \frac{V_{BE} + (\beta + 1) R_E I_B}{I_B}$$

V_{BE} 是基极和发射极之间的压降，对于硅管来说，V_{BE} 为 0.7 V 左右；对于锗管，V_{BE} 为 0.3 V 左右。

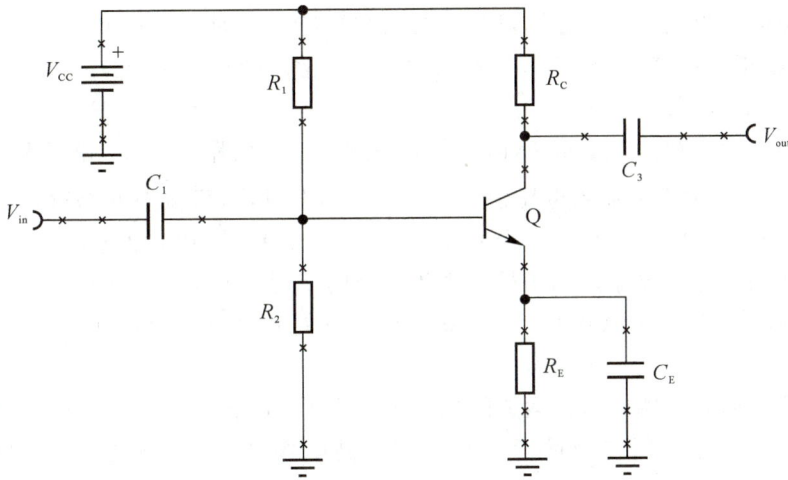

图 3-3　NPN 晶体管放大器示意图

交流放大倍数：

$$A_V = \frac{\Delta V_C}{\Delta V_B}$$

共发射极双极性晶体管放大器的放大倍数：

$$A_V = \beta \frac{R_C}{R_B}$$

2. 运算放大器

晶体管放大器在早期很普遍，但随着集成电路技术的不断发展进步，运算放大器（Opeartional Amplifier，简称运放）、仪表放大器（Instrumentation Amplifier）、差分放大器（Differential Amplifier）等各种集成电路构成的放大器越来越多，功能越来越强大，价格越来越便宜，而且设计简单。基于这些原因，现在晶体管放大器已经较少使用。

运算放大器中集成了很多双极性三极管或场效应管。最初的运算放大器中是采用双极性工艺，芯片中集成了很多双极性三极管，但现在越来越多的是采用 CMOS 工艺，芯片中集成了很多 CMOS 场效应管。这是因为 CMOS 场效应管有以下有优点:静态电流很小;集成度高。

但场效应管的噪声较双极型三极管要大,现在一般的低噪声运算放大器前端是采用双极型三极管工艺,后端是采用 CMOS 工艺,因此又叫 BiCMOS 工艺。

运算放大器也可以把电阻集成进去,也可以集成较低电容值的电容,但电容值不会太大,这是因为集成电路中电容需要的芯片面积很大。

运算放大器的使用非常普遍。它的种类繁多。一般来说,按照运算放大器的参数来分,可分为以下几种:

(1)通用运算放大器。通用运算放大器就是以通用为目的来设计的。此类运放的最大特点是价格低,产品量大面广,其性能指标适合一般性使用,常用的型号有 ADA4661-2,AD8692,TLV9162,OPA2992 等。

(2)高速运算放大器。高速运算放大器的主要特点是具有高的转换速率和宽的频率响应。一般是指增益带宽积高于 50 MHz 的运放,常用的运放有 ADA4807-2,LT6237,OPA814,OPA2607 等。

(3)低噪声运算放大器。这类运放的电压噪声/电流噪声较小(电压噪声密度低于 $10 \text{ nV}/\sqrt{\text{Hz}}$)。通常用在输入电压信号或电流信号非常小(可低至几个微伏或微安)的场合,常用的型号有 ADA4084-2,ADA4896-2,OPA211,LMP7732 等。

(4)低功耗运算放大器。低功耗运算放大器的功耗特别低(低于 1 mA),特别适用于便携式设备,比如用电池供电的设备中,常用的型号有 ADA4098-2,LTC6262,OPA2369,TLV8812 等。

(5)精密运算放大器。这类运放的失调电压很低(低于 1 mV),而且失调电压随温度的变化漂移很小,通常用在测量精度要求非常高的场合,常用的型号有 ADA4098-2,LTC6259,OPA320,OPA2328 等。

(6)高输入阻抗运算放大器。这类运放的输入级是 JFET,其输入阻抗非常高,可达 $10^{13} \Omega$ 以上;输入偏置电流非常小(几皮安到几十皮安)。通常用在信号源的输出阻抗非常高(比如酸碱度传感器的输出阻抗可达 250 MΩ)的场合,常用的型号有 ADA4622-2,ADA4001-2,TLV3542,OPA356 等。

设计时应该根据具体情况,选用不同的运算放大器。

运放的选择要考虑很多因素,如输入信号的频率、输入信号的幅度、输出电流的大小、信号源的输出阻抗、功耗、成本、封装等等。

(1)首要考虑的是运放的带宽,运放的信号带宽必须远大于输入信号的最高频率。一般数据手册中运放的带宽给出的是增益带宽积,信号带宽跟放大器的噪声增益有关。噪声增益越大,信号带宽越小。

(2)如果输入信号很小,比如小于几毫伏甚至低至几微伏,而且输入信号的频率是从直流到低频,则一般要选用低噪声,失调电流和失调电压小的精密运放。

(3)如果信号源的输出阻抗很高,在兆欧以上,则应选择一个输入阻抗非常高的运放,比如 JFET 输入的运放,以减小信号源的输出阻抗的影响。JFET 输入的运放的输入阻抗很高,可以高达几十吉欧。

(4)如果是电池供电,则应选用低功耗的运放。

3.1.2　运算放大器的主要参数

运算放大器的符号如图 3-4 所示,通常包括两个输入端(一个为同相端,一个为反相端)和一个输出端。

一个理想的电压反馈型运算放大器有以下几个特点:输入阻抗无穷大;带宽无穷宽;电压增益无穷大;输出阻抗为零;功耗为零。

但理想的运算放大器在现实中是不存在的。没有一个运放可以做到以上的任何一点。以上几点就是衡量运放的性能的方法。

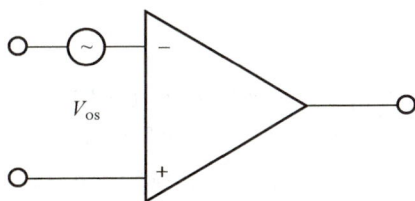

1. 运放的输入失调电压(Input Offset Voltage)

在理想情况下,如果运放的两个输入端的电压相同,则运放的输出应为 0 V。但实际上当运放的两个输入端电压相同时,运放的输出不是 0 V。为了使运放的输出为 0 V,一个很小的差分电压 V_{os} 必须加在运放的输入端以迫使输出为 0 V,这个差分电压 V_{os} 就是运放的输入失调电压,如图 3-5 所示。

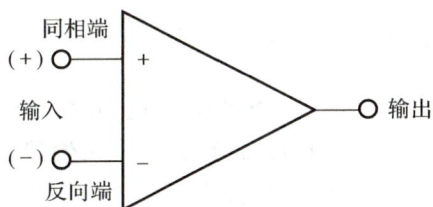

图 3-4　标准运算放大器的符号　　　　图 3-5　运放的输入失调电压

运放的输入失调电压可从几微伏到几毫伏。一般运放的数据手册都会给出这个参数。

运放的输入失调电压会随温度的改变而改变,通常会随着温度的增加而增加,这个参数叫作失调电压温度漂移(Offset Voltage Drift),单位通常是 $\mu V/℃$,而且运放的失调电压也会随着时间而变化。表 3-1 是运放 OPA320 的数据手册中给出的输入失调电压和失调电压温度漂移,依据数据手册,该运放输入失调电压的典型值是 40 μV,在 $-40\sim$ 125 ℃的温度范围内,最大值是 150 μV。失调电压温度漂移典型值是 1.5 $\mu V/℃$,最大值是 5 $\mu V/℃$。当温度变化 40 ℃时,其失调电压会变化 1.5 $\mu V/℃\times40℃=60\ \mu V$(典型值),$5\ \mu V/℃\times40℃=200\ \mu V$(最大值),当环境温度为 65 ℃时,此运放的总的最大失调电压:

$$V_{OSmax}=150\ \mu V+200\ \mu V=350\ \mu V$$

表 3-1　OPA320 输入失调电压及温度漂移

参数	测试条件	最小值	典型值	最大值	单位
失调电压					
V_{os}:输入失调电压			40	150	μV
$\dfrac{dV_{os}}{dT}$:温度漂移	$V_s=5.5$ V,$T_A=-40\sim125$ ℃		1.5	5	$\mu V/℃$

2. 运放的输入偏置电流(Input Bias Current)

理想情况下,运放的两个输入端的电流为零,但现实中的运放的两个输入端的电流不能为零,总是有一个很小的电流,这个电流就是运放的输入偏置电流,I_{B+} 和 I_{B-},如图 3-6 所示。输入失调电流(Input Offset Current)I_{OS},是运放同相端输入偏置电流和反相端输入偏置电流的差值,$I_{OS}=I_{B+}-I_{B-}$。

运放的输入偏置电流有以下几个特点:

(1)输入偏置电流的大小:从 60 fA 到几微安。

(2)有些运放的同相端的输入偏置电流和反相端的输入偏置电流很匹配(大小和方向很类似),有些运放的同相端和反相端的输入偏置电流不匹配。

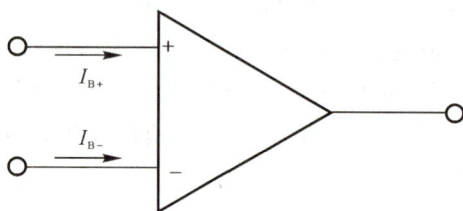

图 3-6　运放的输入偏置电流

输入偏置电流要流经外部的阻抗,产生一个压降,造成系统误差。比如对一个增益为 1 的同相放大器而言,如果输入信号源的内阻为 1 MΩ,假如运放的输入偏置电流为 10 nA,则产生的压降为 1 MΩ×10 nA=10 mV,误差就为 10 mV。

输入偏置电流是运放能正常工作的必要条件,所以在电路中一定要提供一个直流通路。

输入偏置电流和输入失调电流都会随着温度的变化而产生漂移,叫作输入偏置电流温度漂移和输入失调电流温度漂移。

运放的数据手册都会给出输入偏置电流和输入失调电流。表 3-2 就是 OPA320 的输入偏置电流和输入失调电流。输入偏置电流的最大值是 ±600 pA。

表 3-2　OPA320 输入偏置电流及输入失调电流

参数	测试条件	最小值	典型值	最大值
I_B:输入偏置电流	$T_A=25$ ℃	—	±0.2 pA	±0.9 pA
	$T_A=-45\sim85$ ℃	—	—	±50 pA
	$T_A=-45\sim125$ ℃	—	—	±600 pA
I_{OS}:输入失调电流	$T_A=25$ ℃	—	±0.2 pA	±0.9 pA
	$T_A=-45\sim85$ ℃	—	—	±50 pA
	$T_A=-45\sim125$ ℃	—	—	±400 pA

3. 运放的增益带宽积

所有运放的带宽都是有限的。对于一个运放来说,它的增益和带宽的乘积是恒定的。

通常运放的数据手册都会给出这个参数。比如表 3 - 3 是 OPA320 的增益带宽积。它的增益带宽积为 20 MHz。它的带宽当增益为 1 时是 20 MHz(典型值)。当增益为 10 时,则带宽为 2 MHz(典型值)。这个增益是指放大器的噪声增益。

表 3 - 3　OPA320 增益带宽积

参数	测试条件	典型值	单位
增益带宽积	增益＝1	20	MHz

噪声增益越大,运放的信号带宽就越窄;噪声增益越小,它的信号带宽就越宽。在必要的情况下,为了满足增益和带宽的要求,可以选择一个增益带宽积较大的运放,或者把几个运放级联起来,这样总的增益不变,但每一级运放的增益较小,其信号带宽可以较宽。

4. 运放的输入阻抗

运放的输入阻抗较大,通常在兆欧以上。在数据手册中会给出包括差模输入阻抗和共模输入阻抗。通常共模输入阻抗远远大于差模输入阻抗。BJT 输入的运放的输入阻抗通常相对较低。表 3 - 4 是 ADA4084 的输入阻抗,它的差模输入阻抗只有 100 kΩ,共模输入阻抗为 200 MΩ。

表 3 - 4　ADA4084 差模输入阻抗及共模输入阻抗

参数	典型值	单　位
输入阻抗		
差模输入阻抗	100	kΩ
共模输入阻抗	200	MΩ

JFET 输入的运放的输入阻抗很高,表 3 - 5 就是运放 ADA4622 的输入阻抗参数,它的输入端是 JFET,其差模输入阻抗和共模输入阻抗可达 10^{13} Ω。

表 3 - 5　ADA4622 差模输入阻抗及共模输入阻抗

参　数	典型值
输入阻抗	
差模输入阻抗	10^{13} Ω
共模输入阻抗	10^{13} Ω

在一些应用中,有些传感器的输出阻抗很高,比如酸碱度传感器(pH 传感器),其输出阻抗非常高,可高达 250 MΩ,这时就要使用 JFET 输入的运放。

5. 运放的电源电压和功耗

运放的电源可以是双电源,即一个正电源(V_+)和一个负电源(V_-),也可以是单电源,即一个正电源(V_+)和地。

运放的数据手册中电源的定义通常是一个范围,比如 OPA320 的数据手册中电源的范围可以从 1.8 V 到 5.5 V,并且给出在不同的电源条件下,运放的其他参数。

早期的运放的电源电压都比较高,通常为 ±15 V。现在的运放的电源电压一般较低,总电源电压(正电源电压－负电源电压)可低至 1.8 V。

通常数据手册也会给出运放的功耗或电流(在某个电源和特定的负载条件下)。表 3 - 6 是运放 OPA320 的数据手册给出的电源电流。一般给出的是静态电流。

表 3 - 6 OPA320 静态电流

参数	测试条件	典型值	最大值
静态电流	输出电流＝0 mA,电源电压＝5.5 V	1.6 mA	1.75 mA

从表 3 - 6 中可以看出,它的典型静态电流是每个运放 1.6 mA。OPA320 的一个封装内有两个运放,所以总的静态电流是 3.2 mA。它的静态功耗就等于电源电压乘以 3.2 mA。可见当运放的电源电压增大时,它的功耗会增大。因此在满足要求的情况下,要尽可能减小运放的电源电压,以减小运放的功耗,进而降低运放的结温度,提高它的可靠性。

另外当运放的输出接负载时,运放的电流会增加。负载所需要的电流来自于运放的电源。

运放的功耗也跟输入信号的频率有关。信号频率越高,运放的功耗越大。

不同工艺的运放,其电源电流也不一样。一般来说,双极性工艺的运放其静态电流较大,CMOS 工艺的运放静态电流较小。

6. 运放的输入电压范围和输出电压范围

运放的输入电压范围跟电源电压有关。运放的输入电压要小于电源电压,即在正电源电压和负电源电压之间,高于负电源电压 V_-,低于正电源电压 V_+。通常情况下,信号电压不能高于正电源电压 0.3 V 或低于负电源电压 0.3 V,否则,由于运放的输入端有两个钳位二极管(用于静电保护),钳位二极管就会导通,就会有电流流经钳位二极管。如果这个电流过大(一般大于 20 mA),就会对运放造成损坏。表 3 - 7 的 OPA320 数据手册中,给出了该运放的输入电压的范围。

表 3 - 7 OPA320 的输入电压范围

参 数	最小值	最大值
输入电压范围	$V_- - 0.1$ V	$V_+ + 0.1$ V

运放的输出电压范围跟电源电压有关,同时也跟输出负载有关。运放的输出电压也介于负电源电压和正电源电压之间。表 3 - 8 是 OPA320 在不同负载下的输出电压摆动范围。当负载电阻为 10 kΩ 时,最小输出电压为 $V_- + 10$ mV(典型值),$V_- + 20$ mV(最坏情况);最大输出电压为 $V_+ - 10$ mV(典型值),$V_+ - 20$ mV(最坏情况),V_- 是运放的低电源电压,V_+ 是运放的高电源电压。假设 V_- 是 0 V,V_+ 是 3.3 V,则运放的输出电压范围为 10 mV～3.29 V(典型值)。如果要使此运放的输出电压可低至 0 V,则运放的低电源电压 V_- 就不应是 0 V,而是一个负电压(低于 -20 mV,比如 -100 mV)。

表 3 - 8   OPA320 输出电压范围

参　　数	测试条件	典型值	最大值
输出电压(距离电源电压)	$R_L = 10\ \text{k}\Omega, T_A = 25\ ℃$	10 mV	20 mV
	$R_L = 2\ \text{k}\Omega, T_A = 25\ ℃$	25 mV	35 mV
	$R_L = 10\ \text{k}\Omega, T_A = -40 \sim 125\ ℃$	30 mV	
	$R_L = 2\ \text{k}\Omega, T_A = -40 \sim 125\ ℃$	45 mV	

一般负载越重,输出电压幅度就越小。这是因为运放的输出阻抗的存在。运放的负载不可以过重,输出电流不可以超过额定最大输出电流。

OPA320 的输出电压幅度很接近正负供电电压(一般只比正负供电电压各低几十毫伏),这种运放叫作满幅运放(Rail-to-Rail Op Amp)。

有些运放的输出电压范围离正负供电电压较远,这种运放的输入通常是双极性输入。比如 AD8597。表 3 - 9 是 AD8597 在不同负载下的输出电压摆动范围,当它的供电电压为 ±5 V,负载为 2 kΩ 时,其输出电压幅度为 −3.7 ~ 3.8 V(典型值)。

表 3 - 9   AD8597 输出电压范围

参数		测试条件	最小值	典型值	最大值
输出高电压	V_{OH}	$R_L = 600\ \Omega, T_A = 25\ ℃$	3.5 V	3.7 V	—
		$R_L = 600\ \Omega, T_A = -40 \sim 125\ ℃$	3.3 V	—	—
		$R_L = 2\ \text{k}\Omega, T_A = 25\ ℃$	3.7 V	3.8 V	—
		$R_L = 2\ \text{k}\Omega, T_A = -40 \sim 125\ ℃$	3.5 V	—	—
输出低电压	V_{OL}	$R_L = 600\ \Omega, T_A = 25\ ℃$	—	−3.6 V	−3.4 V
		$R_L = 600\ \Omega, T_A = -40 \sim 125\ ℃$	—	—	−3.3 V
		$R_L = 2\ \text{k}\Omega, T_A = 25\ ℃$	—	−3.7 V	−3.5 V
		$R_L = 2\ \text{k}\Omega, T_A = -40 \sim 125\ ℃$	—	—	−3.4 V

7. 运放的压摆率

运放的压摆率是运放的一个动态指标,单位是 V/μs,指的是在运放的输入端施加一个阶跃电压时,运放的稳态输出电压和输出电压的上升时间(从 10% 上升到 90%)的比率。一般运放的数据手册都会给出这个参数。通常运放的增益带宽积大,压摆率也大;增益带宽积小,压摆率也小。

比如在运放 OP295 的数据手册中,其增益带宽积为 75 kHz,压摆率为 0.03 V/μs;运放 AD8032 的增益带宽积为 80 MHz,它的压摆率为 32 V/μs。

在设计时,运放的压摆率应远大于运放的输出信号的最大斜率。假设运放的输出信号 V_{out} 是一个正弦波,其电压幅度为 A,频率为 f,$V_{in} = A\sin(2\pi ft)$,则其斜率 $= \dfrac{\mathrm{d}V_{out}}{\mathrm{d}t} = 2\pi Af\cos(2\pi ft)$,最大斜率 $= 2\pi Af$。

3.1.3 运算放大器的输入结构

弄清楚运放的输入结构很重要,运放的输入一般分为双极性输入、CMOS 输入和 JFET 输入等。

1. 双极性输入的运放

双极性输入的运放就是运放的输入级由双极性晶体管构成,典型接法如图 3-7 所示。这种输入级结构的运放的偏置电流就是双极性晶体管的基极电流,因此偏置电流较大,而且同相输入端和反相输入端的偏置电流的方向相同。这种运放的偏置电流没有补偿。图 3-8 是带有偏置电流补偿电路的双极性晶体管结构,这种输入级结构的运放的偏置电流是由内部的电流源来提供,因此偏置电流较小,同相输入端和反相输入端的偏置电流的方向不一定相同。

通常在运放的数据手册中不会告知运放的输入级偏置电流是否有内部补偿,但可以从数据手册的输入电流偏置和输入失调电流推断出是否带有内部补偿。如果输入失调电流较小,而且可正可负,同时输入失调电流和输入偏置电流的大小差不多,则此运放很可能带有内部补偿电路。反之,如果输入失调电流较大,而且是一个方向,并且输入失调电流比输入偏置电流小很多,则此运放不带有输入偏置电流补偿电路。

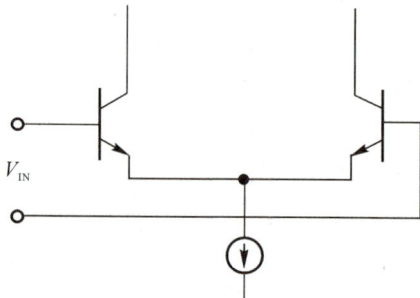

图 3-7 双极性晶体管构成的输入级 图 3-8 带有偏置电流补偿电路的双极性晶体管构成的输入级

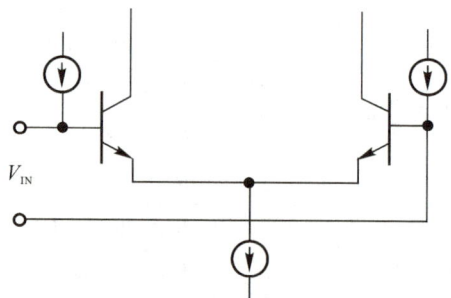

输入失调电流引起的运放的输出失调电压可以通过使得运放的两个输入端的电阻一致来减小,但这只适用于无输入偏置电流补偿的运放。对于带有输入偏置电流补偿的运放,由于两个输入端的偏置电流的方向不一定一致,所以无法用这种方法来减小输入偏置电流造成的输出失调电压。

总之来说,双极性输入的运放的输入电阻较小,输入失调电压较小,输入失调电压的温度漂移较小,电压噪声较小,但电源的静态电流较大,功耗较大。

2. 场效应管输入

场效应管输入就是输入级由 JFET 或 MOSFET 组成。MOSFET 输入的运放的输入阻抗较双极性三极管输入的运放的输入阻抗大,但较 JFET 输入的运放的输入阻抗小。

同双极性输入的运放相比,场效应管输入的运放的输入阻抗很高,输入偏置电流较小,电源电流较低。尤其是 JFET 输入的运放,其输入阻抗非常高,可达 10^{13} Ω。

3.1.4　运算放大器的噪声问题

噪声定义为电子系统中任何不需要的信号。由于模拟电路涉及弱小信号,而数字电路门限电平较高,所以噪声对模拟电路的影响比对数字电路的影响更大。噪声会导致音频信号质量下降,降低信号精确测量的精度,通信系统中信噪比的下降而导致误码率增大等危害。

1. 运放的电源抑制比(PSRR,Power Supply Reject Ratio)

如果运放的电源上有噪声,则运放的输出端也会出现噪声。假设电源的噪声为 X,出现在运放输出端的噪声为 Y,则该运放的电源抑制比:

$$\text{PSRR} = \frac{X}{Y}$$

PSRR 通常以 dB 表示。运放的数据手册中通常会给出 PSRR 值。表 3 - 10 是 ADA4084 的 PSRR 值,典型值为 110 dB。在全温度范围内,最小值为 90 dB。

表 3 - 10　ADA4084 的电源抑制比

参数	测试条件	最小值	典型值
PSRR	$V_{SY} = \pm 1.25 \sim \pm 1.75$ V	100 dB	110 dB
	$-40\ ^{\circ}\text{C} \leqslant T_A \leqslant 125\ ^{\circ}\text{C}$	90 dB	

如果电源上的噪声频率为 100 Hz,幅度为 100 mV 的话,从图 3 - 9 中可以看出,对 100 Hz 的噪声,其 PSRR=100 dB=100 000,则运放输出端的噪声为 100 mV/100 000=10 μV。

电源抑制比 PSRR 和电源上噪声的频率有关。这个噪声有可能是开关电源的纹波(如果电源电压来自于一个开关电源),或其他耦合到运放电源上的噪声。噪声频率越高,PSRR 越小。通常在数据手册中以图形给出 PSRR 和频率的关系。图 3 - 9 是 ADA4084 的 PSRR 对频率的图形。可见当噪声频率较低时,PSRR 很高;当频率增大,超过某一个频率时,PSRR 会随频率的增大而减小。

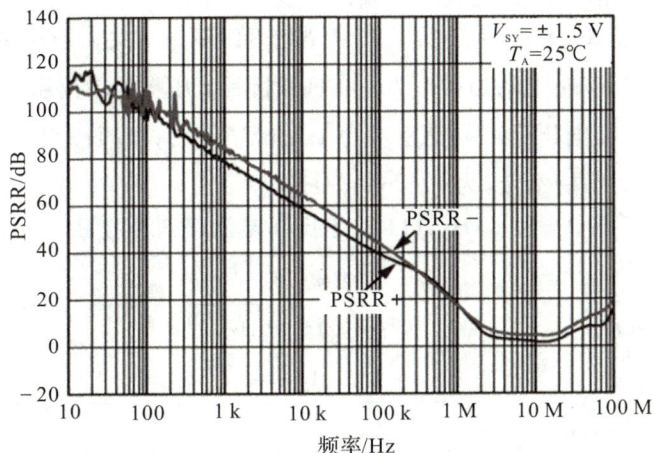

图 3 - 9　ADA4084 的 PSRR 跟频率的关系

一般运放的电源上的噪声越小,则运放输出端的噪声分量就越小,所以运放的电源的噪声越小越好。不仅运放,模拟电路中的其他有源器件,如模拟开关、参考电压源等,而且其电源上的噪声也会耦合到它们的输出上,因此模拟电路的电源的噪声要小。一般不要用开关电源直接供电给模拟电路,可用线性稳压器或对开关电源的输出用 LC 进行滤波,对开关电源输出上的高频噪声进行衰减,再供电给模拟电路。

2. 运放的输入电压噪声和输入电流噪声

任何有源器件都会有噪声,运放也有噪声,完全消除是不可能的。运放自身的噪声主要包括电压噪声和电流噪声两种形式。

运放的噪声模型如图 3-10 所示。其中 e_n 是电压噪声,i_{nn} 是反相端的电流噪声,i_{np} 是同相端的电流噪声。同相端和反相端的电流噪声基本上幅度相同,但相位不同,没有相关性。

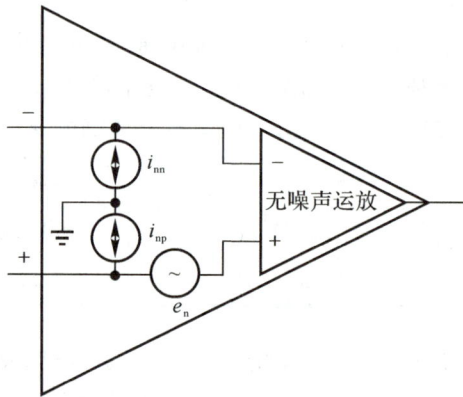

图 3-10　运放的噪声模型

在运放的数据手册中,电压噪声和电流噪声通常以电压噪声频谱密度(Input Noise Voltage Density)和电流噪声频谱密度(Input Noise Current Density)来表达。电压噪声频谱密度的单位为 $nV/\sqrt{Hz}$,电流噪声频谱密度的单位为 $pA/\sqrt{Hz}$。表 3-11 是运放 OPA211 的电压噪声谱密度和电流噪声频谱密度。

从表中可见,运放 OPA211 的电压噪声频谱密度跟频率有关。当频率为 10 Hz 时,其电压噪声频谱密度为 $2\ nV/\sqrt{Hz}$;当频率为 100 Hz 时,其电压噪声频谱密度为 $1.4\ nV/\sqrt{Hz}$;当频率为 1 kHz 时,其电压噪声频谱密度为 $1.1\ nV/\sqrt{Hz}$;当频谱大于 1 kHz 时,其电压噪声频谱密度基本上保持不变,为 $1.1\ nV/\sqrt{Hz}$。

表 3-11　OPA211 的电压和电流噪声频谱密度

参　数	测试条件	典型值
e_n:输入电压噪声	$f=0.1\sim10$ Hz	80 nV_{pp}
输入电压噪声密度	$f=10$ Hz	$2\ nV/\sqrt{Hz}$
	$f=100$ Hz	$1.4\ nV/\sqrt{Hz}$
	$f=1$ kHz	$1.1\ nV/\sqrt{Hz}$

续表

参　　数	测试条件	典型值
输入电流噪声密度	$f = 10\ \text{Hz}$	$3.2\ \text{pA}/\sqrt{\text{Hz}}$
	$f = 1\ \text{kHz}$	$1.7\ \text{pA}/\sqrt{\text{Hz}}$

运放的电压噪声频谱密度可小至接近 $1\ \text{nV}/\sqrt{\text{Hz}}$，大到 $20\ \text{nV}/\sqrt{\text{Hz}}$ 或者更大。

一般来说，双极性输入的运放其电压噪声较小；CMOS 和 JFET 输入的运放其电压噪声较大。

从表 3-11 中可见，运放 OPA211 的电流噪声谱密度跟频率有关。当频率为 10 Hz 时，运放 OPA211 的电流噪声频谱密度为 $3.2\ \text{pA}/\sqrt{\text{Hz}}$；当频率为 1 kHz 时，其电流噪声频谱密度为 $1.7\ \text{pA}/\sqrt{\text{Hz}}$；当频率大于 1 kHz 时，其电流噪声频谱密度基本上维持在 $1.7\ \text{pA}/\sqrt{\text{Hz}}$。

电流噪声谱密度的范围可从 $0.1\text{fA}/\sqrt{\text{Hz}}$（JFET 输入的运放）到几个 $\text{pA}/\sqrt{\text{Hz}}$。双极性输入的运放其电流噪声较大，CMOS 和 JFET 输入的运放其电流噪声较小。

电流噪声流经一个阻抗的时候，就会产生电压噪声，所以尽可能降低运放的输入阻抗可以降低电流噪声的影响。

通常运放的数据手册中会给出一个曲线图，描述电压噪声频谱密度/电流噪声频谱密度和频率的关系。运放 OPA211 的电压噪声频谱密度/电流噪声频谱密度和频率的关系如图 3-11 所示。

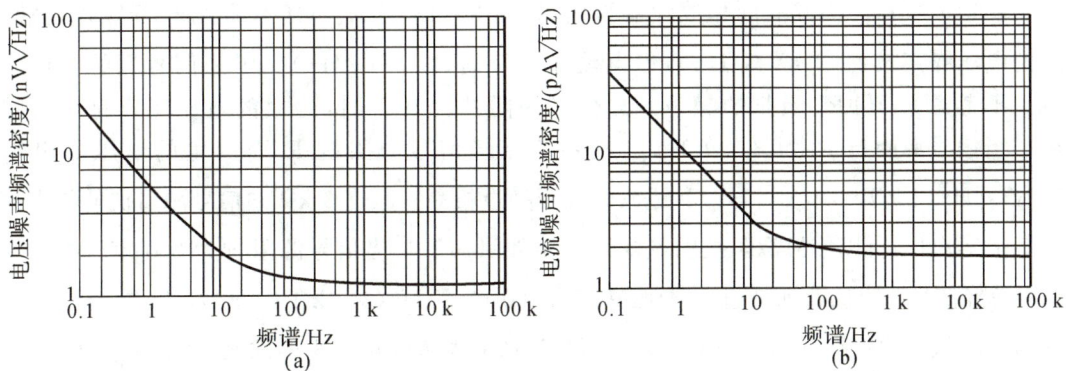

图 3-11　运放 OPA211 的电压/电流噪声频谱密度

(a)运放 OPA211 的电压噪声典线；　(b)运放 OPA211 的电流噪声曲线

运放的噪声可以分为两部分：

(1)在低频段，通常频率范围为 0.1 Hz～1 kHz，噪声的频谱密度和频率成反比，因此又称为 $1/f$ 噪声。

(2)宽带噪声，又称白噪声，当频率大于 1 kHz 时，其噪声的频谱密度在整个频率范围内恒定。

3. 电阻的热噪声

运放电路中都会用到电阻，而所有的电阻都会有热噪声 V_{NR}（Johnson Noise）。电阻

高级电力电子线路设计实践

R 的热噪声

$$V_{NR}=\sqrt{4kBTR}$$

式中：k 是玻尔兹曼常数（$=1.38\times10^{-23}$ J/K）；T 是电阻的绝对温度；B 是带宽；R 是电阻的阻值。电阻的热噪声的模型如图 3-12 所示。

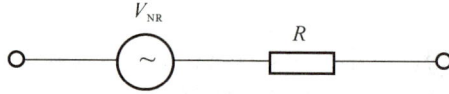

图 3-12　电阻的热噪声模型

一个 1 000 Ω 的电阻，当温度为 25 ℃时，其热噪声频谱密度为 4 nV/$\sqrt{\text{Hz}}$。

从热噪声的公式可以看出，电阻的热噪声和电阻值，绝对温度以及带宽的均方根成正比。为了减小电阻的热噪声，应尽量降低电阻值，降低温度和限制带宽。

4. 噪声的叠加

如果电路中有多个噪声源 $V_1,V_2,\cdots,V_n$，而它们是不相关的，则总的噪声是各个噪声的二次方累加再开方，$V_{Total}=\sqrt{V_1^2+V_2^2+\cdots+V_n^2}$。因此如果一个噪声源的幅度是其他噪声源幅度的 3～5 倍，则这个噪声源是主要的噪声，其他的噪声可以忽略不计。这样可以简化复杂电路中的噪声计算。

5. 运放主要噪声源的判定

以运放 OP27 构成的同相放大器为例，如图 3-13 所示。OP27 是一个低噪声运放，它的电压噪声较低（3 nV/$\sqrt{\text{Hz}}$），但电流噪声较高（1 pA/$\sqrt{\text{Hz}}$）。R 是信号源的输出阻抗。不考虑 R_1 和 R_2 贡献的噪声。当信号源阻抗为 0 Ω 时，运放的电压噪声是主要噪声。当信号源阻抗 R 为 3 kΩ 时，电流噪声流经信号源阻抗 R 而产生的电压噪声为 3 nV/$\sqrt{\text{Hz}}$（3 kΩ×1 pA/$\sqrt{\text{Hz}}$）和运放的电压噪声相等。但是 3 kΩ 的信号源阻抗的热噪声为 7 nV/$\sqrt{\text{Hz}}$，所以信号源阻抗的热噪声是主要噪声源。当信号源阻抗为 300 kΩ 时，电流噪声流经信号源阻抗 R 而产生的电压噪声为 300 nV/$\sqrt{\text{Hz}}$（300 kΩ×1 pA/$\sqrt{\text{Hz}}$），而 300 kΩ 的信号源阻抗的热噪声为 70 nV/$\sqrt{\text{Hz}}$，可见运放的电流噪声是主要的噪声源（见表 3-12）。

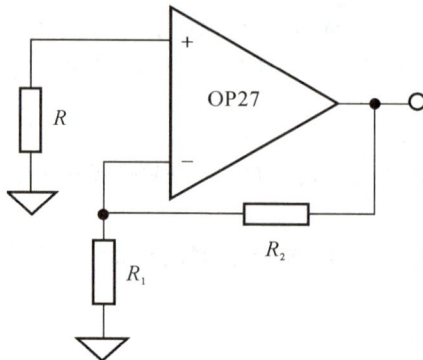

图 3-13　同相放大器

表 3 - 12　同相放大器中各元件的噪声频谱密度

噪声来源	信号源输出阻抗 R 的阻值		
	0	3 kΩ	300 kΩ
运放本身的电压噪声	3 nV/$\sqrt{\text{Hz}}$	3 nV/$\sqrt{\text{Hz}}$	3 nV/$\sqrt{\text{Hz}}$
运放的电流噪声流经 R 所产生的噪声	0	3 nV/$\sqrt{\text{Hz}}$	300 nV/$\sqrt{\text{Hz}}$
电阻 R 的热噪声	0	7 nV/$\sqrt{\text{Hz}}$	70 nV/$\sqrt{\text{Hz}}$

以上的例子说明低噪声运放的选择取决于信号源的阻抗。当信号源阻抗较低时,电压噪声是主要噪声源,应选择电压噪声低的运放;当信号源的阻抗较高时,电流噪声是主要的噪声源,应选择电流噪声低的运放。

6. 低噪声放大器的设计

低噪声放大器的设计要领如下:

(1)首先要选择合适的运放。应根据信号源的输出阻抗来选择。如果信号源的输出阻抗很小,则主要的噪声源是运放的电压噪声或电阻的热噪声,运放的电流噪声的影响很小。应选择电压噪声小的运放,一般选择双极性输入的运放,因为双极性输入的运放的电压噪声很小;如果信号源的输出阻抗很大,则运放的电流噪声会是主要的噪声源,则要选择电流噪声小的运放,通常 JFET 输入的运放的电流噪声很小,应选择 JFET 输入的运放。

(2)应尽量降低运放电路前端电阻的阻值,以减小电阻的热噪声。

(3)前置放大器的增益应尽量高,以减小后级电路噪声的影响。

(4)在放大器之后和 ADC 之前,用低通或带通滤波器来限制带宽,以减小噪声。

(5)运放的电源的噪声要尽量小,可用 RC 或 LC 滤波器来衰减电源上的噪声,或者用线性电源。运放有 PSRR,但对高频噪声的衰减很小,因此可以考虑用 RC 低通滤波器来减小电源上的高频噪声。

3.1.5　运放的工作模式

运算放大器的开环增益 G_{open} 通常很大,可达 120 dB(10^6)以上,一个很小的差分输入信号就可以导致它的输出饱和($V_{\text{out}} = G_{\text{open}} V_{\text{in}}$),很难去控制它的增益。例如如果一个放大器的开环增益为 120 dB,电源电压为 ±5 V,则当输入信号为 100 μV 时,其输出按照公式计算应当为 100 V,但这已经远远超过了电源电压,实际的输出最高电压为 5 V。因此如果要用运算放大器来实现放大器,通常要加负反馈,工作在闭环模式。通常有几种模式:

(1)电压跟随器;

(2)反相放大器,放大器输出信号的相位和输入信号相反(相位相差 180°);

(3)同相放大器,放大器输出信号的相位和输入信号相同(相位相差 0°)。

1. 电压跟随器(又称缓冲器)

电压跟随器电路如图 3 - 14 所示,由于该电路输入信号和输出信号的电压幅度一样,增益为 1,主要起到阻抗变换的作用,因为其输入阻抗很高,输出阻抗很小。

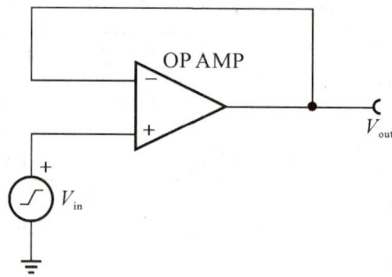
图 3-14 缓冲器

电压跟随器通常用于驱动低阻抗负载,模数转换器和缓冲基准电压源。该电路的输出电压等于输入电压:

$$V_{out}=V_{in}$$

2. 反相放大器

反相放大器的电路图如 3-15 所示。

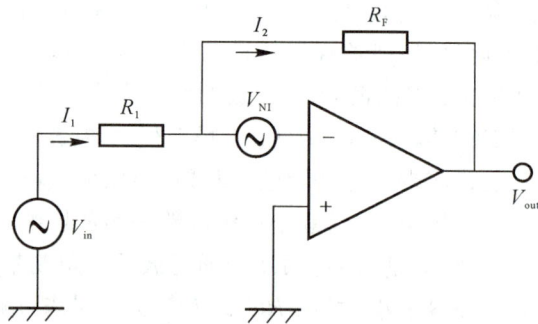
图 3-15 反相放大器电路图
V_{in}— 放大器的输入;V_{out}—放大器的输出;V_{NI}—运放的输入电压噪声;R_F—反馈电阻

(1)信号增益。当计算放大器的信号增益时,输入噪声可以忽略。运放的同相端和反相端的电位相同,所以运放反相端的电位也为 0 V,流经 R_1 的电流 $I_1=\dfrac{V_{in}-0}{R_1}=\dfrac{V_{in}}{R_1}$。运放同相端和反相端的输入偏置电流都非常小,可以忽略,所以根据基尔霍夫定律(Kirchoff's Law),流经 R_F 的电流 I_2 和流经 R_G 的电流 I_1 相同,所以

$$V_{out}=0\ V-R_F I_2=0\ V-R_F I_1=-R_F\frac{V_{in}}{R_1}$$

反相放大器的信号增益

$$G_V=-\frac{V_{out}}{V_{in}}=-\frac{R_F}{R_1}$$

反相放大器的信号增益是负值,意味着输出信号的相位和输入信号的相位相差180°。

(2)噪声增益。当计算放大器的噪声增益时,输入信号源 V_{in} 接地,运放的输入电压

噪声 V_{NI} 为放大器的输入,则放大器的噪声增益

$$G_N = \frac{R_F + R_1}{R_1} = 1 + \frac{R_F}{R_1}$$

(3)输入阻抗和电阻的选择。反相放大器的输入阻抗为 R_1,R_1 的阻值不可以太小,应该远大于输入信号源的输出阻抗,否则对输入信号源有影响;R_1 的阻值也不可以太大,应远小于运放的输入阻抗,否则运放的输入阻抗会影响。R_1 的阻值一般在1 kΩ 至 1 MΩ 之间。对于低功耗设计,电阻值要大一些,以降低功耗。对于低噪声设计,R_1 的阻值要小一些,以降低电阻热噪声的影响。

运放的输入端有偏置电流(直流),如果输入信号是直流,则输出会由于这个偏置电流的存在而产生误差。为了减小这个误差,通常在运放的同相端加一个电阻,此电阻的阻值等于 R_1 和 R_F 的并联值。

由于现实中电阻的阻值都会有容差,所以反相放大器的增益误差是由于电阻 R_F 和 R_1 的容差所造成。如果 R_F 和 R_1 的容差都是 1%,则增益的最大误差为 2%;如果 R_F 和 R_1 的容差是 0.1%,则增益的最大误差为 0.2%。要根据具体情况选择不同容差的电阻。电阻的容差越小,则价格越高。所以在设计电路时不要盲目选择容差很小的电阻,满足需要即可。

3. 同相放大器

同相放大器的电路图如图 3－16 所示。

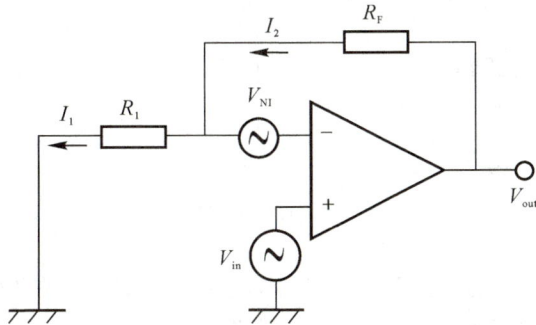

图 3－16　同相放大器电路图

(1)信号增益。计算放大器的信号增益时,忽略运放的输入噪声 V_{NI},运放同相端和反相端的电位相同,所以

$$V_{out} = R_F I_2 + V_{in}$$

由于运放同相输入端和反相输入端的偏置电流都很小,可以忽略不计,$I_2 = I_1$。

$$I_1 = \frac{V_{in}}{R_1}$$

同相放大器的信号增益

$$G_V = \frac{V_{out}}{V_{in}} = 1 + \frac{R_F}{R_1}$$

可见同相放大器的信号增益总是大于 1 而且是正值,也就是说同相放大器输出信号的相位和输入信号是同相。

高级电力电子线路设计实践

（2）噪声增益。计算同相放大器的噪声增益时，输入信号 V_{in} 接地，运放的输入噪声 V_{NI} 为放大器的输入，则同相放大器的噪声增益为

$$G_N = \frac{R_F + R_1}{R_1} = 1 + \frac{R_F}{R_1}$$

（3）输入阻抗和电阻的选择。同相放大器的输入阻抗就是运放的输入阻抗，通常很大，一般在兆欧以上。

R_1 的阻值不可以太小，否则流经 R_1 的电流 $\left(=\frac{V_{in}}{R_1}\right)$ 就会很大，因而功耗 $\left(=\frac{V_{in}^2}{R_1}\right)$ 就较大。

同反相放大器一样，由于 R_F 和 R_1 的容差的存在，所以同相放大器的信号增益也会有误差。

4. 反相相加（求和）放大器

在模拟电路中有时需要将两个或多个模拟信号叠加起来，这可以用反相放大器来实现。图 3-17 所示的是两个信号的叠加电路，三个或更多个信号的叠加原理是一样的。

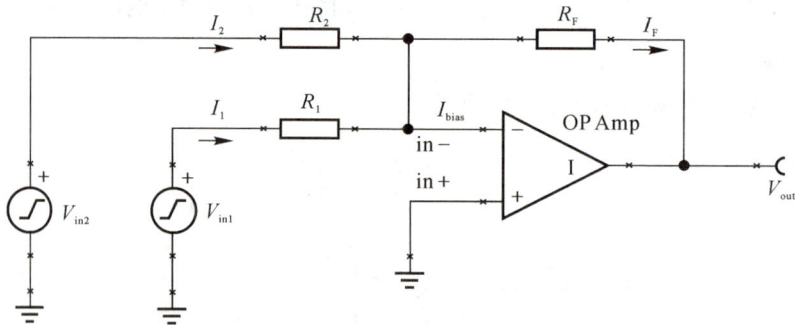

图 3-17 反相相加电路图

运放同相输入端 in+ 的电压 V_{in+} 为 0 V，反相输入端 in- 的电位 V_{in-} 和同相端的电位相等，也为 0 V。所以流经 R_1 和 R_2 的电流为

$$I_1 = \frac{V_{in1} - V_{in-}}{R_1} = \frac{V_{in1}}{R_1}$$

$$I_2 = \frac{V_{in2} - V_{in-}}{R_2} = \frac{V_{in2}}{R_2}$$

运放两个输入端的偏置电流 I_{bias} 很小，可以忽略，因此根据基尔霍夫定律，流经反馈电阻 R_F 的电流 I_3 为

$$I_3 = I_1 + I_2$$

输出电压为

$$V_{out} = 0 - R_F I_3 = -R_F \times (I_1 + I_2) = -R_F\left(\frac{V_{in1}}{R_1} + \frac{V_{in2}}{R_2}\right) = -V_{in1}\frac{R_F}{R_1} - V_{in2}\frac{R_F}{R_2}$$

5. 差分放大器（减法器）电路

在模拟电路中有时需要将两个模拟信号相减。其电路如图 3-18 所示。

运放同相端 in＋的电压为 $V_{in+}=V_{in2}\dfrac{R_3}{R_2+R_3}$，反相端 in－的电位 V_{in-} 和同相端的电位相等，$V_{in+}=V_{in-}$。

流经 R_1 的电流为 $I_1=\dfrac{V_{in1}-V_{in-}}{R_1}$。运放两个输入端的偏置电流 I_{bias} 很小，可以忽略，因此 $I_1=I_F$。

$$V_{out}=V_{in-}-R_4I_F=V_{in2}\frac{R_3}{R_2+R_3}-\frac{V_{in1}-V_{in-}}{R_1}R_4$$

$$V_{out}=\frac{R_3(R_1+R_4)V_{in2}-R_4(R_2+R_3)V_{in1}}{R_1(R_2+R_3)}$$

如果 $R_1=R_2=R_3=R_4$，那么 $V_{out}=V_{in2}-V_{in1}$。

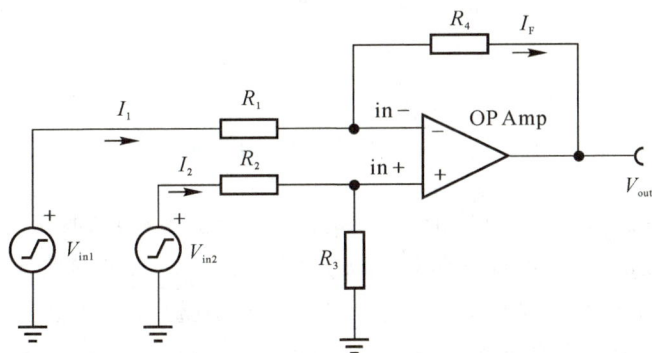

图 3-18　减法器电路

差分电路的优点：

(1)差分信号可提供两倍于单端信号的幅度,还能提供更好的信噪比。

(2)差分电路对外部 EMI 和附近信号的串扰具有很好的抗干扰性,有用的差分信号被放大,噪声对紧密耦合的走线在理论上是相同的,它们彼此抵消,所以对输入差分信号上的共模干扰噪声有很强的抑制能力。

(3)差分信号产生的 EMI 也较低。

经验分享：

(1)选择电阻使得 $R_1=R_2$，$R_3=R_4$。

(2)选择 0.1% 或容差更小的电阻。

(3)差分放大器的输入阻抗为 R_1+R_2，信号源的阻抗必须远小于(小于 1%)差分放大器的输入阻抗;

(4)电路板布线的时候,两根差分输入信号要遵循差分布线的原则。

6. 运算放大器的输入电容造成的稳定性问题

运放的寄生输入电容有两种:共模输入电容 C_{ic} 和差模输入电容 C_{id}。差模输入电容 C_{id} 是运放的同相输入端和反相输入端之间的寄生电容;共模输入电容 C_{ic} 是运放的同相输入端和反相输入端对地的寄生电容。

高级电力电子线路设计实践

运放的差模寄生电容 C_{id} 和共模寄生电容 C_{ic} 一般为几皮法,通常情况下可从运放的数据手册得到。

运放的寄生输入电容和运放的增益设置电阻会构成一个极点,极点频率

$$f_{p-c_{in}} = \frac{1}{2\pi C_{in} R_G}$$

式中:$C_{in} = C_{ic} + C_{id}$;$R_G = R_F /\!/ R_1$,R_F 和 R_1 是运放的增益设置电阻,R_F 是反馈电阻。

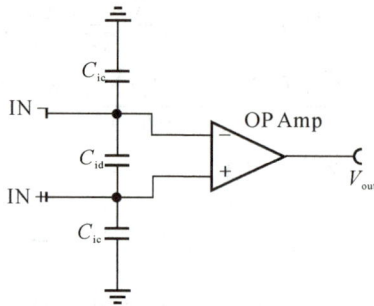

图 3-19 运放的寄生输入电容

当极点频率 $f_{p-c_{in}}$ 小于运放的带宽时,就会造成运放不稳定,甚至发生振荡。

为了增加运放的稳定性,应尽量提高极点频率 $f_{p-c_{in}}$。为了确保足够的相位裕量,一般极点频率 $f_{p-c_{in}}$ 为运放带宽的2~10倍以上。在运放选定后,其差分寄生电容和共模寄生电容是固定的。为了提高极点频率 $f_{p-c_{in}}$,应尽量减小增益设置电阻的阻值。为了确保足够的相位裕量,要确保 $f_{p-c_{in}}$ 远大于放大器的可用带宽。

为了提高运放的稳定性,可在反馈电阻上并联一个小电容 C_F,通常 C_F 远大于运放的输入电容 C_{in}。这个电容和反馈电阻 R_F 会构成一个零点,零点频率 $f_{z-C_F} = \frac{1}{2\pi C_F R_F}$;同时输入电容 C_{in},C_F 和增益设置电阻构成的新的极点频率 $f_p = \frac{1}{2\pi (C_F + C_{in}) \times R_F /\!/ R_1}$。

如果放大器的信号增益大于1,则零点频率 f_{z-C_F} 超前新的极点频率 f_p,从而确保了放大器的稳定型,避免了运放的寄生输入电容对稳定性的影响。这个电容又叫补偿电容。以图3-20所示同相放大器为例,反相放大器也可用同样的方法。

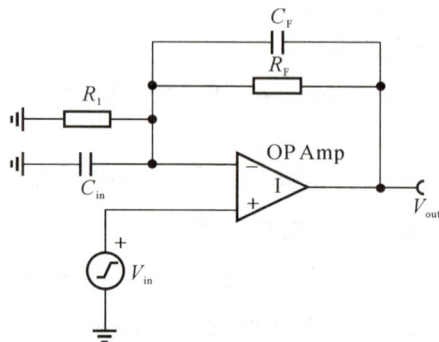

图 3-20 用补偿电容来抵消输入寄生电容

7. 放大器的设计举例

设计一个反相放大器,信号增益为 -2,输入信号的最高频率为 1 kHz,输入信号的幅度为 1 V,输入信号源输出阻抗 10 Ω。选择运放型号为 OP262。

(1)放大器电路如图 3-15 所示。

(2)确定 R_1 的值。反相放大器的输入阻抗等于 R_1。选择 $R_1=10$ kΩ,远大于信号源的输出阻抗 10 Ω。

(3)确定反馈电阻 R_F。由 $G_V=-\dfrac{R_F}{R_1}$ 得

$$R_F=-G_V R_1=20 \text{ kΩ}$$

4)计算放大器的信号带宽。放大器的噪声增益 $=G_n=1+\dfrac{R_F}{R_1}=3$。OP262 的增益带宽积 $G_{BP}=15$ MHz,则放大器的信号带宽 $BW=\dfrac{G_{BP}}{G_n}=5$ MHz,远大于输入信号的最高频率 1 kHz,满足要求。

5)输出信号幅度为 2 V。则压摆率 $SR=2\pi f V_o=2\pi\times1 \text{ kHz}\times2 \text{ V}=0.13 \text{ V/}\mu s$。OP262 的压摆率为 10 V/μs,远大于要求的压摆率 0.13 V/μs,满足要求。

6)放大器的增益设置电阻和运放的寄生输入电容构成的极点频率要远大于放大器的带宽。假设

$$f_{p-c_{in}}=\frac{1}{2\pi\times(C_{ic}+C_{id})\times R_1/\!/R_F}>\frac{G_{BP}}{G_n}$$

$$f_{p-c_{in}}=\frac{1}{2\pi\times(3\text{pF}+3\text{pF})\times10 \text{ kΩ}/\!/20 \text{ kΩ}}>\frac{15 \text{ MHz}}{3}$$

$$43.77 \text{ MHz}>5 \text{ MHz}$$

可见增益设置电阻和运放的输入电容形成的极点频率远大于放大器的信号带宽,放大器稳定性没有问题。

3.1.6　运算放大器的稳定性

运放的开环增益很高,可高达 120 dB(10^6),一个很小的输入信号(几微伏)就可以使得运放的输出饱和,所以在实际的放大器电路中运放都要加负反馈。虽然这带来应用的多样性和增益的准确性(增益只取决于外围的反馈电阻),但任何负反馈系统都会有稳定性的问题,所以在设计放大器时,要注意它的稳定性。

图 3-21 是一个基本的负反馈系统,该负反馈系统的输出和输入为

$$\frac{V_{OUT}}{V_{IN}}=\frac{A}{1+A\beta}$$

式中:A 是开环系统的增益;β 是反馈系数。$A\beta$ 是环路增益(Loop Gain)。

当 $A\beta\gg1$ 时,系统的增益

$$\frac{V_{OUT}}{V_{IN}}=\frac{A}{1+A\beta}\approx\frac{1}{\beta}$$

高级电力电子线路设计实践

环路增益的测量如图 3 - 22 所示,当输入端接地,反馈环路断开,计算出的增益就是环路增益。

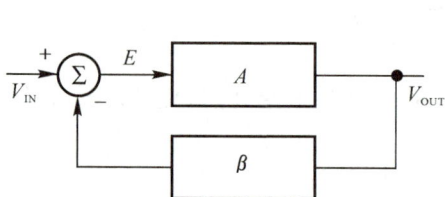

图 3 - 21　基本的负反馈系统

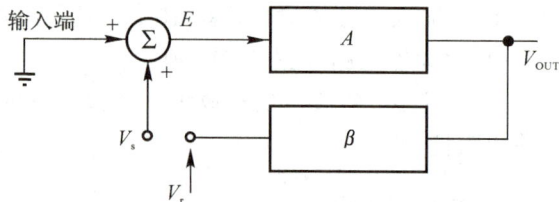

图 3 - 22　环路增益的测量

环路增益 $=\dfrac{V_r}{V_s}=A\beta$,V_s 是施加的测试信号,V_r 是返回信号。

当 $A\beta=-1$ 时,增益趋于无穷,电路可以放大自身的噪声产生自激振荡。振荡信号的幅度小于运放的电源电压。

图 3 - 23 是一个反相放大器环路增益的测量电路图与其等效框图。

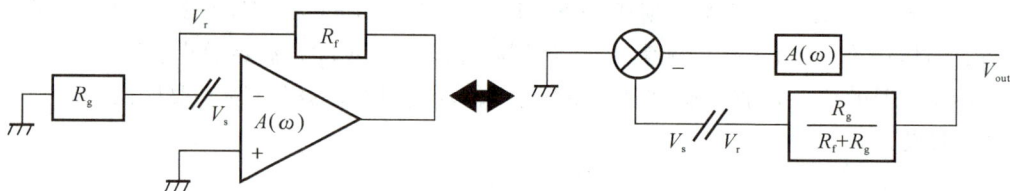

图 3 - 23　反相放大器的环路增益的计算与等效电路

对于反相放大器来说,环路增益 $A\beta=A(\omega)\dfrac{R_G}{R_G+R_F}$。$A(\omega)$ 是运放的开环增益。反馈系数 $\beta=\dfrac{R_G}{R_G+R_F}$,一般是由反馈电阻来设定的,它的幅度和相位的频率响应是不随频率而变化的;但运放开环增益 $A(\omega)$ 的幅度和相位的频率响应是随着频率而变化的,所以在某个频率点上,环路增益 $A\beta$ 可以变为 -1,这时放大器就会发生自激,造成振荡。

1. 稳定性的判定——相位裕量和增益裕量

放大器的稳定性可以用相位裕量和增益裕量来定量衡量。相位裕量表明了距离产生自激振荡的相位裕量大小。相位裕量越大,则越稳定。尽管理论上相位裕量为 1° 时放大器就是稳定的,但在实际应用中很多因素会将相位裕度减小到低于理论值,这些因素包括运放之间的差异、寄生电容的影响、温度的影响等等。为了保证放大器在任何条件下都很稳定,在工程上一般要求相位裕量为 45° 或以上。

相位裕量是指放大器环路增益为 0 dB 时的相位与 180° 的差值。如果放大器的环路增益大于 0 dB 时相位移动超过 180° 时,其相位裕量为负值,闭环的放大电路就会不稳定而产生振荡。

图 3 - 24 是运放 TL03X 的开环增益和相位的频率响应曲线,又称波特图。从图中可以看出,当增益为 1 时,相移是 100°,所以它的相位裕量 $=180°-100°=80°$。同时要注意

测试条件,负载电阻是 10 kΩ,负载电容是 25 pF。当测试条件改变时,测试结果也不一样。

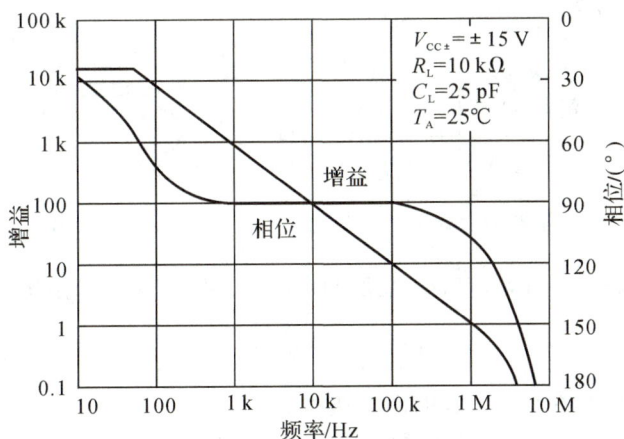

图 3-24　运放 TL03X 的开环增益和相位的频率响应

增益裕量是指当相移为 180°时,反馈系统的增益和 0 dB 的差值。比如当相移为 180°时,反馈系统的增益为 -20 dB(增益=0.1),则此系统的增益裕量为 20 dB。从理论上说增益裕量为 0 dB,反馈系统就是稳定的。当在工程上一般增益裕量要大于 10 dB。

2. 运放的频率补偿

由运放构成的放大器可能会有稳定性的问题,所以有时要考虑加频率补偿电路,来提高放大器的稳定性,即提高相位裕量或增益裕量。下面以反相放大器为例来介绍放大器的频率补偿。在工程中常用的频率补偿电路有以下几种:增益补偿、超前补偿、超前-滞后补偿。

(1)增益补偿。假设 A 是运放的开环增益函数,有

$$A = \frac{K}{(s+\tau_1)(s+\tau_2)}$$

同相放大器的环路增益的传输函数为

$$A\beta = \frac{R_G}{R_G+R_F} \times \frac{K}{(s+\tau_1)(s+\tau_2)}$$

假设 R_G 不变,当环路增益增大,即 R_F 增大,则 $\frac{R_G}{R_G+R_F}$ 就会减小,环路增益的频率响应就会向下移动。增益曲线的穿越频率(环路增益降为 0 dB 时的频率)就会降低,而相位的频率响应曲线保持不变,所以相位裕量就会增大,稳定性就会提高。假设同相放大器原来的增益为 2($R_F=R_G$),则环路增益为 $K/2$;当增益增大到 10($R_F=9R_G$)时,则环路增益为 $\frac{K}{10}$。这两种情况下增益的频率响应曲线如图 3-25 所示。

提高增益可以提高放大器的稳定性。这适用于反相放大器和同相放大器,但提高增益会降低放大器的可用带宽。

(2)超前补偿。超前补偿的电路如图 3-26 所示。

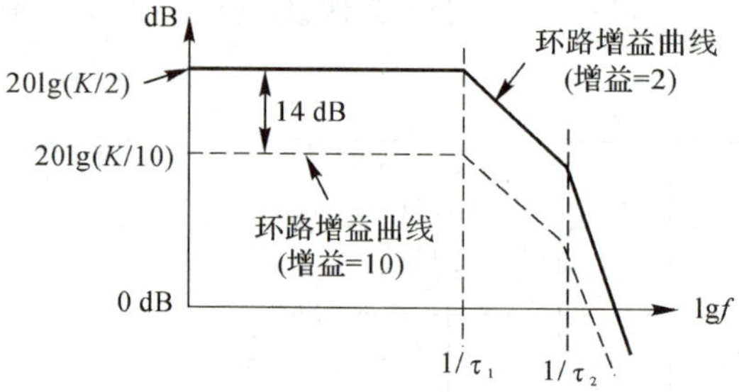

图 3-25　增益补偿示意图

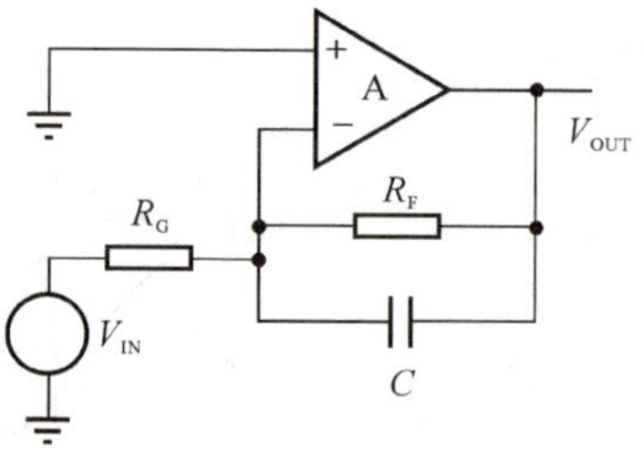

图 3-26　超前补偿电路

超前补偿是并联一个补偿电容 C 在反馈电阻 R_F 上。假设 A 是运放的开环增益函数，

$$A = \frac{K}{(s+\tau_1)(s+\tau_2)}$$

τ_1 和 τ_2 是运放开环增益函数的两个极点。

带有超前补偿电路的放大器的环路增益传输函数为

$$A\beta = \frac{R_G}{R_G+R_F} \times \frac{R_F Cs+1}{(R_G /\!/ R_F)Cs+1} \times \frac{K}{(s+\tau_1)(s+\tau_2)}$$

补偿电容引入了一个极点 $\left(\dfrac{1}{(R_G /\!/ R_F)C}\right)$ 和一个零点 $\left(\dfrac{1}{R_F C}\right)$。但 $R_F > R_F /\!/ R_G$，所以零点永远是超前于极点的。在波特图上，零点总是在极点的左边。可以发现 $\dfrac{R_F Cs+1}{(R_G /\!/ R_F)Cs+1}$ 的相位总是超前的。

补偿的时候，通过适当选择 C 的值，设法使引入的零点 $\dfrac{1}{R_F C}$ 和极点 $\dfrac{1}{\tau_2}$ 相抵消。因此波特图继续以 -20 dB/10 倍频的斜率下降。当频率到达 $\omega = \dfrac{1}{(R_G /\!/ R_F)C}$ 时，下降斜率变为 -40 dB/10 倍频。

建议在电路设计时在反馈电阻 R_F 的两端并联一个电容，电路板上这个电容可以不装，但布线图一定要有，万一需要时就不需要制作新的电路板，只需把这个电容装上就行。

（3）超前-滞后补偿。超前-滞后补偿如图 3-27 所示。在运放的反相端和地之间接入一个电阻 R 和一个电容 C。

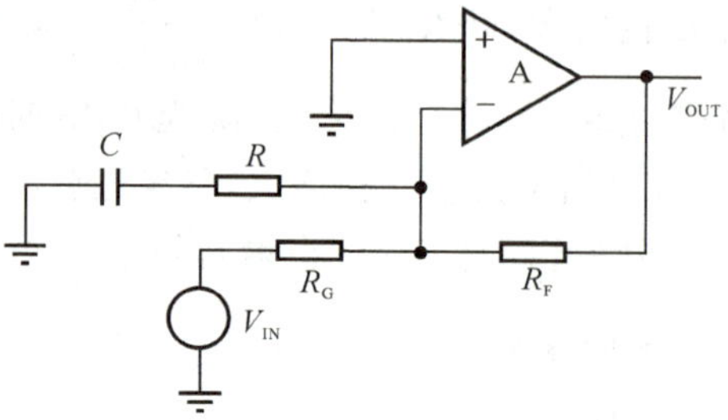

图 3-27　超前-滞后补偿电路图

环路增益的计算公式为

$$A\beta = \frac{R_G}{R_G+R_F} \times \frac{RCs+1}{\dfrac{RR_G+RR_F+R_GR_F}{R_G+R_F}Cs+1} \times \frac{K}{(s+\tau_1)(s+\tau_2)}$$

超前-滞后补偿引入了一个新的极点$\left(\dfrac{1}{(R+R_F/\!/R_G)C}\right)$和一个零点$\dfrac{1}{RC}$,引入的零点和运放的主极点$\dfrac{1}{\tau_1}$抵消,引入的新的极点变成了主极点,而$R<(R+R_F/\!/R_G)$,新的主极点频率小于原来的主极点$\dfrac{1}{\tau_1}$的频率,所以新的主极点和非主要极点$\dfrac{1}{\tau_2}$之间的频率间距增大,从而增强了稳定性。

3. 运放产生自激振荡的条件

带内部补偿的运放在某些电路条件下会发生振荡,但这需要外部的一个极点。这些极点通常是寄生电容或运放输出端的外接电容提供了振荡所需的相移而发生振荡。这包括:

1)运放的差分输入寄生电容和共模输入寄生电容和增益设置电阻形成的极点频率接近信号带宽。

2)用运放驱动一个较大的电容负载时,会影响它的稳定性。一般要在运放的输出端串接一个小的电阻,来提高它的稳定性,防止自激,或者选择一个可以驱动较大电容负载的运放。

3)增益过低。如果放大器的增益小于 0 dB,则要注意它的稳定性,一般要采取某种形式的频率补偿,以免不稳定。

4)运放的反相端不要接电容,它和增益设置电阻构成的极点会造成运放的不稳定。

4. 经验分享

当用运放去驱动一个电缆及容性负载时,不可以直接把电缆及容性负载接到运放的输出引脚。因为电缆会有较大的分布电容的存在,如果直接接到运放的输出,相当于在运放的输出接了一个大的电容负载,运放的输出阻抗 R_{out} 会和负载电容 C_L 形成一个极点,其频率为$\dfrac{1}{2\pi R_{out}C_L}$,这个极点会引起 90°的相位延迟,增大了高频时的相移,从而造成稳定性问题。

为了解决运放驱动电缆及容性负载时的稳定性问题,可以在运放的输出引脚串入一个小的电阻,如图 3-28 所示。

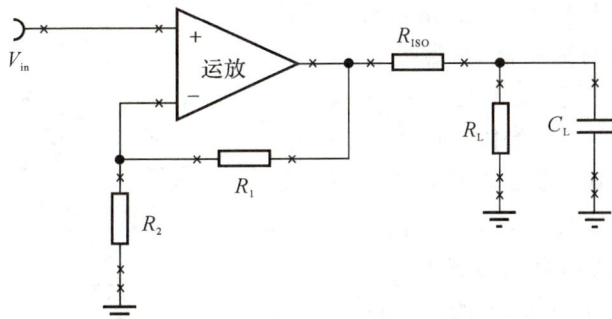

图 3-28 运放驱动电缆及容性负载示意图

图 3 - 28 所示的是一个同相放大器,其增益 $G = 1 + \dfrac{R_1}{R_2}$,R_L 是放大器的阻性负载,C_L 相当于电缆的分布电容。R_{ISO} 是补偿电阻。R_{ISO},R_L 及 C_L 在反馈网络的传输函数上引入了一个零点,其频率为 $\dfrac{1}{2\pi \times [(R_{out} + R_{ISO})//R_L] \times C_L}$,因而减小了高频时的相移,提高了稳定性。$R_{ISO}$ 的阻值较小,小于几百欧姆。

3.2　放大器运用

3.2.1　仪表放大器

仪表放大器常用于热电偶、应变电桥、流量计、生物电测量以及其他有较大共模电压的直流或低频微弱信号的测量。

仪表放大器具有以下特点:

(1)非常高的共模抑制比(CMRR),可高达 130 dB(3.16×10^6),跟放大器的增益和频率有关。

(2)非常高的共模和差模输入阻抗(10^9 Ω 以上)。

(3)精确和稳定的增益,通常增益为 1 V/V 到 1 000 V/V,增益误差小于 1%。

仪表放大器可以在输入端共模电压很高的情况下放大一个很微弱的差分信号,在数据采集、仪器仪表等领域中有广泛的应用,仪表放大器的名字也由此而来。仪表放大器的增益通常由一个外接电阻来设定,这个外接电阻的容差对测量放大器的精确度的影响很大。一般可以选择容差为 0.1% 的贴片薄膜电阻。仪表放大器本身的误差一般小于 1%。

图 3 - 29 就是一个仪表放大器用于测量施加在压力传感器上的压力例子。压力传感器是一个电阻电桥。电阻电桥的差分输出跟施加在压力传感器的压力和电阻电桥两端的电压成正比,其输出是差分信号。AD620 是一个仪表放大器。电桥的激励电压是 10 V,因此其差分输入的共模电压是 5 V,其差分电压是传感器输出的一个很小的电压信号(最大输出电压为几十毫伏)。R_G 是外接电阻,用来设置仪表放大器的增益为 100。假设其 CMRR = 120 dB(10^6),则 5 V 的共模电压在输出端造成的误差电压 = 5 V/10^6 = 5 μV,非常小。

仪表放大器的另外一个特点是它对共模低频干扰信号有很高的抑制能力,因此在强干扰环境中的应用非常广泛,比如工厂等,有很多马达等大功率设备,可见环境中有很强的 50 Hz/60 Hz(交流电源的频率)及其谐波的干扰。如果压力等传感器远离放大器,则这些低频干扰信号会以共模的形式耦合到传感器的差分输出信号上(即两根差分信号线上的噪声的幅度相等,相位相同),经过仪表放大器后,由于它对低

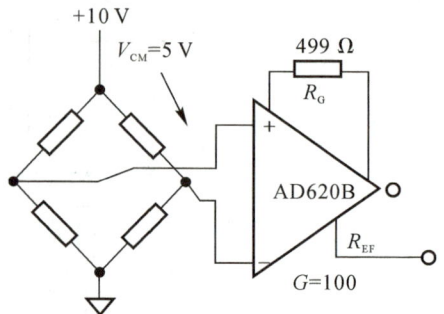

图 3 - 29　仪表放大器在压力测量中的应用

频的共模干扰的有很强的抑制能力,可以大大减小周围环境中电磁干扰的影响。图3-30
就是 AD620 对不同频率的共模干扰的抑制能力。当共模干扰的频率较低时,AD620 对
共模干扰的抑制能力很强。随着频率的增大,对共模干扰的能力逐渐减弱。共模抑制能
力跟它的增益有关。比如当增益为 10 时,对频率低于 100 Hz 的共模干扰,CMRR 可达
110 dB;但当增益为 100 时,CMRR 可达 130 dB。

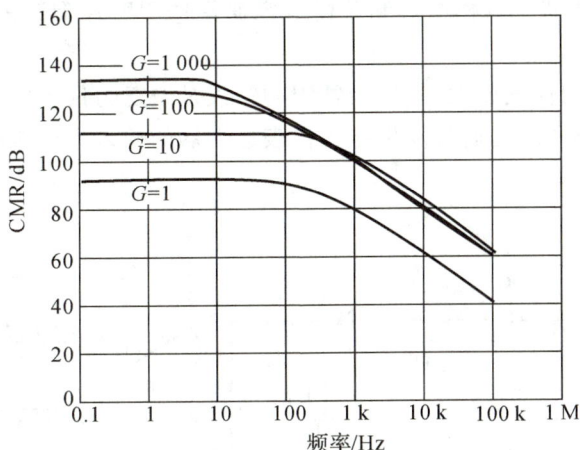

图 3-30　AD620 的共模抑制比与输入信号频率的关系

　　在工业自动控制等领域中,一些传感器距离设备可能较远,需要对传感器的信号进行
测量时,为了抑制干扰,放大器通常采用差分输入方式。对测量电路的基本要求是:
　　(1)高输入阻抗,以抑制信号源与传输网络电阻不对称带来的误差。
　　(2)高共模抑制比,以抑制各种共模干扰引入的误差。
　　(3)高增益及宽的增益调节范围,以适应传感器输出电平的宽范围。
　　当传感器距离设备较远时,为了抑制传感器输出信号电缆上耦合上的共模噪声和差
模噪声,通常在差分信号进入电路板的地方,接入一个差模滤波电路和共模滤波电路,如
图 3-31 所示。

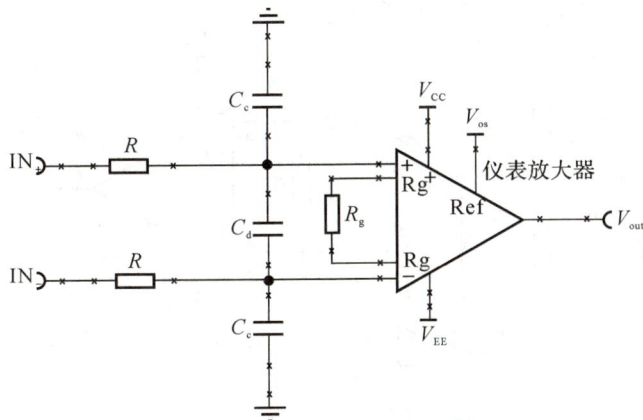

图 3-31　输入差分信号滤波电路

高级电力电子线路设计实践

IN$_+$和 IN$_-$是输入的差分信号,电阻 R 和差模电容 C_d 构成差模 RC 低通滤波器,抑制输入差分信号上的差模噪声;电阻 R 和两个共模电容 C_c 构成共模低通滤波器,抑制输入差分信号上的共模噪声。通常差模电容的电容值要大于共模电容的电容值 10 倍以上, $C_d \geqslant 10C_c$,以避免差模电容对输入信号差分特性的影响。差模滤波器的截止带宽要大于输入信号最高频率的 10 倍以上,以免影响测量的精确度。同时串联电阻 R 和共模电容 C_c 也可以抑制静电干扰。共模电容和差模电容通常选用贴片陶瓷电容。电阻 R 的阻值在千欧姆左右。

使用技巧:当使用仪表放大器时,最常犯的错误是缺乏为仪表放大器的输入偏置电流提供一个直流返回路径。这通常发生在当仪表放大器的输入是交流耦合时。图 3-32 示出这样一个电路。

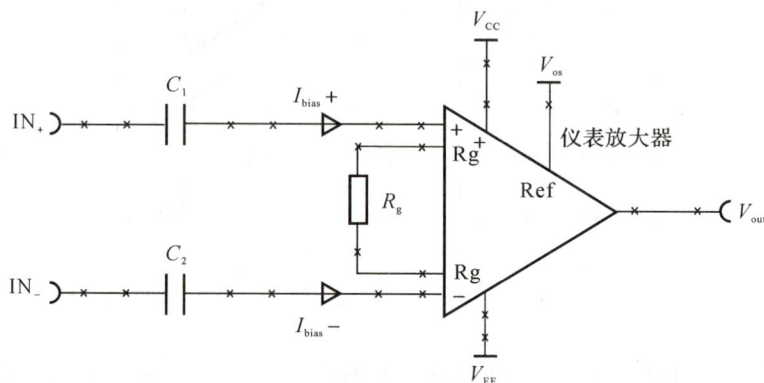

图 3-32 缺乏偏置电流直流回路的仪表放大器

以上的电路中,假设输入信号是一个交流的差分信号,输入采用交流耦合的方式,C_1 和 C_2 是两个交流耦合电阻。但由于没有为输入同相端和反相端的偏置电流提供一个直流回路,所以上面的电路不能工作。

为了解决这个问题,可以在以上仪表放大器的同相输入端和反相输入端接下拉电阻 R_{pd},这样就为偏置电流提供了回路,解决了问题。由于输入端的偏置电流很小,所以下拉电阻 R_{pd} 的阻值可以较大,如图 3-33 所示。

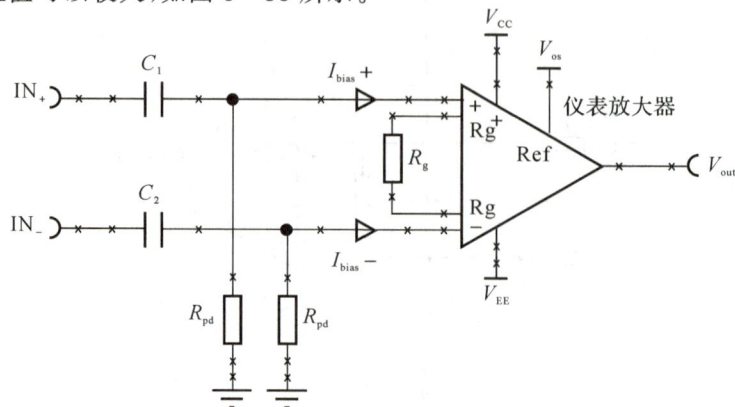

图 3-33 用两个下拉电阻提供了偏置电流直流回路的仪表放大器

3.2.2　电流传感放大器

电流传感放大器是用来测量电流的,比如电源的输入电流、逆变器的相电流、马达的相电流等。

电流传感器把要测量的电流信号转换为电压信号,这个电压和被测电流呈比例。

电流传感器的种类很多,每一种电流传感器都适合特定的电流范围和环境。没有一种电流传感器可以适合所有的情况。通常要根据具体情况选用不同的电流传感器。

如果被测电流线上的电压很高($\geqslant 200$ V),则测量电流有以下几种方法。

1. 利用霍尔效应电流传感器(Hall-Effect Cuttent Sensor)

这种传感器的优点是输出端和被测电流端是隔离的,而且损耗很小,可以测量很大的电流,可用来测量高压线路的电流而不需要隔离,安全性好,但相对来说有点贵,另外测量结果不太准确,尤其是当电流比较小时,测量误差很大。霍尔效应电流传感器一般用来测量高电压下的大电流。图 3-34 就是一个电流传感器 ACS712ECLTR-30A-T,它可测量的最大电流为 30 A,带宽可达 80 kHz。电流从 IP$_+$ 流入,从 IP$_-$ 流出。IP$_+$ 和 IP$_-$ 之间的阻抗非常小,为 1.2 mΩ。传感器的输出电压 $V_{\text{IOUT}} = I_{\text{IP}}G + 1/2V_{\text{CC}}$,$I_{\text{IP}}$ 是被测电流,G 是灵敏度,V_{CC} 是传感器的电源电压(5 V)。G 一般是一个常数。被测电流和传感器的输出是隔离的,其隔离电压可达几千伏。

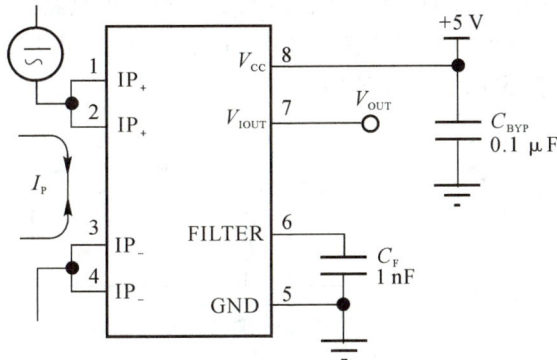

图 3-34　霍尔效应电流传感器示意图

2. 利用隔离放大器

如图 3-35 所示。高压线上的电流 I_{HV} 流经一个电流感应电阻 R_{sens},在电阻的两端产生一个压降 $V_{\text{SNS}} = I_{\text{HV}}R_{\text{sens}}$。这个电压 V_{SNS} 被送到隔离放大器 A 进行信号放大,放大后的信号 I_{out} 进入后级的信号处理器电路进行处理。

隔离电源的作用是供电给隔离放大器。由于隔离放大器的电流不大,所以对隔离电源的功率要求不大,一般 1 W 就可以满足大部分需求。

相对于霍尔效应电流传感器,这种方式的优点是精确度高,尤其是在电流较小的时候;可以测量双向电流。但缺点是需要多增加一路隔离电源,另外电流感应电阻也会有较大的功耗($P = I_{\text{HV}}^2 R_{\text{sens}}$)。

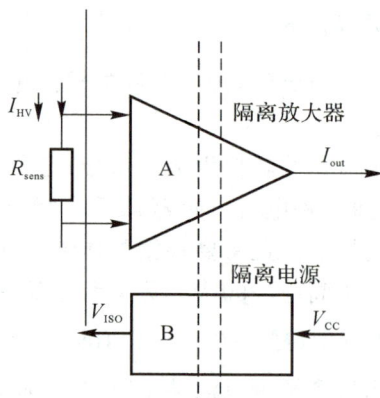

图 3-35　利用隔离放大器测量高压电流

3. 电流感应变压器

如图 3-36 所示,电流感应变压器的初级串入被测电路中,变压器的次级电流 $I_S = NI_P$,I_P 是被测电流,N 是电流感应放大器的电流感应系数。在次级串接一个电阻 R_{sens},通过测量 R_{sens} 两端的电压 $V_{sns} = R_{sens}I_S$,就可以测量出被测电流的幅值 $I_P = \dfrac{V_{sns}}{R_{sens}N}$。这种方法的好处是可以测量较大的电流,而且被测电流和测量电路是隔离的。

用电流感应变压器只可以测量交流电流,而且成本较高,占用面积较大;另外由于变压器的容差较大,所以测量结果不太精确。

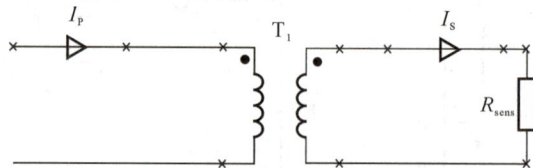

图 3-36　电流感应变压器测量电流

4. 电 流 感 应 电 阻

对于低电压(电压≤100 V)信号的电流测量,可以把一个电流感应电阻插入电路中,当电流流过电流感应电阻时,会在电阻的两端产生一个压降。一般这个压降较小,需要用某种形式的放大器来放大这个压降,从而测出电流。这种方式的优点是测量结果很准确,成本低,可用来测量小电流到比较大的电流,可以测量直流/交流电流。缺点是需要将电流感应电阻串入电路中,有功率损耗,$P = I^2R$,尤其是当电流很大时,感应电阻的功耗很大。但通过适当的选择感应电阻,功率损耗可以较小。这种方式应用很广泛。

有两个位置可以根据负载放置分流电阻:

负载与电源之间,又称高位电流感应(High-Side Current Sensing);负载与电源回路之间,又称低位电流感应(Low-Side Current Sensing);

(1)高位电流感应法。如图 3-37 所示,高位电流感应是把一个电流感应电阻 R_{sens}

接入电源和负载之间,当输入电流 I_{in} 流过电流感应电阻时,根据欧姆定律,会在电流感应电阻的两端产生一个小的压降 V_{Rsense},有

$$V_{sense} = I_{in}R_{sens}$$

然后再通过一个放大器来放大 R_{sens} 两端的电压。电流感应电阻两端的对地电压分别为 V_{cc} 和 $V_{CC}-V_{R_{sense}}$。通常 $V_{R_{sense}}$ 远远小于 V_{cc},因此共模电压非常接近于电源电压 V_{cc}。而产生的差分电压 V_{sense} 相对于共模电压,非常小。因此要求这个运放的共模抑制能力很强,而且能够承受共模电压 V_{cc}。一般可用电流感应放大器。这种放大器的增益一般是固定的,比如 20 V/V,50 V/V 等;CMRR 很大,而且共模电压可以远远大于电流感应放大器的电源电压。比如 AD8418A,它是一个电流感应放大器,电源电压为 2.7～5.5 V,增益为 20 V/V,CMRR 为 100 dB,其共模电压范围为 -2～70 V,带宽为 250 kHz。

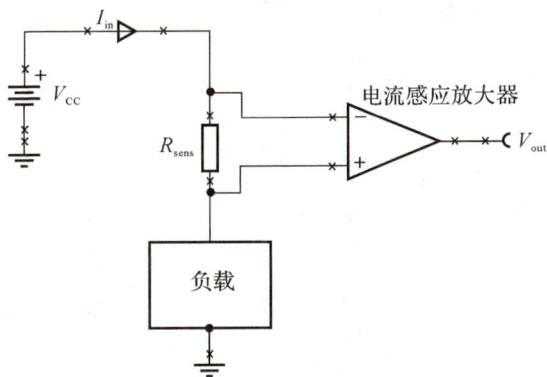

图 3-37　高位电流感应法

例 1　要用高位电流感应法测一个直流电流,其最大电流是 1 A,电压 V_{CC} 是 48 V。
设计步骤:

1)首先选择电流感应放大器。根据共模电压的要求和带宽的要求,可以选择 AD8418A。它的共模电压可达 70 V,大于 48 V,满足共模电压的要求。其供电电压为 $+5$ V。其输出范围为 0.032 V 到($V_{CC}-0.032$ V)。当电源电压为 5 V,其输出范围为 0.032～4.968 V。

2)接下来选择感应电阻,因 AD8418A 的增益为 20 V/V,可选择感应电阻的阻值为 100 mΩ;则其产生的电压为 1 A×100 mΩ=100 mV,放大器的输出 $V_{out}=IRG=1$ A×100 mΩ×$\dfrac{20\ V}{1\ V}=2$ V。其功耗为 $P=I^2R=100$ mW。可以选择一个阻值为 100 mΩ、额定功率为 500 mW、容差为 1% 的电流感应电阻。

值得注意的是,当电源电压为 5 V 时,AD8418A 的最小输出为 0.032～4.968 V,因此其输入范围为 $\dfrac{输出电压}{增益}$,为 0.001 6～0.248 4 V。如果感应电阻的阻值为 100 mΩ,则输入电流范围为 16 mA～2.484 A。如果输入电流小于 16 mA,则测量结果无效。如果要测量小于 16 mA 的电流,则供电电压要为 5 V 和一个负电压(小于 0.032 V)。

高位电流感应法的优点是消除了地线的干扰,负载可以直接接在系统的地线上,而且

可以检测负载是否短路。但高位电流感应中放大器要有较大的输入共模电压能力,较复杂,成本较高。

高位电流感应的放大器的共模抑制比要高,可以考虑仪表放大器,差分放大器和电流感应放大器。但仪表放大器和差分放大器的共模电压都小于放大器的电源电压,而电流感应放大器的共模电压范围可以远大于放大器的电源电压,因此通常会选用电流感应放大器。市场上现有的电流传感放大器的共模电压一般低于 100 V,因此对于共模电压大于 100 V 时,不可以用电流传感放大器。

(2)低位电流感应法。如图 3-38 所示,低位电流感应是把感应电阻接于负载和地之间,通过放大器来测量感应电阻两端的电压。运用欧姆定律,可以确定电阻的功耗:

$$P_R = I_{in}^2 R_{sens}$$

式中:I_{in} 是感应电流;R_{sens} 是感应电阻的阻值。

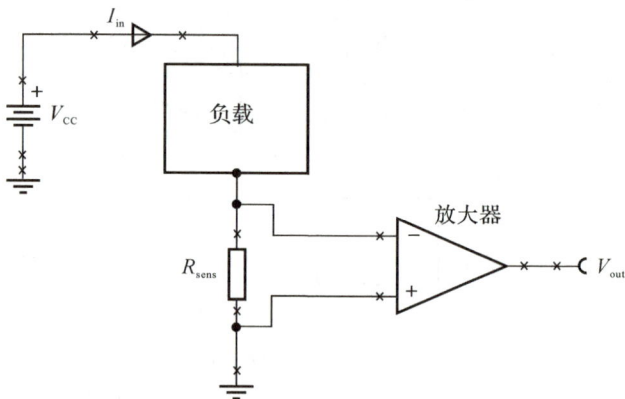

图 3-38 低位电流感应法

低位电流感应法的优点是感应电阻两端的共模电压很小,简单,成本较低,放大器的选择范围较宽,缺点是地线会对测量产生干扰,而且当负载短路时,没有办法检测到。

低位电流感应的放大器的共模抑制比要求不高,可以考虑仪表放大器、差分放大器、电流感应放大器和同相或反相放大器,选择范围很宽。

在选择电流感应电阻时,根据以下几个条件选用电阻:

1)根据测量精度的需要,选择容差合适的电阻。电阻的容差越小,其价格越贵。同时要考虑感应电阻的温漂。一般可选容差为 0.1% 的贴片金属膜电阻。

2)根据被测电流的大小和测量精度的要求,选择合适阻值的电阻。电阻要尽可能小,以减小电阻的功耗(电阻的功耗 $= I^2 R$),降低它的温升,进而减小温升带来的阻值的漂移。但不能太小,否则电阻两端的电压较小,则电流感应放大器的输入失调电压等的影响较明显,导致测量误差较大。

3)尽量将电阻两端的压降保持在低水平,使负载在低侧感应时尽可能靠近接地,或在高侧感应时尽可能靠近电源。

为了保证电流感应的准确性,在做电路板的布线时,应该遵循图 3-39 所示的开尔文(Kelvin)布线方式。

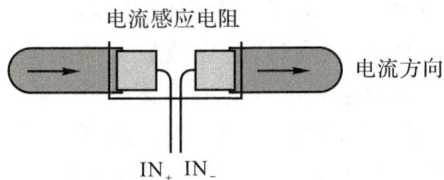

图 3-39　电流感应电阻的布线示意图

3.2.3　放大器的级联

如果放大器的增益为几十 V/V 到几百 V/V,则单级放大器可以满足要求。但如果增益要求是几千 V/V 甚至几十千 V/V,由于运放的增益带宽积是一定的,当增益很高时,可用的带宽就会大大减小,另外增益太高也容易产生稳定性的问题。所以当需要很高的增益(输入信号很微弱),同时又需要较大的带宽时,有时单级放大器满足不了要求,需要把两级甚至更多级级联起来。

例 2　假如模拟信号输入的最大幅度 $V_{\text{in-max}}$ 是 100 μV,而模数转换器的基准电压 V_{REF} 为 2.5 V,则放大器的增益 $G = \dfrac{V_{\text{REF}}}{V_{\text{in-max}}} = \dfrac{2.5\ \text{V}}{100\ \mu\text{V}} = 25\ 000\ \text{V/V}$,显然单级放大器满足不了要求。因此需要把几个放大器级联起来,以取得需要的增益和带宽。

图 3-40 是两级放大器的级联示意图,第一级放大器的增益为 G_1,第二级放大器的增益为 G_2,则总的增益为 $G_{\text{total}} = G_1 G_2$。

对于级联放大器:

(1)第一级运放的输入偏置电压应尽可能小,以减小级联放大器的输出的偏置电压;

(2)第一级运放的噪声系数和偏置电压应尽可能小;

(3)如果噪声和偏置电压比较重要,则第一级运放的增益应在几个放大器中设为最大,应尽可能大;

(4)第一级运放中的电阻值应尽量小,以减小电阻的热噪声的影响;

(5)如果带宽更为重要,则增益可在几个放大器中平均分配。

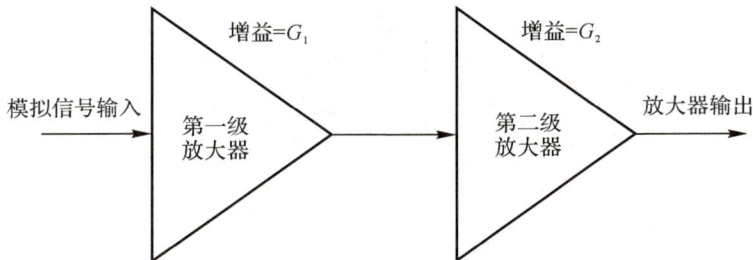

图 3-40　两级放大器的级联示意图

3.2.4　大动态范围的模拟信号的测量

有的模拟输入信号(比如某些传感器的输出信号)的动态范围非常大,可以从几十微伏到几伏。如果采用单一的放大器,为了放大小信号,需要放大器的增益高;但如果放大器的增益高,则当输入信号的幅度较高时,会导致放大器的输出饱和;如果放大器的增益低,则当输入信号较小时,会导致输入信号的信噪比较低,测量误差较大。为了解决输入信号动态范围较大的问题,可以采用图3-41所示的方案。

动态范围较大的输入信号同时送入两个模拟通道(A,B通道),如图3-41所示。A路放大器的增益较高,B路放大器的增益较低。高增益的选择原则是当输入信号最大时,放大器的输出没有超过ADC的参考电压。低增益的选择原则是对较小的信号有足够的放大倍数,以降低信号通道中的噪声对测量结果的影响,但同时增益又不可以太高。两路的滤波器是一致的,以保证两个滤波器的时延相同。两路ADC的采样时间完全一致(同时采样)。微处理器收到ADC的数据后,会做一个判断,选择输出幅度最大,同时又没有饱和的那一路作为测量结果。例如若A路的输出饱和,则选择B路的输出;如果A,B路都没有饱和,则选择A路的输出。

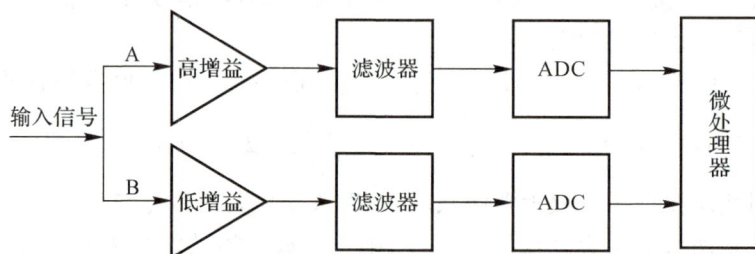

图3-41 大动态范围的模拟信号的测量示意图

3.3 比 较 器

比较器是比较两个模拟输入信号,输出一个数字信号,它实际上是数模混合器件。它的电路符号和运放一样,如图3-42所示。

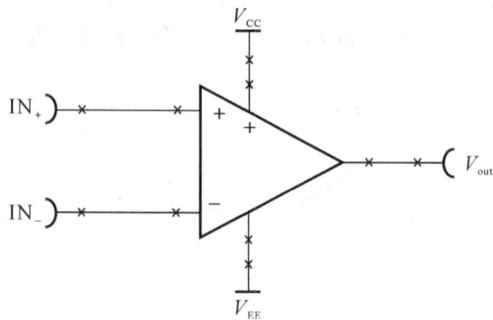

图3-42 比较器示意图

有两个输入端(IN_+和IN_-)。当IN_-端的电压小于IN_+端的电压时,比较器的输出为高电平(接近于正电源电压V_{CC});如果IN_-端的电压高于IN_+端的电压,则比较器的输出为低电平(接近于负电源电压V_{EE})。

比较器一个重要的指标是转换延迟时间,根据这个指标,比较器可以分为低速比较器和高速比较器。低速比较器的转换延迟时间为几十秒到几微秒;高速比较器的转换延迟时间可低至几纳秒。低速比较器的功耗较小,而高速比较器的功耗大。要根据系统的要求来选择比较器,在满足要求的情况下,尽量选择速度较低的比较器,以降低功耗。

比较器按输出方式,可以分为集电极开路/漏极开路输出和推挽式输出两种。

(1)对于集电极/漏极开路输出的比较器,其输出需要外接一个上拉电阻,上拉电阻的阻值和负载电容会影响比较器的转换延迟时间。转换延迟时间分为输出高电平到低电平的延迟时间和低电平到高电平的延迟时间。高电平到低电平的转换时间主要受负载电容的影响。负载电容越大,延迟时间越长,受上拉电阻 R_{pu} 的影响不大。但低电平到高电平的延迟时间同时受上拉电阻 R_{pu} 的阻值和负载电容的影响(和 RC 的值成反比关系)。一般在其数据手册中给出的转换传输延迟都是基于特定的上拉电阻的阻值和负载电容。同时转换延迟时间也受比较器正负端电压差的影响。电压差越大,则转换时间越短。电压差较小,则转换时间较长。集电极/漏极开路输出的比较器一般转换延迟时间较长。一般在几微秒到几百微秒。

图 3-43 就是一个集电极开路输出的比较器。

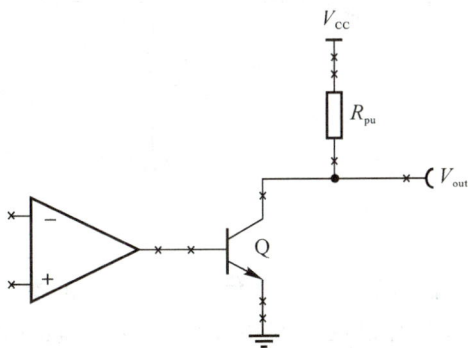

图 3-43　集电极开路输出的比较器

表 3-13 给出了一个漏极开路输出的比较器的 LMC7221 的转换延迟时间(在特定的上拉电阻、负载电容和电压差条件下)。对于高电平到低电平的转换时间,当上拉电阻阻值 R_{pu} 为 5 kΩ,负载电容为 50 pF 时,如果正负两端的电位差为 10 mV,则转换时间为 10 μs;如果电位差为 100 mV,则转换时间为 4 μs。对于低电平到高电平的转换时间,如果正负两端的电位差为 10 mV,则转换时间为 6 μs;如果电位差为 100 mV,则转换时间为 4 μs。

表 3-13　LMC7221 的转换延迟时间

参数		测试条件		典型值
t_{PHL}	传输延迟 (高到低)	$f=10$ kHz,$C_L=50$ pF,5 kΩ 上拉电阻 $V_{CC}=5$ V	10 mV	10 μs
			100 mV	4 μs
		$f=10$ kHz,$C_L=50$ pF,5 kΩ 上拉电阻 $V_{CC}=2.7$ V	10 mV	10 μs
			100 mV	4 μs

续表

参数		测试条件		典型值
t_{PLH}	传输延迟（低到高）	$f=10\ kHz,C_L=50\ pF,5\ k\Omega$ 上拉电阻 $V_{CC}=5\ V$	10 mV	6 μs
			100 mV	4 μs
		$f=10\ kHz,C_L=50\ pF,5\ k\Omega$ 上拉电阻 $V_{CC}=2.7\ V$	10 mV	7 μs
			100 mV	4 μs

从表 3-13 可以看出电源电压对转换速度也有影响。

(2)推挽式输出的比较器的输出不需要外接上拉电阻,其转换延迟时间较短。

图 3-44 就是一个推挽式输出的比较器。

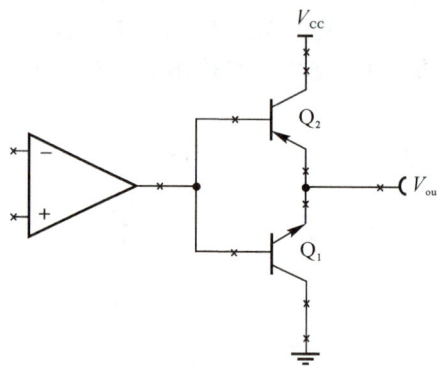

图 3-44　推挽输出的比较器

比较器的迟滞:假设比较器的一个输入信号是 2.5 V 的参考电压,如果比较器的另外一个输入信号的噪声较大,尤其是在参考电压附近,则比较器的输出会来回翻转,如图 3-45 所示。

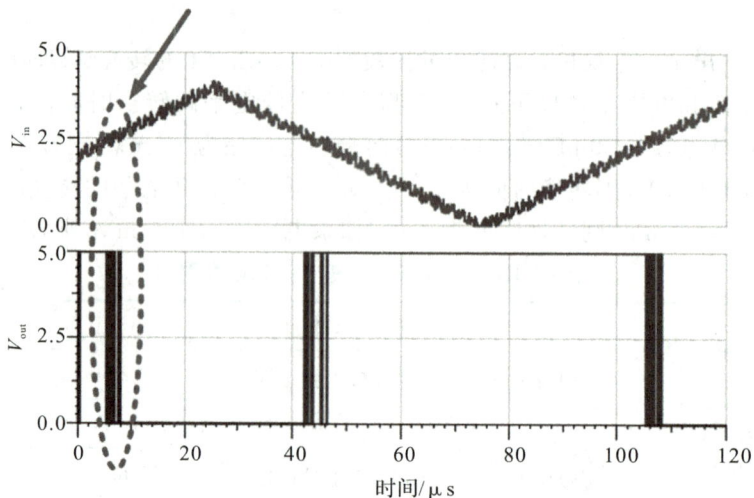

图 3-45　普通比较器的输入和输出信号波形

为了解决这个问题,在实际应用中,可加入正反馈,即在比较器的正输入端和比较器的输出端接入一个电阻,如图 3-46 所示(假设比较器的输出是推挽式)。

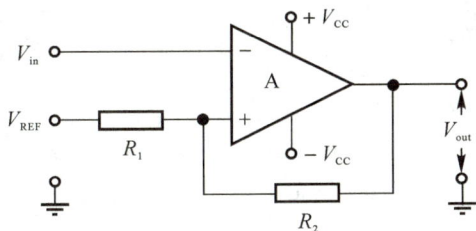

图 3-46 迟滞比较器

R_2 就是正反馈电阻。由于带有正反馈,所以迟滞比较器有两个不同的阈值电压(输出从高电平到低电平的阈值电压 V_H 和输出从低电平到高电平的阈值电压 V_L)。

当输出为高电平时,比较器的输出电压等于电源电压 $+V_{CC}$,由于比较器的两个输入端的输入阻抗非常高,所以正端的输入电流非常小,可以忽略不计。其等效电路如图 3-47 所示。

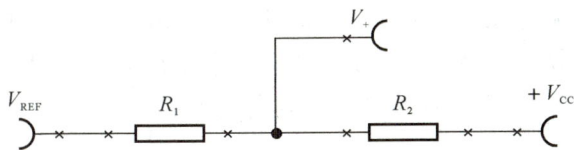

图 3-47 比较器输出为高电平的等效电路

由于电源电压 $+V_{CC}$ 总是大于参考电压 V_{REF},比较器"+"端的电压为

$$V_+ = V_{REF} + \frac{R_1}{R_1+R_2}(+V_{CC}-V_{REF}) = \frac{R_1}{R_1+R_2}(+V_{CC}) + \frac{R_2}{R_1+R_2}V_{REF}$$

可见比较器输出从高电平转化为为低电平的阈值电压大于参考电压 V_{REF}。

当输出为低电平时,其等效电路如图 3-48 所示。

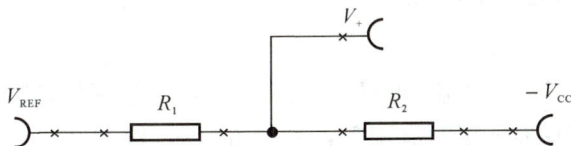

图 3-48 比较器输出为低电平的等效电路

由于电源电压 $-V_{CC}$ 总是小于于参考电压 V_{REF},比较器"+"端的电压为

$$V_+ = V_{REF} + \frac{R_1}{R_1+R_2}[(-V_{CC})-V_{REF}] = \frac{R_1}{R_1+R_2}(-V_{CC}) + \frac{R_2}{R_1+R_2}V_{REF}$$

可见比较器输出从低电平转化为高电平的阈值电压低于参考电压 V_{REF}。

图 3-49 是迟滞比较器的输出。即使输入信号的噪声较大,但比较器的输出没有来回翻转。

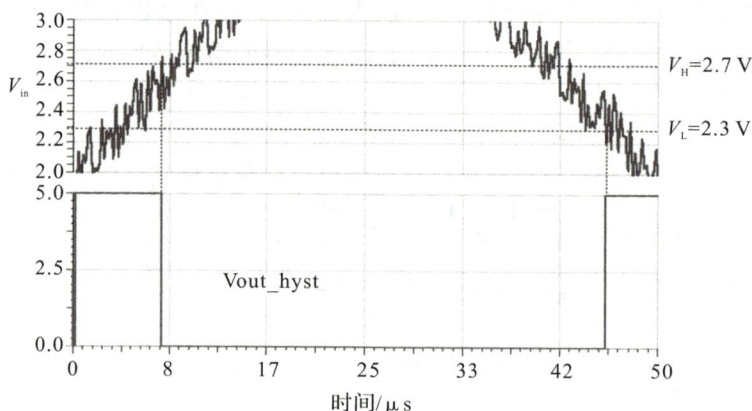

图 3-49 迟滞比较器输入和输出信号波形

3.4 基准电压源

基准电压源在电源电压及温度变化时能够稳定输出电压,广泛应用于 ADC、DAC、线性稳压器和电源转换器等电路中。几乎在所有的电子产品中都可以找到基准电压源,它可能是独立的,也可能集成在具有更多功能的器件中。

3.4.1 基准源的类型

两种常见的基准电压源是齐纳二极管和带隙基准源。

3.4.2 实现方式

1. 齐纳二极管

不依赖于电源电压的恒定基准电压,但其电压的稳定性并不高,最高为 1% 左右,而且温度系数是正的,约为 2 mV/℃。

2. 带隙基准源

带隙基准电压源具有高精度,低噪声,而且温度稳定性很好,所以应用非常广泛。

目前常用的带隙基准电压源有两种:并联基准电压源(Shunt Voltage Reference)和串联基准电压源(Series Voltage Reference)。

(1)并联基准电压源。并联基准电压源的电路如图 3-50 所示。

从电路结构来看,并联基准电压源的负载和并联基准电压源是并联在一起,这就是并联基准电压源的来源。它很像一个齐纳二级管。

LT1389-1.25 是一个基准电压源,在它和电源之间

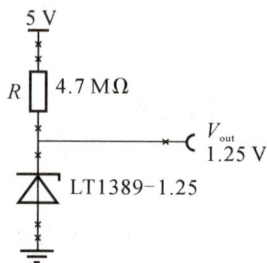

图 3-50 并联基准电压源

（此例中为 5 V）要串入一个电阻（此例中为 4.7 MΩ），输出为 1.25 V。并联基准电压源的优点是设计简单，在较宽的负载电流范围稳定性好。另外可以很容易设计成为负基准电压源，而且可用于较高的电源电压，这是因为大部分压降落在了串联的电阻上。并联基准电压源的输出略低于电源电压。流经并联基准电压源的电流有一个最小值和一个最大值，只有当此电流在最小值和最大值之间，并联基准电压源才能正常工作。

串联电阻的阻值选择很重要，假设负载电流为 I_L，电源电压为 V_{CC}，并联基准电压的最小工作电流为 I_{min}，最大电流为 I_{max}，基准电压为 V_{ref}，则 R 的阻值应满足以下条件：

$$I_{min} \leqslant \frac{V_{CC} - V_{ref}}{R} - I_{load} \leqslant I_{max}$$

基准电压源设计的关键在于精度高，温漂小，带隙基准电压源利用硅的能带隙作为基准电压，采取一些温度补偿的办法，可得到几乎不受温度影响的基准电压，可以实现高精度。

（2）串联基准电压源。串联基准电压源的电路如图 3-51 所示。

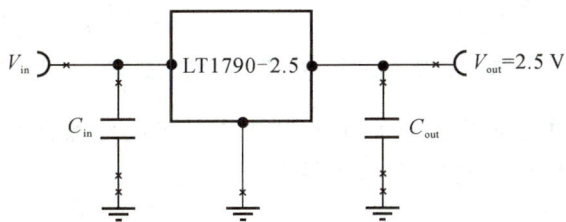

图 3-51　串联基准电压源

从电路结构来看，串联基准电压源的负载和串联基准电压源是串联在一起，这就是串联基准电压源的由来。它很像一个三端线性稳压器，但它的输出比线性稳压器更精确，稳定度更高。

图 3-51 中的 LT1790-2.5 V 是一个输出为 2.5 V 的串联基准电压源。

串联基准电压源的设计较简单，不像并联基准电压源，需要计算电阻的阻值，而且它的精度高，温度漂移小。它也像线性稳压器一样，输出电流不随电源电压的变化而变化，特别适合电源电压波动较大的应用。串联基准电源的应用最为普遍。

串联基准电压源的输出电流不可以超出它的最大输出电流，否则输出电压不稳定。

3.4.3　基准电压源的指标

衡量一个基准电压源的好坏，有以下几个指标。

1. 初始准确度（Initial Accuracy）

基准电压源的初始精确度，通常以百分比（％）来表示，一般是指在温度为 25 ℃ 的情况下。

2. 温度漂移（Temperature Drift）

基准电压源的输出随温度而变化，通常单位是 $10^{-6}/℃$，是指当温度变化 1 ℃ 时，输出的变化量。

3. 线电压调整率(Line Regulation)

当基准电压源的电源电压变化时,基准电压源输出的变化量,通常单位为 $10^{-6}/V$ 即当电源电压变化 1 V 时,基准电压源输出的变化量。

4. 负载调整率(Load Regulation)

当基准电压源的负载变化时,基准电压源的输出的变化量,通常单位为 $\mu V/mA$,即当负载电流变化 1 mA 时,基准电压源输出的变化量。

通常基准电压源的输出要考虑工作温度、电源电压、负载电流,在给定的温度、给定的电源电压、给定的负载电流条件下的输出。

3.4.4 基准电压源的噪声

基准电压源也会产生噪声,为了减小基准电压源噪声的影响,可以用 RC 低通滤波器来减小此噪声对测量结果的影响。

3.4.5 提高基准电压源的电流驱动能力

如果基准电压源的负载电流较大,可以考虑在基准电压源后加一个运放构成的跟随器来提高驱动能力,此运放的输入失调电压要低。

3.5 模拟滤波器

在模拟信号被放大之后和进入模数转换器以前,通常需要对放大后的信号进行滤波,以抑制不需要的噪声,让有用的信号通过,降低噪声的影响。滤波器通常是低通滤波器或带通滤波器。按照所用元件,可分为以下几种:

(1)无源滤波器(Passive Filter),由电阻、电感、电容等无源器件组成,不包含有源器件。

(2)有源滤波器(Active Filter),由有源器件(如运放)、电阻、电容等组成。

滤波器按照频率响应,可分为以下几种:

(1)低通滤波器,即低频信号可以无衰减的通过,但对高频信号有衰减。通常带宽从直流(零赫兹)到截止频率。低通滤波器的幅频特性曲线如图 3-52 所示。

(2)高通滤波器和低通滤波器相反,高频信号可以通过,而低频信号则被衰减。通带频率从截止频率到无穷。高通滤波器的幅频特性曲线如图 3-53 所示。

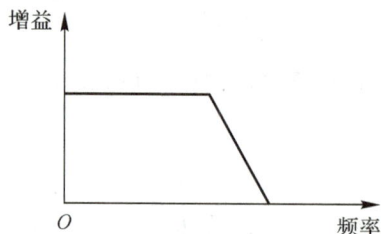

图 3-52 低通滤波器的幅频特性　　图 3-53 高通滤波器的幅频特性

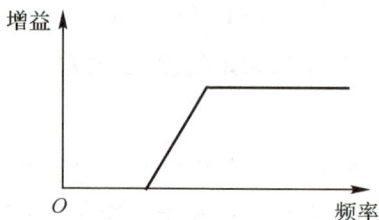

（3）带通滤波器,对某一个带宽内(在两个频率之间)的信号可以无衰减地通过,但对带外(在两个频率之外)的信号有较大的衰减。通带是在两个频率 F_L 和 F_H 之间。频率在直流和 F_L 之间的信号被衰减,同时频率在 F_H 以上的信号也会被衰减。频率在 F_L 和 F_H 之间的信号可以无衰减地通过。

按截止频率附近幅频特性和相频特性的不同,滤波器又可分为以下几种。

（1）贝赛尔滤波器(Bessel Filter)。贝赛尔滤波器的特点是它的幅频响应中,通带内的幅度不是平坦的,其幅度随着频率的增加而逐渐下降,但没有纹波,而且在过渡带内衰减速率低,但它的相位响应在通带内是线性的,对截止频率以下的所有频率的延时相同。例如在音频

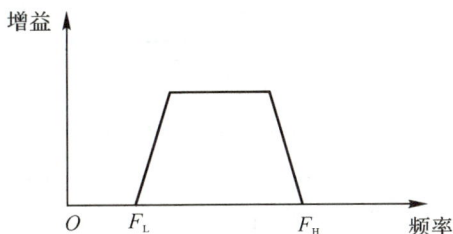

图 3 - 54　带通滤波器的幅频特性

设备中,必须在不损害频带内多信号的相位关系前提下,消除带外噪声,所以可以用在音频 ADC 输入端的抗混叠滤波器。另外,贝塞尔滤波器的阶跃响应很快,而且没有过冲或振铃,也可以作为音频 DAC 输出端的平滑滤波器。

（2）巴特沃斯滤波器(Butterworth Filter)。巴特沃斯滤波器的特点是它的幅频响应中,通带内的幅度是平坦的,没有纹波,在过渡带内它的衰减较贝赛尔滤波器要快,为 20 dB/10 倍频。它的相位响应线性度较差。如果幅度的精确度非常重要,在通带内要求对所有的频率分量的增益都一样,则应选用这种滤波器,比如在数据采集、测量等电路中模数转换器之前的滤波电路。巴特沃斯滤波器的应用较为广泛。

（3）切比雪夫滤波器(Chebyshev Filter)。切比雪夫滤波器的特点是它的幅频响应中,在过渡带内它的衰减速率很快,通带内的幅度不是平坦的,有纹波。它的相位响应的线性度最差。在通带内对不同的频率,相位延迟不一样。切比雪夫滤波器用在对通带内不同频率分量的平坦度要求不高,但对过渡带内的频率分量衰减度高的应用中,比如在通信电路中。

3.5.1　有源滤波器

有源滤波器由运放、电容和电阻来构成。运放是有源器件,因此所构成的滤波器叫有源滤波器。有源滤波器不需要电感,因此占用的面积较小,特别适用于截止频率频率较低的电路中,比如数据采集、测量等系统中。有源滤波器的增益可以大于1。

一阶有源滤波器和二阶有源滤波器是有源滤波器的基本单位。有源滤波器的输入阻抗很高,而输出阻抗很低,因此三阶和三阶以上的有源滤波器都可以由一阶有源滤波器和多个二阶有源滤波器级联而成。

1. 有源滤波器的转移函数

一个有源滤波器的转移函数为

$$A(S) = \frac{A_0}{(1+a_1S+b_1S^2)(1+a_2S+b_2S^2)(1+a_iS+b_iS^2)} = \frac{A_0}{\prod\limits_i (1+a_iS+b_iS^2)}$$

式中: A_0 是有源滤波器的增益; a_i 和 b_i 是有源滤波器的滤波系数。 i 是有源滤波器的阶数。对于不同的阶数,其滤波系数是不同的。即使阶数相同,贝塞尔滤波器、巴特沃斯滤波器和切比雪夫滤波器的滤波系数也是不同的。 a_i 和 b_i 的值可以通过查表得知。例如表 3-14 是对于不同的阶数的巴特沃斯滤波器, a_i 和 b_i 的滤波器系数的值(只列举到 4 阶)。

表 3-14 巴特沃斯滤波器系数

n	i	a_i	b_i
1	1	1.000 0	0.000 0
2	1	1.414 2	1.000 0
3	1	1.000 0	0.000 0
	2	1.000 0	1.000 0
4	1	1.847 8	1.000 0
	2	0.765 4	1.000 0

2. 一阶有源低通滤波器

图 3-55 是一个一阶有源滤波器,其增益为 1。

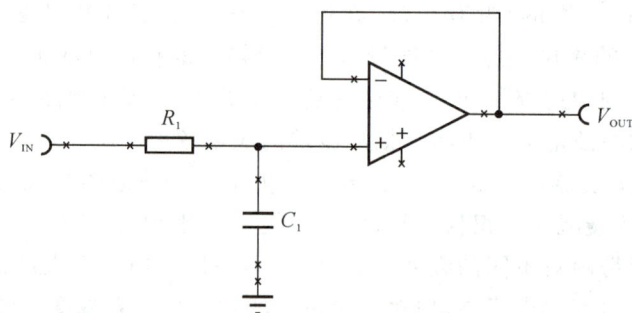

图 3-55 增益为 1 的一阶有源低通滤波器

它的转移函数为

$$A(S) = \frac{\dfrac{1}{R_1 C_1}}{S + \dfrac{1}{R_1 C_1}} = \frac{1}{1 + s R_1 C_1}$$

上述滤波器的截止频率为

$$f_c = \frac{1}{2\pi R_1 C_1}$$

例 1 设计一个增益为 1、截止频率为 1 kHz 的一阶有源低通滤波器。设计步骤:

(1)首先选择运放,因为截止频率为 1 kHz,所以运放的带宽要大于 100 kHz。很多运放都可以满足要求。选择德州仪器的 TLV2371,其增益带宽积为 3 MHz,满足带宽的要求。

(2)接下来选择电容,因为可选的电容值相对于可选的电阻值,要小很多。选择电容值为 47 nF,C0G 陶瓷电容,容差为 5%。

（3）计算 R_1 的值：

$$R_1 = \frac{1}{2\pi f_C C_1} = \frac{1}{2\pi \times 10^3 \text{ Hz} \times 47 \times 10^{-9} \text{F}} = 3.38 \text{ k}\Omega$$

市场上最接近的电阻值为 3.40 kΩ。

图 3-56 是一个增益大于 1 的一阶有源滤波器。

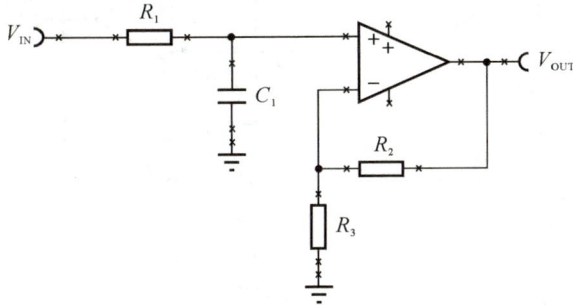

图 3-56　带增益的有源一阶有源滤波器

它的转移函数为

$$A(S) = \frac{\dfrac{1}{R_1 C_1}}{S + \dfrac{1}{R_1 C_1}} \times \left(1 + \frac{R_2}{R_3}\right) = \frac{1 + \dfrac{R_2}{R_3}}{1 + s R_1 C_1}$$

它的增益为 $\left(1 + \dfrac{R_2}{R_3}\right)$。

3. 二阶有源低通滤波器

图 3-57 是一个二阶有源低通滤波器，其增益 A_0 大于 1。它的转移函数为

$$A(S) = \frac{A_0}{1 + \omega_C \left[C_1(R_1 + R_2) + (1 - A_0)R_1 C_2\right]S + \omega_C^2 R_1 R_2 C_1 C_2 S^2}$$

$$A_0 = 1 + \frac{R_4}{R_3}$$

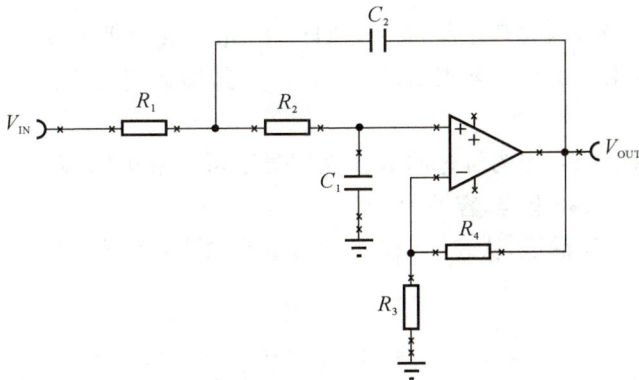

图 3-57　带增益的二阶有源低通滤波器

图 3-58 是一个二阶有源滤波器，其增益为 1。

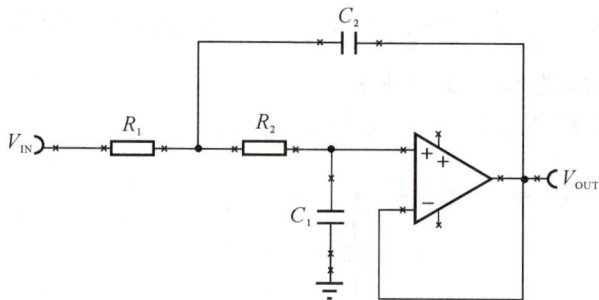

图 3-58 增益为 1 的二阶有源低通滤波器

它的转移函数为

$$A(S) = \frac{A_0}{1 + \omega_C [C_1(R_1 + R_2)]S + \omega_C^2 R_1 R_2 C_1 C_2 S^2}$$

对于一个增益为 1 的二阶有源低通滤波器，有

$$A_0 = 1$$

$$a_1 = \omega_C C_1 (R_1 + R_2)$$

$$b_1 = \omega_C^2 R_1 R_2 C_1 C_2$$

假设 C_1 和 C_2 已知，通过解上面的方程，可以得到 R_1 和 R_2 的值：

$$R_1 = \frac{a_1 C_2 - \sqrt{a_1^2 C_2^2 - 4 b_1 C_1 C_2}}{4 \pi f_C C_1 C_2}$$

$$R_2 = \frac{a_1 C_2 + \sqrt{a_1^2 C_2^2 - 4 b_1 C_1 C_2}}{4 \pi f_C C_1 C_2}$$

均方根内的值应该是正值，即 $a_1^2 C_2^2 - 4 b_1 C_1 C_2 \geqslant 0$，所以 C_2 应当满足

$$C_2 \geqslant C_1 \frac{4 b_1}{a_1^2}$$

例 2 设计一个增益为 1、截止频率为 1 kHz 的二阶有源巴特沃斯滤波器低通滤波器。设计步骤：

(1)首先选择运放，因为截止频率为 1 kHz，因此运放的带宽要大于 100 kHz。很多运放都可以满足要求。选择德州仪器的 TLV2371，其增益带宽积为 3 MHz，满足带宽的要求。

(2)接下来选择电容，因为可选的电容值相对于可选的电阻值，要小很多。选择电容 C_1 值为 10 nF，C0G 陶瓷电容，容差为 5%。

(3)接下来选择 C_2 的值，从表 3-14 的巴特沃斯滤波器系数表可以得知，$a_1 = 1.414\,2$，$b_1 = 1$，有

$$C_2 \geqslant C_1 \frac{4 b_1}{a_1^2} = 10 \text{ nF} \times \frac{4 \times 1}{1.4142^2} = 20 \text{ nF}$$

所以 C_2 的值应大于或等于 20 nF。选择 C_2 的值为 22 nF。

(4)计算 R_1 和 R_2 的值,有

$$R_1 = \frac{a_1 C_2 - \sqrt{a_1^2 C_2^2 - 4 b_1 C_1 C_2}}{4\pi f_c C_1 C_2}$$

$$= \frac{1.414 \times 22n - \sqrt{(1.414\,2 \times 22n)^2 - 4 \times 1 \times 10n \times 22n}}{4 \times 3.14 \times 1k \times 10n \times 22n} = 7.86 \text{ k}\Omega$$

最接近的电阻值是 7.87 kΩ。所以选择 R_1 为 7.87 kΩ。

$$R_2 = \frac{a_1 C_2 + \sqrt{a_1^2 C_2^2 - 4 b_1 C_1 C_2}}{4\pi f_c C_1 C_2}$$

$$= \frac{1.414 \times 22n + \sqrt{(1.414\,2 \times 22n)^2 - 4 \times 1 \times 10n \times 22n}}{4 \times 3.14 \times 1k \times 10n \times 22n} = 14.6 \text{ k}\Omega$$

最接近的电阻值是 14.7 kΩ。所以选择 R_1 为 14.7 kΩ。

这个二阶低通滤波器的幅频特性的仿真结果如图 3-59 所示。

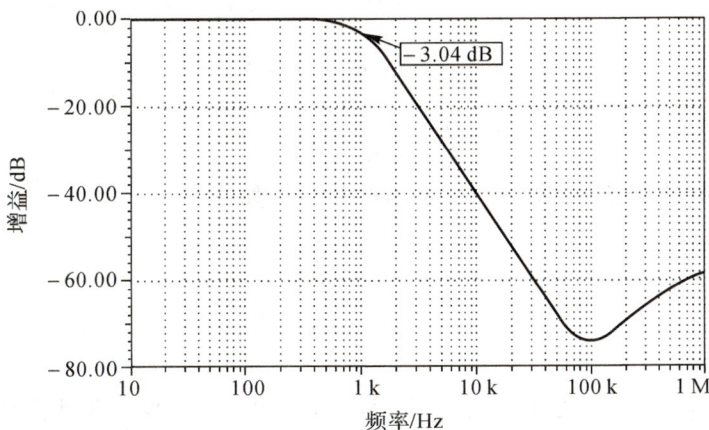

图 3-59　增益为 1 的二阶有源低通滤波器幅频曲线

4. 高通滤波器

把有源低通滤波器中的电阻换成电容,电容换成电阻,就变成了一个有源高通滤波器。如图 3-60 所示。

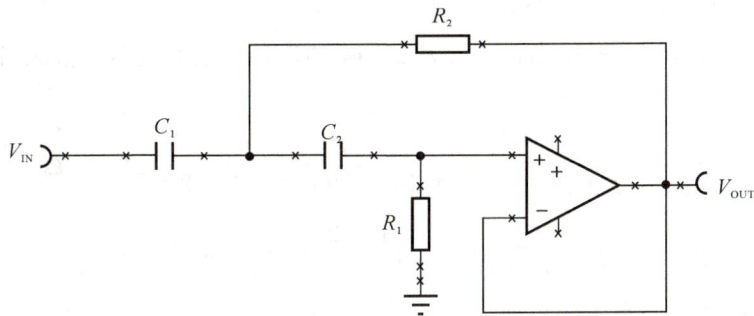

图 3-60　增益为 1 的二阶有源高通滤波器

一个有源高通滤波器的传输函数为

$$A(s)=\frac{A_0}{\left(1+\frac{a_1}{s}+\frac{b_1}{s^2}\right)\left(1+\frac{a_2}{s}+\frac{b_2}{s^2}\right)\cdots\left(1+\frac{a_i}{s}+\frac{b_i}{s^2}\right)}=\frac{A_0}{\prod_i\left(1+\frac{a_i}{s}+\frac{b_i}{s^2}\right)}$$

A_0 是增益。

图 3-60 中的增益为 1 的二阶高通滤波器的传输函数为

$$A(s)=\frac{1}{\left[1+\frac{R_2(C_1+C_2)}{\omega_C R_1 R_2 C_1 C_2 s}+\frac{1}{\omega_C^2 R_1 R_2 C_1 C_2 s^2}\right]}$$

为了简化设计，C_1 和 C_2 的值可以一样，则上式变为

$$A(s)=\frac{1}{1+\frac{2R_2}{\omega_C R_1 R_2 Cs}+\frac{1}{\omega_C^2 R_1 R_2 C^2 s^2}}$$

$$a_1=\frac{2}{\omega_C R_1 C}$$

$$b_1=\frac{2}{\omega_C^2 R_1 R_2 C^2}$$

假设 C 的值已知，那么 R_1 和 R_2 的电阻值计算如下：

$$R_1=\frac{2}{\pi f_C C a_1}$$

$$R_2=\frac{a_1}{4\pi f_C C b_1}$$

例 3 设计一个增益为 1、截止频率为 1 kHz 的二阶有源巴特沃斯滤波器高通滤波器。设计步骤：

(1)首先选择运放，因为截止频率为 1 kHz，所以运放的带宽要大于100 kHz。很多运放都可以满足要求。选择德州仪器的 TLV2371，其增益带宽积为 3 MHz，满足带宽的要求。

(2)接下来选择电容，因为可选的电容值相对于可选的电阻值，要小很多。选择电容 C 值为 10 nF，C0G 陶瓷电容，容差为 5%。

(3)接下来选择 R_1 和 R_2 的值，从表 3-14 的巴特沃斯滤波器系数表可以得知，$a_1=1.414\,2$，$b_1=1$，有

$$R_1=\frac{1}{\pi f_C C a_1}=\frac{1}{3.14\times1k\times10n\times1.414\,2}=22.5\ \text{k}\Omega$$

$$R_2=\frac{a_1}{4\pi f_C C b_1}=\frac{1.414\,2}{4\times3.14\times1k\times10n}=11.26\ \text{k}\Omega$$

选择 R_1 为 22.6 kΩ，R_2 为 11.3 kΩ。

这个二阶高通滤波器的幅频特性的仿真结果如图 3-61 所示。

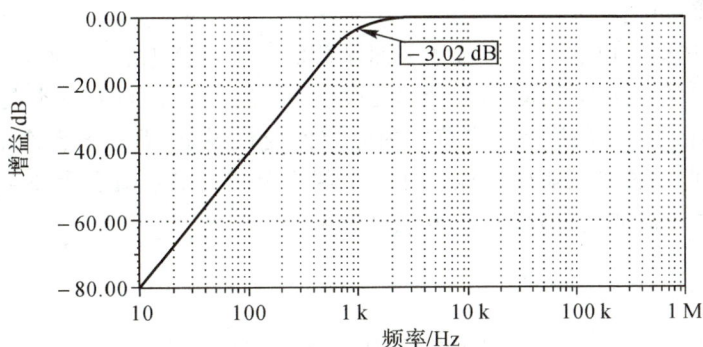

图 3-61 增益为 1 的二阶有源高通滤波器幅频曲线

5. 带通滤波器

把一个低通滤波器和一个高通滤波器级联起来,就构成了一个带通滤波器。

6. 有源滤波器的 EDA 设计

现在网上有很多 EDA 软件,可以帮助设计各种有源滤波器,使得有源滤波器的设计变得简单。一些大的半导体厂家,如模拟器件公司、德州仪器公司等,都有免费的软件可供下载,如:

(1) 模拟器件公司的 Analog Filter Wizard。

(2) 德州仪器公司的 Filter designer。

(3) Microchip 公司的 FilterLAB。

这些软件使得有源滤波器的设计变得非常简单。只需要输入有源滤波器的指标和要求,这些软件就可以设计出所需的滤波器。

7. 有源滤波器中元件的选择

(1) 运放的选择。有源滤波器中的运放最重要的指标是运放的增益带宽积。对于一阶有源滤波器,其增益带宽积 f_T:

$$f_T \geqslant 100Gf_C$$

式中: G 是有源滤波器的增益; f_C 是有源滤波器的截止频率。

对于 $Q<1$ 的二阶有源滤波器,有

$$f_T \geqslant 100Gf_C k_i$$

k_i 可以从滤波器的系数表中得到。对于巴特沃斯滤波器, k_i 的最大值不超过 1.5。

除了增益带宽积,比较重要的指标是运放的直流特性(如输入偏置电压等)、噪声、失真度等。应选择直流特性好,噪声较小,失真度较低的运放。

另外一个比较重要的指标是运放输出的斜率 SR(Slew Rate):

$$SR \geqslant \pi V_{pp} f_C$$

式中: V_{pp} 是输出信号的幅度(峰峰值)。

(2) 电阻的选择。电阻一般选用表面贴装的薄膜金属电阻,其寄生电感小。其容差为 1% 或者 0.1%。电阻的阻值应在几百欧姆到几十千欧姆之间。电阻太小的话,其功耗会较高;电阻太大的话,其热噪声较大。因为电阻都会有热噪声,所以热噪声的幅度和电阻值的均方根正成正比。

（3）电容的选择。电容一般可选用表面贴装的一类陶瓷电容（COG，NPO）或钽电容，尽量避免选用二类（X7R，X8R）或三类陶瓷电容（Y5V 等）。因为一类陶瓷电容（COG，NPO）和钽电容很稳定，在整个温度范围内电容值变化很小，而且电容值不会随电容两端的电压而变化；但二类和三类陶瓷电容在整个温度范围内电容值变化较大，而且电容值会随电容两端的电压而变化，所以会产生压电噪声。

3.5.2 无源滤波器

无源滤波器由电感 L、电容 C 和电阻 R 等无源器件组成。也可以构成低通、带通、高通等各种滤波器。图 3 - 62 所示的就是一个二阶无源 LC 低通滤波器。

假设 LC 低通滤波器的负载为无穷大，则

$$\frac{V_{OUT}}{V_{IN}} = \frac{\frac{1}{j\omega C}}{j\omega L + \frac{1}{j\omega C}} = \frac{1}{1 - \omega^2 LC}$$

当 $1 - \omega^2 LC = 0$，即 $\omega = 2\pi f = \frac{1}{\sqrt{LC}}$ 时，从理论上来说，$\frac{V_{OUT}}{V_{IN}}$ 会趋于无穷大，但实际上电感都有一个直流电阻 DCR（DC Resistance），电容也会有一个等效串联阻抗 ESR，所以 $\frac{V_{OUT}}{V_{IN}}$ 不会趋于无穷大。这个频率 $f = \frac{1}{2\pi\sqrt{LC}}$ 称为谐振频率。

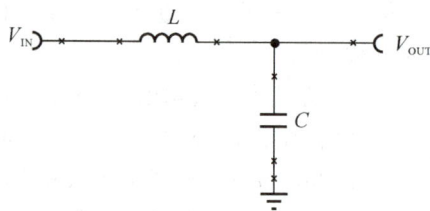

图 3 - 62 LC 低通滤波器

LC 低通滤波器是一个二阶的低通滤波器，在过渡带内其下降斜率为 -40 dB/10 倍频。

无源滤波器作为信号滤波器的优点是：

（1）绝对稳定，不存在稳定性问题，因为没有反馈。

（2）不需要电源，所以没有额外的功耗。

（3）输入信号的幅度可以很大，而有源滤波器的输入信号的幅度受限，不可以超过有源器件的电源电压。

无源滤波器的缺点是：

（1）如果包含电感，则电感的体积较大，尤其是当滤波器的截止频率较低的时候，而且成本较高；另外电感的容差较大（20%），因此造成滤波器带宽和截止频率的准确度较差；而且可选的电感值的数量不多。

（2）无源滤波器没有增益。

（3）设计多阶滤波器时，无源滤波器不可以把一阶或二阶滤波器作简单的级联，设计较为复杂。而有源过滤波器可以把一阶或二阶滤波器简单的级联起来组成一个多阶的滤波器，设计比较简单。

3.5.3 抗混叠滤波器

在模拟信号进入 ADC 之前,需要一个抗混叠低通滤波器。假如 ADC 的采样速率为 f_s,则根据奈奎斯特采样定率,为了使得采样后的信号不失真,采样频率应该大于模拟输入信号最高频率的两倍以上,即模拟输入信号的最高频率应该小于采样速率的一半。如果输入信号的最高频率超过采样速率的一半,则会产生频谱的混叠。频率超过采样速率一半的部分会被折叠回来,造成频谱的混叠。为了避免混叠,所以一般 ADC 之前会加一个低通滤波器,又称抗混叠滤波器。对低通滤波器的要求是把输入信号中频率高于奈奎斯特频率的噪声衰减到小于 ADC 的噪声基底(一般为 $-n \times 6.02$ dB,n 是 ADC 的分辨率)。

例 4 对于一个 12 位 ADC,比如 LTC2365,从数据手册上,它的信噪比(信号对噪声的比率)为 73 dB。假设它的采样速率是 1 MHz,则奈奎斯特频率是采样速率的一半,即 500 kHz。抗混叠低通滤波器必须把频率高于 500 kHz 的噪声衰减到 ADC 的噪声基底(Noise Floor)以下,即 -73 dB。假设抗混叠低通滤波器的截止频率为 100 kHz,这就要求抗混叠低通滤波器在 100～500 kHz 的过渡带内,产生 73 dB 的衰减。对于一个二阶低通滤波器,其在过渡带内的下降速率为 40 dB/10 倍频,对于一个四阶低通滤波器,其在过渡带内的下降速率为 80 dB/10 倍频,对于一个六阶低通滤波器,其在过渡带内的下降速率为 120 dB/10 倍频。一个六阶低通滤波器,从 100 kHz 至 500 kHz,可以产生 83 dB 的衰减,满足要求。

如果 ADC 是 Sigma-Delta 模数转换器,由于 Sigma-Delta 模数转换器采用了过采样,其采样频率远远高于输入信号的频率,而且输入信号的频率较低,所以抗混叠滤波器的设计较为简单,一般一个一阶的 RC 低通滤波电路就能满足要求。

如果 ADC 是 SAR 模数转换器,则抗混叠滤波器的设计较为复杂,一般需要一个多阶的低通滤波器。

抗混叠滤波器的设计步骤如下:

(1)根据 ADC 的采样速率,确定奈奎斯特频率。

(2)根据系统的要求,确定低通滤波器的截止频率,一般截止频率要大于有用信号的最高频率。

(3)抗混叠滤波器的过渡带的频率为截止频率至奈奎斯特频率。

(4)从 ADC 的数据手册,确定 ADC 的噪声基底,进而确定抗混叠滤波器在过渡带内要衰减的大小;或者根据 ADC 的分辨率,确定它的噪声基底(一般为 $-n \times 6.02$ dB,n 是 ADC 的分辨率)。

(5)从低通滤波器的截止频率,奈奎斯特频率和抗混叠滤波器在过渡带内要衰减的大小,确定抗混叠滤波器的阶数。

(6)根据 3.5.1 节的方法,设计抗混叠滤波器。

(7)利用仿真软件对抗混叠滤波器进行仿真,验证设计的正确性。

3.6 模数转换器(ADC)

ADC 把经过放大,滤波后的模拟信号转化为数字信号,送进微处理器进行处理。它是一个模拟和数字混合集成电路,是嵌入式系统中模拟电路和数字电路的分界线,类似于象棋中的楚河汉界。

有些微处理器自身就带有 ADC,但微处理器内置的 ADC 的分辨率一般不会太高,大部分只有 12 位。这是因为微处理器内集成了很多的高速数字电路,这些数字电路的噪声会耦合到芯片内的模拟电路上,所以一般分辨率不会太高。如果要求分辨率不高,则可以用微处理器内部的 ADC,不需要外接 ADC,这样可以简化设计,同时减小成本。如果要求分辨率大于 12 位,则要选用专用的 ADC。

根据奈奎斯特定律的要求,ADC 的采样速率要大于两倍的输入模拟信号的最高频率,才能保证采样后的信号不失真。

ADC 按其结构,可以分为以下几类,包括 Sigma-Delta ADC、逐次逼近式 ADC 和流水线型 ADC 等。

3.6.1 Sigma-Delta ADC

Sigma-Delta ADC 的分辨率很高,通常为 16~24 位,甚至 32 位;但转换速率较慢。

Sigma-Delta ADC 包括 Sigma-Delta 调制器(Modulator)、数字滤波器(Digital Filter)和取样器(Decimator)。先对输入的模拟信号进行过采样(Over-Sampling)和保持,采样频率 f_s 可以达到奈奎斯特频率的 256 倍。这个过程叫 Sigma-Delta 调制,产生的是一个频率为 f_s 的一位的数据流。然后进入一个数字滤波器,进行滤波,数字滤波器的输出再经过一个取样滤波器,把输出数字信号的频率降低到 f_D,f_D 是输出数据的频率。

由于 Sigma-Delta ADC 里有低通数字滤波器,一般是 FIR 低通数字滤波器,所以其输出相对于输入的模拟信号有延迟。延迟取决于数字滤波器的节数。

有些 Sigma-Delta ADC 对 50 Hz 和 60 Hz 的信号有很强的抑制能力,可达 90 dB,因此特别适用于有很强 50 Hz 和 60 Hz 电磁干扰的环境中,比如在工业环境中。因为工业环境中,使用了大量的电机,所以有很强的 50 Hz 或 60 Hz 的电磁干扰。50 Hz 和 60 Hz 电磁干扰很容易耦合到各种传感器输出的模拟信号上,对测量结果造成影响。因此用于有很强 50 Hz 和 60 Hz 的电磁干扰的工业环境的设备中,比如 PLC(可编程控制器)等,应用非常广泛。

Sigma-Delta ADC 由于采用了过采样,所以对前面的抗混叠滤波器的要求较低。一个一阶的有源低通滤波器即可满足要求。

Sigma-Delta ADC 的成本较高。

3.6.2 逐次逼近式(SAR)ADC

SAR ADC 由采样保持电路(S/H)、比较器、N 位 DAC(N – Bit DAC)、N 位寄存器(N – Bit Register)和逐次比较逻辑(SAR Logic)等构成。

模拟输入电压由采样保持电路保持。N 位寄存器的初值首先设置在数字中间刻度(如 $100,\cdots,0$,最高有效位 MSB 为"1"),这样 DAC 的输出为 $\dfrac{V_{ref}}{2}$,V_{ref} 是基准电压。然后,和输入保持电压 V_{in} 进行比较,如果 $V_{in} \geqslant V_{DAC}$,则比较器输出高电平"1",N 位寄存器的 MSB 保持不变,仍为"1";反之,如果 $V_{in} < V_{DAC}$,则比较器输出为低电平"0",则 N 位寄存器的 MSB 变为"0"。随后,SAR 控制逻辑移至下一位,将这一位设置为高电平'1',进行下一次比较。重复这个过程,持续到最低有效位 LSB。上述操作过程完成后,就完成了转换,N 位的转换结果存储在 N 位寄存器内。通过接口电路,微处理器就可以读取 ADC 的结果。

SAR ADC 的主要优点是比较简单,功耗低,分辨率较高(8~18 位),转换速率较高(可以到 4 MHz),输出数据不存在延迟,成本也较低,所以应用非常广泛。但对前级抗混叠滤波器的要求较高,一般需要一个多阶有源低通滤波器。

3.6.3　流水线型 ADC

在流水线 ADC 中,输入的模拟信号经过采样保持之后,顺序的沿着流水线移动,一步一步地进行数字转换,每一步转换得到一定数量的数字输出量,最高有效位最先得到,最低有效位最后得到。它的数字化过程由级联的多个结构相似的低精度模数转换器完成。每一个 ADC 包括一个采样保持电路,一个低分辨率的 ADC 和 DAC 以及一个求和电路。流水线 ADC 的优点如下:

(1)流水线结构中各级处于并行工作状态,提高了转换效率。

(2)与并行 ADC 相比,极大地减小了芯片面积并降低了功耗。

流水线 ADC 的优点是转换速率很高(可达 550 MHz),分辨率可以达到 16 位(跟转换速度有关),但功耗高,而且成本高,输出有一点延迟。

3.6.4　ADC 的主要指标

1. 分辨率

通常以二进制的位数来表示。位数越多,量化单位越小,对输入信号的分辨能力就越高。例如假设基准电压源为 5 V,ADC 的分辨率是 8 位,则可分辨的最小电压为 $\dfrac{5\ V}{2^8-1}=$ 19.6 mV。如果 ADC 的分辨率是 12 位,则可分辨的最小电压为 $\dfrac{5\ V}{2^{12}-1}=1.22\ mV$。

2. 转换速率

转换速率(采样率)是 ADC 一个重要指标。ADC 完成一次转换所需的时间叫作转换时间。转换时间的导数为转换速率。

3. ADC 的直流准确度

(1)零位误差及温漂。零位误差为实际模数转换曲线中数字 0 的代码中点与理想模数转换曲线中的数字 0 的代码中点的最大偏差。这类似于运放的输出失调电压。另外这个误差电压也随温度的变化而变化。这个误差可以用校准电路来消除掉。

(2)增益误差及其温漂。增益误差是指 ADC 实际传输特性曲线和理想传输特性曲线的偏差程度。增益误差的单位是 LSB。例如一个 16 位的 ADC 的增益误差为 ± 16 LSB,意味着在 ADC 的最大输出时,会带来 16 LSB 的误差。这个误差可以用校准电路来减小或消除。

(3)积分非线性误差(Integral Nonlinearity Error,INL)。实际模数转换曲线的代码中点与这条直线之间的最大偏差就是积分非线性误差,单位是 LSB。这个误差没有办法通过校准电路消除。

(4)微分非线性误差(Differential Nonlinearity Error,DNL)。ADC 的实际代码宽度与理想代码宽度之间的最大偏差称为微分非线性误差,常简称为微分误差,单位是 LSB。这个误差也没有办法通过校准电路消除。

4. ADC 的交流准确度

(1)动态范围。动态范围定义为 ADC 本底噪声至其规定最大输出之间的范围,通常以 dB 表示。

(2)信噪比。信噪比是给定时间点有用信号幅度与噪声幅度之比,该值越大越好。

(3)总失真度。总谐波失真(THD)是所选输入信号谐波的 RMS 之和与基波之比。

(4)信号对噪声和失真比(SINAD)。SINAD 是正弦波(ADC 的输入)的 RMS 值与转换器噪声加失真(无正弦波)的 RMS 值之比。

3.6.5 ADC 的选择

各种 ADC 都有优点、缺点和适用场合。在选择 ADC 时,要考虑以下因素:

(1)转换速度(采样率)是 ADC 的一个主要指标。根据奈奎斯特定律,采样率必须大于或等于输入信号频率的两倍以上才能保证采样后的信号不失真。但通常实际应用中采样率要大于或等于信号频率的 3~4 倍。采样率越高,信噪比越好。但采样率越高,微处理器处理得就越快。

(2)分辨率。分辨率是 ADC 另外一个非常重要的指标。要根据应用的要求,选择满足分辨率要求的 ADC。

(3)ADC 的直流或交流的准确度。ADC 都会有一定的误差。不同的应用应该考虑不同的误差。如在数据采集、精密测量等应用中,因为要测量的是直流到低频率的低频信号的幅度,而且对测量的准确度的要求高,所以主要考虑 ADC 的直流准确度参数;而在通信等的应用中,输入信号通常是频率较高的一个带通信号,对信号的幅度的准确度要求不高,但对信噪比、失真等的要求较高,所以主要考虑 ADC 的交流准确度参数。

(4)另外还要考虑的输入信号的形式(单端或差分输入)、输入信号范围、输入通道类型和数量、工作电源、基准电压等多种具体功能上的差异。有时候成本也是一个重要的考虑因素。

(5)现在有些微处理器有内置的 ADC 模块,但一般内置的 ADC 的分辨率最高为 12 位,这是由于微处理器内数字电路的噪声的影响,所以微处理器内置的 ADC 的分辨率不可能太高。

3.6.6 ADC 的电源

有些 ADC 的电源有两个:一个是模拟电源,用来给 ADC 的模拟部分供电;另一个是数字电源,用来给 ADC 的数字部分供电。模拟电源上的噪声会直接影响 ADC 的性能,所以要求模拟电源上的噪声要小。由于数字电源的噪声较大，所以一般要把模拟电源和数字电源分开，不可以共用一个电源。如果它们要共用一个电源，则要在两者之间接一个磁珠，和去耦电容构成一个 LC 低通滤波器，抑制数字电源上的噪声对模拟电源的影响，进而影响 ADC 的性能。有些 ADC 的模拟地（AGND）和数字地（DGND）也是分开的，在电路板上要把模拟地和数字地在 ADC 处连接起来。

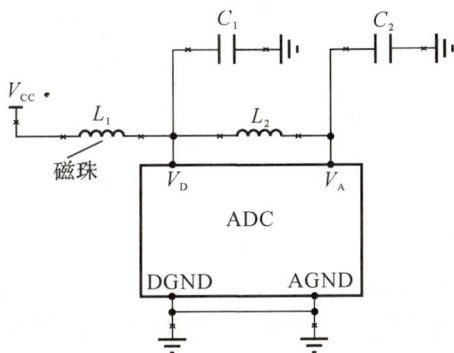

图 3 - 63　ADC 的电源

一般在 ADC 的模拟电源和数字电源上都要接一个或多个去耦电容，去耦电容必须非常靠近模拟电源和数字电源的引脚。一般 ADC 的数据手册都会给出所需的去耦电容的电容值（一般为 $0.1 \sim 1\ \mu F$）。这些去耦电容通常是贴片封装的陶瓷电容。

3.6.7　ADC 的基准电压源（Voltage Reference）

ADC 的基准电压源对 ADC 的性能影响很大。有的 ADC 有内置的基准电压源，有的需要外接基准电压源。内置的基准电压源的性能一般比外接基准电压源性能要稍微差一些。

在 ADC 采样和转换过程中，ADC 需要不断从基准源抽取电荷给转换网络电容充电，并且保持基准源电压的恒定，而且抽取的时间很短，所以一般基准源 V_{ref} 需要接一个几微法到几十个微法的贴片陶瓷电容在基准电压源的引脚上，在电路板上这个电容必须非常靠近基准源的引脚，而且引线要宽，以降低引线的寄生电感。

3.6.8　ADC 的输入

ADC 的模拟输入有三种方式，即单端输入、伪差分输入和全差分输入。

1. 单端输入

ADC 的模拟输入只有 AINP 一个引脚，模拟输入电压＝AINP－0 V＝AINP。输入电压范围为 0 V 到 V_{ref}。

2. 伪差分输入

ADC 的模拟输入有两个引脚，AINP 和 AINM。模拟输入电压＝AINP－AINM。AINM 是一个固定电压。通常 AINM＝$\dfrac{V_{ref}}{2}$。AINP 的范围为 0 V 到 V_{ref}。

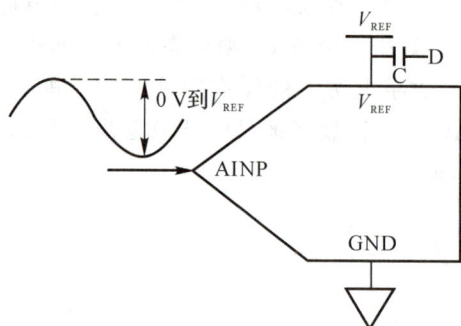

图 3-64　单端输入 ADC

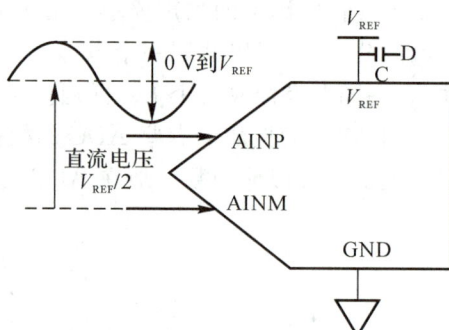

图 3-65　伪差分输入 ADC

3. 全差分输入

ADC 的模拟输入有两个引脚，AINP 和 AINM（见图 3-66）。模拟输入电压＝AINP－AINM。AINP 和 AINM 的相位相差 180°。AINP 和 AINM 的范围为 0 V 到 V_{ref}。全差分输入的电压幅度比伪差分输入要大一倍。可以提高信噪比 6 dB。

单端输入的 ADC 的模拟输入 AINP 是相对于地的电压，所以地线的噪声会对 ADC 的性能产生较大的影响。而伪差分输入和全差分输入的 ADC 的输入是一对差分信号的差值（AINP－AINM），而且伪差分输入和全差分输入的 ADC 对共模电压和噪声有很强的抑制能力，可以大大提高对地线噪声和外界噪声的抗干扰能力。

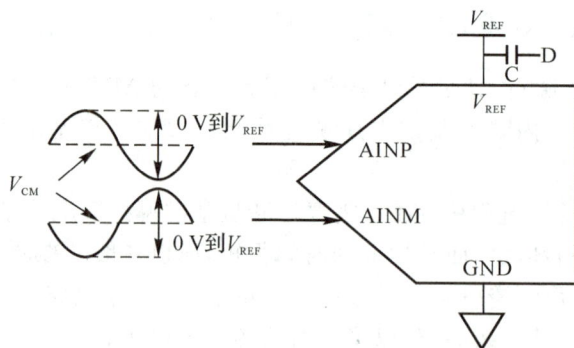

图 3-66　全差分输入 ADC

一般分辨率高和转换速度快的 ADC 采用全差分的输入模式。

3.6.9　ADC 的驱动

1. ADC 的输入驱动电路

ADC 的转换过程分为两个阶段：采样保持阶段和转换阶段。SAR ADC 和 Sigma-Delta ADC 的输入级是开关电容。在采样保持阶段，采样开关 S_1 闭合，外部驱动电路对 ADC 内的采样电容（C_{SAMPLE}）充分充电，直至充电到采样电容上的电压和输入电压非常接近（两者电压差小于 0.5 LSB），这段时间为采样保持时间 t_{acq}；随后进入转换阶段，开关 S_1

断开,ADC 开始转换采样到的信号(采样电容上的电压)。

要在 ADC 的模拟输入端接一个对地的电容 C_{FIL},C_{FIL} 应靠近 ADC 的输入,它提供了采样时所需的大部分脉冲电流。通常 C 的电容值(几百皮法到几千皮法)远大于采样电容 C_{SAMPLE} 的电容值(通常 $C_{FIL} \geqslant 20C_{SAMPLE}$)。$R$ 的电阻值一般较小(几十欧姆到几百欧姆),以免影响对采样电容的充电。R 的作用是在 ADC 的输入和缓冲器之间提供一个隔离,以避免采样时影响缓冲放大器的稳定性。R 的阻值越大,对缓冲放大器的稳定性的影响越小;但阻值越大,充电常数[$\tau = R \times (C_{SAMPLE} + C_{FIL})$]就越大,采样电容的充电时间越长。因此 R 的阻值不可以太大,也不可以太小。这个 RC 也是一个低通滤波器,起到一定的滤波作用。

对缓冲器放大器的要求是缓冲器的带宽要宽,噪声要小,同时能驱动较大的电容负载,而且闭环输出阻抗要低,以便更快的给采样电容充电。

如果 ADC 的输入是单端输入,则驱动电路如图 3-67 所示。

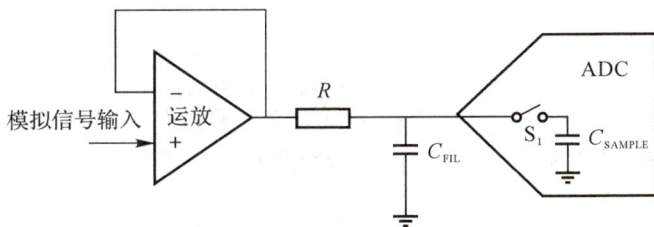

图 3-67　模数转换器的单端驱动示意图

如果 ADC 的输入是差分输入,则驱动电路如图 3-68 所示。

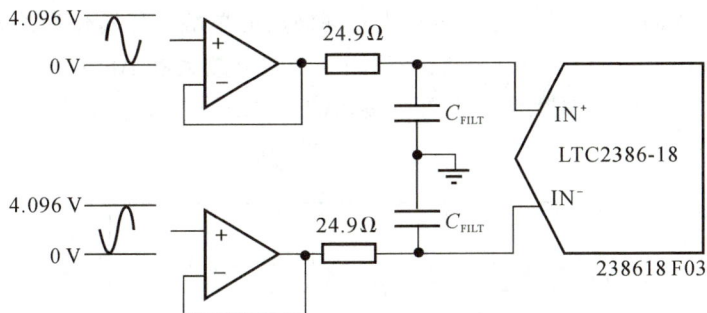

图 3-68　数模转换器的差分驱动示意图

2. 电平抬升电路

ADC 的输入范围是从 0 V 至基准源电压 V_{ref},不能为负电平。有时经过放大器和滤波器后,在 ADC 之前的信号有可能是负电平,这时就需要电平抬升电路把信号抬升到 0 V 以上。

有的 ADC 的输入是差分输入,如果经过放大器后和滤波器后的信号是单端信号,这时就需要把单端信号转换为差分信号,再进入 ADC。

一般 ADC 之前的缓冲放大器也把电平抬升电路,单端变差分电路结合在一起。

高级电力电子线路设计实践

图3-69就是一个利用一个反相放大器构成的电平抬升电路,在运放的同相端加了一个正的偏置电压。

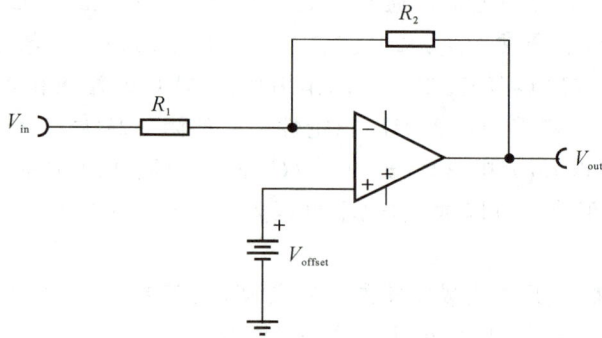

图 3-69 电平抬升电路

运放的输出

$$V_{out} = \left(1 + \frac{R_2}{R_1}\right)V_{offset} - \frac{R_2}{R_1}V_{in}$$

通常为了简单,可选 $R_1 = R_2$,则上述公式简化为

$$V_{out} = 2V_{offset} - V_{in}$$

适当地选择 V_{offset},R_1 和 R_2 的值,使得 V_{out} 在 ADC 的输入电压范围内,即 0 V 到基准源电压 V_{ref}。

3. 单端变差分电路

对于差分输入的 ADC,需要把经过放大和滤波后的单端信号转化为差分信号。有很多种电路可以完成这个功能。图3-70就是利用一个差分放大器 AD8476 实现单端到差分的转换。差分放大器的反相端接地,同相端接输入的单端信号。V_{OCM} 是差分输出的共模电压,

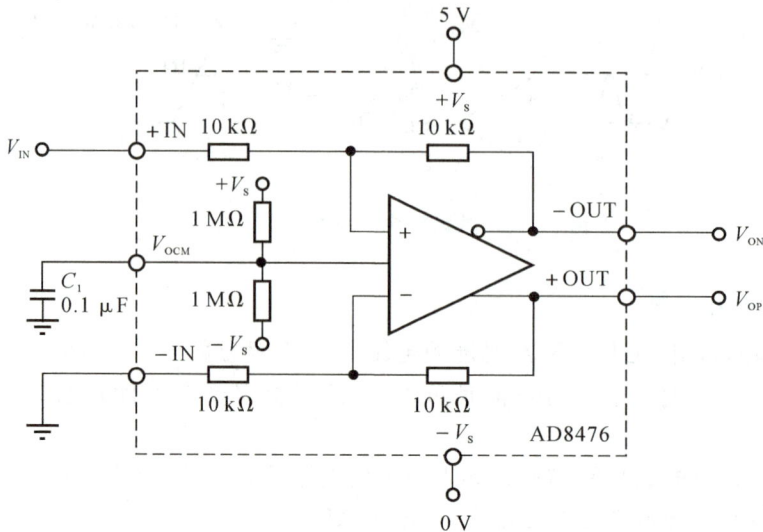

图 3-70 用差分放大器实现单端变差分电路

· 196 ·

$$V_{OCM} = \frac{+V_s - (-V_s)}{2} = \frac{+V_s}{2}$$

$$V_{OP} = V_{OCM} + V_{IN}$$

$$V_{ON} = V_{OCM} - V_{IN}$$

如果信号频率很高的话,可以用变压器来实现单端到差分的转化。

3.6.10　ADC 和微处理器的接口

ADC 的接口包括串行接口和并行接口。

如果 ADC 的接口是 I²C 或 SPI,可以直接连接到微处理器的 I²C 和 SPI 接口,如图 3-71 和图 3-72 所示。

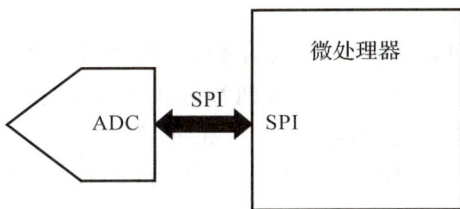

图 3-71　I²C 接口　　　　图 3-72　SPI 接口

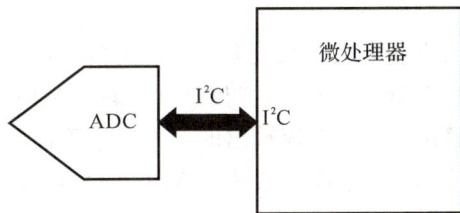

如果 ADC 的接口是并行接口,并行接口要求微处理器有外接并行总线,如图 3-73 所示。

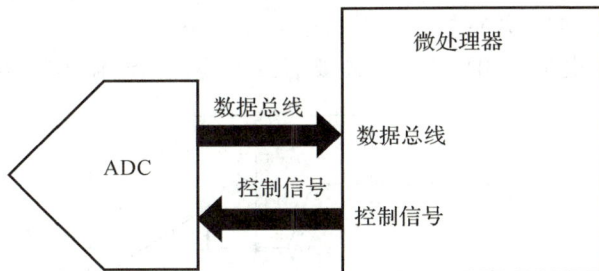

图 3-73　ADC 和微处理器的并行接口

如果 ADC 的转换速率比较快,而 ADC 和微处理器直接连接的话,则对每一个转换数据,微处理器都要去读取 ADC 的转换数据,这样微处理器就会忙于读取 ADC 的转换数据。为了减轻微处理器的负担,可以把 ADC 的转换数据先缓存在 FPGA 的 FIFO(先进先出)存储器中,如图 3-74 所示。当 FIFO 中的数据积累到一定数量的时候(比如到 FIFO 的存储量一半的时候),FPGA 发送一个中断信号去告诉微处理器从 FIFO 中读取 ADC 的转换结果。然后微处理器就可以采用 DMA 的方式从 FPGA 的 FIFO 中去批量读取 ADC 的准换结果。这样就可以大大减轻微处理器的负担。

微处理器从 FPGA 的 FIFO 中读取数据,可以采用 SPI 串行接口或并行接口。

有时甚至可以先用 FPGA 对 ADC 的数据进行一些处理,比如数字滤波等,再把处理过的数据送入 FIFO,再发送给微处理器。

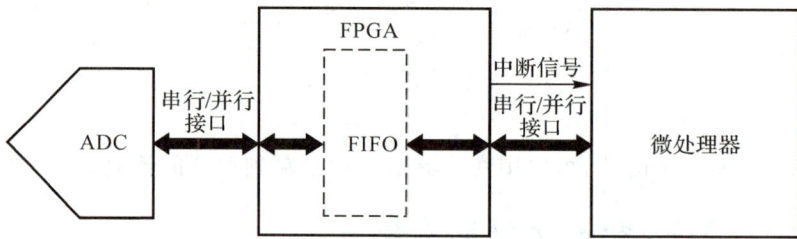

图 3 - 74　利用 FPGA 里的 FIFO 来缓存 ADC 的数据

3.7　数模转换器(DAC)

有些嵌入式系统需要产生一些模拟信号,比如音频信号、视频信号等模拟信号。这时就需要 DAC。DAC 是把数字信号转换为模拟信号。DAC 的输出有两种方式,电流输出和电压输出。对于电流输出的 DAC,需要把电流信号转换为电压信号。DAC 的主要指标如下:

(1)分辨率。类似于 ADC 的分辨率。对一个分辨率为 N 的 DAC,可以有 2^N 个输出,$1\text{LSB}=\dfrac{V_{\text{ref}}}{2^N}$,$V_{\text{ref}}$ 是 DAC 的基准电压。市场上的 DAC 的分辨率可从 8 位到 18 位。

(2)输出电压稳定时间。是指输出满量程电压稳定到 $\dfrac{1}{2}$LSB 之内的时间。

(3)数字接口。通常的接口有串行接口和并行接口。串行接口有 I^2C、SPI 等。串行接口一般用在低速 DAC。并行接口一般用于高速 DAC。

图 3 - 75 是一个电流输出的 DAC,需要通过运放把电流输出转换为电压输出。

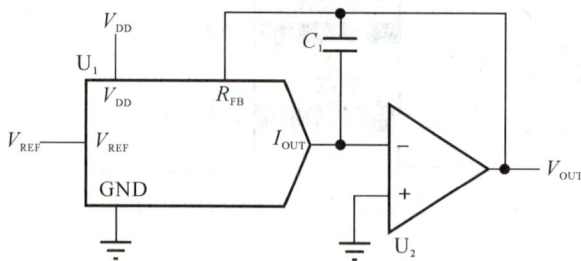

图 3 - 75　电流输出的 DAC

DAC 的输出是一个阶梯状的波形,里面有高频分量,所以需要一个低通滤波器来滤除高频分量。低通滤波器的截止频率应稍大于信号的频率。波形如图 3 - 76 所示。

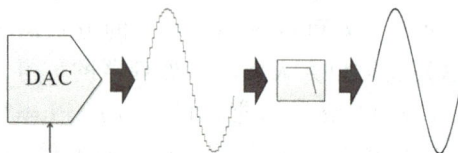

图 3 - 76　DAC 的输出波形和经过低通滤波器后的波形

3.8 模拟电路的供电电源

模拟电路的供电电源对模拟电路的性能影响很大。电源上的噪声会耦合到电路的输出。尽管运放、ADC 等模拟器件或数模混合器件对电源上的噪声都有一定的抑制（PSRR，Power Supply Rejection Ratio），但不是无穷大，而且抑制能力随电源噪声频率的升高而降低。图 3-77 所示的是运放 OP262 的 PSRR 的幅频特性。

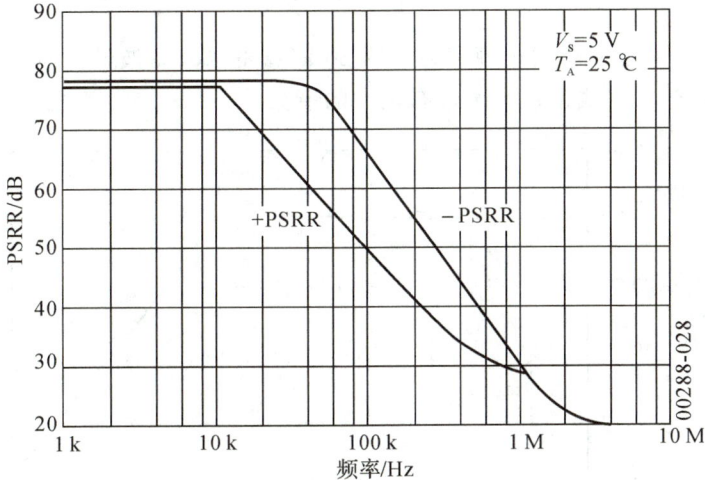

图 3-77 运放的 PSRR 曲线图

从图 3-77 可见，OP262 的 PSRR 随频率的升高而降低。当噪声频率为 1 kHz 到 10 kHz 时，正电源抑制能力（+PSRR）为 78 dB。当噪声频率为 200 kHz 时，+PSRR 降低到 40 dB。如果电源上的噪声频率为 200 kHz，幅度为 100 mV，则耦合到运放输出端的噪声为 1 mV。

从上例可以看出，模拟电路的电源的噪声一定要小，否则会对模拟电路的性能有较大的影响。一般嵌入式系统的电源大多数都是开关电源，这是因为开关电源的效率高，尤其是系统的输入电源电压较高时。开关电源虽然效率高，但缺点是噪声较大，输出有比较大的纹波，一般为几十毫伏到几百毫伏，频率为几十千赫兹到几百千赫兹。因此一般不能用开关电源给模拟电路直接供电。

为了解决问题，可以用以下方式：

（1）用 LC 无源滤波器对开关电源的输出进行滤波，以抑制电源上的噪声，如图 3-78 所示。

电感 L_f 和电容 C_f 构成了一个二阶 LC 低通滤波器，截止频率为 $\dfrac{1}{2\pi\sqrt{L_f C_f}}$。电容 C_d 和电阻 R_d 起到一个阻尼作用，消除 LC 低通滤波器的谐振。电容 C_d 的值远大于 C_f，一般 $C_d > 4C_f$，$R_d = \sqrt{\dfrac{L_f}{C_f}}$。$LC$ 低通滤波器的截止频率要远小于开关电源的开关频率。

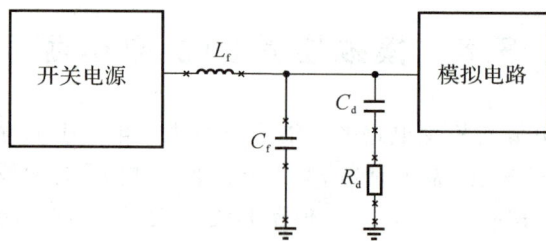

图 3-78　用 LC 低通滤波器抑制开关电源的纹波

例1　图 3-79 是一个截止频率为大约 20 kHz 的 LC 滤波器的幅频特性,没有阻尼电容 C_d 和电阻 R_d。在截止频率附近有很大的谐振。

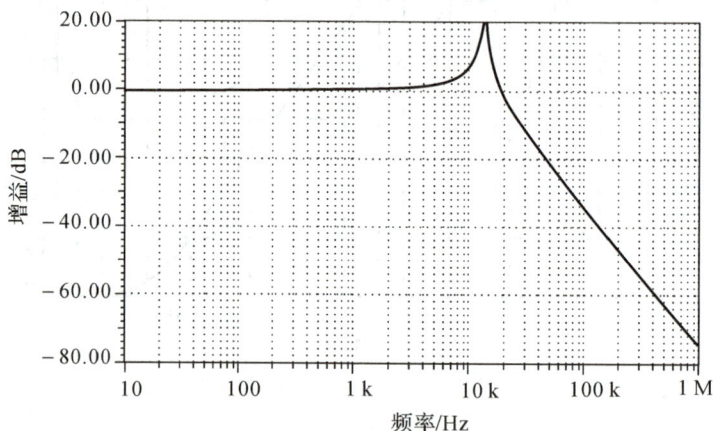

图 3-79　无阻尼的 LC 低通滤波器的幅频特性

图 3-80 是有阻尼电容 C_d 和电阻 R_d 的 LC 低通滤波器的幅频特性。在截止频率附近的谐振大大减小。

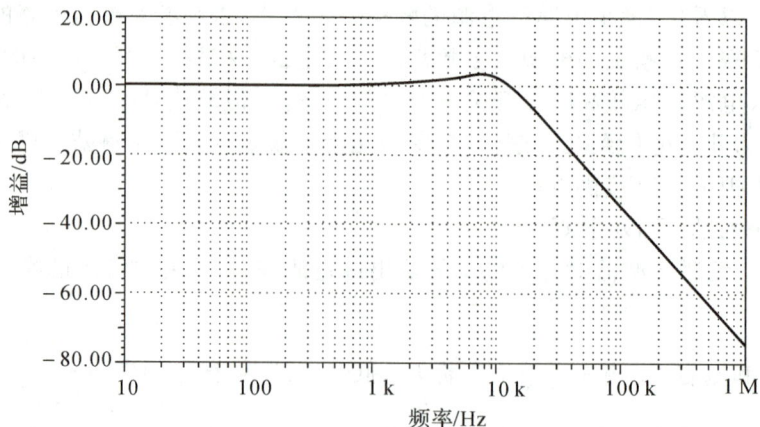

图 3-80　带阻尼的 LC 低通滤波器的幅频特性

LC 低通滤波器对开关电源输出的纹波有很好的衰减(纹波频率就是开关电源的开

关频率）。例如，开关电源频率为 200 kHz，LC 低通滤波器的截止频率为 20 kHz，则对开关电源的输出纹波就有 40 dB 的衰减（100 倍），如果纹波电压为 200 mV，则经过 LC 低通过滤波器后，纹波减小到 2 mV。

电感一般要用功率电感。选择电感的时候，电感的额定电流要大于模拟电源的最大电流的 20% 以上。电感的直流阻抗（DCR）要小，以减小 DCR 造成的压降和降低电感的功耗。电感的自谐振频率要远远大于 LC 低通滤波器的截止频率，一般电感的自谐振频率要大于截止频率的 10 倍以上。

但要注意的是 LC 无源滤波器可能会对开关电源的稳定性产生影响。因此要仔细设计，以免影响开关电源的稳定性。

也可以用磁珠和电容构成低通滤波器来抑制电源上的较高频率的噪声（见图 3-81）。磁珠和电容构成的低通滤波器对低频噪声的抑制能力较弱，但对高频噪声的抑制能力很强。图 3-82 是磁珠的阻抗频率特性曲线。

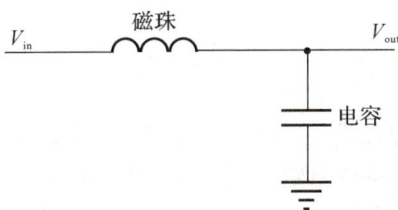

图 3-81　由磁珠和电容构成的低通滤波器

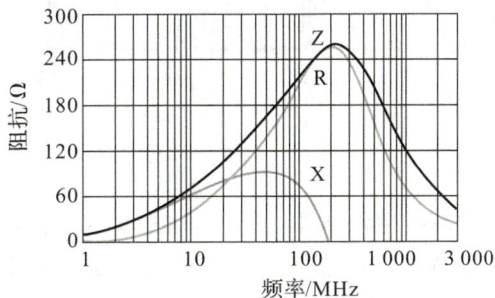

图 3-82　磁珠的阻抗与频率的关系

磁珠有多种类型。选择磁珠的时候，要选择适用于电源滤波的磁珠。磁珠的额定电流要大于模拟电路的最大电流 20% 以上。

如果模拟电路的电流比较小，则也可以考虑用 RC 低通滤波器来抑制电源上的噪声。选择电阻的时候，电阻 R 的阻值不应太大，它导致的压降不应该影响模拟电路的正常工作。

电容一般选用贴片封装的陶瓷电容或 ESR 较低的钽电容。

（2）用线性稳压器对开关电源的输出进行滤波，再供电给模拟电路。

线性稳压器的幅频特性很像一个滤波器，对电源上的低频噪声有很强的抑制能力（见图 3-83）。

图 3-83　用线性稳压器抑制开关电源的噪声

图 3-84 是一个模拟器件公司的线性稳压器 ADP7156 的 PSRR 曲线。从曲线图上可以看出，它对电源的噪声（从较低频率到较高频率）有很强的抑制能力。

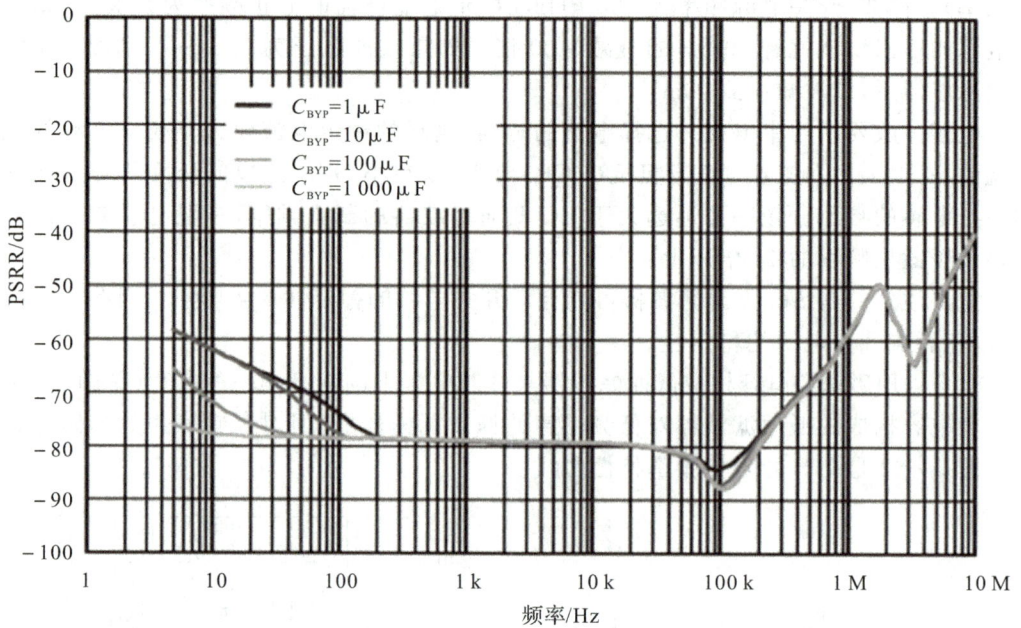

图 3-84 线性稳压器的 PSRR 与频率的关系

选择线性稳压器的时候，一般选择低压降线性稳压器，其输入电压 V_{in} 只需比输出电压 V_{out} 高出几百毫伏左右（$V_{dropout}$），输出 V_{out} 就可以保持稳定。对于 ADP7156，$V_{dropout}$ 只有 120 mV。所选的低压降线性稳压器的输出电流要大于模拟电路的电流，同时也要考虑它的功耗所引起的结温度的升高。其功耗 $P=(V_{in}-V_{out})I$，它的结温度 $T_J=T_A+P\times\theta_{J\text{-}A}$。$T_A$ 是环境温度，$\theta_{J\text{-}A}$ 是结到环境的热阻。一般结温度不可以超过 125 ℃，以保证低压降线性稳压器的可靠性。

3.9　模拟电路主要测量误差

测量电路的误差是以下几个原因造成的：

（1）放大电路的增益的误差。很多放大器的增益是由外接电阻来设置的。由于电阻都会有容差，所以会造成增益的误差。为了减小误差，可以选用精密度高的电阻，如容差为 0.1% 或更小的精密电阻，以减小由于电阻的容差造成的误差；但容差很小的电阻的价格高，所以要根据系统的要求选择合适的电阻。大部分应用中，容差为 0.1% 的电阻可以满足系统的要求。另外电阻的阻值会随自身温度的变化而漂移，所以要选择温漂较小的电阻，另外要尽量降低电阻的功耗，以减小由于功耗而导致的电阻温度的升高。

（2）放大器的失调电压及其随温度的漂移。

（3）电路中的噪声。任何有源器件都会有噪声，而且电阻也会有热噪声。噪声也会对测量结果产生影响。

（4）如果被测信号包含交流信号，则滤波器通带内的增益也可能会对测量结果产生影响。

(5)模数转换器的误差,包括偏置误差、增益误差、积分非线性误差、差分非线性误差等。

为了提高测量精度,对于测量直流电压或低频电压的电路,可以采用自校准电路来减小测量通路中的直流偏置电压和增益误差,如图 3-85 所示。

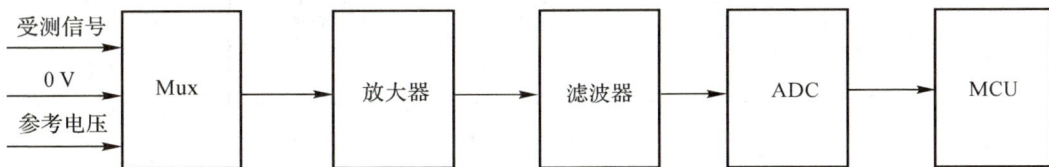

受测信号
0 V
参考电压
→ Mux → 放大器 → 滤波器 → ADC → MCU

图 3-85　增益误差和失调电压校准电路示意图

微处理器测量的电压可以用下列公式表示:

$$V_{out}=GV_{in}+V_{offset}$$

图 3-85 中的 Mux 是一个多选一的模拟开关,由微处理器来控制。滤波器通常用有源滤波器。因为如果用无源滤波器的话,由于信号频率低,所以需要的电感/电容值非常大,需要占用较大的空间,另外重量也较大。有源滤波器占用的空间较小。

V_{out} 是微处理器读到的 ADC 的输出,V_{in} 是输入信号电压,G 是整个信号通路的增益(从 Mux 一直到 ADC 的输出,包括放大器的增益、有源滤波器的增益和 ADC 的增益等),V_{offset} 是整个信号通路的偏置电压(包括放大器的偏置电压、滤波器的偏置电压和 ADC 的偏置电压等)。

自校准的过程如下:

(1)微处理器控制 Mux 选择 0 V,则 $V_{out}=G×0+V_{offset}$,因此 ADC 的输出就是整个信号通路的电压偏置。微处理器把这个值存在内部存储器中。

(2)微处理器控制 Mux 选择参考电压 V_{REF},则 $V_{out}=GV_{REF}+V_{offset}$。从上一步中,已得到 V_{offset},所以增益 $G=\dfrac{V_{out}-V_{offset}}{V_{REF}}$。

(3)从上面两步中就得到准确的信号通路的增益和电压偏置值。

(4)微处理器控制 Mux 选择受测信号,所测量的输入信号电压 $V_{in}=\dfrac{V_{out}-V_{offset}}{G}$。

以上的自校准过程要每隔一段时间就要做一次,尤其是温度变化较快的环境。因为通道的偏置电压会随时间和温度的变化而产生漂移,所以要根据系统的具体的要求选定自校准的时间间隔。

3.10　模拟电路器件和数字电路器件在电路板的放置

通常嵌入式系统既有数字电路,也有模拟电路。由于模拟电路对噪声非常敏感,如果元件放置不正确,容易受数字噪声的影响,所以在电路板上,模拟电路元件和数字电路元件应分开放置。模拟电路元件应放在模拟电路区域,数字电路器件应放在数字电路区域,井水不犯河水,互不干扰。模数混合电路元件,如 ADC、DAC 等,应放在模拟电路区域和

高级电力电子线路设计实践

数字电路区域的交界处,如图 3 - 86 所示。

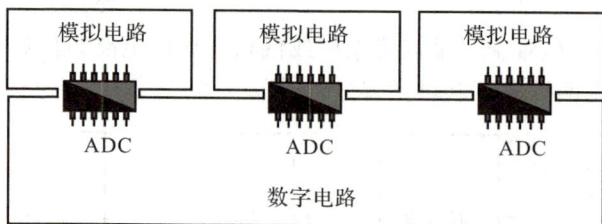

图 3 - 86　模拟电路和数字电路的分区示意图

对于有模拟电路和数字电路的嵌入式系统,通常地线层要分为模拟地和数字地区域。模拟电路要放在模拟地区域的上方,数字电路要放在数字地区域的上方。不能把模拟电路放在数字地区域上方,也不能把数字电路放在模拟地区域上方。模拟地和数字地在 ADC 或 DAC 处连接起来,如图 3 - 87 所示。

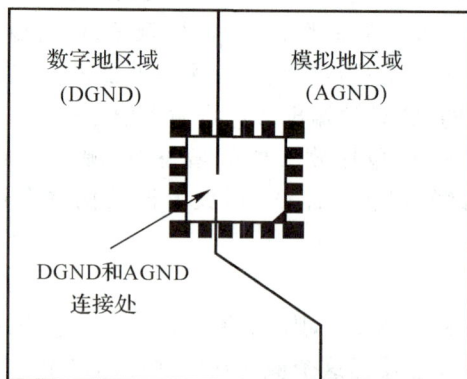

图 3 - 87　模拟地和数字地的分区

如果系统中使用的 ADC 是微处理器内置的 ADC 模块,则数字地和模拟地的连接应在微处理器模拟部分和数字部分的分界处,如图 3 - 87 所示。

如果有一些数字信号需要从数字部分进入模拟部分(例如一些控制信号),则要在数字电路和模拟电路的分界处对数字信号用 RC 进行低通滤波,以增大数字信号的上升和下降时间(上升和下降时间越长,耦合越小),同时也抑制控制信号线上的噪声,减小这些进入模拟部分的数字信号对模拟信号的影响,如图 3 - 88 所示。

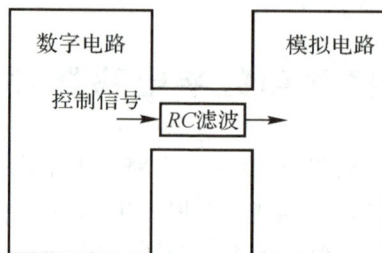

图 3 - 88　控制信号滤波示意图

3.11　小　结

(1)运放有很多种,要根据系统需要(比如信号带宽、输入信号的幅度、信号源的输出阻抗、功耗等),选择合适的运放。

1)如果信号源的电压幅度很小,则应选择噪声系数小的运放。

2)如果信号源的输出阻抗很高,则应选择高输入阻抗的运放(如 JFET 输入)。

3)如果信号的频率很高,则应选择高速运放。

(2)运放的增益带宽积是一定的,增益越大,可用的带宽就越小。

(3)可以把运放级联起来,以满足带宽和增益的需要;对于级联的运放,第一级的增益要越大越好。

(4)放大器中的电阻值应尽量小,尤其是低噪声前置放大器中。这是为了减小电阻的热噪声。电阻的热噪声跟它的阻值的均方根成正比。电阻值越大,热噪声越大。

(5)运放不可以直接驱动较长的电缆,因为电缆的分布电容较大。如果要驱动较大的电容性负载(比如较长的电缆,MOSFET 等),要在运放的输出端串入一个小阻值的电阻,以提高稳定性。也可采取其它的补偿方法。

(6)如果传感器距离电路板很远,周围环境的电磁干扰较大,输出是差分信号而且频率不高,则应选用仪表放大器,对共模干扰有很强的抑制能力。

(7)模拟滤波器有低通滤波器、带通滤波器和高通滤波器。要根据需要选择合适的滤波器。

(8)按截止频率附近幅频特性和相频特性的不同,滤波器又可分为贝赛尔滤波器、巴特沃斯滤波器和切比雪夫滤波器。

1)贝赛尔滤波器的特点是通带内的幅度不是平坦的,在过渡带内衰减速率低,但它的相位响应在通带内是线性的。

2)巴特沃斯滤波器的特点是通带内的幅度是平坦的,在过渡带内衰减速率介于贝赛尔滤波器和切比雪夫滤波器之间,它的相位响应在通带内不是线性的。

3)切比雪夫滤波器的特点是通带内的幅度是不平坦的,有较大的波纹,它的相位响应在通带内不是线性的,但在过渡带内衰减速率最快。

(9)比较器一般分为集电极开路输出(或漏极开路输出)和推挽输出两种。集电极开路(漏极开路)输出的比较器需要外接上拉电阻,上拉电阻值对转换传输延迟有影响,上拉电阻值越大,转换传输延迟越大。一般推挽输出的比较器的转换延迟时间较集电极开路(漏极开路)输出的比较器要小。

(10)比较器一般要加正反馈,构成迟滞比较器,以减小噪声的影响。

(11)ADC 包括 Sigma-Delta ADC,SAR ADC,流水线型 ADC 等。要根据系统的需要选择合适的 ADC。

1)Sigma-DeltaADC 的分辨率很高(可高达 24～32 位);采用过采样,采样速率很高(可高达几十兆赫兹);内部集成了数字滤波器,对 50 Hz/60 Hz 的噪声有很强的抑制能力;对抗混叠滤波器的要求低;但数字输出相对于模拟输入有延迟。

2)SAR ADC 的分辨率较高(可高达 18 位),采样速率较高(可高达十几兆赫兹);数字输出相对于模拟输入没有延迟;但对抗混叠滤波器的要求较高。

3)流水线型 ADC 的分辨率较低(12 位);但采样速率最快,可达几吉赫兹;数字输出相对于模拟输入的延迟较小。

(12)有的微处理器也集成有 ADC,但分辨率有限,一般为 12 位。

(13)ADC 的电压基准引脚要外接一个较大的去耦电容,一般用贴片陶瓷电容,电容值为 $4.7\sim10~\mu\mathrm{F}$。

(14)ADC 的数字供电不可以和模拟供电直接接在一起。要通过一个低通滤波器。

(15)模拟电路的电源的噪声要小。如果可能的话,尽量用线性稳压器给模拟电路供电。开关稳压器的噪声较大,所以如果用开关稳压器给模拟电路供电,一定要对开关稳压器的输出进行滤波,再供电给模拟电路。有以下两种方式进行滤波:

1)开关稳压器的输出经过一个线性稳压器,线性稳压器的输出给模拟电路供电。所选的线性稳压器在开关稳压器的开关频率处要有比较好的 PSRR。

2)用 LC 低通滤波器对开关稳压器的输出进行低通滤波,再供电给模拟电路。

(16)如果系统有模拟电路,电路板要分成模拟电路区域和数字电路区域。数字器件放在数字电路区域,模拟器件放在模拟电路区域。数字地和模拟地分开。数字地在数字器件的下方,模拟地在模拟器件的下方。

(17)模拟地和数字地在 ADC 或 DAC 处连接起来。

(18)数字控制信号进入模拟区域以前,用 RC 电路来延长数字控制信号的上升/下降时间,减小对模拟信号的耦合。

第4章　高级电力电子线路设计

电力电子技术是使用电力电子器件对电能进行变换和控制的技术,研究各种功率半导体器件及其功率变换线路和装置。电力电子技术是联系弱电和强电的桥梁,一般利用弱电对强电进行控制。电力电子技术变换的"电能",可大到数百兆瓦甚至吉瓦,也可小到数瓦甚至毫瓦级。

根据输入输出电力形式不同功率变换分为四大类,即交流变直流、直流变交流、直流变直流、交流变交流,见表4-1。此外,还包括各种电机(包括直流电机,直流无刷电机等)的驱动和用来放大信号的功率放大器等。

表 4 - 1　功率变换的种类

输入	输出	
	直流(DC)	交流(AC)
交流	整流 (rectifier)	交流电力控制变频、变相 (cycloconverter/AC regulators)
直流	直流斩波 (chopper)	逆变 (inverter)

根据变换器输入的地和输出的地是否隔离,变换器可以分为隔离变换器和非隔离变换器。一般情况下,功率变换器的技术协议书要求该变换器是否应具有隔离功能,这直接决定了变换器的拓扑选择。

根据变换器功率开关管开关时的电流和电压波形,是否交叠产生损耗,变换器可以分为硬开关转换器和软开关转换器。由于软开关变换器能够大大减少开关管的开关损耗,有利于提高系统效率,因此广泛运用于对效率要求高的场合,但也增加了系统的复杂度。

4.1　功率半导体器件

电力电子器件均由半导体制成,也称功率半导体器件,是直接用于进行功率变换的,故具有处理高电压、大电流的能力。

根据是否可控,功率半导体器件分为不控器件、半控器件和全控器件。功率二极管是典型的不控器件,晶闸管则属于半控器件,常用的全控器件包括大功率晶体管、功率场效应晶体管(POWER MOSFET)和绝缘栅双极晶体管(IGBT)等。传统的功率半导体器件均是硅(Si)材料制成的,近些年出现了一些新型宽禁带材料制成的功率管,如碳化硅(SiC)材料和氮化镓(GaN)材料,相比 Si 材料的功率管,宽禁带材料制成的功率管具有更高的结温、更快的开关速度,广泛地运用于新能源汽车以及航空航天等领域,具有广阔的应用前景和市场需求。

4.1.1　功率二极管

功率二极管是功率电子线路中常用的器件。同普通二极管相比,功率二极管可以通过更大的电流(可高达 7 500 A),承受更大的反向电压(可高达 7 500 V)和更大的功率。为了通过大的电流,功率二极管的 PN 结面积较大。

普通二极管(小信号二极管)的结构如图 4-1 所示。它是一个两端器件,包括一个阳极和一个阴极。图 4-2 是功率二极管的结构图,同普通二极管一样,它也是一个两端器件,包括一个阳极和一个阴极。但是同普通二极管相比,功率二极管多了一个 n-层。这个层是轻掺杂。n-层的存在,使得功率二极管的反向电压的承受能力得以增强。

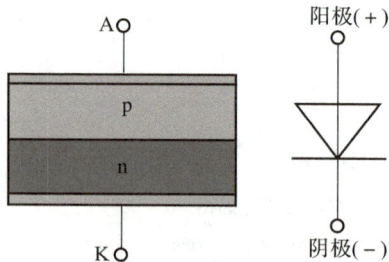

图 4-1　普通二极管的结构图和符号

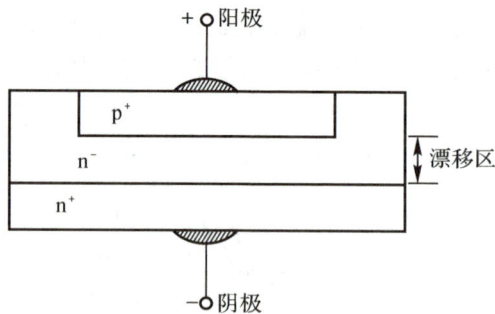

图 4-2　功率二极管的结构图

4.1.2　功率二极管的分类

功率二极管可以分为以下几类,需要说明的是前三类属于硅二极管。

1. 普通功率二极管

这类二极管的反向恢复时间较长,大约为 25 μs,因此一般应用在低频(低于 1 kHz)和低速的应用中。

2. 快恢复功率二极管

这类二极管的反向恢复时间很短(小于 5 μs),因此可以应用在高速开关电路中。

3. 肖特基功率二极管

这类二极管的正向压降小,反向恢复时间短(10~40 ns),结电容也小,在功率电路中应用非常广泛。

4. 碳化硅二极管

碳化硅二极管是一种新型功率二极管,其反向耐压很高(600～3 300 V),正向电流也很高(可高达几百安),反向恢复时间很短(几十纳秒),正向压降也较小(可低至 1.2 V),适合高电压,大功率,开关速度较高(可达几百千赫兹)的功率电路中。另外碳化硅二极管的额定结温度较高(高达 200 ℃),比较适合应用在高温环境中。

4.1.3　功率二极管的反向恢复特性

反向恢复特性是功率二极管一个非常重要的特性。图 4-3 描述了功率二极管的反向恢复特性。当功率二极管关断时,电流从 I_F 衰减到 0,功率二极管并没有截止,由于存储在空间电荷区和半导体区中的电荷的存在,电流沿反向继续增加。

反向电流达到峰值 I_{RR} 后,反向电流逐渐减小。最终,经过反向恢复时间 t_{rr} 后,反向电流变为 0,功率二极管截止。

反向恢复时间 t_{rr} 为正向电流变为 0 的时刻和反向电流衰减到反向电流峰值 I_{RR} 的 1/4 的时刻之间的时间间隔。

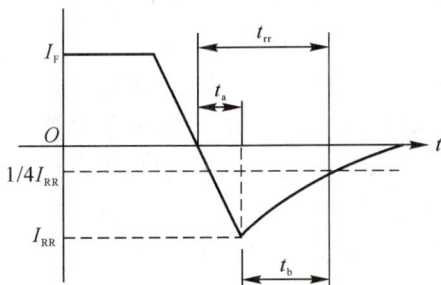

图 4-3　功率二极管的反向恢复特性

从图 4-3 可以看出,反向恢复时间:

$$t_{rr} = t_a + t_b$$

式中:t_a 为电荷从耗尽区被移去的时间;t_b 为电荷从半导体区被移去的时间。

4.1.4　功率二极管的功耗

功率二极管通常工作在大电流、高电压的场合,因此其功耗不容忽视,估算功耗是其散热器的设计依据。当功率二极管工作在开关状态时,功率二极管的功耗包括通态损耗、动态损耗和漏电流功耗等三部分。

1. 通态损耗

功率二极管正向导通时的损耗 $P_{turn_{on}}$ 为。

$$P_{turn_{on}} = V_F I_{RMS} t_{on} F_{sw}$$

式中:V_F 为功率二极管导通时的正向压降,它会随正向导通电流的增大而增大;I_{RMS} 为功率二极管导通时的电流(均方根值);t_{on} 为功率二极管在一个开关周期内的导通时间;F_{sw} 为功率二极管的开关频率。

高级电力电子线路设计实践

2. 动态损耗

动态损耗包括两部分。

(1)当功率二极管从导通变为截止时,它的反向恢复需要一定的时间,动态损耗 $P_{\mathrm{turn_{off}}}$ 就是反向恢复过程中的二极管的功耗。

$$P_{\mathrm{turn_{off}}} = \frac{1}{6} V_{\mathrm{R}} I_{\mathrm{RR}} t_{\mathrm{b}} F_{\mathrm{sw}}$$

式中:V_{R} 为功率二极管的反向电压;F_{sw} 为功率二极管的开关频率。

(2)当功率二极管截止的时候,由于反向电压的存在,功率二极管的两端会有结电容,在开关时就会产生功耗。结电容造成的功耗 $P_{\mathrm{turn_{off_{C}}}}$ 为

$$P_{\mathrm{turn_{off_{C}}}} = \frac{1}{2} C_{\mathrm{R}} V_{\mathrm{R}}^2 F_{\mathrm{sw}}$$

式中:C_{R} 为功率二极管反向偏置时的结电容,反向电压越大,结电容越小。

3. 漏电流功耗

当功率二极管由于反向电压的存在而截止时,会有一个很小的反向漏电流。反向漏电流造成的损耗 P_{leak} 为

$$P_{\mathrm{leak}} = V_{\mathrm{R}} I_{\mathrm{leak}} t_{\mathrm{off}} F_{\mathrm{sw}}$$

式中:I_{leak} 为功率二极管的反向漏电流,一般很小,在几十微安。其跟结温度有关系,当结温度升高时,漏电流会增大;也和反向电压有关,反向电压越大,漏电流也越大。

功率二极管总的功耗 P_{total} 为

$$P_{\mathrm{total}} = P_{\mathrm{turn_{on}}} + P_{\mathrm{turn_{off}}} + P_{\mathrm{turn_{off_{C}}}} + P_{\mathrm{leak}}$$

当功率二极管用于低频整流时,则其功耗只考虑导通损耗,忽略动态损耗,其功耗的计算公式为

$$P_{\mathrm{total}} = V_{\mathrm{F}} I_{\mathrm{RMS}}$$

4.1.5　功率二极管的选择

(1)功率二极管的额定反向电压必须大于最高的反向电压,一般额定电压要大于最高反向电压的 20% 甚至 50% 以上。

(2)功率二极管的额定电流必须大于最大正向电流,一般额定电流要大于最大正向电流的 20% 甚至 50% 以上。

(3)通过计算功率二极管的功耗,进而计算出它的结温度,确保其结温度小于 125 ℃。必要的情况下,要考虑加散热器、通风、液冷等降温措施。

(4)功率二极管的正向导通压降要尽可能小。

(5)选择反向恢复时间小的功率二极管,尤其是开关管工作在高频开关状态下。

4.1.6　功率二极管的并联

有的应用中单个功率二极管的正向电流不够,这时可以把两个或多个相同型号的功率二极管并联起来,以提高正向导通电流,如图 4 - 4 所示。

· 210 ·

理想情况下,流经两个功率二极管的正向电流 I_1 和 I_2 应该相等,但实际中两个二极管参数不可能完全一样,由于它们的正向压降 V_F 会稍有差异,所以流经两个功率二极管的正向电流会稍有不同。正向压降 V_F 较小的功率二极管流经的电流会较大,而正向压降 V_F 较大的功率二极管流经的电流会较小。

如果功率二极管的正向压降具有正的温度系数(即当功率二极管的结温度升高时,其正向压降 V_F 也增大),则可以确保流经两个功率二极管的电流趋于一致,易于并联。这是因为流经电流较大的二极管,因功耗较大,结温度也较高,导致其正向压降增大,从而使得流经它的正向电流减小,这样就确保了流经两个功率二极管的电流近似相等。

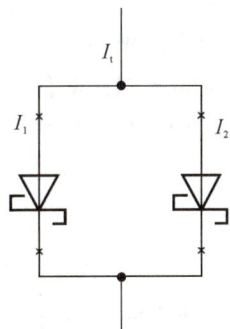

图 4 - 4　两个功率二极管的并联

一般如果功率二极管具有正的温度系数,可以很容易把两个或多个功率二极管并联起来,如果功率二极管的温度系数为负,则不建议把两个或多个功率二极管并联起来。例如碳化硅二极管的温度系数为正,因此可以把多个碳化硅二极管并联起来。

4.1.7　功率二极管的串联

有的应用中单个功率二极管的额定反向电压不够,这时可以把两个或多个同一型号的功率二极管串联起来,以提高反向耐压,如图 4 - 5 所示。

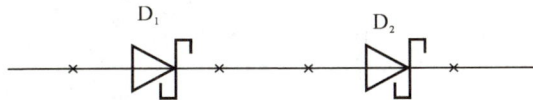

图 4 - 5　两个功率二极管的串联

假设单个功率二极管的额定反向电压为 V_R,则串联的两个功率二极管的反向耐压为 $2V_R$。

4.1.8　典型的全控型功率管

典型的全控型功率管包括大功率晶体管 GTR、硅功率 MOSFET、绝缘栅双极晶体管 IGBT、碳化硅 MOSFET 和 GaN 晶体管。

1. 功率双极晶体管 GTR

功率双极晶体管是一种功率半导体元件,它属于电流控制型,通过基极的电流 I_B 控制集电极输出电流 I_C,$I_C = \beta I_B$,β 是电流放大倍数,一般为几十倍到几百倍。其控制相对比较复杂。

功率双极晶体管主要有两个作用,一个是用于功率放大,另外一个是开关作用。但由于它是电流控制,控制电路设计比较复杂;而且集电极至发射极之间的饱和压降 $V_{ce(sat)}$ 较大,因此导通功耗较大。出于这两个原因,功率双极晶体管一般不适合用作开关管。功率双极晶体管可以用作功率的放大,也可以用于大功率的线性电源。为减小驱动电流,大功率的功率双极晶体管通常接成达林顿型,其结构如图 4-6 所示,达林顿功率双极晶体管把两个功率双极晶体管级联起来,分为 NPN 型(两个 NPN 功率双极晶体管级联)和 PNP 型(两个 PNP 型功率双极晶体管级联)。其电流放大倍数很高,可达几百甚至上千倍。

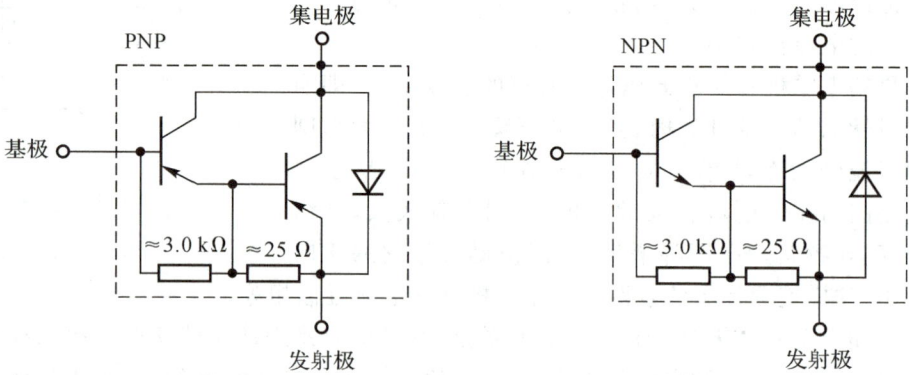

图 4-6　达林顿功率双极晶体管

2. 硅功率 MOSFET

硅功率 MOSFET 在功率电路中的应用非常广泛,它属于电压控制型,易于控制,非常适合于做功率开关,通常运用在 600 V 以下的场合。

硅功率 MOSFET 分为功率 N-MOSFET 和功率 P-MOSFET,其符号如图 4-7 所示。

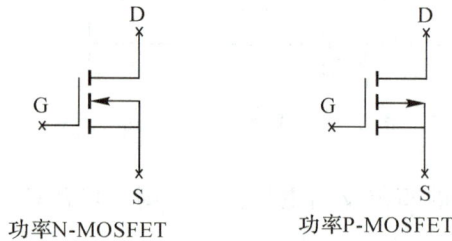

功率N-MOSFET　　　　　功率P-MOSFET

图 4-7　功率 N-MOSFET 和功率 P-MOSFET

对于功率 N-MOSFET,当栅极和源极之间的电压 V_{GS} 大于阈值电压 V_{th}(正值)时,功率 N-MOSFET 开始导通,漏极电流 I_D 和 V_{GS} 之间的关系如图 4-8 所示,V_{GS} 越大,漏极电流 I_D 越大。对于功率 P-MOSFET,当栅极和源极之间的电压 V_{GS} 小于阈值电压 V_{th}(负值)时,功率 P-MOSFET 开始导通,漏极电流和 V_{GS} 之间的关系跟图 4-8 类似,只不过 V_{GS} 为负值。

从图 4-8 可以看出,当硅功率 N-MOSFET 正向导通时,其等效电路相当于一个电阻 R_{on}(硅功率 MOSFET 的导通阻抗),导通阻抗 R_{on} 的阻值跟它的结温度有关,结温度越高,导通阻抗 R_{on} 越大;它还与 V_{GS} 有关,V_{GS} 越大,其阻值越小。

在功率电路中,功率 N-MOSFET 的使用比功率 P-MOSFET 的使用更为普遍,这是因为功率 N-MOSFET 的导通阻抗较功率 P-MOSFET 要小。

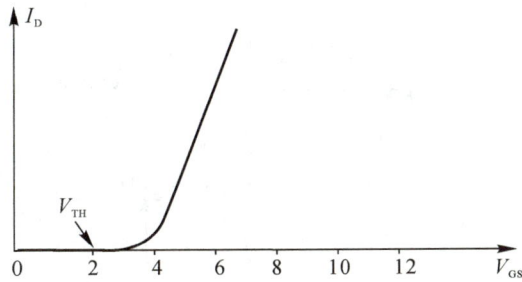

图 4-8 功率 N-MOSFET 的漏极电流 I_D 与 V_{GS} 的关系

图 4-9 是功率 N-MOSFET 的结构图。从图可以看出,硅功率 N-MOSFET 的源极和漏极之间有一个 PN 结,构成了一个二极管,这个二极管称为体二极管或寄生二极管。N-MOSFET 的符号如图 4-10 所示。

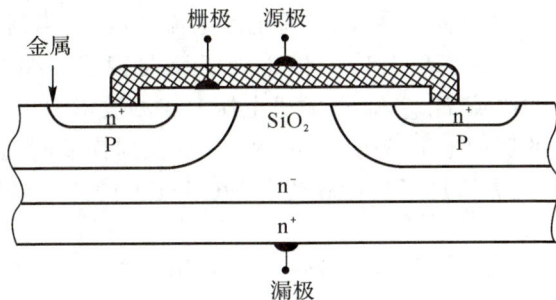

图 4-9 功率 N-MOSFET 结构图

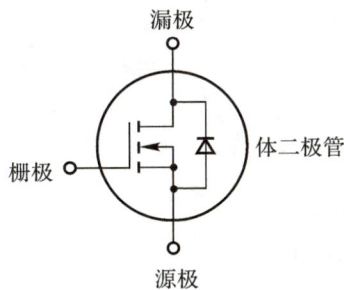

图 4-10 功率 N-MOSFET 及其体二极管

硅功率 MOSFET 的体二极管的正向压降较大,在 2 V 左右,而且它的反向恢复时间较长,这会增大硅功率 MOSFET 工作时的功耗,应用时要特别注意。有时为了减小它的反向恢复时间,可以在源极和漏极之间额外并入一个反向恢复时间和正向压降较小的功率二极管,如肖特基功率二极管。由于外接功率二极管的导通压降较小(低于 1 V),所以硅功率 MOSFET 的体二极管就不会导通,同时外接功率二极管的反向恢复时间很短,因此降低了硅功率 MOSFET 的运行功耗。图 4-11 是一个同步降压型 DC-DC 变换器。为了降低硅功率 MOSFET Q_2 的体二极管的影响,在 Q_2 的漏极和源极之间并联了一个

肖特基功率二极管 D_S。

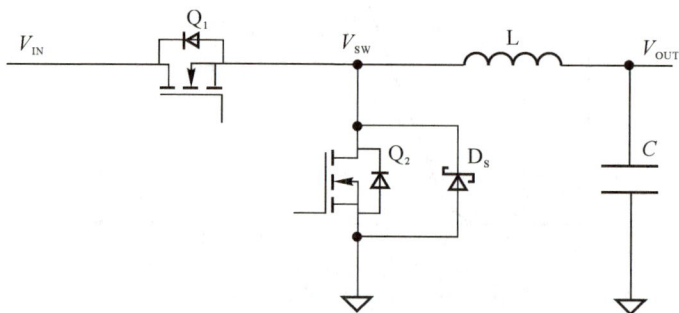

图 4-11　并联肖特基二极管来减小硅功率 MOSFET 的体二极管的影响

在图 4-11 所示的半桥电路中,高位 MOSFET Q_1 和低位 MOSFET Q_2 不能同时导通,有一个死区时间阶段,在这个死区时间阶段,高位和低位 MOSFET 都处于关断状态。低位 MOSFET 的体二极管正向导通,以维持电感电流的流动;当高位 MOSFET 导通时,低位 MOSFET 的漏极电压变高,其体二极管处于反向偏置。图 4-12 所示的是低位 MOSFET 的体二极管的电流 I_{Diode} 和漏-源极电压 V_{DS} 的波形图。从图中可以看出,低位 MOSFET 的体二极管的反向电流峰值 I_{rr} 可达 28 A,反向恢复时间 t_{rr} 为 163 ns,反向恢复能量 E_{rr} 为 41 μJ,这大大增加了低位硅功率 MOSFET 的开关损耗。

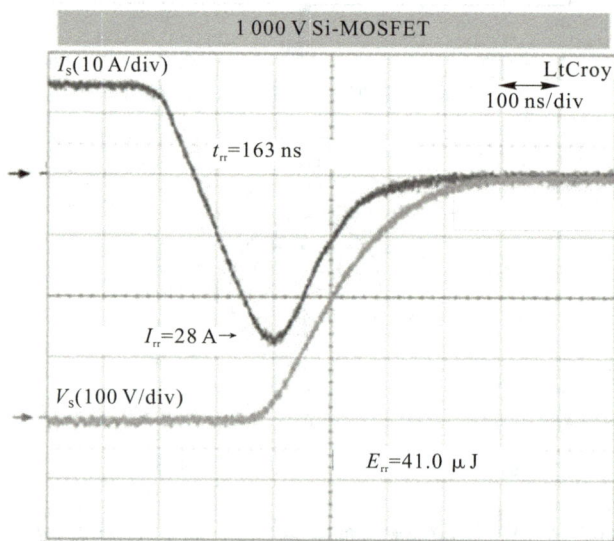

图 4-12　硅功率 MOSFET 的体二极管的反向恢复特性

3. 绝缘栅双极晶体管 IGBT

IGBT 是一种电压控制型半导体功率器件。它是由双极性三极管和绝缘栅型场效应管组成的复合全控型电压驱动式功率半导体器件,兼有 MOSFET 的高输入阻抗和双极性三极管的低导通压降两方面的优点。双极性三极管饱和压降低,载流密度大,但驱动电流较大;MOSFET 驱动功率很小,开关速度快,但饱和导通压降大,载流密度小。IGBT 综合了以上两种器件的优点,驱动功率小而饱和压降低(1.5 V 左右),非常适合应用于直流电压为 600 V 及以上的功率电路中,如交流电机,变频器,开关电源等。IGBT 的击穿电压可达 2 000 V,集电极最大饱和电流可达 1 500 A。

IGBT 的符号如图 4 - 13 所示。

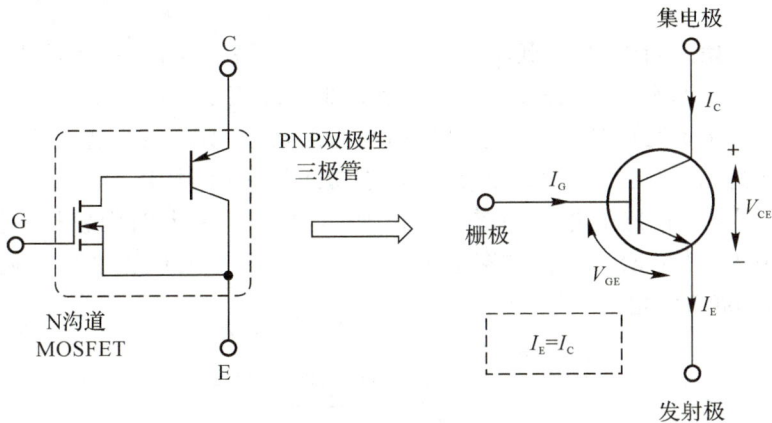

图 4 - 13　IGBT 示意图

从图 4 - 13 可以看出,IGBT 有三个极,即 G(栅极)、C(集电极)和 E(发射极)。栅极上的电流 I_G 很小,因此可以认为集电极电流 I_C 同发射极电流 I_E 相等。电流方向是由集电极到发射极。

图 4 - 14 是 IGBT 的 I - V 特性。同功率 MOSFET 类似,V_{GE} 越大,集电极电流 I_C 越大。

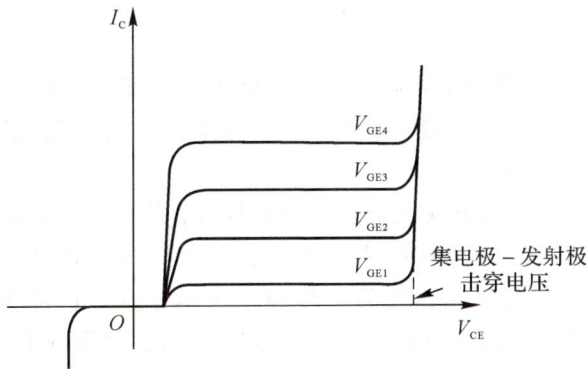

图 4 - 14　IGBT 的集电极电流 I_c 与 V_{GE} 的关系

同功率 MOSFET 类似,只有当 IGBT 的栅极-发射极之间的电压 V_{GE} 大于它的阈值电压 $V_{th(GE)}$ 时,IGBT 才会导通。$V_{th(GE)}$ 一般为 4 V 左右。

(1)IGBT 的优缺点。IGBT 的优点是:开关速度较快;击穿电压高(可达 2 000 V);饱和压降 $V_{CE(sat)}$ 低(1.5 V 左右);承受过载的能力较强;价格比碳化硅 MOSFET 便宜。IGBT 的缺点是:关断时间长;开关频率较低,一般低于 20 kHz。

（2）IGBT 的拖尾电流（Tail Current）。IGBT 以双极性模式工作，是少数载流子半导体器件，电荷在双极性区的移动制造了一个拖尾电流，从而减慢了关断的速度。IGBT 使用一种称为电导率调制的现象，当从 P 区注入空穴时，导通时高电阻 N 漂移层的电阻率会降低。

由于电导率调制效应，可降低导通电压，但是 IGBT 关断时需从 N 漂移层中去除少数载流子。

当 IGBT 开始关断时，少数载流子被清除到外部电路。当 IGBT 的集电极-发射极电压 V_{CE} 上升至一定水平时（即在耗尽区扩大后），少数载流子会产生内部复合电流即拖尾电流。由于拖尾电流是施加了高 V_{CE} 电压的集电极电流，所以它是造成开关损耗的重要因素之一。在高温下，拖尾电流更加明显，会造成更大的关断损耗。

IGBT 关断时存在拖尾电流，如图 4-15 所示，导致其关断时间较长，远大于其导通时间。例如 IKP28N65ES5，它的击穿电压为 650 V，其导通时间为 26 ns（典型值），但关断时间为 200 ns（典型值）。

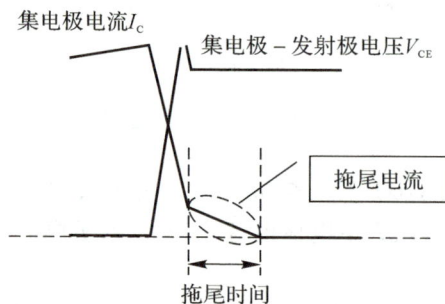

图 4-15　IGBT 的拖尾电流

4. 碳化硅 MOSFET

碳化硅是一种新的化合物半导体材料。碳化硅 MOSFET 是使用碳化硅材料的一种较新的高电压、大功率的功率半导体器件。与传统的硅功率 MOSFET（利用硅材料）相比，它有以下优点：

（1）工作温度高。碳化硅材料在物理特性上具有高稳定的晶体结构，是属于宽带隙半导体，其能带宽度可达 2.2～3.3 eV，几乎是硅材料（1.1 eV）的两倍以上。因此碳化硅所能承受的温度更高，碳化硅所能达到的工作温度可达 600 ℃。但由于市场上的碳化硅 MOSFET 的封装大部分都是塑料封装（温度≤175 ℃），这就限制了数据手册中它的额定结温指标（最高 200 ℃）。

（2）击穿电压高。与硅材料相比，碳化硅的击穿场强（2.2 MV/cm）是硅（0.23 MV/cm）的近 10 倍，因此它的击穿电压比硅器件高很多。碳化硅的最高击穿电压可达 3 300 V，而典型的硅功率 MOSFET 只有 600 V。

（3）导通损耗低。半导体的导通损耗与击穿场强成反比。故在相似的功率等级下，碳化硅器件的导通损耗比硅器件小很多。碳化硅器件的导通阻抗随其温度的升高变化很小，相比硅器件，其导通阻抗随结温的升高变化很大。

（4）开关速度快。碳化硅的热导系数［3.9 W/(cm・K)］是硅材料［1.5 W/(cm・K)］的 2.6 倍，饱和电子漂移速度(2.7×10^7 cm/s)是硅(1×10^7 cm/s)的 2.7 倍，所以碳化硅的开关频率可以很高。

同 IGBT 相比，两者的击穿电压相当，但碳化硅 MOSFET 的开关频率更高，开关损耗较小，而且导通损耗也较小。

碳化硅 MOSFET 的电路符号和硅功率 MOSFET 一样，也有三个极，即 G（栅极）、D（漏极）和 S（源极）。

碳化硅 MOSFET 也有一个体二极管。这个体二极管的反向恢复时间非常短，不需要外接二极管，使用起来比硅 MOSFET 简单。

5. GaN 晶体管

GaN 晶体管是另一类比较新的功率半导体器件。它和碳化硅半导体器件都属于宽带隙半导体。宽带隙半导体具有较高的电子迁移率和较高的带隙能量。由宽带隙半导体制成的晶体管具有更高的击穿电压和对高温的耐受性。这些器件在高压和高功率应用中比硅更有优势。

与硅功率 MOSFET 相比，GaN 晶体管的开关速度更快，可在更高的开关频率下工作；导通电阻更低（意味着更小的导通损耗）。GaN 晶体管的电路符号如图 4-16 所示，有 G、D 和 S 三个极。

GaN 晶体管的优点：高耐压，可高达 650 V；更快的开关速度，可高达几兆赫兹；更低的导通电阻；更低的开关损耗；较高的工作温度。值得注意的是，与硅功率 MOSFET、IGBT 和碳化硅功率 MOSFET 不同，GaN 晶体管没有体二极管。

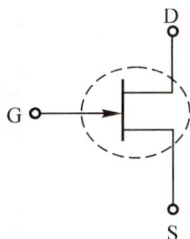

图 4-16　GaN 晶体管的电路符号

4.1.9　全控型功率开关管的开关过程

1. 功率 MOSFET 的电容特性

如图 4-17 所示，功率 MOSFET 的栅极和源极之间存在电容 C_{gs}，漏极和源极之间存在电容 C_{ds}，漏极和栅极之间存在电容 C_{gd}（也称米勒电容）。

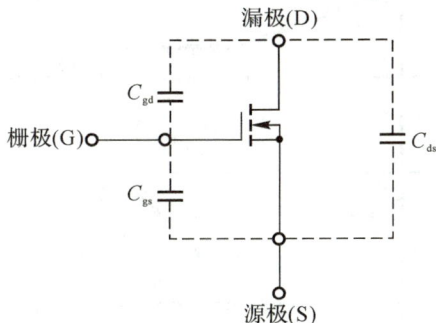

图 4-17　功率 MOSFET 的电容特性

功率 MOSFET 输入电容 $C_{iss}=C_{gs}+C_{gd}$,输出电容 $C_{oss}=C_{ds}+C_{gd}$。

2. 功率 MOSFET 的开通过程

功率 MOSFET 的开通过程如图 4-18 所示,包括以下四个阶段:

(1)$t_0 \sim t_1$ 阶段。栅极驱动信号通过栅极上的串联电阻对 C_{gs} 充电,栅-源极之间的电压 V_{GS} 开始上升。

(2)$t_1 \sim t_2$ 阶段。当 V_{gs} 上升超过功率 MOSFET 的阈值电压 $V_{G(th)}$ 时,功率 MOSFET 开始导通,进入线性区,漏极电流 I_D 开始上升;在 t_2 时刻功率 MOSFET 进入到饱和区,漏极电流 I_D 达到最大电流。

(3)$t_2 \sim t_3$ 阶段。功率 MOSFET 继续工作在饱和区,漏-源极之间的电压 V_{ds} 开始下降,驱动信号开始给 C_{gd} 提供放电电流,在这个阶段 C_{gs} 不再消耗电荷,V_{gs} 保持不变。这一阶段又称米勒平台(Miller Plateau)阶段。

(4)$t_3 \sim t_4$ 阶段。漏-源极电压 V_{DS} 下降到 0 V,栅极驱动信号继续给 C_{gs} 充电,V_{gs} 继续上升直至到栅极驱动信号的电压值。

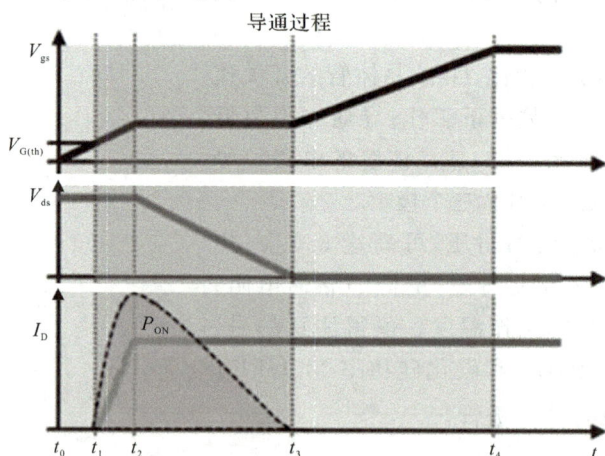

图 4-18 功率 MOSFET 的开通过程

3. 功率 MOSFET 的关断过程

功率 MOSFET 的关断过程是导通过程的反过程,如图 4-19 所示。

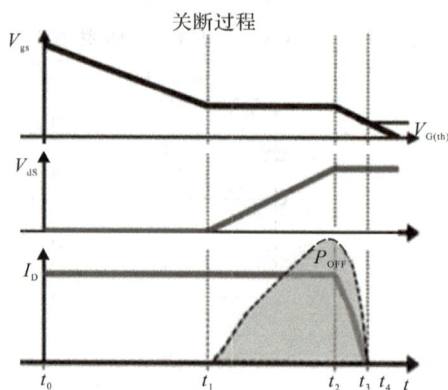

图 4-19 功率 MOSFET 的关断过程

4.1.10　全控型功率开关管的功耗

全控型功率开关管的功耗 $P_{\text{avg(tot)}}$ 包括两部分。

1. 导通功耗 P_{cond}

对于功率 MOSFET 和 GaN 晶体管，在开关管导通后，由于导通电阻 R_{on} 的存在，会产生导通功耗 P_{cond}：

$$P_{\text{cond}} = I_{\text{D}}^2 R_{\text{on}} D$$

式中：I_{D} 为漏极电流；R_{on} 为导通阻抗；当功率 MOSFET 的结温度升高时，导通阻抗会增大；D 为开关信号的占空比。

对于 IGBT，在开关管导通后，由于导通压降 $V_{\text{CE(sat)}}$ 的存在，会产生导通功耗 P_{cond}：

$$P_{\text{cond}} = I_{\text{C}} V_{\text{CE(sat)}}$$

式中：I_{C} 为集电极电流；$V_{\text{CE(sat)}}$ 为集电极-发射极饱和压降。

2. 开关功耗（又称动态功耗）P_{sw}

从功率 MOSFET 的导通和关断过程可以看出，功率 MOSFET 的导通和关断都需要一定的时间。在导通阶段，在 $t_1 \sim t_3$ 这段时间里，V_{DS} 和 I_{D} 都不为零，所以功率 MOSFET 会有能量的损耗 $E_{\text{sw-on}}$：

$$E_{\text{sw-on}} = \int_{t_1}^{t_3} V_{\text{ds}} I_{\text{D}} \mathrm{d}t$$

$t_1 \sim t_3$ 这段时间称为 V_{GS} 的上升时间 t_{r}，则上升阶段功率 MOSFET 的功耗（见图 4-18 中的虚线区域）为

$$P_{\text{on}} = \frac{1}{2}(t_3 - t_1) V_{\text{ds}} I_{\text{D}} f_{\text{sw}} = \frac{1}{2} t_{\text{r}} V_{\text{ds}} I_{\text{D}} f_{\text{sw}}$$

式中：f_{sw} 为开关信号的频率。

在关断阶段，假设 V_{gs} 的下降时间为 t_{f}，则下降阶段功率 MOSFET（见图 4-19 中的虚线区域）的功耗为

$$P_{\text{off}} = \frac{1}{2} t_{\text{f}} V_{\text{ds}} I_{\text{D}} f_{\text{sw}}$$

功率 MOSFET 总的开关损耗为

$$P_{\text{sw}} = P_{\text{on}} + P_{\text{off}} = \frac{1}{2}(t_{\text{r}} + t_{\text{f}}) V_{\text{ds}} I_{\text{D}} f_{\text{sw}}$$

功率 MOSFET 总的损耗为

$$P_{\text{tot}} = P_{\text{cond}} + P_{\text{sw}} = I_{\text{D}}^2 R_{\text{on}} D + \frac{1}{2}(t_{\text{r}} + t_{\text{f}}) V_{\text{ds}} I_{\text{D}} f_{\text{sw}}$$

为了减小功率 MOSFET 的功耗，尽量减小上升/下降时间和降低开关频率。

通常对于功率 MOSFET，导通阻抗越小，则开关损耗占比越大；导通阻抗越大，开关损耗占比越小。因此选择功率 MOSFET 时，既要考虑它的导通阻抗，也要考虑它的开关损耗，使得导通功耗和开关损耗之和最小。

4.1.11 全控型功率开关管的驱动

为了减小上升/下降时间,进而减小功率开关管的功耗,可以增大功率开关管栅极驱动信号的驱动电流 I_g,从而更快给 C_{gs} 充电和放电,进而减小 V_{GS} 的上升和下降时间,因此一般功率开关管都需要用栅极驱动器来驱动,驱动电流可以从几安到十几安。

图 4 - 20 就是一个低侧功率 MOSFET 的驱动电路。U_1 是一个栅极驱动器,它的输入信号是从控制器(如微处理器)来的 3.3 V 或 5 V 逻辑电平的 PWM 信号,输出是一个较高电压(通常在 5 V 以上),大电流的驱动信号。R_g 是栅极串联电阻(几欧至几十欧),用来控制栅极控制电压 V_{GS} 的上升/下降时间,从而控制功率 MOSFET 的导通/关断时间。

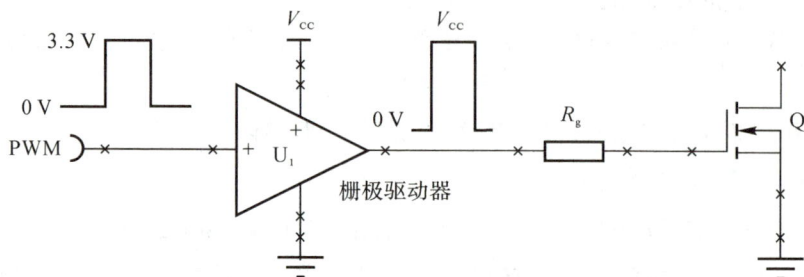

图 4 - 20　用栅极驱动器驱动功率 MOSFET

1. 硅功率 MOSFET 的驱动

大部分硅功率 MOSFET 的最高栅极-源级电压 V_{GS} 为 $-20 \sim 20$ V。典型导通阈值电压 $V_{gs(TH)}$ 为 $2 \sim 4$ V,典型的导通电压为 $10 \sim 15$ V,关断电压为 0 V。这类功率 MOSFET 称为标准电平功率 MOSFET。通常这类硅功率 MOSFET 的导通阻抗 R_{on} 是基于栅极驱动电压=10 V。功率电路中的功率 MOSFET 大部分是这类功率 MOSFET。栅极驱动器的供电正电压为 $10 \sim 15$ V,负电压 V_{EE} 为 0 V,栅极驱动器的峰值输出电流为几百毫安到几安。

另外还有一种逻辑电平硅功率 MOSFET(Logic-level MOSFET)。这种功率 MOSFET 的导通阈值电压为 $1.2 \sim 2.2$ V。它的好处是可以用供电电压为 5 V 的栅极驱动器去驱动。但缺点是由于导通阈值电压较低,如果用在半桥电路中,容易由于高 $\dfrac{dV_{DS}}{dt}$ 而误导通。所以一般高频开关电路中不建议使用逻辑电平硅功率 MOSFET,建议使用标准电平硅功率 MOSFET。

2. IGBT 的驱动

IGBT 的导通电压为 15 V,其关断电压为 $-15 \sim -5$ V(大电流 IGBT)或 0 V(小电流 IGBT)。因此 IGBT 栅极驱动器的供电正电压 V_{CC} 为 15 V,负电压 V_{EE} 为 -5 V,峰值输出电流为几安至十几安,上升/下降时间较短(几十纳秒)。

3. 碳化硅 MOSFET 的驱动

碳化硅 MOSFET 需要工作在高频开关场合,其面对的由于寄生参数(栅极驱动器和碳化硅 MOSFET 引脚的寄生电感、PCB 走线的寄生电感等)所带来的影响更加显著。由于碳化硅 MOSFET 栅极导通电压较低(可低至一点几伏),在实际系统中更容易因电路串扰发生误导通,所以通常建议使用栅极负压关断(当 MOSFET 关断时,栅极驱动器的输出一个负电压)。

不同的碳化硅 MOSFET 的驱动会不一样,建议设计时要参考碳化硅 MOSFET 的数据手册。通常栅极驱动器的供电包括一个正电压 V_{CC}(13~20 V)和一个负电压 V_{EE}(最小为 -5 V)。

通常栅极驱动器需要有欠压锁存(UVLO)功能,当 V_{CC} 低于某个电压时(通常为 12 V 左右),栅极驱动器的输出变为低,关断碳化硅 MOSFET,以保护碳化硅 MOSFET,防止驱动电压过低而导致碳化硅 MOSFET 不完全导通,进而导致碳化硅 MOSFET 的功耗过大而被烧坏。

栅极驱动器驱动电流的大小与工作速度密切相关,为适应高频应用快速开通关断的需求以减小动态功耗,需要栅极驱动器具有较大峰值输出电流(几安到十几安),而且上升/下降时间要短(几十纳秒)。

4. GaN 晶体管的驱动

GaN 晶体管的驱动电压较低(6 V),而且栅级击穿电压和导通电压之间的差值也较低(只有 3 V 左右),GaN 晶体管的开通和关断时间很短(纳秒级),功率回路的 dv/dt 普遍大于 100 V/ns,因此 GaN 晶体管的驱动需要专用的驱动器。

通常 GaN 驱动器需要有欠压锁存(UVLO)功能,当 V_{CC} 低于某个电压时(通常为4 V 左右),GaN 驱动器的输出变为低,关断 GaN 晶体管,以保护 GaN 晶体管,防止当驱动电压过低而导致 GaN 晶体管不完全导通,进而导致 GaN 晶体管的功耗过大而被烧坏。

GaN 驱动器要具有较大的拉电流和灌电流(几安到十几安),而且上升/下降时间要很短(少于 1 ns)。

由于 GaN 晶体管的开关频率很高,可高达几兆赫兹,所以对驱动回路的寄生电感特别敏感。在电路板上应尽量把 GaN 驱动器靠近 GaN 晶体管,减小驱动回路的寄生电感。为了减小 GaN 驱动器到 GaN 晶体管驱动回路的寄生电感,现在有些把 GaN 驱动器和 GaN 晶体管集成在一个封装内。这样可以最大限度降低寄生电感,降低开关损耗。

4.1.12　全控型功率开关管的比较和选择

表 4-2 所列为各类功率开关管主要特性的比较。

表 4-2　功率开关管的比较

特　性	功率双极晶体管	硅功率 MOSFET	IGBT	碳化硅功率 MOSFET	GaN 晶体管
驱动方式	电　流	电　压	电　压	电　压	电　压
驱动电路	复　杂	简　单	简　单	简　单	简　单
输入阻抗	低	高	高	高	高
驱动功耗	高	低	低	低	低

续表

特 性	功率双极晶体管	硅功率 MOSFET	IGBT	碳化硅功率 MOSFET	GaN 晶体管
开关速度	较快(几百千赫兹)	快(几百千赫兹)	较快(<20 kHz)	快(几百千赫兹)	很快(几兆赫兹)
击穿电压	低(几百伏)	较低(几百伏)	高(3 300 V)	高(3 300 V)	较高(650 V)

选择功率开关管时,应综合考虑以下几个方面:

(1)工作电压。

1)如果工作电压高于 600 V 而且功率较大,则一般选用 IGBT 或碳化硅 MOSFET。碳化硅 MOSFET 的开关速度更快,而且功耗较低(导通功耗和开关功耗),但成本较高。

2)如果工作电压在 250～500 V 之间,则可以考虑 IGBT、碳化硅 MOSFET 和 GaN 晶体管。

3)如果工作电压低于 250 V,则一般选用硅功率 MOSFET 或 GaN 晶体管。

(2)工作频率。不同类型的功率开关管的工作频率及其功率示意图如图 4-21 所示,功率开关管的工作频率高,则可以减小功率电路中变压器,电感及电容的体积,进而减小整个功率电路的体积。但工作频率高,则功率开关管的开关损耗会比较大,因此在实际电路中要根据系统的要求加以权衡。

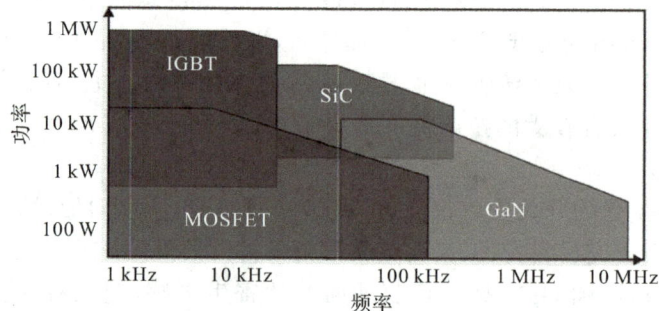

图 4-21　功率开关管的工作频率及其功率

(3)功率开关管的额定漏极-源极击穿电压(或集电极-发射极击穿电压)必须大于最高的总线电压,一般额定击穿电压要大于最高电压的 20% 甚至 50% 以上。

(4)功率开关管的额定漏极电流必须大于最大电流,一般额定电流要大于最大电流的 20% 甚至 50% 以上。

(5)计算功率开关管的功耗,进而计算出它的结温度,确保其结温度小于 125 ℃。必要的情况下,要考虑加散热器、通风、液冷等降温措施。

4.1.13　全控型功率开关管的典型驱动电路设计

电力电子器件的驱动电路是电力电子主电路和控制电路的接口,是电力电子装置的重要环节,其基本任务是将信息电子电路传来的信号按照其控制目标的要求,转换为加在电力电子器件控制端和公共端之间,控制器件的通断,并保证器件按要求可靠的导通或者关断。不同的电力电子器件,其对驱动电路的要求也不同。

1. 低侧功率开关管的驱动

如果低侧功率 MOSFET 的源级的电位和控制信号的地的电位相等(即功率 MOSFET 的源级和控制信号的地是连在一起),则这个功率 MOSFET 就位于低侧,其驱动电路如图 4 - 22 所示。

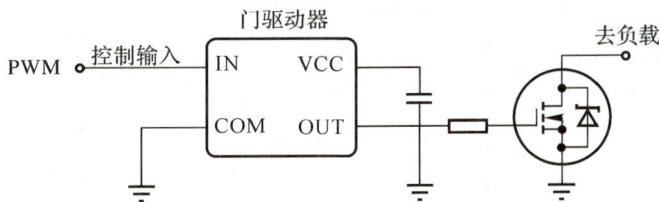

图 4 - 22　低侧功率 MOSFET 的驱动

控制输入是一个低电平(3.3 V 或 5 V CMOS)的逻辑信号,通常来自于微处理器或其他控制器件。它通常是 PWM 信号,其频率是固定的,但脉冲的占空比可以变化。栅极驱动器的供电电压较高,通常在 5～20 V(取决于功率 MOSFET 的种类)。栅极驱动器的驱动电流很大,通常为几安至十几安,上升/下降时间很短(几十纳秒),快速给功率 MOSFET 的 C_{gs} 充电或放电,以减小 V_{GS} 上升/下降时间,使得功率 MOSFET 更快地导通和关断,减小它的开关损耗。

低侧功率 MOSFET 的驱动相对比较容易,不一定需要隔离电源。栅极驱动器的供电电压一般为 5～18 V(取决于功率 MOSFET 的种类)。

2. 高侧功率开关管的驱动

图 4 - 23 是两个功率 MOSFET 组成的半桥电路,在功率电路中的应用非常普遍。比如同步降压型开关电源、马达驱动、DC-DC 转换器、AC-DC 转换器等。

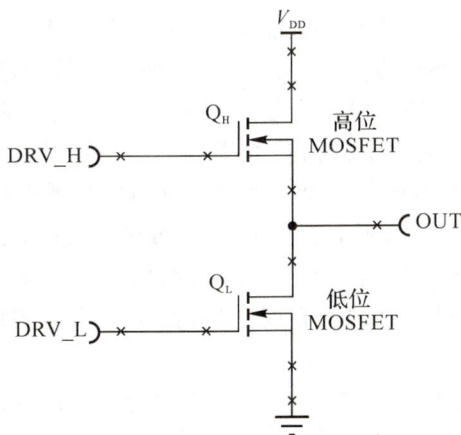

图 4 - 23　半桥电路

V_{DD} 是直流电压,Q_H 是高位功率 N-MOSFET,DRV_H 是高侧功率 MOSFET 的驱动信号,Q_L 是低位功率 N-MOSFET,DRV_L 是低侧功率 MOSFET 的驱动信号。

高侧功率 MOSFET 的驱动包括以下几种方式:

(1)利用自举电路,如图 4 - 24 所示。

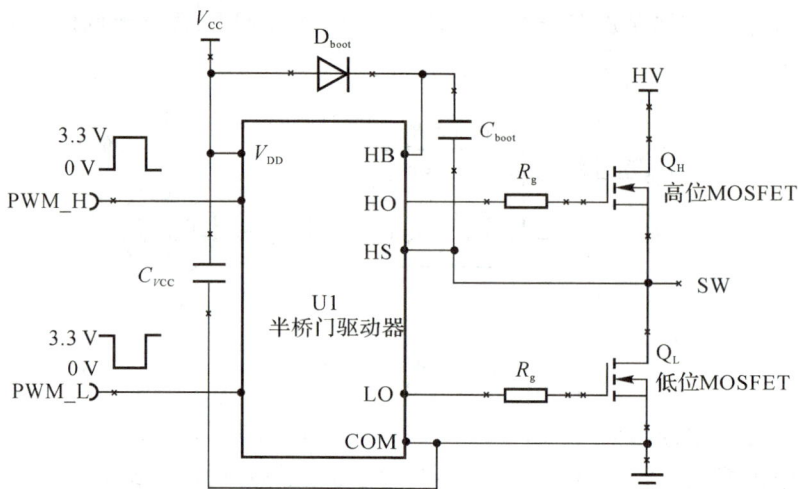

图 4 - 24　利用自举电路驱动高侧功率 MOSFET

U_1 是一个半桥栅极驱动器,Q_H 是高侧功率 MOSFET,Q_L 是低侧功率 MOSFET,R_g 是栅极串联电阻(几欧姆到几十欧姆),C_{boot} 是自举电容,D_{boot} 是自举二极管。C_{VCC} 是栅极驱动器的去耦电容。通常高侧驱动器的供电是来自于自举电容 C_{boot},高侧功率 MOSFET 的驱动器的供电电压就是自举电容两端的电压。

1)第一阶段:通常低侧功率 MOSFET Q_L 先导通,高侧功率 MOSFET Q_H 关断,这样开关节点 sw 的电位 V_{sw} 接近于 0 V,V_{CC} 通过自举二极管 D_{boot} 对自举电容 C_{boot} 进行充电,如果充电时间足够,自举电容两端的电压 $V_{Cboot} \approx V_{CC} - V_F$,$V_F$ 是自举二极管的导通压降,一般为零点几伏到一伏多。

2)第二阶段:低侧功率 MOSFET Q_L 关断,高侧功率 MOSFET Q_H 导通。开关节点 sw 的电位 V_{sw} 接近于 HV,则 HB 的电位 $V_{HB} = V_{HV} + V_{Cboot}$,这个电压高于 V_{CC},所以自举二极管 D_{boot} 变为反向偏置而关断,停止为自举电容 C_{boot} 充电。在高侧功率 MOSFET Q_H 导通期间,高侧栅极驱动器的供电都由自举电容 C_{boot} 来提供。自举电容两端 C_{boot} 的电压 V_{Cboot} 会慢慢减小。这个电压不应低于栅极驱动器的最低电压要求。

接着低侧功率 MOSFET 导通,高侧功率 MOSFET 关断,重复以上的过程。

自举电容 C_{boot} 的电容值通常为 0.1 μF,但如果开关频率太低,可以考虑适当增大。另外栅极驱动器的漏电流随温度的升高而升高,如果环境温度很高,则要考虑这一点,适当增大自举电容值。

自举二极管 D_{boot} 通常为肖特基二极管,因为它的正向压降较低。有的栅极驱动器已把自举二极管集成在芯片内,不需要外接。

栅极驱动器电源的去耦电容 C_{VCC} 需要较大的电容值,这是因为瞬时驱动电流很大,为了减小因此造成的压降。通常为几微法到几十微法。另外它的串联等效阻抗 ESR 和寄生电感要小，通常要选用贴片陶瓷电容。

利用自举电路来驱动高侧功率 MOSFET，一般适用于工作电压小于 250 V 的半桥电路。如果工作电压高于 250 V，应选用其他方式。需要强调的是这种自举电路一般适用于硅功率 MOSFET，不太适用于 IGBT、碳化硅功率 MOSFET 和 GaN 晶体管。

自举式电路的优点是简单，只需要外接自举电容和自举二极管，不需要一个隔离直流-直流变换器，成本较低。但它的缺点是由于要在每个开关周期对自举电容进行充电，即低侧功率 MOSFET 要导通，所以高侧开关信号的占空比不能为 100%，即高侧功率 MOSFET 不能一直导通；而低侧功率 MOSFET 控制信号的占空比不能为 0%，即低侧功率 MOSFET 不能一直关断。

（2）隔离电源加隔离栅极驱动器。这种方式是利用一个隔离电源和一个隔离式栅极驱动器来驱动高侧功率 MOSFET，是一种非常普遍的方式，大量应用于 IGBT、功率 MOSFET 组成的半桥电路中，如图 4－25 所示。

U_1 是隔离式栅极驱动器，用来驱动高侧功率 MOSFET。U_3 是一个隔离 DC-DC 变换器，它的输出（12～18 V）供电给隔离式栅极驱动器 U_1，U_3 的地（GND）和隔离式栅极驱动器 U_1 的地（COM）接在一起。

U_2 可以是一个非隔离式栅极驱动器，用来驱动低侧功率 MOSFET。它也可以是隔离式栅极驱动器。

这种方式的优点是适用于任何功率 MOSFET，工作电压可以很高，高侧功率 MOSFET 的控制信号的占空比可以为 0～100%，高侧功率 MOSFET 可以一直导通；低侧功率 MOSFET 的控制信号的占空比也可以为 0～100%。

这种方式的缺点是增加了一个隔离电源，成本较高，占用面积较大。

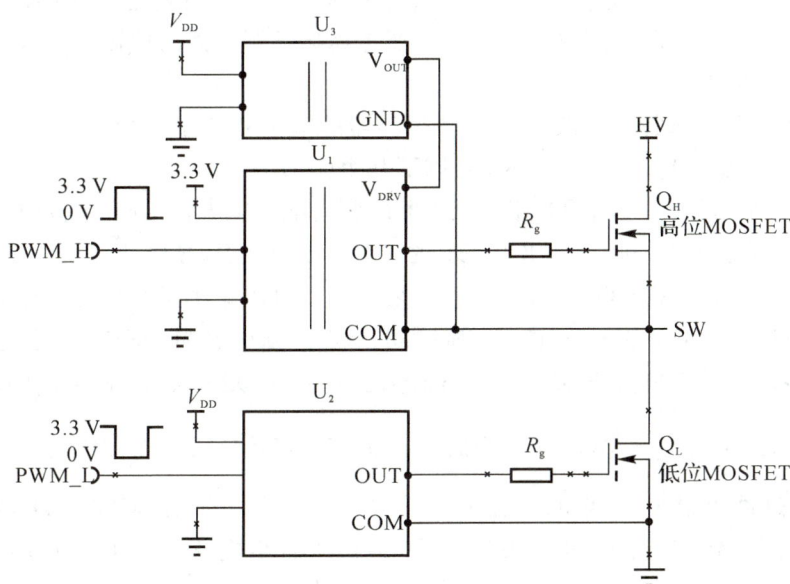

图 4－25　利用隔离式栅极驱动器驱动高侧功率 MOSFET

（3）半桥电路中控制信号的死区时间。半桥电路中的高侧功率开关管和低侧功率开关管不能同时导通。如果同时导通，则会有一个很大的电流从直流电源端流经两个功率开关管回到电源地端，形成短路，短路电流会击穿这两个功率管。

为了避免发生直通现象，高侧功率开关管和低侧功率开关管的控制信号不能同时为"高"。考虑到功率开关管开通速度比关断速度快，实际设计时应确保其中一个功率MOSFET先关断，即其控制信号先变为"低"，并延迟一段时间（死区时间），再触发另外一支功率MOSFET，即其控制信号变为"高"，控制其导通，如图 4-26 所示。

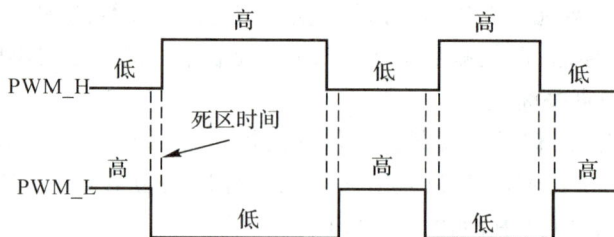

图 4-26　半桥电路的死区时间

死区时间通常为几十纳秒至几百纳秒，一般可由控制器来设定死区时间的长短。死区时间不可以太短，以避免桥臂直通；死区时间也不可以太长，在死区时间，在高侧功率MOSFET 关断和低侧功率 MOSFET 导通之前，是靠功率 MOSFET 的体二极管来维持电流，体二极管的正向压降较大，功率 MOSFET 的功耗会增大，因此为了减小功率MOSFET 在死区时间的功耗，死区时间也不可以太长，实际应用中要有一个平衡。

死区时间的计算，除了要考虑功率 MOSFET 本身的开通与关断时间，尤其是小电流情况下，栅极驱动器的传输延时也需要考虑。特别是对于本身开关速度较快的功率MOSFET，栅极驱动器的传输延时所占的比例更大。另外芯片与芯片之间的传输延时也不一样。要满足较小死区时间的要求，同时要考虑栅极驱动器的传输延时，以及芯片与芯片之间的延时匹配。

（4）栅极电阻的选择。一般要在栅极驱动器的输出和功率 MOSFET 的栅极之间串入一个小电阻（几欧到几十欧）R_g，R_g 有以下几个作用：

1）起到一个阻尼的作用，因为栅极驱动器的驱动电流很大，上升和下降时间很短，驱动回路上的寄生电感 L_{stray} 和功率 MOSFET 的 C_{gs} 会产生谐振，导致功率 MOSFET 栅-源间的电压 V_{GS} 过高而损坏 MOSFET。串联电阻的存在可以减小所产生的谐振电压。

2）R_g 可以控制 V_{GS} 的上升时间/下降时间，从而控制功率 MOSFET 的导通/关断时间。R_g 越大，功率 MOSFET 的导通/关断时间越长，功率 MOSFET 的开关损耗越大，但由于寄生电感 L_{stray}（包括功率 MOSFET 引脚的电感和电路板导线电感）而产生的 $L_{stray}\dfrac{dI_D}{dt}$ 的漏极电压的过冲也越小，产生的电磁干扰也越小；R_g 越小，功率 MOSFET 的导通/关断时间越短，功率 MOSFET 的开关损耗越小，但由于寄生电感 L_{stray}（包括功率 MOSFET引脚的电感和电路板导线的电感）而产生的 $L_{stray}\dfrac{dI_D}{dt}$ 的漏极电压的过冲也越大，产生的电磁干扰也越大。所以设计时要进行权衡。

3)导通时的栅极电阻 $R_{g\text{-}on}$ 要大于关断时的栅极电阻 $R_{g\text{-}off}$,一般 $R_{g\text{-}on} \geqslant 2R_{g\text{-}off}$。这样可以减小 MOSFET 的关断时间,减小关断开关损耗。有些栅极驱动器的驱动输出有两个,即 OUTH(输出为高)和 OUTL(输出为低),如图 4 - 27(a)所示,可以分别在这两个驱动输出和 MOSFET 的栅极之间接入不同阻值的电阻来达到目的;但有些栅极驱动器的驱动输出只有一个,这时可以采用图 4 - 27(b)的电路来达到目的。D 是肖特基二极管。

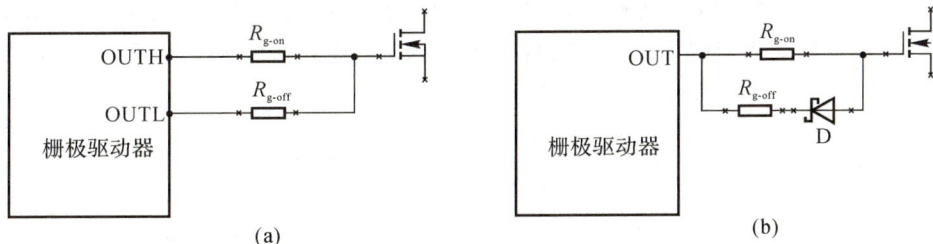

图 4 - 27　栅极导通电阻及栅极关断电阻

(5)过流/短路保护。过流/短路保护在功率电路中非常重要。由于功率电路电压高,电流大,发生过流或短路时,如果没有对功率开关管作适当的保护,很容易损坏。

通常过流/短路保护以下有几种方式。

1)利用一个电流感应电阻来采样电流的大小,如图 4 - 28 所示。

R_{sens} 是一个很小的电流感应电阻,串联在功率管的源级(功率 MOSFET,GaN)或发射极(IGBT),用它来测量电流的大小。产生的感应电压 $V_{Rs} = I_D R_{sens}$,这个电压被送到比较器和参考电压 V_{OCTH} 进行比较。如果电流过大,产生的感应电压高于参考电压,则比较器输出变为"高",比较器的输出被送到栅极极驱动器,从而使栅极驱动信号变"低",关断功率 MOSFET,从而起到保护功率 MOSFET 的作用。电容 C_{FLT} 是滤波电容,降低功率 MOSFET 开关时产生的噪声对比较器的影响。有的栅极驱动器已集成了过流保护电路。

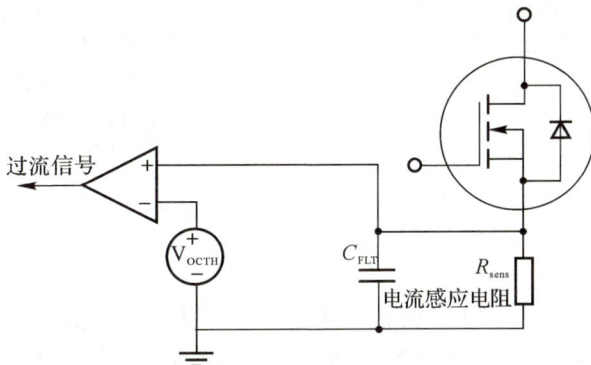

图 4 - 28　利用电流感应电阻来实现过流/短路保护

这种方式的优点是简单,反应速度很快(可达几百纳秒),而且可以很准确地设定过流的电流值 I_{th};它的缺点是感应电阻会产生功耗 $P_{Rs} = I_D^2 R_{sens}$,当电流很大时,产生的功耗

高级电力电子线路设计实践

会很大;而且感应电阻会引入额外的寄生电感,增大开关损耗,所以不太适用于大电流的过流/短路保护,适用于电流不太大时的过流/短路保护。

2)对于 IGBT 和碳化硅 MOSFET 的短路保护,则是利用退饱和。

图 4-29 是 IGBT 的集电极电流 I_C 和集电极-发射极饱和电压 $V_{CE(sat)}$ 的曲线图。通常 IGBT 工作在饱和区,当集电极电流增大时,饱和压降 $V_{CE(sat)}$ 也增加。如果短路情况发生(当高位开关管和低位开关管同时导通时),集电极电流突然增大,而饱和压降 $V_{CE(sat)}$ 也快速增大。当集电极电流 I_C 增大到某一个值时,集电极电流不再增大,但饱和压降 $V_{CE(sat)}$ 继续增大,IGBT 进入线性区,IGBT 的功耗变得很大。如果不及时关断 IGBT,则 IGBT 会很快损坏。当短路发生时,必须在 10 μs 内对 IGBT 进行保护,否则会损坏 IGBT。

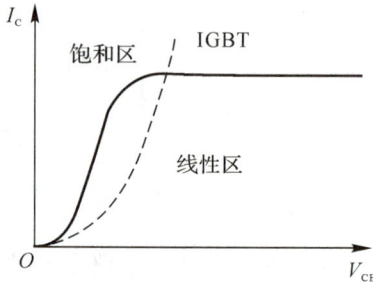

图 4-29　IGBT 的集电极电流与饱和压降的关系

对于碳化硅 MOSFET 的短路保护,也可以采用这种方式。不过碳化硅 MOSFET 的所需的保护时间更短,在发生短路后,必须在几微秒内对碳化硅 MOSFET 进行保护。

图 4-30 是利用 IGBT/碳化硅 MOSFET 的这个特性来进行短路保护的,该电路称为退饱和短路保护电路。D_{HV} 是一个高压二极管,目的是隔离 IGBT 集电极的高电压。

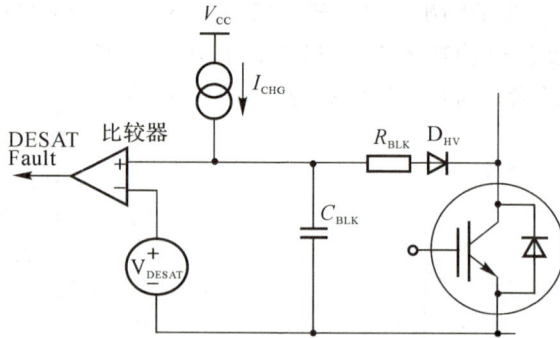

图 4-30　IGBT 的退饱和短路保护电路

当 IGBT 导通且正常工作时,饱和压降 $V_{CE(sat)}$ 很小,二极管 D_{HV} 正向导通,充电电流 I_{CHG} 流经电阻 R_{BLK} 和二极管 D_{HV},到 IGBT 的集电极,比较器的同相端的电压($=V_{CE}+V_D+I_{CHG}R_{BLK}$)是低电压,低于退饱和电压 V_{DESAT}(通常为 7~9 V),比较器的输出为"低",不会触发短路保护。V_D 是二极管 D_{HV} 的正向压降。

当 IGBT 导通且发生短路时,饱和压降 $V_{CE(sat)}$ 很大,比较器的同相端的电压是高电压,高于退饱和电压 V_{DESAT}(通常为 7~9 V),比较器的输出变"高",触发短路保护。

（6）功率 MOSFET 的误导通。图 4-31 是一个半桥电路的低侧功率 MOSFET 的示意图。

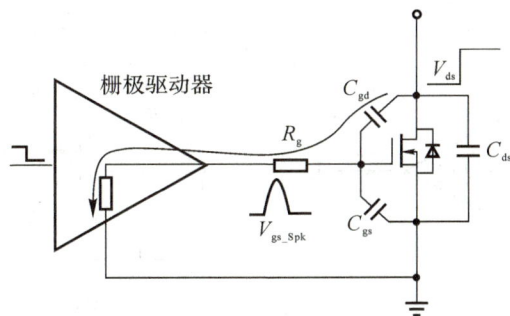

图 4-31　低侧功率 MOSFET 关断时由于高 $\dfrac{\mathrm{d}V}{\mathrm{d}t}$ 导致的误导通

在功率 MOSFET 的栅极和漏极之间有一个米勒电容 C_{gd}，当高侧功率 MOSFET 由关断变为导通而低侧功率 MOSFET 处于关断状态时，低侧功率 MOSFET 的漏极电压从一个低电压快速跳变到一个很高的电压，即 $\dfrac{\mathrm{d}V}{\mathrm{d}t}$ 很大。这时就会有一个充电电流 I_{CHG}（$I_{CHG}=C_{gd}\dfrac{\mathrm{d}V_{D}}{\mathrm{d}t}$）流经米勒电容 C_{gd}，如果 $\dfrac{C_{gd}}{C_{gs}}$ 比值较大，这个电流流经米勒电容后分为两部分，一部分对 C_{gs} 进行充电，另外一部分流经外接的栅极串联电阻 R_{g}，和栅极驱动器的输出阻抗 R_{o} 到地。功率 MOSFET 栅极电压会出现一个尖峰 V_{gs_Spk}：

$$V_{gs\_Spk}=R_{g}C_{gd}\frac{\mathrm{d}V_{DS}}{\mathrm{d}t}\left\{1-\exp\left[\frac{-t}{(C_{gs}+C_{gd})R_{g}}\right]\right\}$$

式中：t 为电压跳变的时间。

如果 $V_{GS\_Spk}>V_{GS(th)}$（$V_{GS(th)}$ 是功率 MOSFET 的阈值电压），则低侧功率 MOSFET 会错误导通，由于此时高侧的功率 MOSFET 已经导通，形成直通，进而击穿高侧和低侧功率 MOSFET。

为了避免低侧功率 MOSFET 的误导通，有以下几个方法：

1）减小低侧 MOSFET 的栅级串联电阻 R_{g}，从而减小关断时的 V_{GS}。另外也可以在 R_{g} 两端并联一个肖特基二极管 D_{off}，用来限制关断时的 V_{GS}，防止它在关断后误导通，如图 4-32 所示。

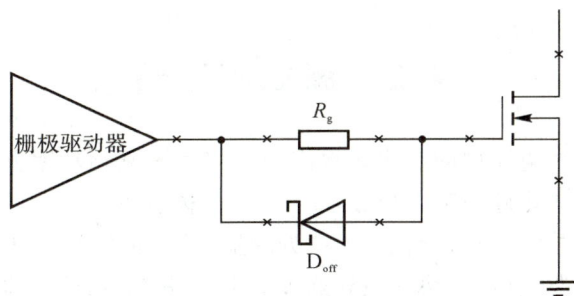

图 4-32　减小栅极串联电阻来减小误导通

2)在低侧功率 MOSFET 的栅极和源级之间并入一个电容 C_{ext},从而减小米勒电容的影响,避免低侧功率 MOSFET 的误导通,如图 4-33 所示。

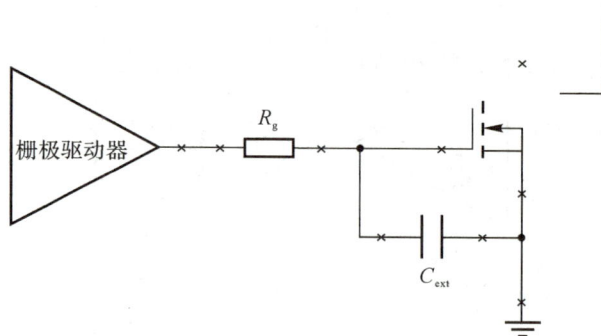

图 4-33 在栅极-源级之间接入电容来减小误导通

3)使用主动米勒钳位。Q_{clamp} 是一个小功率 MOSFET,非常靠近低侧功率 MOSFET。当低侧管关断时,Q_{clamp} 导通,直接把低侧功率 MOSFET 的栅极和源极短路。该过程将通过米勒电容的电流重定向到地,从而降低了栅-源级电压,防止低侧功率 MOSFET 误导通,如图 4-34 所示。

另外可以增大高侧功率 MOSFET 的导通时间,以减小低侧功率 MOSFET 漏极的电压跳变 $\dfrac{dV_{DS}}{dt}$,从而避免低侧功率 MOSFET 的误导通。有些栅极驱动器内部已集成了主动米勒钳位电路。

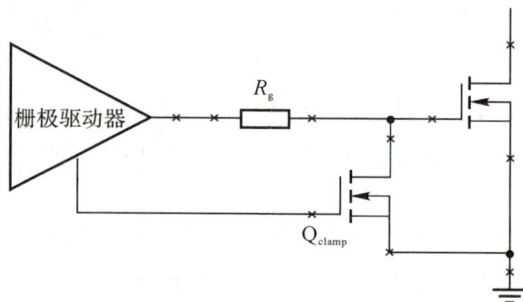

图 4-34 主动米勒钳位避免低侧功率 MOSFET 的误导通

4.2 栅极驱动器

栅极驱动器在功率电路中的应用非常广泛。它用来驱动功率开关管,比如驱动硅功率 MOSFET、IGBT、碳化硅功率 MOSFET、GaN 晶体管等。

栅极驱动器用来放大来自控制器(如微处理器)的逻辑(开/关)信号(通常是 PWM 信号),以提供足够大的驱动电流,快速地导通或关断功率 MOSFET;同时提供从逻辑(5 V 或 3.3 V CMOS 或 TTL 电平)到栅极的电平转换。其他更多的功能包括直通保护(适用于半桥驱动器)、欠压锁定、过流检测、去饱和检测和电气隔离等。栅极驱动器的选择会影响开关器件的能效、可靠性、安全性和方案尺寸。

不同的功率 MOSFET,对栅极驱动器的要求稍有不同。硅功率 MOSFET 的驱动信号的电压范围为 5～10 V(最高为 20 V),而碳化硅功率 MOSFET 和 IGBT 的驱动信号的电压要高于 12 V,驱动信号的电压范围为 13～20 V。GaN 晶体管的驱动信号的最高电压为 6.5 V 左右,而开关速度很快(可达几兆赫兹),所以需要专门的栅极驱动器。

栅极驱动器可分为低侧栅极驱动器、隔离式栅极驱动器和半桥驱动器。

4.2.1　低侧栅极驱动器

低侧栅极驱动器的驱动侧和逻辑输入侧没有电气隔离,驱动信号的地和逻辑输入的地是连在一样的,主要用于低侧开关管的驱动,它的主要指标如下。

1. 驱动电流(灌电流和拉电流)的大小

低侧栅极驱动器的驱动电流从几安到十几安不等,与选择的开关管型号有关。

2. 欠压保护功能

如果栅极驱动器的电源电压低于给定的阈值,则驱动器的输出为低电平,功率开关管不会导通。这主要是为了保护功率开关管,以防止驱动信号电压过低导致功率管的功耗太大而损坏。

图 4-35 是一个低侧栅极驱动器(UCC27518/19)驱动一个低侧功率 MOSFET Q_1 的示意图。

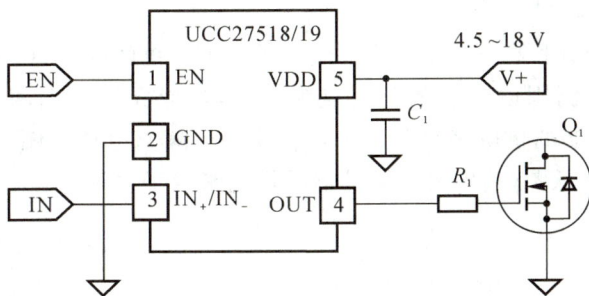

图 4-35　低侧栅极驱动器示意图

4.2.2　隔离式栅极驱动器

隔离式栅极驱动器是将隔离器和栅极驱动器合二为一,驱动侧和逻辑输入侧是电气隔离的,主要指标如下:

1)驱动电流的大小。

2)驱动侧欠压保护。

3)隔离度,表示隔离层可以承受的电压。在大多数数据手册中,隔离电压通常表达为最高峰值隔离电压、工作隔离电压和 RMS 隔离电压等参数。

4)共模瞬态抗扰度(CMTI,Common Mode Transient Immunity)。CMTI 是隔离式

栅极驱动器一个很重要的指标。如果 CMTI 不够,高 $\dfrac{dV}{dt}$ 的功率噪声就可从驱动侧耦合到隔离式栅极驱动器的逻辑输入侧,从而产生环路电流并导致电荷出现在开关管的栅极上。当电荷足够大,栅极驱动器可能会将噪声误认为驱动信号,从而导致误导通而造成功率 MOSFET 的损坏(见图 4-36)。

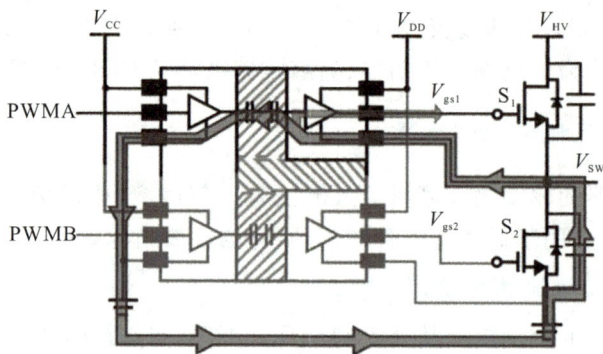

图 4-36　CMTI 不足导致的驱动器电荷耦合

4.2.3　半桥驱动器

半桥驱动器驱动以半桥配置接在一起的功率开关管。半桥驱动器分为非隔离式半桥驱动器和隔离式半桥驱动器。

1. 非隔离式半桥驱动器

这类驱动器有低侧和高侧两个通道。低侧是一个简单的缓冲器,通常与控制输入具有相同的接地点。而高侧则以半桥的开关点为基准,从而允许使用两个功率 N-MOSFET 或 IGBT。高侧驱动器的供电来自于自举电容或一个隔离电源。图 4-37 所示为非隔离或半桥驱动器电路示意图(高侧输出驱动器的供电来自于自举电容)。

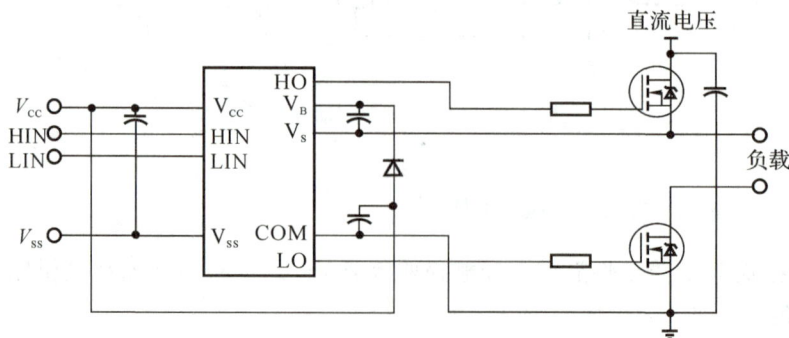

图 4-37　非隔离式半桥驱动器电路示意图

非隔离式半桥驱动器比较简单。但这类驱动器有很多局限性。首先,它整体都在同一个硅片上,因此无法超出硅的工艺极限。大多数非隔离式半桥驱动器的工作电压都不超过 700 V,而且高侧驱动器需要一个高电压的电平转换器,为了保证充足的噪声滤波,电平转换器会添加一些传播延迟,而且低侧的驱动器又要与高侧驱动器的较长延迟相匹配;另外这类驱动器不够灵活,有的功率 MOSFET 可能要求驱动负的关断电压,以避免开关节点的高 $\dfrac{dV}{dt}$ 导致的误导通,以及减小功率 MOSFET 的开关功耗。

2. 隔离式半桥驱动器

隔离式半桥驱动器在输入和输出电路之间集成了隔离层。这些器件将一个硅片用于控制信号,另一个用于输出驱动信号,并通过距离和绝缘材料对其进行物理隔离。控制信号在传输过程中,可以通过多种方式穿过隔离层(在输入侧对控制信号进行高频调制,通过电容或变压器耦合穿过隔离层,在输出驱动侧再进行解调);隔离层可以防止任何的泄漏电流从隔离层的一侧流到另一侧;而且隔离式驱动器的输出可以以电路中的任何节点为基准,非常灵活;另外隔离技术的极限远高于非隔离栅极驱动器的硅工艺极限,可提供高于 5 kV 的隔离层。图 4 - 38 就是一个隔离式半桥驱动器的示意图。

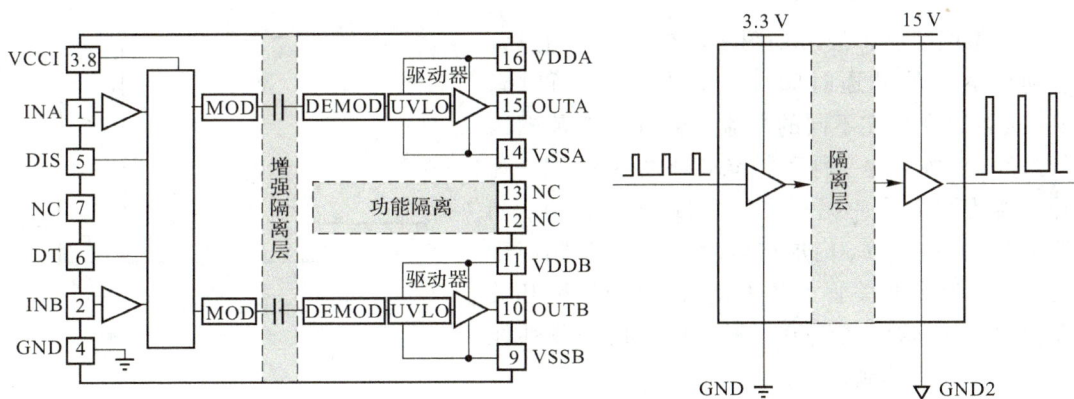

图 4 - 38　隔离式半桥驱动器示意图

3. 栅极驱动器在电路板上的放置和布线考虑

在电路板上,栅极驱动器必须非常靠近它要驱动的功率管,以减小驱动信号线的长度,减小驱动回路的寄生电感 L_{stray}。因为栅极驱动器的驱动电流很大(几安至十几安),而驱动电流 I_{drv} 的上升/下降时间很短(几十纳秒),线路上产生的感应电压为 $L_{stray}\dfrac{dI_{drv}}{dt}$,将会延长功率 MOSFET 的导通/关断时间,从而导致功率 MOSFET 的功耗增大;另外驱动信号线要粗一些,以减小寄生电感;尽量减小驱动信号线和它的返回电流线之间的距离,以减小驱动信号线电流回路的面积,减小外界噪声对它的影响。

4.3　功率管的双脉冲测试

双脉冲测试(DPT,Double Pulse Test)是一种在功率变换器设计早期,对功率开关器件进行性能测量的有效方法,它非常有助于在产品设计过程中把控产品设计周期,节省研发时间及产品推向市场的时间。

4.3.1 双脉冲测试的意义与原理

DPT 是一种被广泛应用来评估功率器件开关性能的方法,其最主要的价值在于在最差条件下测试电路的性能参数,以评估功率开关管的特性,减小实际设计产品所面临的一些不可预期的风险。

1. DPT 主要意义

(1)获取开关管在开关过程中的各种参数,并对比不同开关管参数和性能;

(2)评估驱动电阻数值是否合适,是否需要吸收电路;

(3)通过测量开关管在实际线路中的表现,如开通关断时间、反向恢复电流、关断电压尖峰以及线路串扰厉害程度等,评估设计的驱动电路是否正确,相应 PCB 线路板的布局和走线是否合理。

2. DPT 测试的原理

典型的双脉冲波形如图 4-39 所示。通过调整功率器件的开通时间 T_1 和 T_3 及关断时间 T_2,则可以评估在不同的电流下器件的全范围运行条件,相当于在一种可控条件下去做测试。为什么需要两个脉冲呢?实际上,通过控制 T_1 和 T_2,可以控制在 T_3 内加在电感上的电流,相当于通过建立互补开关管上的电流,而改变被测开关管上的电流,这时候续流二极管的反向恢复性能就可以很容易测到。

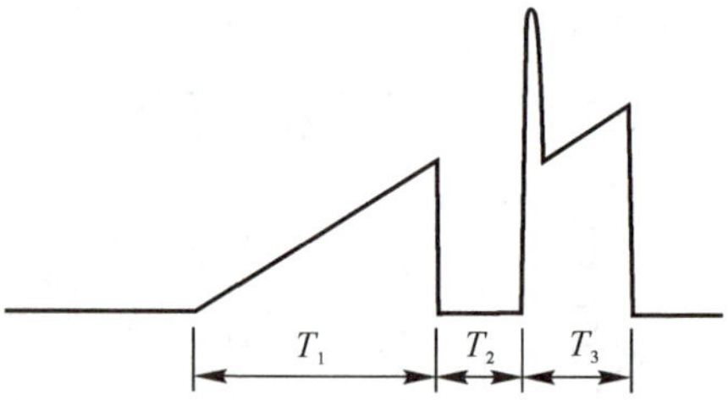

图 4-39 双脉冲测试条件下功率器件电流波形

双脉冲测试通常用半桥电路进行测试,电路图如图 4-40(a)所示,上管两端并联一个电感,上管一直处于关断状态,下管的驱动信号则为给定的两个脉冲,其波形是图 4-40(b)的 V_{INn},主要测试下管的开关特性以及上管反并联二极管特性。

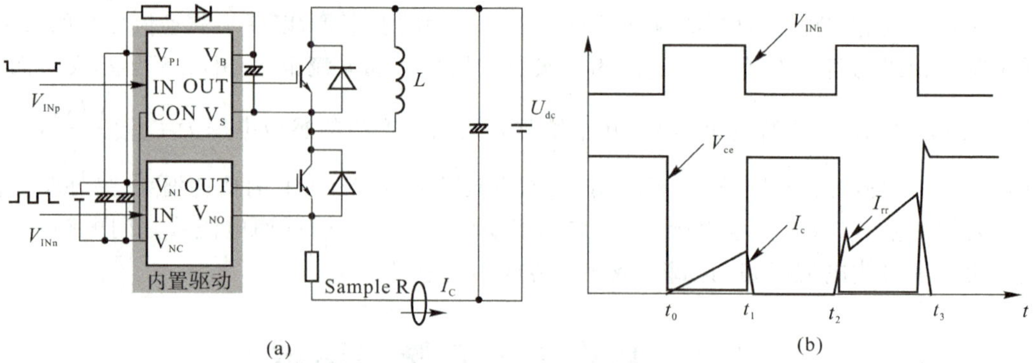

图 4-40 双脉冲测试原理图及基本波形
(a)原理图; (b)基本波形

DPT 测试分四个阶段:

第一阶段 $[t_0, t_1]$,如图 4-41(a)所示。在 t_0 时刻,栅极触发第一个脉冲,下管饱和导通,

电源电感和下管形成回路,电感电流线性上升,电流表达式如下,t_1 时刻电流值最大,有

$$I = \frac{U_{dc} \Delta t}{L}$$

式中：$\Delta t = t - t_0, t \in [t_0, t_1]$。

第二阶段 $[t_1, t_2]$,如图 4-41(b)所示。在 t_1 时刻,下管关断,电感电流通过上管反并联二极管续流,由于线路电阻很小,可近似为恒流源,此阶段电流波形如图 4-41(b)中虚线所示。

第三阶段 $[t_2, t_3]$,如图 4-41(c)所示。在 t_2 时刻,栅极触发第二个脉冲,下管再次饱和导通,续流二极管进入反向恢复阶段,反向恢复电流会流进下管,形成尖峰电流,反向恢复过程结束后,下管电流继续线性上升。

第四阶段 $[t_3, \infty]$,如图 4-41(d)所示。在 t_3 时刻,下管关断,此时电流较大,由于母线寄生电感的存在,会导致下管关断瞬间产生尖峰电压。

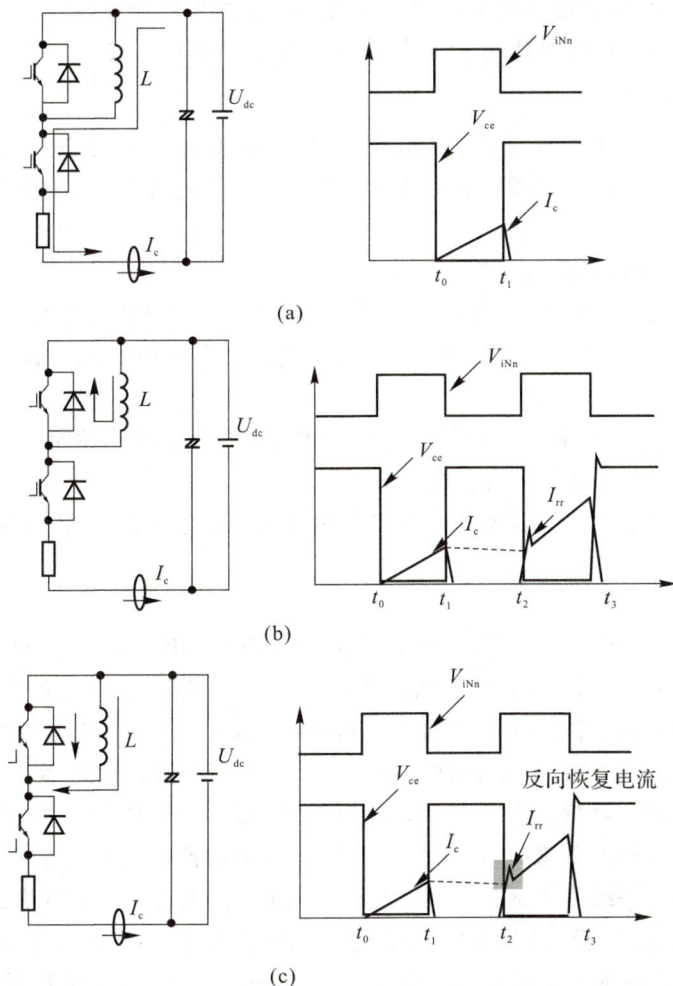

(a)

(b)

(c)

图 4-41　DPT 四阶段工作原理和波形图阶段

(a)第一阶段；　(b)第二阶段；　(c)第三阶段；

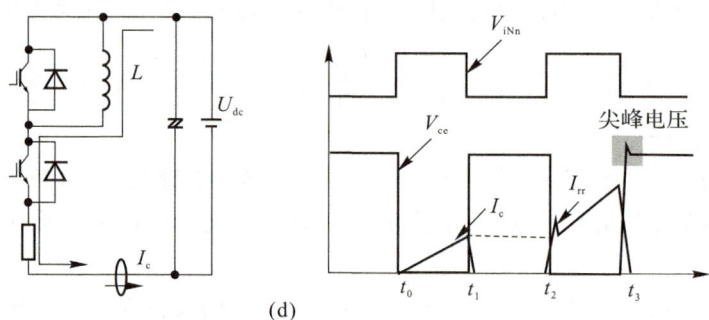

续图 4-41　DPT 四阶段工作原理和波形图阶段
(d)第四阶段

通过上述四个阶段分析,很容易测量开关管的上升时间、下降时间以及续流二极管的反向恢复时间,同时可以通过测量管子开关瞬间产生的尖锋电压、电流以及驱动信号波形扰动程度来评估和判断所设计的 PCB 线路板的合理性和可行性。

3. 负载电感设计

DPT 电路中负载电感作用是限制电流的上升率 di/dt。在上述测试电路中,外加的直流电压是可以调整的。负载电感是 DPT 中的一个重要器件,对其选型需要注意以下方面:

(1)需要注意在峰值测试电流下不能饱和;

(2)电感的位置要远离测试设备,以免 EMI 干扰或者磁场耦合到驱动电路或者测试仪器;

(3)电感的电流上升率 di/dt 不宜太小,以免开关管工作时间太长导致发热严重,影响其性能;

(4)电感的电流上升率 di/dt 不宜太大,以免 DPT 双脉冲开关时间 t_1,t_2,t_3 过小,可能导致开关管不能充分导通或者关断;

(5)脉冲宽度不宜太宽,以免开关管工作时间太长导致发热严重,影响其性能。

4.3.2　DPT 实例

本实例是对 SiC MOSFET 进行 DPT 测试,测试电路如图 4-42(a)所示,取桥式电路的一个桥臂,电路由两个 SiC MOSFET 和电感 L 组成。上管常关,下管驱动信号为双脉冲信号[见图 4-42(b)],用来测试下管的开关特性。在第一个脉冲信号期间,MOSFET S_L 开通,直流电压加在电感 L 两端,电感电流上升;在第一个脉冲关断后,电感上电流达到测试所需的电流值,测试器件的关断特性,电感电流通过 MOSFET S_H 的反并联 SiC 二极管 SBD 续流;在下一个脉冲到来时,电流大小几乎不变,测试器件的开通特性;第二个脉冲信号期间电感储能,高电平结束时下管关断。此次测试重点是关注开关过程中的电压波形。

搭建双脉冲测试电路,选择直流母线电压 320 V、电感 176 μH(四个单层电感串联,减小等效串联电阻和寄生电容)、驱动电压为+20/-5 V,电感电流升至 25 A,改变驱动电阻 R_{g_inL} 进行 DPT 实验,可以得到表 4-3 所示的不同栅极电阻时的 V_{ds} 尖峰和电压响应延时的关系。

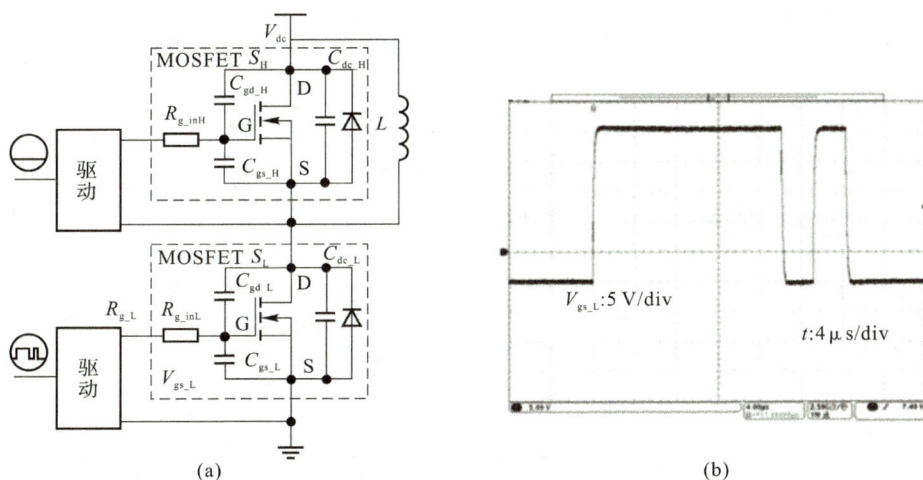

图 4 - 42　双脉冲测试电路

表 4 - 3　不同栅极电阻时的 V_{ds} 尖峰和电压响应延时

开通电阻/Ω	关断电阻/Ω	开通 V_{ds} 尖峰/V	开通时间/ns	关断 V_{ds} 尖峰/V	关断时间/ns
0	0	65	60	60	50
2.35	2.35	30	80	40	64
5	5	15	80	35	100
10	10	13	100	35	120
10	15	10	100	30	170
20	20	5	480	30	200
20	40	5	480	20	320

栅极电阻越大,关断时 V_{ds} 尖峰越小,总关断时间越长,同时 V_{gs} 变化速度减慢,其振荡减小。需要在 V_{ds} 超调和开关速度之间进行取舍。经过对比优化,最终确定栅极电阻后得到的 DPT 波形如图 4 - 43 所示。

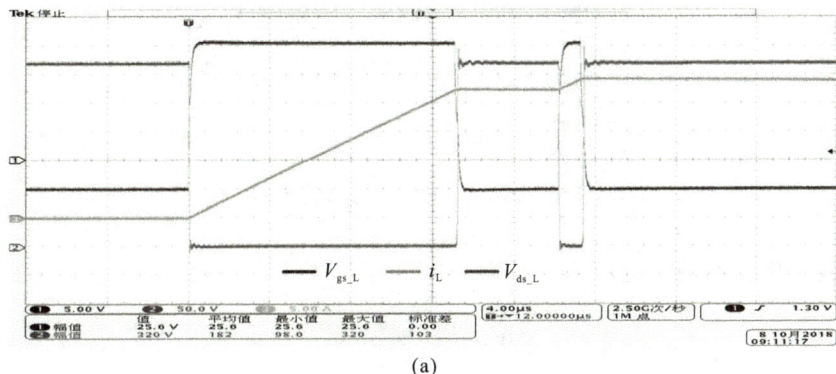

图 4 - 43　DPT 测试波形

(a)DPT 测试波形

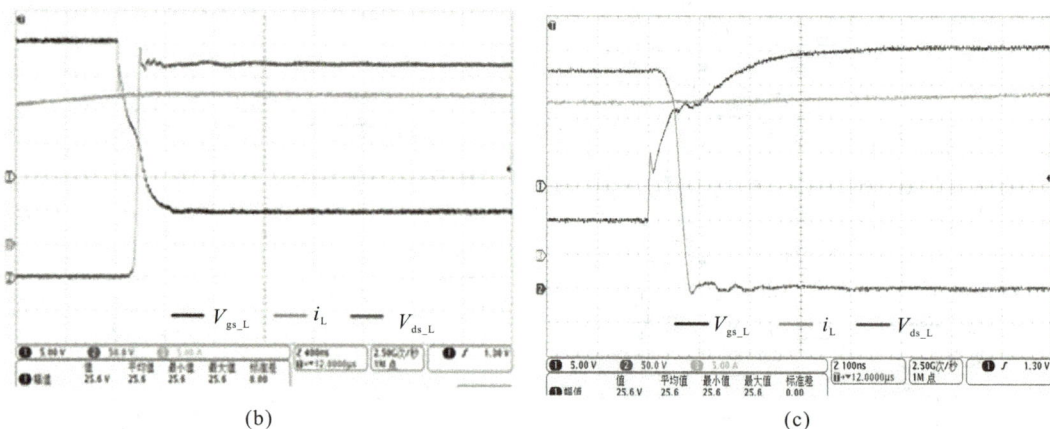

续图 4 - 43　DPT 波形

(b)关断过程波形；　(c)开通过程波形

4.4　隔离式 DC-DC 转换器

DC-DC 转换器分为隔离 DC-DC 转换器和非隔离 DC-DC 转换器。隔离 DC-DC 转换器一定需要变压器，而非隔离 DC-DC 转换器不一定需要变压器。

隔离 DC-DC 转换器分为反激式转换器、正激转换器、推挽式转换器、半桥式转换器、全桥式转换器、LLC 谐振变换器、双有源全桥变换器。

4.4.1　反激式转换器

图 4 - 44 是一个反激式 DC-DC 转换器。包括输入电容 C_{IN}、开关控制器、功率 MOS-FET Q_1、反激式变压器 T、肖特基二极管 D、输出电容 C_O。

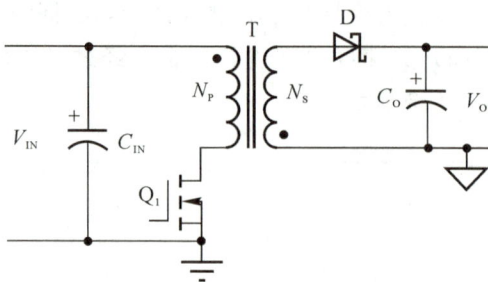

图 4 - 44　反激式 DC-DC 转换器

反激式转换器的输出电压为

$$V_O = D\frac{N_S}{N_P}V_{IN}$$

式中：N_P 是反激式变压器初级匝数；N_S 是次级匝数；D 是驱动信号的导通占空比，一般小于 50%。

反激式转换器可以降压,也可以升压,即输出电压可以低于输入电压,也可以高于输入电压。功率开关管的控制信号是 PWM 信号,通常其频率是固定的,通过改变 PWM 信号的占空比来控制输出电压。当功率 MOSFET 导通时,有电流流经变压器的初级线圈,能量储存在初级线圈中,次级中的二极管处于反向状态,没有导通;当功率 MOSFET 关断时,储存在初级线圈中的能量耦合到次级线圈,二极管 D 导通,对输出电容进行充电,也对负载供电。

反激式转换器的优点是:

(1)电路比较简单,输出不需要电感,体积比较小;

(2)功率 MOSFET 位于低侧,驱动比较容易;

(3)反激式变压器的次级可以有多个绕组,所以可以有多路输出;

(4)反激式变压器不需要磁复位绕组;

(5)适用于功率较小(小于 300 W)或多路输出的场合。

其缺点是:

(1)功率 MOSFET 的额定漏-源极电压 V_{ds} 需要高于母线电压 V_{IN}。当选择功率 MOSFET 时,功率 MOSFET 的额定击穿电压 $V_{ds} \geqslant 2V_{IN}$。

(2)输出的电压和电流的输出特性不太好,纹波较大。

(3)反激式变压器的初级绕组和次级绕组的漏电感较大,所以反激式转换器效率较低。

4.4.2 正激式转换器

图 4-45 是一个正激式 DC-DC 转换器,包括开关控制器、功率 MOSFET Q_1、正激变压器、肖特基二极管 D_1 和 D_2、电感 L 和输出电容 C_O。

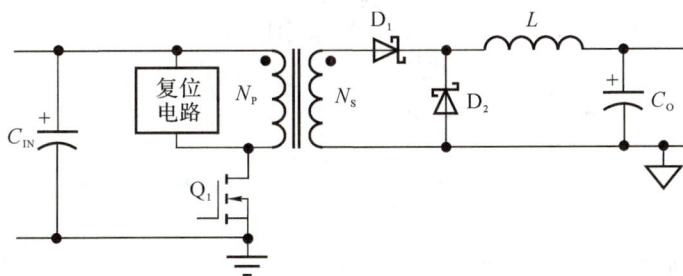

图 4-45 正激式 DC-DC 转换器

正激式转换器的输出电压为

$$V_O = D \frac{N_S}{N_P} V_{IN}$$

正激式转换器可以降压,也可以升压,即输出电压可以低于输入电压,也可以高于输入电压。功率 MOSFET 的控制信号是 PWM 信号,通常其频率是固定的,通过改变 PWM 信号的占空比来控制输出电压。当功率 MOSFET 导通时,有电流流经变压器的初级线圈和开关管,变压器的初级电压为正,次级的输出二极管 D_1 导通(D_2 关断),通过电感对输出电容充电,也对负载供电;当功率 MOSFET 关断时,次级的二极管 D_1 关断,D_2 导通,电感电流对负载供电。

正激式转换器的优点是:

(1)电路较简单;

(2)功率 MOSFET 位于低侧,驱动比较容易;

(3)输出电压和电流纹波较小;

(4)适用于功率较小的场合(功率小于 300 W);

(5)正激变压器不需要存储能量,所以正激变压器的体积较小(相对于反激变压器)。

正激式转换器的缺点是:

(1)需要一个最小的负载,不可以空载;

(2)输出需要一个电感,用来平滑输出电流;

(3)正激变压器需要一个磁复位电路,把在开关管导通期间储存在变压器初级绕组漏感上的能量消耗掉。

4.4.3 推挽式转换器

图 4 - 46 是一个推挽式转换器。C_I 是输入电容,Q_1 和 Q_2 是功率 MOSFET,T 是推挽式变压器,D_1 和 D_2 是肖特基功率二极管,L 是电感,C_O 是输出电容。通常推挽式变压器的绕组 $N_{P1} = N_{P2}$,$N_{S1} = N_{S2}$。

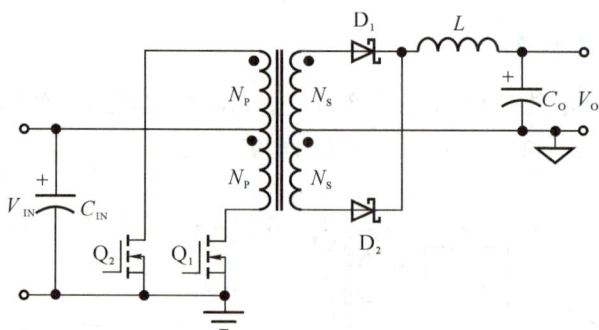

图 4 - 46 推挽式 DC-DC 转换器

推挽式转换器的输出为

$$V_O = 2D \frac{N_S}{N_P} V_I$$

推挽式转换器的优点是:

(1)两个功率 MOSFET 都位于低侧,有一个公共接地端,驱动比较容易;

(2)输出电流瞬间响应速度很快,电压输出特性很好;

(3)变压器的漏感较小,铜的损耗也小,因此效率较高;

(4)适用于功率较小的场合(功率小于 300 W)。

推挽式转换器的缺点是:

(1)如果变压器的两个绕组不完全对称或平衡,就会出现直流偏磁的现象,进而导致

磁芯的饱和,损坏功率 MOSFET;

　　(2)两个功率 MOSFET 需要较高的耐压,其耐压必须是总线电压的两倍;

　　(3)其输出电压的调整范围较反激式的要小;

　　(4)输出需要一个电感,因此体积较大;

　　(5)不可以空载,不适合负载变化很大的场合。

4.4.4　半桥式转换器

　　图 4-47 是半桥式转换器的原理图。C_1 和 C_2 是两个串联的输入电容,通常 $C_1 =$ C_2,Q_1 和 Q_2 是两个功率 MOSFET,组成一个半桥。T 是一个变压器,D_1 和 D_2 是两个肖特基二极管。L 是输出电感,C_O 是输出电容。

　　半桥式转换器的输出电压:

$$V_O = D \frac{N_S}{N_P} V_I$$

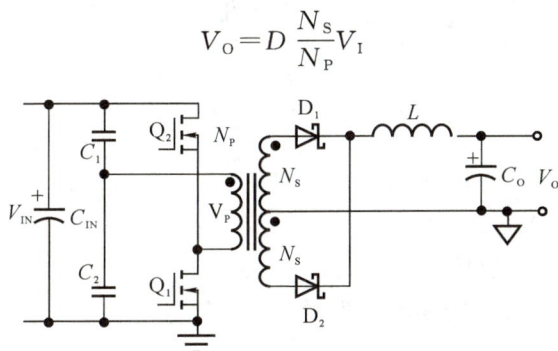

图 4-47　半桥式 DC-DC 转换器

半桥式 DC-DC 转换器的优点是:

(1)输出功率很大,效率很高;

(2)变压器的初级线圈只需要一个绕组;

(3)变压器初级两端的电压幅值为总线电压的一半;

(4)适用于功率较大的场合(功率可达 1 000 W)。

半桥式 DC-DC 转换器的缺点是:

(1)电源利用率比较低,因此不适合输入电压低的场合;

(2)输出需要一个电感;

(3)高侧功率 MOSFET 的驱动较为复杂。

4.4.5　全桥式转换器

　　图 4-48 是全桥式转换器的示意图。包括四个功率 MOSFET Q_1,Q_2,Q_3 和 Q_4,它们组成两个半桥。T 是变压器,D_1 和 D_2 是两个肖特基二极管,L 是电感,C_O 是输出电容。

　　全桥式转换器的输出电压为

$$V_O = 2D \frac{N_S}{N_P} V_I$$

全桥式 DC-DC 转换器的优点是：

(1)输出功率大,工作效率高;

(2)功率 MOSFET 的耐压要求低;

(3)变压器的初级线圈只需要一个绕组;

(4)也可以用于工作电压较低的场合;

(5)适用于输入电压高和功率较大的场合(功率可达 1 000 W)。

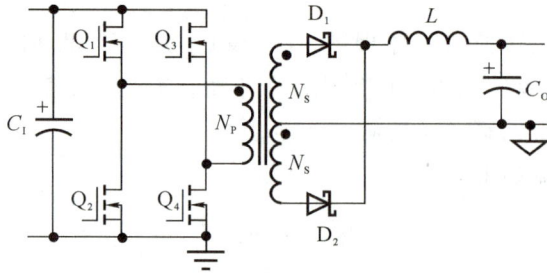

图 4 - 48　全桥式 DC-DC 转换器

全桥式 DC-DC 转换器的缺点是：

(1)需要四个功率 MOSFET;

(2)会出现半导通区,损耗大;

(3)高侧功率 MOSFET 的驱动较为复杂。

4.4.6　LLC 谐振变换器

LLC 谐振变换器是一种用于直流-直流转换的电力电子变换器,其在工业、电信、计算机和电动汽车等领域广泛应用,与传统 PWM(脉宽调节)变换器不同,LLC 是一种通过控制开关频率(频率调节)来实现输出电压恒定的谐振电路。LLC 电路可以实现全负载条件下的原边开关管零电压开通(ZVS),LLC 开关管在导通前,电流先从开关 MOS 管的体二极管内流过,开关 MOS 管漏源极之间电压被箝位在接近 0 V(二极管压降),此时控制开关 MOS 管导通,可以实现零电压导通。

常见的原边谐振 LLC 变换器其拓扑如图 4 - 49 所示。图中原边采用半桥 LLC,副边采用全波整流,其中 MOS 管 Q_1,Q_2 组成逆变桥,C_{oss1} 和 C_{oss2} 分别是它们的结电容,D_1,D_2 组成全波整流桥,L_r,L_m 和 C_r 组成谐振腔,变压器副边采用中心抽头的形式。

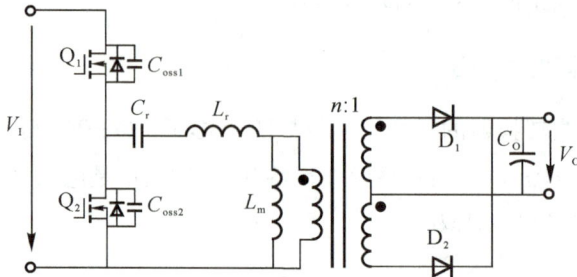

图 4 - 49　原边谐振 LLC 变换器拓扑

原边半桥逆变的输出是工作频率为 f_s、幅值为 V_1 的带直流偏置的方波电压信号,该方波电压经过谐振腔进行放大或缩小后通过固定匝数比的变压器,变压器的输出电压通过整流电路以及滤波电路后输出需要的电压。

因为谐振腔有两个电感、一个电容,有两个谐振频率,一个是 L_r 和 C_r 的谐振频率 f_r,由谐振的定义可以计算出 f_r:

$$f_r = \frac{1}{2\pi\sqrt{L_r C_r}}$$

另一个是 L_r 和 L_m 串联之后和 C_r 的谐振频率 f_{r2},由谐振的定义可以计算出谐振频率 f_{r2}:

$$f_{r2} = \frac{1}{2\pi\sqrt{(L_m + L_r)C_r}}$$

原边谐振 LLC 变换器有三种工作模式,分别是工作频率大于谐振频率($f_s > f_r$)、工作频率等于谐振频率($f_s = f_r$)和工作频率小于谐振频率($f_{r2} < f_s < f_r$)。当变换器工作在谐振频率时,L_r 和 C_r 谐振,变压器的输出电压全部加在输入励磁电感 L_m 上,励磁电感电压被变压器输出电压钳位,此时变换器的效率最高,只有当 $f_{r2} < f_s < f_r$ 时,励磁电感会有部分参与到谐振过程,当 $f_s = f_{r2}$ 时,励磁电感完全参与谐振过程。半桥 LLC 变换器的三种具体工作状态在下文详细给出,为了分析和解释方便,规定谐振电流的正方向为半桥桥臂中点到变压器上端,励磁和变压器原边电流的正方向为变压器上端到下端方向。

(1)当 $f_s = f_r$ 时,其工作状态图如图 4-50 所示。

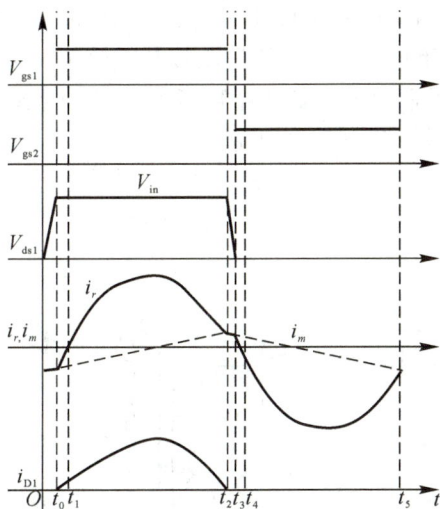

图 4-50　$f_s = f_r$ 时关键电压和电流的波形图

阶段一:0 时刻前。上管 Q_1 关断,下管 Q_2 导通。谐振电流 i_r 通过下管 Q_2,此时谐振电流 i_r 与励磁电流 i_m 不相等,变压器原边电流 i_1 不为 0,具体关系为 $i_m + i_1 = i_r$,电流方向均为负。这个阶段内原边的能量可以通过变压器传递到副边,变压器原边电流 i_1 通过变压器耦合到变压器副边,电流 i_2 流过二极管 D_2 向负载传递能量。由于 D_2 导通,所以此时变压器原边电压被输出电压钳位住,励磁电感上的电流线性上升。该阶段的整个过程具体如图 4-51 所示。

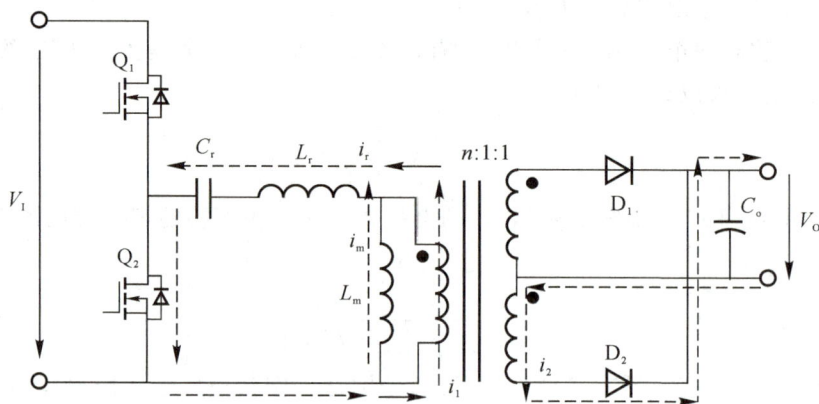

图 4-51 0 时刻之前的工作原理

阶段二:0～t_0 阶段。上管 Q_1 保持关断,下管 Q_2 开始关断。0～t_0 阶段是一个开关周期内的一段死区,由于 $f_s = f_r$,在 0 时刻正好完成半个周期的谐振,此时谐振电流 i_r 与励磁电流 i_m 刚好相等,因此变压器原边电流 i_1 为 0。根据变比的关系可知,此时副边电流 i_2 为 0,二极管 D_2 自然关断,实现二极管零电流导通(ZCS),避免了关断损耗。由于 D_2 不导通,因此此时变压器的输入电压不被输出电压钳位。在该阶段内,励磁电感续流,励磁电流 i_m 抽取上管 Q_1 输出电容上的电荷,将 Q_1 上的漏源电压 V_{ds} 降至为 0,同时励磁电流 i_m 给下管 Q_2 的输出电容充电,将下管的电压升至 V_I。如果上管 Q_1 的驱动信号在 t_0 时刻来临,由于此时漏源电压 V_{ds} 已经降至为 0,所以上管 Q_1 能实现 ZVS,无开通损耗。该阶段的整个过程具体如图 4-52 所示。

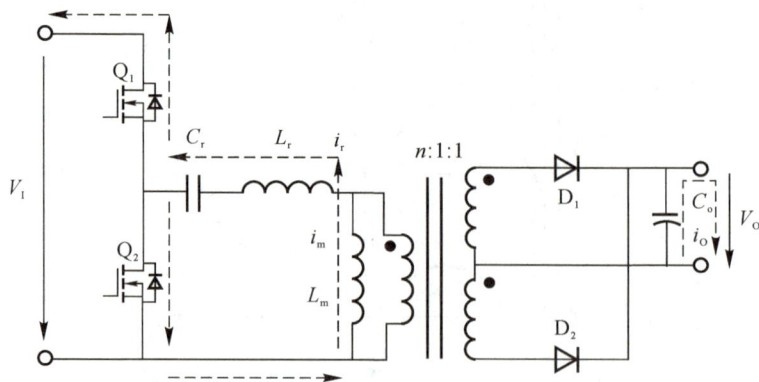

图 4-52 0～t_0 阶段的工作原理

阶段三:t_0～t_1 阶段。上管 Q_1 保持开通,下管 Q_2 保持关断。上管 Q_1 在 t_0 时刻被驱动导通后,由于励磁电流与谐振电流的方向一致均为负,但大小关系为 $i_r + i_1 = i_m$,所以此时励磁电流中的一部分通过谐振腔,谐振电流 i_r 反向通过 Q_1,励磁电流的另一部分通过变压器原边作为 i_1。变压器原边电流 i_1 通过变压器耦合到副边,电流 i_2 通过整流二极管 D_1 向负载提供能量。该阶段的整个过程具体如图 4-53 所示。

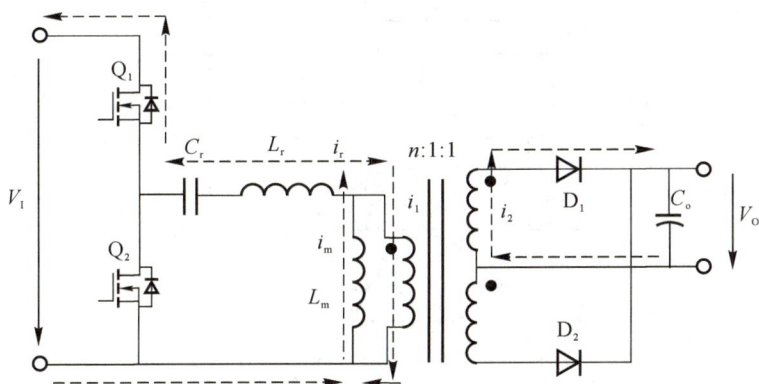

图 4-53　$t_0 \sim t_1$ 阶段的工作原理

阶段四:$t_1 \sim t_2$ 阶段。上管 Q_1 保持开通,下管 Q_2 保持关断。随着谐振电流逐渐增大,到 t_1 时刻,谐振电流 i_r 为正,顺向流过上管 Q_1,励磁电感上的电流 i_m 会从负的逐渐变成正的,变压器原边电流 i_1 方向保持不变,继续向变压器副边传递能量,这个过程会持续至谐振电流 i_r 等于励磁电流 i_m,整个过程中电流的关系为 $i_r = i_m + i_1$。该阶段的整个过程具体如图 4-54 所示。

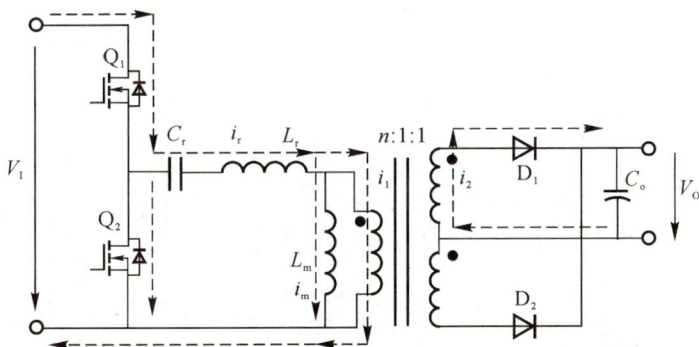

图 4-54　$t_1 \sim t_2$ 阶段的工作原理

阶段五:$t_2 \sim t_3$ 阶段。上管 Q_1 在死区时间内开始关断,下管 Q_2 保持关断。$t_2 \sim t_3$ 为死区时间,过程与 $0 \sim t_0$ 时段相同,在死区时间内完成下管 Q_2 电荷的抽取。随后下管 Q_2 开通,开始另一半周的工作,其过程与上管 Q_1 导通期间的过程相同。

从上面的波形可以看到,当 $f_s = f_r$ 时,原边电流波形为正弦波,上管 Q_1 和下管 Q_2 在工作的时候均能够实现了 ZVS,副边整流二极管 D_1 和 D_2 在工作的时候均能够实现 ZCS。剩下的工作状态与这个五个阶段类似,此处不再详细描述。

上述便是 LLC 工作在谐振频率处,半个周期内变换器的工作过程,通过分析可知,原边开关管和副边开关管均能够实现软开关变换。

（2）当 $f_s > f_r$ 时，其工作状态图如图 4-55 所示。

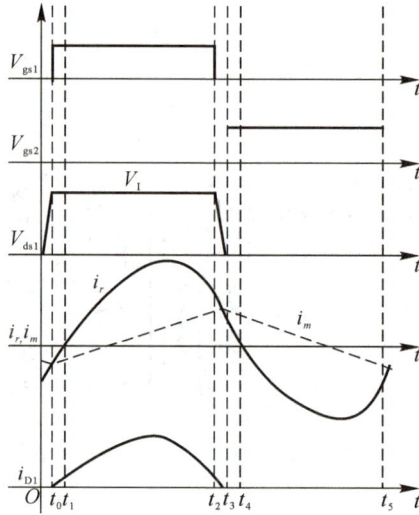

图 4-55 $f_s > f_r$ 时关键电压和电流的波形图

阶段一：0 时刻前。上管 Q_1 保持关断，下管 Q_2 保持开通。此时电流方向都是负的，且 $i_m + i_1 = i_r$，原边电流 i_1 通过变压器耦合得到副边电流 i_2，D_2 导通向负载传递能量，故此时变压器原边电压被输出电压箝位，励磁电流 i_m 线性增大。该阶段的整个过程具体如图 4-56 所示。

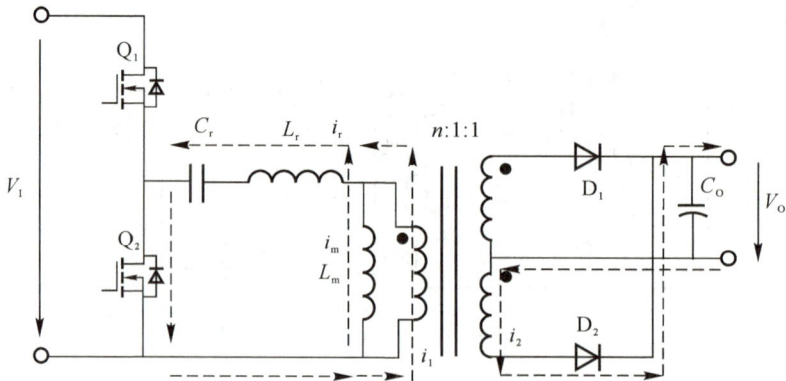

图 4-56 0 时刻之前的工作原理

阶段二：0~t_0 阶段。上管 Q_1 保持关断，下管 Q_2 在死区开始关断。到 0 时刻，下管 Q_2 关断。励磁电流续流 i_m 抽取 Q_1 输出电容上的电荷，将 Q_1 上的漏源电压 V_{ds} 降至为 0，同时励磁电流 i_m 给 Q_2 的输出电容充电，将下管的电压升至 V_{in}。如果上管 Q_1 的驱动信号在 t_0 时来临，由于此时漏源电压 V_{ds} 已经降为 0，所以上管 Q_1 无开通损耗，能实现 MOS 管的 ZVS，这个过程与 $f_s = f_r$ 时一致，因此无论 $f_s > f_r$ 或 $f_s = f_r$ 均可以实现原边 MOS 管的 ZVS。

在 0 时刻,此时谐振电流和励磁电流的大小关系为 $|i_r|>|i_m|$,两者方向都为负。三路电流之间关系是 $i_m+i_1=i_r$,变压器原边的电流 i_1 会通过变压器耦合到副边,通过整流二极管 D_1 给负载传递能量,因此在整个 $0\sim t_0$ 时间内副边整流二极管 D_2 始终导通,所以 $f_s>f_r$ 的时候,无法实现整流二极管的零电流关断(ZCS)。该阶段的整个过程具体如图 4-57 所示。

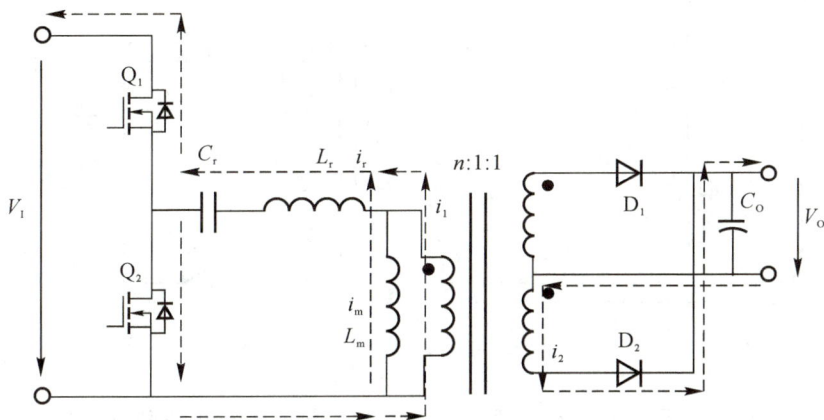

图 4-57　$0\sim t_0$ 阶段的工作原理

阶段三:$t_0\sim t_1$ 阶段。上管 Q_1 保持开通,下管 Q_2 保持关断。上管 Q_1 在 t_0 时刻被驱动导通后,谐振电流 i_r 通过 Q_1 反向流通,此时三路电流的方向都为负,它们之间具体关系为 $i_r+i_1=i_m$,变压器原边电流 i_1 通过变压器传递给副边,副边通过整流二极管 D_1 向负载提供能量。该阶段的整个过程具体如图 4-58 所示。

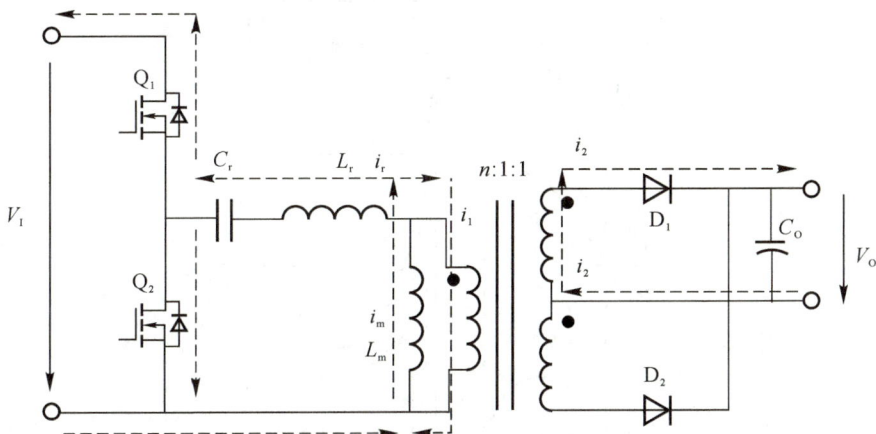

图 4-58　$t_0\sim t_1$ 阶段的工作原理

阶段四:$t_1\sim t_2$ 阶段。上管 Q_1 保持开通,下管 Q_2 保持关断。随着谐振电流逐渐增大,到 t_1 时刻,谐振电流 i_r 为正,顺向流过上管 Q_1,励磁电感上的电流 i_m 会从负的逐渐变成正的,变压器原边电流 i_1 方向保持不变,继续向副边传递能量,这个过程会持续谐振

电流 i_r 等于励磁电流 i_m,这个过程中电流的关系为 $i_r = i_m + i_1$。该阶段的整个过程具体如图 4-59 所示。

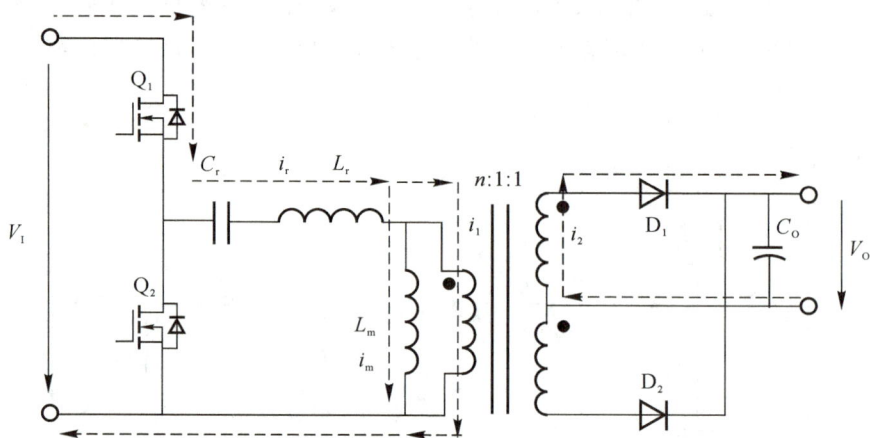

图 4-59　$t_1 \sim t_2$ 阶段的工作原理

阶段五:$t_2 \sim t_3$ 阶段。$t_2 \sim t_3$ 为死区时间,过程与 $0 \sim t_0$ 时段相同。剩下的工作状态与这个五个阶段类似,此处不再详细描述。

(3)当 $f_{r2} < f_s < f_r$ 时,其工作状态图如图 4-60 所示。

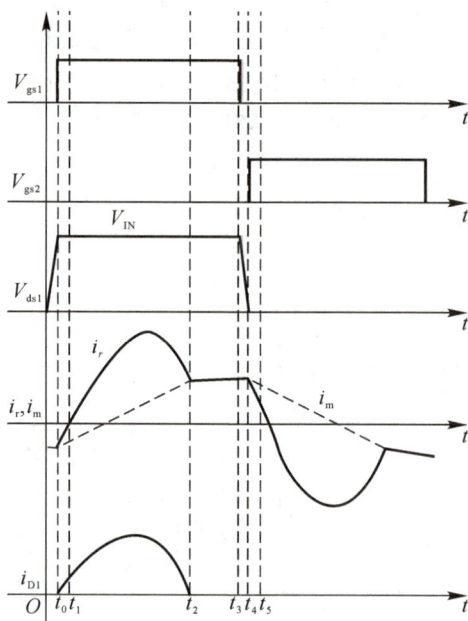

图 4-60　$f_{r2} < f_s < f_r$ 时关键电压和电流波形

阶段一:0 时刻之前。上管 Q_1 保持关断,下管 Q_2 保持开通,由于 $f_{r2} < f_s < f_r$,开关周期长于谐振周期。因此在 0 时刻之前,谐振电流与励磁电流已经相等,副边二极管电流降为 0,自然关断。该阶段的整个过程具体如图 4-61 所示。

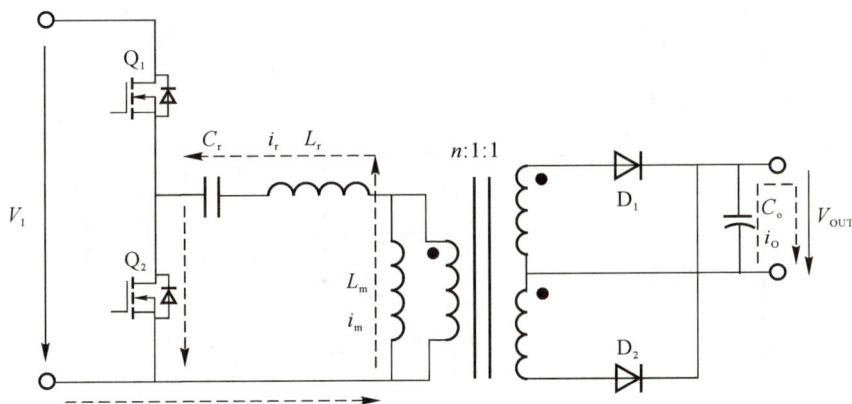

图 4 - 61 0 时刻之前的工作原理

阶段二：$0 \sim t_0$ 阶段。上管 Q_1 保持关断，下管 Q_2 开始关断。$0 \sim t_0$ 阶段是一个开关周期内的一段死区。由于 $f_{r2} < f_s < f_r$，在 0 时刻，谐振电流 i_r 与励磁电流 i_m 刚好相等，因此此时变压器原边电流 i_1 为 0，根据变比的关系可知，此时副边电流 i_2 为 0，二极管 D_2 自然关断，实现二极管 ZCS，避免了关断损耗。在死区时间 $0 \sim t_0$ 时段内，励磁电感续流，励磁电流 i_m 抽取上管 Q_1 输出电容上的电荷，将 Q_1 上的漏源电压降至为 0，同时励磁电流 i_m 给下管 Q_2 的输出电容充电，将下管的电压升至 V_1。如果上管 Q_1 的驱动信号在 t_0 时刻来临，由于此时漏源电压 V_{ds} 已经降至为 0，所以上管 Q_1 无开通损耗，能实现 ZVS。该阶段的整个过程具体如图 4 - 62 所示。

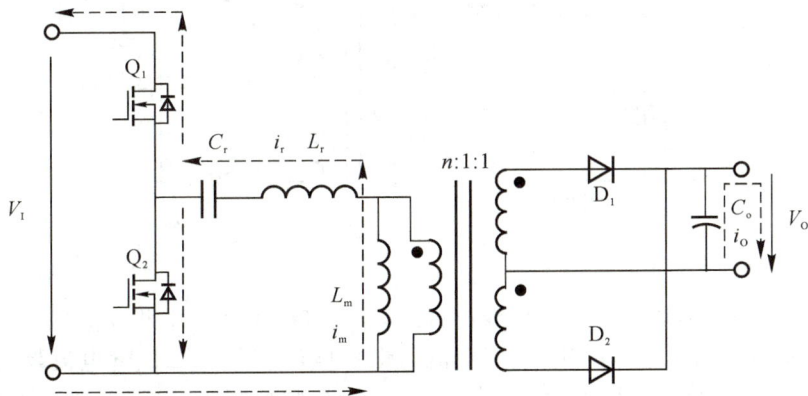

图 4 - 62 0 $\sim t_0$ 阶段的工作原理

阶段三：$t_0 \sim t_1$ 阶段。上管 Q_1 保持开通，下管 Q_2 保持关断。上管 Q_1 在 t_0 时刻被驱动开通后，谐振电流 i_r 通过 Q_1 反向流通，此时谐振电流与励磁电流的大小关系为 $|i_r| < |i_m|$，其中谐振电流和励磁电流方向都为负，一部分励磁电感的电流通过变压器传递给副边，具体关系为 $i_r + i_1 = i_m$，变压器原边电流 i_1 通过传递给副边，副边通过整流二极管 D_1 向负载提供能量。该阶段的整个过程具体如图 4 - 63 所示。

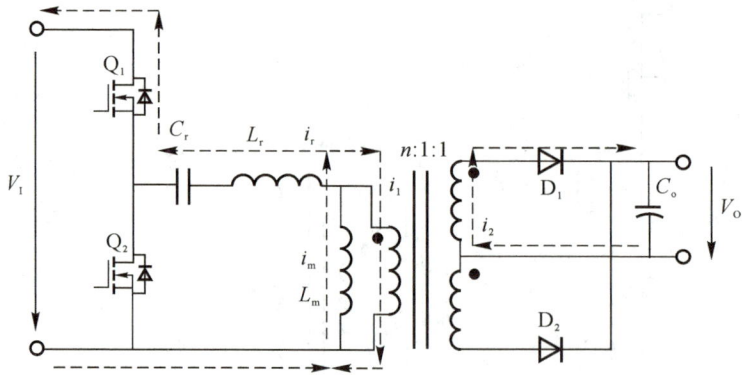

图 4-63　$t_0 \sim t_1$ 阶段的工作原理

阶段四：$t_1 \sim t_2$ 阶段。上管 Q_1 保持开通，下管 Q_2 保持开通。随着谐振电流逐渐增大，到 t_1 时刻，谐振电流 i_r 为正，顺向流过 Q_1，励磁电感上的电流 i_m 会从负的逐渐变成正的，变压器原边电流 i_1 方向保持不变，继续向变压器副边传递能量，这个过程会持续至谐振电流 i_r 等于励磁电流 i_m 的时候，这个过程中电流的关系为 $i_r = i_m + i_1$。该阶段的整个过程具体如图 4-64 所示。

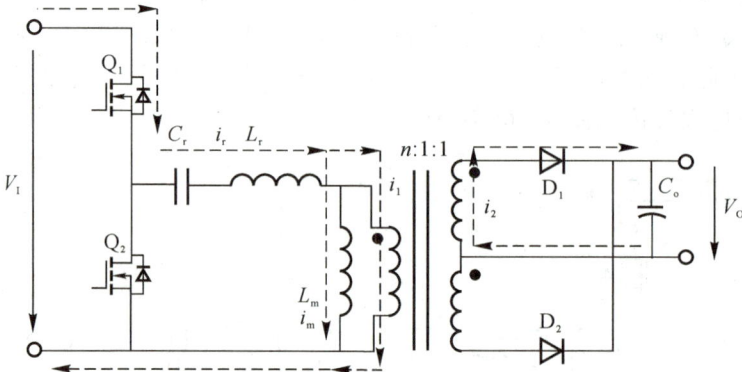

图 4-64　$t_1 \sim t_2$ 阶段的工作原理

阶段五：$t_2 \sim t_3$ 阶段。上管 Q_1 保持开通，下管 Q_2 关断。由于 $f_{r2} < f_s < f_r$，开关周期长于谐振周期，因此到 t_2 时刻，谐振电流与谐振电流相等。二极管电流降为 0，自然关断。此后 L_r，C_r 与原边励磁电感 L_m 共同谐振，谐振频率很小，电流近似为线性变化。

LLC 的调压功能采用 PFM 调制实现，可以理解为不同的工作频率对应着不同的输出电压。在谐振腔呈现感性的区域下原边开关管可以实现零电压开通，在流过原边开关管的电流被钳位到较小值时开关管进行关断，所以即使在高频的情况下原边的开关损耗也会比较小。至于副边开关管，在特定的条件下也是可以实现软开关。除了软开关优势外，电路拓扑中参数较少且易于布局，系统整体设计简单。

LLC 谐振变换器的优点有：

(1)效率高：全负载范围内功率 MOSFET 的 ZVS 和部分状态下的整流器的 ZCS，高频化下体积小、功率密度高。

（2）效率曲线符合期望值：期望随着输入功率的增高，效率增加，现在常规使用的电源效率曲线随功率增高而减小，*LLC* 满足期望效率曲线。

（3）功率密度高：*LLC* 电路的良好软开关特性配合新一代宽禁带器件使其可以实现高频化，再结合磁化电感＋漏感的磁集成可以大大提高其功率密度。

LLC 谐振变换器的缺点有：

（1）设计复杂，*LLC* 谐振电路的设计较为复杂，需要综合考虑电感、电容参数的选择，谐振频率的确定以及控制策略的设计等因素。这需要一定的经验和专业知识，并可能增加设计和调试的工作量。

（2）成本高：*LLC* 谐振电路需要使用多个电感元件和电容元件，较高的元件成本可能使得整个系统的成本增加。特别是对于高功率应用，大尺寸的电感元件和高质量的电容元件通常价格较高。

（3）控制困难：*LLC* 谐振电路的谐振特性，其控制方法相对复杂。需要采用先进的控制策略，如频率调制或相移控制等，以维持谐振状态并实现稳定的输出。

（4）输入电压范围限制：*LLC* 谐振电路的输入电压范围受到谐振网络参数的限制。当输入电压超出谐振网络的工作范围时，可能导致控制失效或电路工作不稳定。

4.4.7　双有源全桥转换器

双有源全桥（DAB，Dual Active Bridge）变换器是一种重要的隔离型 DC-DC 变换器拓扑结构。因其容易实现软开关、双向功率传输以及无源器件少等优点，广泛应用于航空航天、能源互联网、固态变压器、电动汽车等领域，满足航空航天电源等系统对高效率，高功率密度以及高可靠性的需求。

图 4-65 是双有源全桥转换器的示意图，其包括原边的四个功率 MOSFET Q_1，Q_2，Q_3 和 Q_4，以及副边的四个功率 MOSFET Q_5，Q_6，Q_7 和 Q_8，它们分别组成两个全桥，以及移相电感 L_{ph}、高频变压器。其中 V_1 为高压侧电压，V_2 为低压侧电压，C_{iH} 为高压侧滤波电容，C_{iL} 为低压侧滤波电容。

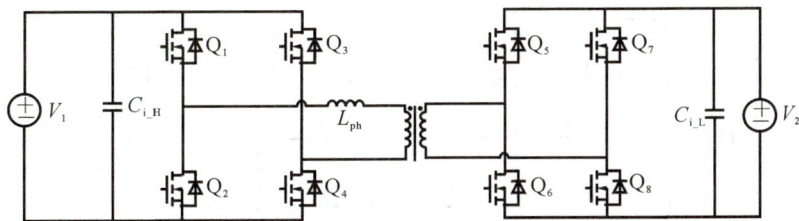

图 4-65　双有源全桥 DC-DC 转换器

单移相控制策略（SPS，Single-Phase-Shift）是 DAB 最为基础的控制方法。SPS 控制策略是以全桥对角上的开关管为一对，两对开关管交替导通且导通时间相同，SPS 下的 DAB 变换器具有固有特性小，响应速度快和效率高的优势。其工作状态原理由图 4-66 所示，图中 φ 代表两侧全桥间的移相角与 π 之间的比值。当 $\varphi > 0$ 时，DAB 处于正向传输

高级电力电子线路设计实践

功率,开关管 $Q_1 \sim Q_4$ 超前于开关管 $Q_5 \sim Q_8$;当 $\varphi < 0$ 时,DAB 处于反向传输功率,开关管 $Q_1 \sim Q_4$ 滞后于开关管 $Q_5 \sim Q_8$,本节以正向传输功率为例分析 SPS 控制策略下的工作状态以及软开关的实现过程。

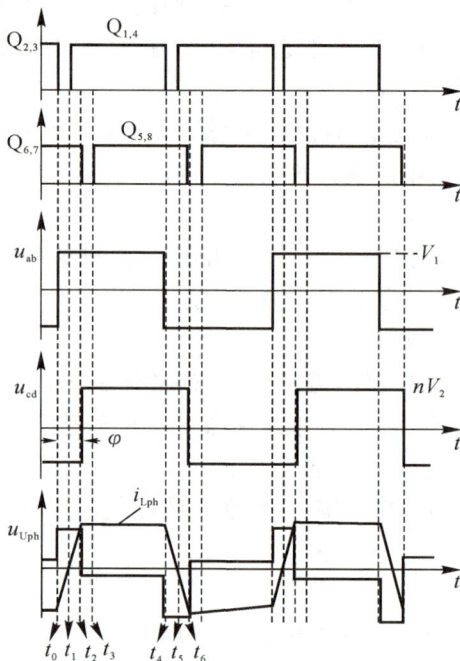

图 4-66 SPS 控制策略下的 DAB 变换器工作状态原理图

在一个开关周期内,由于工作状态类似,只分析前半个周期即可,即 $[t_0 \sim t_5]$ 时间段。

状态一,$[t_0 \sim t_1]$:如图 4-67 所示,在 t_0 时刻之前,移相电感两端的交流方波电压 $u_{ab} = -V_1$,$u'_{cd} = -nV_2$,此状态下电感电流变换率为

$$\frac{\mathrm{d}i_{L_{ph}}}{\mathrm{d}t} = \frac{-V_1 + nV_2}{L_{ph}}$$

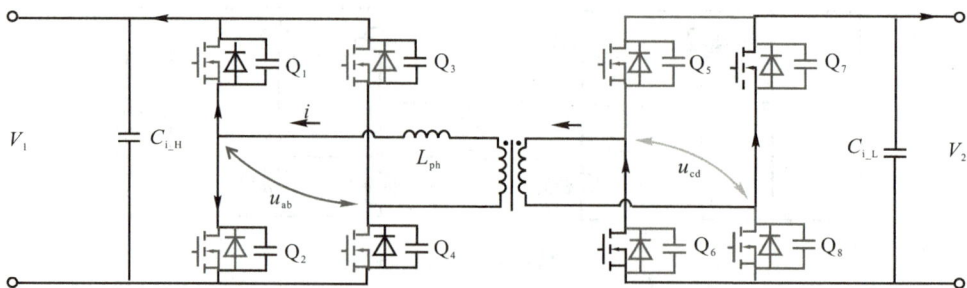

图 4-67 SPS 控制策略下的 DAB 变换器工作状态一

t_0 时刻,开关管 Q_2 和 Q_3 关断,进入死区时间段。$[t_0 \sim t_1]$ 时间段内,移相电感电流给 Q_1 和 Q_4 的输出电容放电,电容电压下降到 0 后,Q_1 和 Q_4 的反并联二极管进入导通续流状态。因此在此期间为保证 Q_1 和 Q_4 实现 ZVS,需要电感电流满足以下关系式:

$$\frac{1}{2}L_{\mathrm{ph}}i_{L_{\mathrm{ph}}}^{2}(t_0)=\frac{1}{2}(2C_{\mathrm{oss}}+C_{\mathrm{H}}+C_{\mathrm{HL}})V_1^2$$

$$i_{L_{\mathrm{ph}}}(t_0)\leqslant -V_1\sqrt{\frac{2C_{\mathrm{oss}}+C_{\mathrm{H}}+C_{\mathrm{HL}}}{L_{\mathrm{ph}}}}$$

式中：C_{oss} 为开关管的输出电容；C_{H} 为变压器高压侧绕组匝间电容；C_{HL} 为绕组间电容。

状态二，$[t_1 \sim t_2]$：如图 4-68 所示，t_1 时刻，开关管 Q_1 和 Q_4 开通，由于在前一个状态下 Q_1 和 Q_4 的反并联二极管已经导通，实现 ZVS。在状态一和状态二的时间段内，移相电感两端的交流方波电压 $u_{\mathrm{ab}}=V_1$，$u'_{\mathrm{cd}}=-nV_2$，此时 V_1 和 V_2 同时给电感储能，电感电流 i_L 线性上升，电感电流变换率为

$$\frac{\mathrm{d}i_{L_{\mathrm{ph}}}}{\mathrm{d}t}=\frac{V_1+nV_2}{L_{\mathrm{ph}}}$$

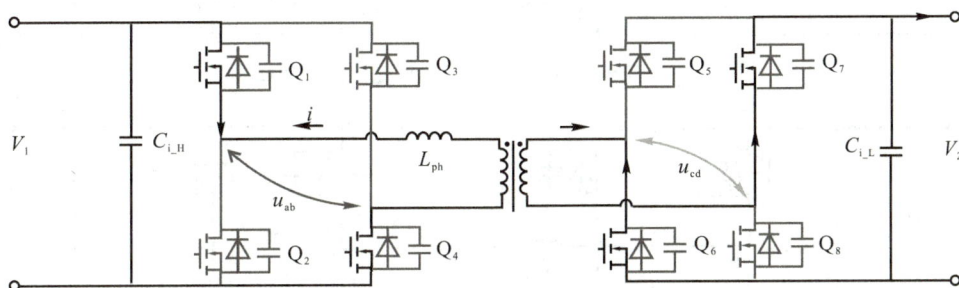

图 4-68　SPS 控制策略下的 DAB 变换器工作状态二

状态三和状态四，$[t_2 \sim t_4]$：如图 4-69 和图 4-70 所示，t_2 时刻，开关管 Q_6 和 Q_7 关断，移相电感电流给 Q_5 和 Q_8 的输出电容放电，电容电压下降到 0 后，Q_5 和 Q_8 的反并联二极管进入导通续流状态。t_3 时刻，Q_5 和 Q_8 实现 ZVS。此时间段内，移相电感两端的交流方波电压 $u_{\mathrm{ab}}=V_1$，$u'_{\mathrm{cd}}=nV_2$，电感电流变换率为

$$\frac{\mathrm{d}i_{L_{\mathrm{ph}}}}{\mathrm{d}t}=\frac{V_1-nV_2}{L_{\mathrm{ph}}}$$

根据以上分析可以得到，$[t_0 \sim t_2]$ 和 $[t_2 \sim t_4]$ 期间电感电流的表达式为

$$i_{L_{\mathrm{ph}}}(t)=\begin{cases} i_{L_{\mathrm{ph}}}(t_0)+\dfrac{V_1+nV_2}{L_{\mathrm{ph}}}(t-t_0), & t_0\leqslant t\leqslant t_2 \\[3mm] i_{L_{\mathrm{ph}}}(t_2)+\dfrac{V_1-nV_2}{L_{\mathrm{ph}}}(t-t_2), & t_2< t\leqslant t_4 \end{cases}$$

其中 $t_2=\dfrac{\varphi}{2f_{\mathrm{sw}}}$。电感电流 $i_{L_{\mathrm{ph}}}$ 在半个工作工期内对称，即 $i_{L_{\mathrm{ph}}}(t_0)=-i_{L_{\mathrm{ph}}}(t_4)$，由此可得

$$i_{L_{\mathrm{ph}}}(t_0)=-\frac{V_1+(2\varphi-1)nV_2}{4L_{\mathrm{ph}}f_{\mathrm{sw}}}$$

$$i_{L_{\mathrm{ph}}}(t_2)=\frac{(2\varphi-1)V_1+nV_2}{4L_{\mathrm{ph}}f_{\mathrm{sw}}}$$

因此可得到正向传输功率时,高压侧输入平均功率的表达式:

$$P_1 = V_1 I_{Lav} = V_1 \frac{1}{T_s} \int_{t_0}^{t_4} i_{L_{ph}}(t) \mathrm{d}t = \frac{nV_1 V_2}{2L_{ph} f_{sw}} \varphi(1-\varphi)$$

式中:$T_s = \frac{1}{2f_{sw}}$ 为半个周期;I_{Lav} 是 $[t_0-t_4]$ 时间段内的电感电流平均值。

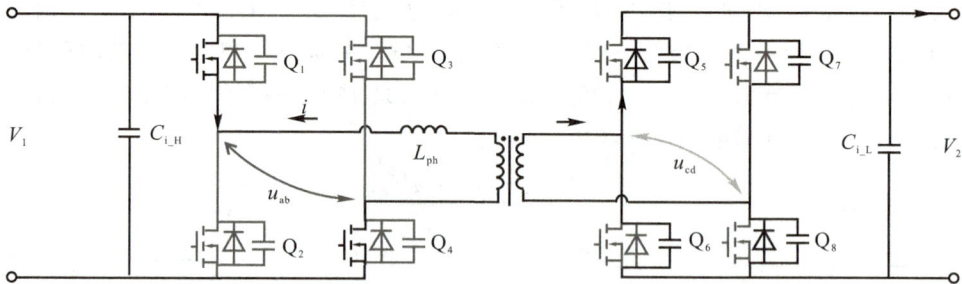

图 4-69　SPS 控制策略下的 DAB 变换器工作状态三

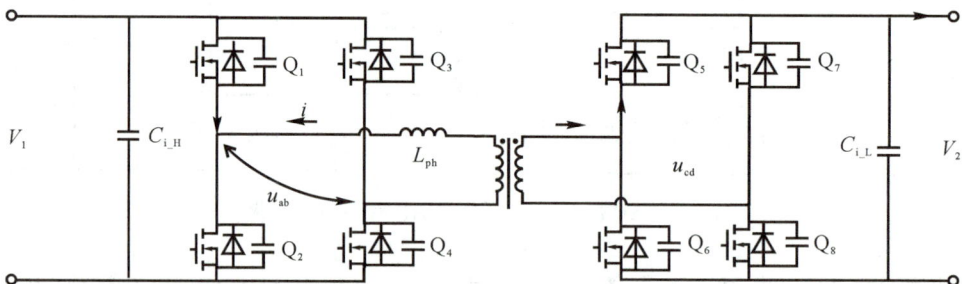

图 4-70　SPS 控制策略下的 DAB 变换器工作状态四

双有源全桥转换器的优点是:

(1)无源器件少;

(2)能够实现双向的功率传输;

(3)适合高压大功率场合;

(4)能够实现零电压开通;

(5)效率较高;

(6)功率密度高。

缺点是:

(1)存在无功功率的环流;

(2)存在高频振荡问题;

(3)需要 8 个功率 MOSFET;

(4)变压器和电感中会出现偏磁现象。

4.5　电路板的走线

功率电路由于电流大,所以对电路板走线的宽度有一定的要求,而且如果工作电压高,则对于走线之间的距离也有一定的要求。

1. 走线宽度

导线会有阻抗,当有电流通过时,会产生功耗($P = I^2 R$,I 是流经导线的电流,R 是导线的阻抗),进而发热。电源线和地线的电流一般较大,所以电路板布线时要根据电源线和地线的电流的大小,以及允许的温升,所以要考虑电源线和地线的宽度。

电路板的敷铜厚度一般为 1 OZ(35 μm),2 OZ(70 μm),3 OZ(105 μm)。

电路板导线的宽度的计算公式如下:

$$I = (K \times T^{0.44}) \times A^{0.725}$$

式中:I 为流经走线的电流大小,A;K 为修正系数,对于电路板外层(顶层和底层)的走线,$K = 0.048$,对于内层的导线,$K = 0.024$;T 为允许的最大温度升,℃;A 为导线的截面积,mil^2(1 mil = 0.002 54 mm),$A = W t_c$,W 是导线宽度,t_c 是敷铜厚度。

表 4-4 是假设电路板上的导线在外层,敷铜厚度 50 μm,允许温升为 10 ℃ 条件下的最大允许工作电流。

表 4-4　电路板上的导线宽度对流经的电流

导线宽度/mm	导线电流/A
0.254	1
0.381	1.2
0.508	1.3
0.635	1.7
0.762	1.9
1.27	2.6

2. 走线距离(Clearance)

当功率电路的工作电压较高时,如果两根导线(或导体)之间的电压较高(高于 15 V),则要考虑导线(或导体)之间的距离(见图 4-71)。因为两根导线(或导体)之间会形成一个寄生电容,对于外层的导线,寄生电容的介质是空气;对于内层的导线,其介质是电路板的介质。当两根导线之间的电压过高,而两根导线的距离过近,则空气会被击穿,从而产生电弧,所以两根导线(或导体)要保持一定的距离。如果导线是在内层,则所要求的距离会较小,因为电路板介质材料的击穿电压比空气要高,所以所要求的距离也较小。导体也包括电路板上的敷铜,过孔。

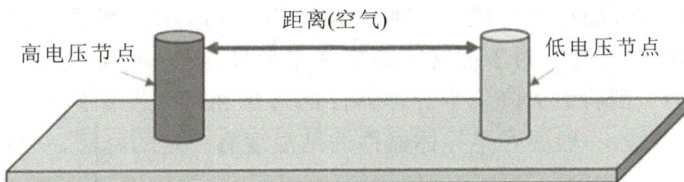

图 4-71　高压信号的走线距离

　　根据电路板设计的国际标准 IPC-9592B，根据电路板上两根导线(或导体)之间的电压峰值 V_{peak}，如果两根导线(或导体)是在外层，则它们之间的距离 $d_{clearance}$ 的计算如下：

　　如果 $V_{peak} \leqslant 15$ V，则距离 $d_{clearance} \geqslant 0.13$ mm；

　　如果 15 V$< V_{peak} \leqslant 30$ V，则距离 $d_{clearance} \geqslant 0.25$ mm；

　　如果 30 V$< V_{peak} \leqslant 100$ V，则距离 $d_{clearance} \geqslant 0.1 + V_{peak} \times 0.01$；

　　如果 $V_{peak} > 100$ V，则距离 $d_{clearance} \geqslant 0.6 + V_{peak} \times 0.005$。

　　如果导线是在电路板的外层，但导线上有涂层，则要求的距离会小一些；如果导线是在电路板的内层，则要求的距离也会小一些。参看《信息技术设备安全》(GB 4943.1—2011)。表 4-5 就列了一些不同电压、不同情况下对距离的要求。

表 4-5　电压和距离的关系

V_{peak}/V	内层导线		外层导线 没有涂层		外层导线 有涂层	
	距离/mm	距离/in	距离/mm	距离/in	距离/mm	距离/in
15	0.05	0.002	0.1	0.004	0.05	0.002
30	0.05	0.002	0.1	0.004	0.05	0.002
50	0.1	0.004	0.6	0.024	0.13	0.006
100	0.1	0.004	0.6	0.024	0.13	0.006
150	0.2	0.008	0.6	0.024	0.4	0.016
170	0.2	0.008	1.25	0.05	0.4	0.016
250	0.2	0.008	1.25	0.05	0.4	0.016
300	0.2	0.008	1.25	0.05	0.4	0.016
500	0.25	0.01	2.5	0.1	0.8	0.032
1000	1.5	0.06	5	0.2	2.33	0.092
2000	4	0.158	10	0.4	5.38	0.22
3000	6.5	0.256	15	0.6	8.43	0.34
4000	9	0.355	20	0.79	11.48	0.46
5000	11.5	0.453	25	0.99	14.53	0.58

4.6　功率半导体器件的散热

　　功率半导体器件，如功率二极管、功率 MOSFET 等，功耗都很大。半导体器件的功耗会导致其结温度的升高。对于硅材料的功率半导体器件，最高结温度为 150 ℃。如果结温度超过 150 ℃，则将大大降低半导体器件的寿命和可靠性。为了保证功率半导体器件能长期可靠地工作，一般要对半导体器件的结温度有一定的降额，一般要求结温度不超过 125 ℃。

　　功率半导体器件的结温度为

$$T_J = T_A + \theta_{J\text{-}A} P_C$$

式中：T_A 为环境温度，℃；$\theta_{J\text{-}A}$ 为半导体结到环境的热阻，℃/W；P_C 为半导体器件的功耗，W。

从结温度的计算公式可以看出，为了降低功率半导体器件的结温度，一方面要尽量降低功率半导体器件的功耗，另外也要尽量减小它的 $\theta_{J\text{-}A}$，即半导体结到环境的热阻。

当考虑功率半导体器件的散热时，首先计算（或通过仿真）出功率半导体的功耗，然后再根据所要求的最高工作温度，计算出所需要的热阻。假设最高结温度为 125 ℃，最高工作温度为 T_{max}，功耗为 P_C，则需要的热阻系数为

$$\theta_{J\text{-}A} = \frac{125\ ℃ - T_{max}}{P_C}$$

如果所需要的热阻系数超出了数据手册中所给的功率半导体器件的热阻系数，则要考虑通过某种方式散热来减小热阻系数。

热传递有三种形式：

(1)传导，由热能引起的分子运动被传递到相邻分子；

(2)对流，通过空气和水等流体进行的热量转移；

(3)辐射，热量通过辐射的方式散播到周围环境。

一般可以采用以下方式来散热以降低功率半导体的结温度：散热器、强制风冷、强制液冷。

1. 利用电路板来散热

对于贴片型功率半导体，如果功耗不太大，可以不用散热器，在电路板的设计中，采用大面积敷铜进行功率半导体的散热。部分热量从功率半导体传导到铜箔上，然后再通过辐射的方式散播到周围空气中。敷铜面积越大，散热能力越强，其热阻越小。图 4-72 是敷铜面积和热阻的关系图，电路板的材料是 FR4，敷铜厚度为 70 μm。

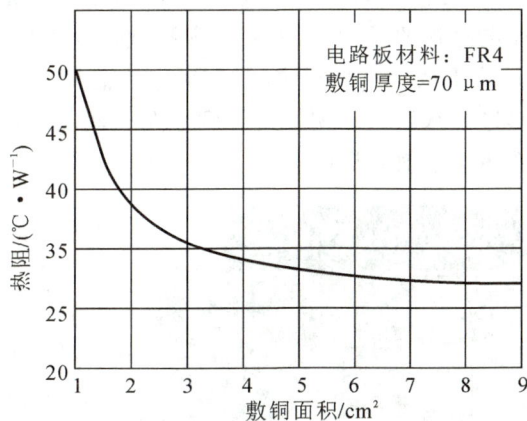

图 4-72　铜箔面积与热阻示意图

对于贴片功率 MOSFET，漏极就是背面的散热板，一般焊接到 PCB 上，通过 PCB 散热，如图 4-73 和图 4-74 所示。对于功率二极管，背面的散热板是阴极，用来散热。

图 4-73 表面贴装的功率 MOSFET

图 4-74 表面贴装的功率二极管

如图 4-75 所示,当电路板用来帮助散热时,增大敷铜的厚度(70 μm 以上),PCB 顶层、底层敷铜,增加热过孔,PCB 去绿油处理,以加强散热。

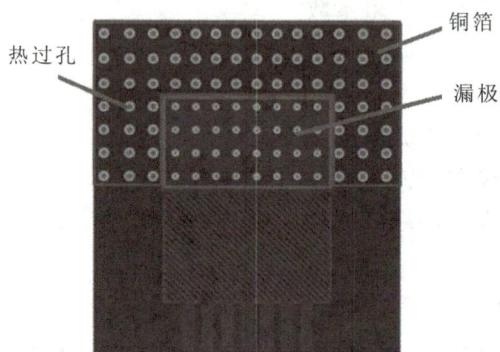

图 4-75 利用大面积敷铜和热过孔提高表面贴装的功率半导体的散热

2. 利用电路板及散热片来散热

对于有些贴片型功率半导体,如果功耗比较大,单纯利用电路板来散热可能不够,这时就需要利用散热器,在电路板的设计中,采用大面积敷铜及外接散热器来进行功率半导体的散热(见图 4-76)。热量从功率半导体(假设半导体器件在电路板顶层)传导到顶层的铜箔上,然后再通过热过孔从顶层的铜箔传导到电路板底层的铜箔,再经过热接触材料传导到散热器,再经过散热器辐射到周围空气。

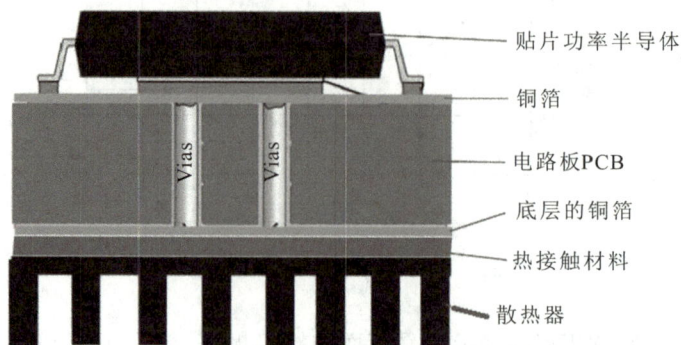

图 4-76 利用散热器增强表面贴装的功率半导体的散热

3. 利用散热器来散热

图 4 - 77 所示是把散热器放在功率半导体元件的顶部。最上层是散热器,中间是热接触材料(TIM,Thermal Interface Material),如导热硅脂。热接触材料一般是不导电的(绝缘)的,而且它的热阻很小。它的作用不仅是起绝缘的作用,还有更重要的是确保散热器和功率半导体器件之间有很好的热接触,让热量更高效的从功率半导体器件传导到散热器。

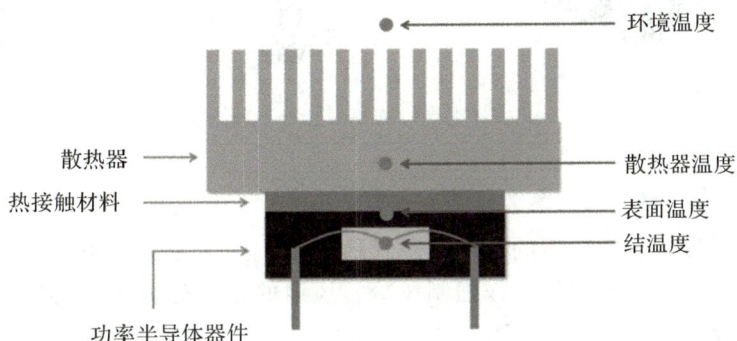

图 4 - 77　功率半导体的顶部的散热器的安装

对于插入式封装(如 TO - 220、TO - 247 等)的功率半导体器件,其背面是散热板。对于功率 MOSFET,背面的散热板通常是漏极/集电极。一般来说,TO - 247 封装的功率 MOSFET 的额定电流比 TO - 220 要大,耐压要高,如图 4 - 78 和图 4 - 79 所示。

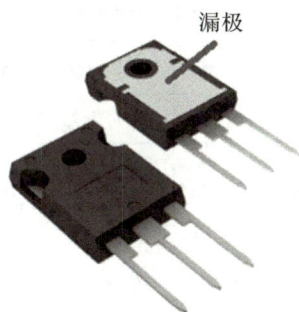

图 4 - 78　TO - 247 封装的功率 MOSFET　　图 4 - 79　TO - 220 封装的功率 MOSFET

对于这类功率半导体器件的散热,可以用螺丝将功率半导体器件背面的散热板(功率 MOSFET 的漏极、功率二极管的阴极)固定到散热器上。通常在功率半导体和散热器之间有热接触材料,其作用电气隔离及加强半导体和散热器之间的热接触。由于半导体的背面的散热片表面不是很平坦,散热器的表面也不是很平坦,如果没有 TIM,则这两者之间的接触不良好,会影响散热,如图 4 - 80 所示。因此通常在功率半导体和散热器之间插入 TIM,以确保功率半导体和散热器之间良好的热接触。

当利用散热器来散热时,散热器一定要良好接地,以减小电磁干扰。散热器和功率半导体之间存在较大的寄生电容,功率半导体上的高频噪声会通过寄生电容耦合到散热器上,而且散热器的尺寸较大,是一个很好的天线。如果不接地或接地不好的话,会造成很大的电磁辐射。

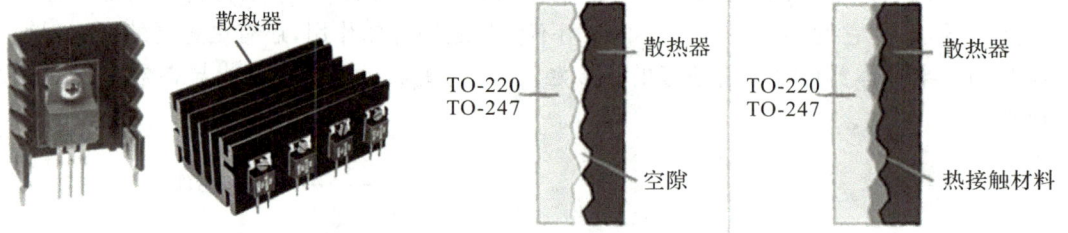

图 4－80　插入式功率半导体和散热器的安装

4. 强制风冷来散热

如果功率半导体和散热器的周围有空气的流动,则可以帮助散热。空气的流速越快,则散热效果越好。一般使用风扇作强制风冷。风扇的作用是加快空气的流动,将自然对流变为强制对流。

强制风冷可以大大增强散热器的散热效果。表 4－6 是一个散热器在没有风冷和有风冷情况下的热阻。

散热器的型号是 HSE02－173213,散热器散发的功率为 1 W。LFM(Linear Feet per Minute)是空气流速的单位。

表 4－6　风速和散热器热阻的关系

	自然散热,风速＝0	强制风冷 风速＝200 LFM	强制风冷 风速＝400 LFM
散热器热阻	26.7 ℃/W	6.7 ℃/W	4.2 ℃/W

从表中可见,强制风冷可以大大降低散热器的热阻,从而大大提高散热器的散热效果,而且风速越快,散热效果越好。

5. 强制液冷

液体具有非常高的比热容,利用液体(如水等)把大量的热量从发热的功率半导体带走,利用液体良好的流动性,液体可以流动到其他低温部位把热量排除。这样连续不断地吸热和散热,保证功率半导体的温度一直处于较低的温度。

常见的液体冷却技术有两种:大器件的液体冷循环技术和热管技术。

4.7　电力电子线路设计要点

(1)功率二极管和全控型功率管(包括大功率晶体管、硅功率 MOSFET、IGBT、碳化硅 MOSFET、GaN 晶体管)的选择非常重要,根据要求选择合适的功率二极管和功率MOSFET。

　　(2)全控型功率管的驱动非常重要。根据不同的全控型功率管和应用,选择合适的栅极驱动器。电路板上栅极驱动器必须非常靠近全控型功率管,以减小栅极驱动环路的寄生电感的影响。

　　(3)由于流过全控型功率管的电流很大,所以对全控型功率管应该做适当的过流或短路保护。一般对过流或短路的反应时间要很短(小于几微秒),否则会损坏功率管。因此一般采用硬件保护方式,而不是采用软件保护方式,这是因为软件保护方式的反应时间较长,而硬件保护方式反应很快(可低至几百纳秒)。

　　(4)在半桥电路中,要防止当高侧功率管导通时产生的高电压变换率$\dfrac{\mathrm{d}V}{\mathrm{d}t}$而导致低侧功率管的误导通,从而损坏功率管。可以采用有源米勒钳位,关断电压设为负电平等方法来避免误导通的发生。

　　(5)功率电路中,如果两个金属导体之间的电压差超过 15 V,则这两个金属导体必须保持一定的距离,电压差越大,则所需的距离越大。金属导体包括电路板上的导线、过孔、敷铜、元件的引脚等。

　　(6)功率电路中,如果电路板上的导线要通过较大的电流,则导线宽度必须满足一定的要求。通过的电流越大,则导线的宽度越宽。

　　(7)功率半导体器件的结温度对它的寿命影响很大,结温度越高,寿命越短。一般要求结温度不要超过 125 ℃,所以要尽量降低它的结温度。功率半导体器件的散热非常重要。可以通过不同的散热方法,如加散热器、风冷、液冷等方法来降低功率半导体的结温度。同时散热片要很好地接地,以减小 EMI。

第 5 章　电磁兼容设计

电磁兼容性(EMC,Electromagnetic Compatibility),是指设备或系统在其电磁环境中符合要求运行并且不对其环境中的任何设备产生无法忍受的电磁干扰的能力。EMC包括两个方面的要求(见图 5-1):一方面是指设备在正常运行过程中所产生的电磁干扰(EMI,Electromagnetic Interference)不能超过一定的限制,以免影响其他设备的工作;另一方面是指设备在所在环境存在的各种的电磁干扰和噪声影响下可以正常工作,这种能力叫作抗干扰能力或敏感度(EMS,Electromagnetic Susceptibility)。

$$EMC=EMI+EMS$$

简单来讲,就是电子产品抵抗外来电磁干扰的能力和电子产品产生的电磁干扰对其他电子设备的影响。

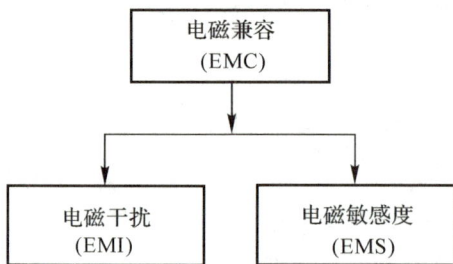

图 5-1　电磁兼容

5.1　电磁兼容性的必要性

电子产品和设备在日常生活和工作中越来越多。任何电子产品和设备都会产生电磁辐射和干扰,如果对它们产生的电磁辐射不加以限制的话,就会影响其他电子产品和设备的正常工作。

对很多电子产品和设备来说,电磁兼容性关乎人的人身安全。如果医疗设备、飞机和汽车等,电子设备由于辐射干扰、静电或浪涌电流等原因,正常工作受到影响而发生故障的时候,就会危及人的人身安全。乘客乘坐飞机时,当飞机起飞和降落时,乘务员会建议乘客关闭电子产品的电源,就是担心乘客所携带的电子设备对飞机上的导航和通信等设备造成干扰,影响飞行安全。另外在医院的有些场合也会要求关掉手机电源,就是担心手机的电磁辐射影响医疗设备的正常工作,危及病人安全。

电子设备的功能和性能可以很容易被设备内部和外部的电磁辐射所影响。例如,如果设备内部的电源噪声大,就会影响敏感的模拟电路或者降低无线发射器的性能,外部的电磁干扰会影响数据通信、测量的精确度、产品的无线性能等。

为了规范电子产品的电磁兼容性,所有的发达国家和部分发展中国家都制定了电磁兼容标准。大部分国家的标准都是基于国际电工委员会(IEC)所制定的标准。只有满足电磁兼容标准的电子产品才可以在这些国家销售。如果产品没有满足电磁兼容标准,则不可以在这些国家销售。

5.2　电磁兼容的标准

目前国际上权威性的电磁兼容标准和从事 EMC 标准制定工作的专业委员会有:

(1)国际电工委员会:CISPR 标准和 IEC 标准(TC77);

(2)美国:FCC 标准和军用标准 MIL - STD;

(3)欧洲共同体:EN 标准(CENELEC)和 ETS 标准(ETSI);

(4)德国:VDE 标准;

(5)日本:VCCI 标准。

我国的民用产品电磁兼容标准是基于 CISPR 和 IEC 标准,编号为 GBXXXX - XX,例如 GB17626 等。我国军用产品采用的是美国军用标准,例如 GJB151A,对应于美国的军用产品标准 MIL - STD - 461D。

尽管许多电磁兼容标准文件,内容复杂,不完全相同,但对电子设备的要求,基本上有以下两个:

(1)设备工作时产生的电磁干扰在这些标准规定的限度内,不会对外界产生不良的电磁干扰,又称为发射干扰要求。

(2)电子设备本身不能对外界的,在这些标准所规定的电磁干扰限度内,不可以过度敏感,又称抗扰度或抗干扰要求。

5.2.1　发射干扰测试

电磁兼容的发射干扰有传导发射干扰和辐射发射干扰两种。发射干扰测试是要测试受测产品产生的传导发射干扰和辐射发射干扰的强度,如图 5 - 2 所示。

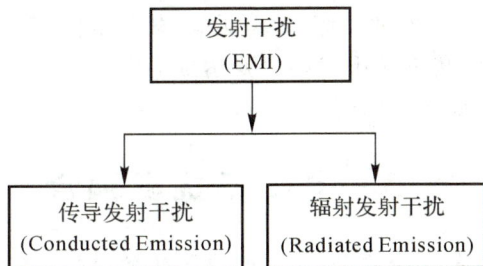

图 5 - 2　发射干扰

传导发射干扰是通过传导耦合方式,辐射发射干扰是通过辐射耦合方式。

发射干扰测试有两种标准:A类(Class A)和B类(Class B),另外还有军用标准等。A类适用于工业,室外环境的电子产品和设备;B类适用于民用,室内环境的电子产品和设备。B类比A类要求要严格。

5.2.2 抗干扰测试

抗干扰测试是测试受测产品对外界电磁干扰的抗干扰能力。外界的电磁干扰包括传导干扰和辐射干扰,因此抗扰度测试要测试受测产品对传导干扰和辐射干扰的抗干扰能力。电磁兼容的抗扰度测试(见图5-3)分为以下几种:

(1)传导抗扰度测试;
(2)辐射抗扰度测试;
(3)静电(ESD)放电抗扰度测试;
(4)电快速瞬变脉冲群抗扰度测试(EFT,Electrical Fast Transient);
(5)浪涌抗扰度测试(Surge Susceptibility)。

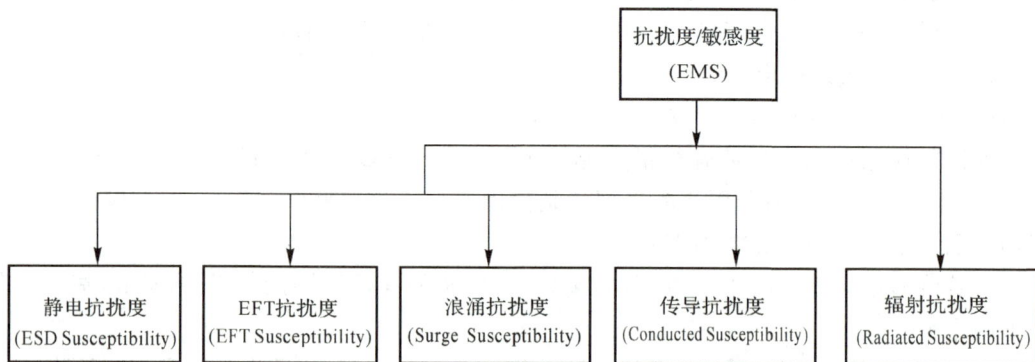

图5-3 抗扰度测试

设备的抗扰度测试的性能判断可以分为四级:

A:EUT在测试过程中工作完全正常。

B:EUT在测试过程中工作指标或功能出现非期望值偏离,但干扰去除后可自行恢复,不需要操作人员的介入。

C:EUT在测试过程中工作指标或功能出现非期望偏离,干扰去除后不能自行恢复,必须依靠操作人员的介入,比如"复位"或"关电/开电"方可恢复。

D:EUT在测试过程中元器件损坏、数据丢失、软件故障等。

大部分情况下,被测设备的抗干扰能力要达到A级或B级。

在本书中,EUT代表要测试的电子产品。

5.3 电磁干扰及耦合

形成电磁干扰必须具备三个要素,包括电磁干扰源、耦合路径和敏感设备或受干扰设备,如图5-4所示。

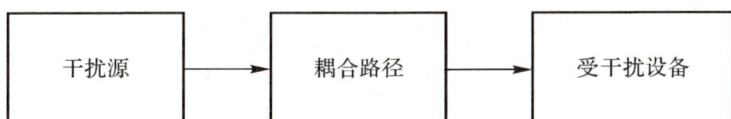

图 5-4　电磁干扰三要素

所有的电磁干扰都包含上面三个要素,三个要素缺一不可。缺少任何一个要素,都不构成电磁干扰。

电磁干扰的耦合路径一般分成两种方式,即传导耦合方式和辐射耦合方式。电磁干扰源通过其中一种耦合方式或者同时通过两种耦合方式,对受干扰设备进行干扰。

5.3.1　传导耦合

传导耦合按原理可以分为三种耦合方式,包括阻性耦合、容性耦合和感性耦合。

1. 阻性耦合

阻性耦合的耦合途径为导体,比如电缆或电路板上的走线。在实际工程中,通常有两种典型的阻性耦合:共地阻性耦合和共电源阻性耦合。

下面就是一个阻性耦合的例子。

例 1　共电源干扰。

假如设备 A 和设备 B 的电源都是直流电源,A 和 B 的直流电源线都接到同一个直流电源上。直流电源的输出阻抗 R_{out} 不会为 0,所以设备 A 电源上的电流噪声 $I_{Noise-A}$ 会在直流电源的输出产生一个噪声电压 $V_{Noise} = I_{Noise-A}R_{out}$,并且叠加在输出电压上,通过电源线传导到设备 B 上,从而对设备 B 的正常工作产生干扰;而设备 B 在电源上产生的干扰也会通过电源线传导到设备 A,从而对设备 A 的正常工作产生干扰,如图 5-5 所示。在此例中电源线就是耦合路径。

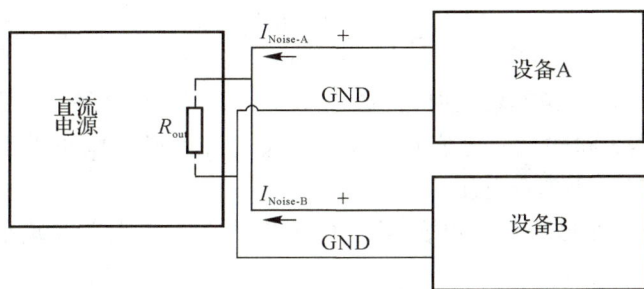

图 5-5　共电源阻性耦合

2. 容性耦合

两个位置比较靠近的导体之间会呈现容性耦合,一个导体上的变化的电压信号会产生一个变化的电场,从而在另外一个导体上产生干扰电压。比如电路板上的两个相邻的导线,缠绕在一起的多根导线等。这就是容性耦合,其耦合途径是两个导体之间的寄生电容,如图 5-6 所示。

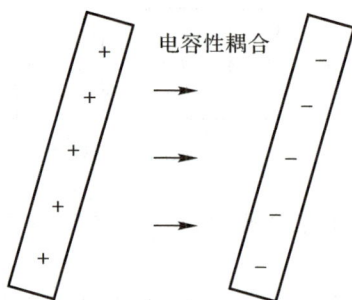

图 5-6 容性耦合

两个导体之间的容性耦合可以用图 5-7 的电路模型来代表。1 和 2 代表两个相邻的导体。假设 C_{12} 是导体 1 和 2 之间的寄生电容，R 是导体 2 对地的负载电阻。假设 V_i 是导体 1 上的电压信号，V_N 是在导体 2 上产生的电压信号。其等效电路如图 5-8 所示。

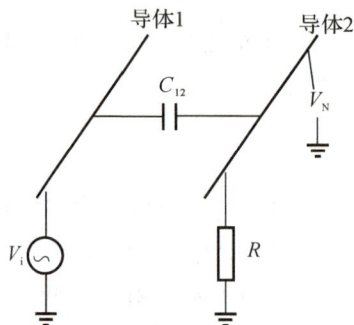

图 5-7 容性耦合示意图   图 5-8 容性耦合等效电路

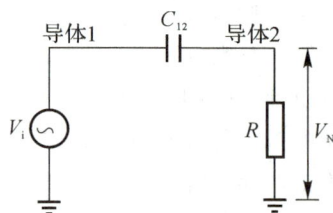

V_N 的计算公式为

$$V_N = V_i \left(1 - \frac{1}{\mathrm{j}2\pi f R C_{12} + 1} \right) = V_i \left. \frac{\mathrm{j}2\pi f R C_{12}}{1 + \mathrm{j}2\pi f R C_{12}} \right|_{2\pi f R C_{12} \ll 1} \approx V_i \times \mathrm{j}2\pi f R C_{12}$$

从上式可以看出，当信号频率较低时，耦合电压 V_N 和信号的频率 f、受影响导体的对地阻抗 R 和两个导体之间的耦合电容 C_{12} 成正相关。可以通过减小受影响导体的负载阻抗，减小耦合电容来减小耦合电压。

可通过下列方法来减小耦合电容：增大两个导体之间的距离和减小两个导体之间的耦合面积。

3. 感性耦合

当导体中流过的电流发生变化时，在它的周围空间就会产生变化的磁场，这个变化的磁场又会在相邻的回路中感应电压，就把一个干扰电压耦合进了受干扰的电路中。

图 5-9 所示为产生感性耦合的两个回路，两个回路之间存在互感 M。接收电路中感应到的电压 V_N 为

$$V_N = M \frac{\mathrm{d}I_s}{\mathrm{d}t}$$

如果 I_S 是交流电流,频率为 f,则

$$V_N = I_S \times j2\pi fM$$

等效电路如图 5-10 所示。

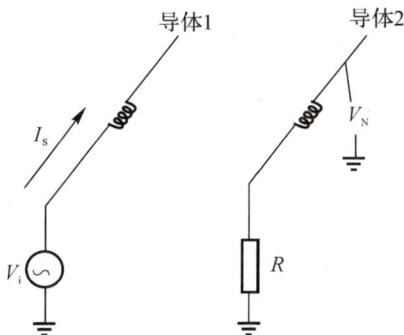

图 5-9　感性耦合示意图　　　图 5-10　感性耦合等效电路

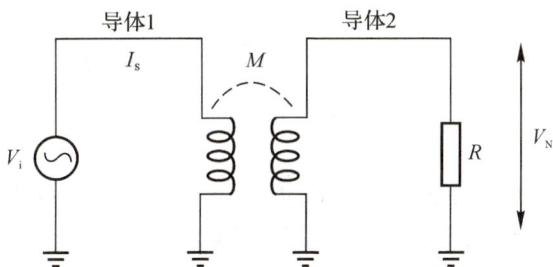

从上式可以看出,耦合电压 V_N 与信号的频率 f 和两个导体之间的互感成正比。可以通过减小互感来减小耦合电压。

可通过下列方法来减小互感:增大两个导体之间的距离和减小两个导体之间并联的长度。

5.3.2　辐射耦合

电场和磁场的相互作用产生电磁场。电磁波以平面波的形式向空间传递能量,它由电场和磁场组成。在空气中,电场与磁场的振荡方向互相垂直,并且垂直于电磁波的传播方向。

在近场区,干扰表现为电场造成的干扰和磁场造成的干扰,而在远场区则通过电磁波造成干扰。干扰源以电磁辐射的形式向空间发射电磁波。任何一个带有交变电流的导体都会在周围产生电磁场并向外辐射一定强度的电磁波,相当于一段发射天线。处于交变电磁场中的任何一个导体则相当于一段接收天线,会产生一定的感应电动势。导体的这种天线效应是导致电子设备相互产生电磁辐射干扰的根本原因。

辐射干扰的产生与天线是分不开的。根据天线理论,当导线的长度等于波长的 1/2 时,其辐射强度最大。

电磁辐射包括差模辐射和共模辐射。

(1)差模辐射。差模辐射是由差模电流环路产生。差模电流是电路正常工作时的电流。比如在电路板上,一个信号由器件 A 发出,到器件 B,信号电流的方向是由 A 到 B;其返回电流则从器件 B 的"地"返回到器件 A 的"地",这就构成了一个电流环路,如图 5-11 所示。信号电流的方向和返回电流的方向是相反的,它们就是差模电流。电路板上有很多的电流环路。电流环路产生的是磁场,在距离这个电流环路 r 处,其辐射强度 E(单位是 V/m),有

$$E = 1.317 \times 10^{-14} \times \frac{f^2 A I_D}{r}$$

式中:f 为电流环路中电流的频率,Hz;A 为电流环路的面积,m^2;I_D 为电流环路中电流的幅度,A。

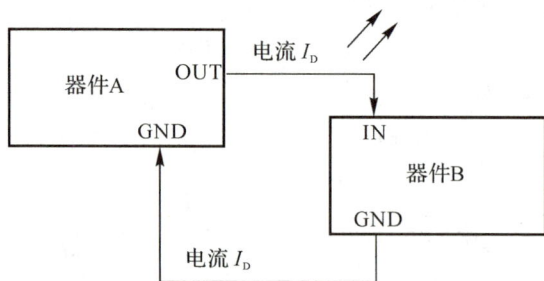

图 5-11　差模电流环路

从以上公式可以看出,电流环路的辐射强度和电流环路的电流频率的二次方成正比,和电流环路的面积成正比,和电流的幅度成正比。

减小差模电流环路产生的电磁辐射强度的方法:

1)降低电流环路中差模电流的频率。

2)减小电流环路的面积。

3)降低差模电流幅度。

(2)共模辐射。共模辐射是由电路中不需要的电压降产生的,这种电压降使系统的某些部件与真正的"地"之间形成一个共模电压差,通常是由电路中的寄生电容引起的。一般来说,共模辐射来自于系统中的电缆。

共模发射可以模拟成一个短的单极子天线,天线由共模电压驱动,如图 5-12 所示。

在距离这个导线 r 处,共模电流的电磁波的辐射强度 E,有

$$E=1.257\times10^{-6}\times\frac{fLI_{CM}}{r}$$

式中:f 为共模电流的频率;L 为导线长度;I_{CM} 为共模电流的幅度。

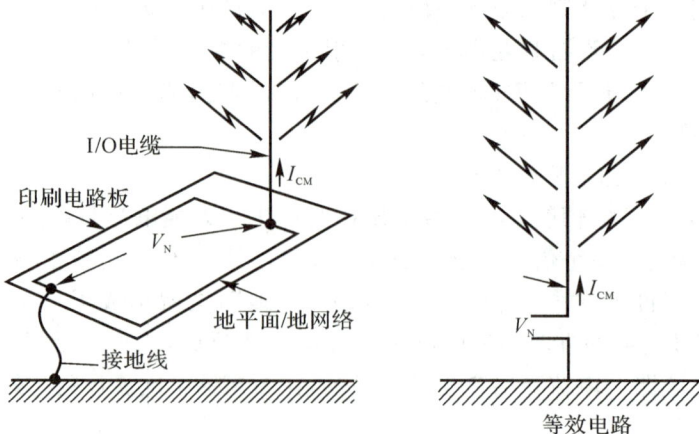

图 5-12　共模辐射示意图

从以上公式可以看出,共模辐射强度和电流的频率成正比,和导线长度成正比,和电流的幅度成正比。

为了减小共模电流产生的电磁辐射强度,可以采取以下方法:

1)降低共模电流的频率;

2)减小电缆的长度;

3)降低共模电流幅度。

在产品的设计和布局阶段容易控制差模辐射,共模辐射却较难通过。

差模电流只有比共模电流大至少三个数量级,它产生的辐射强度才能等于共模电流产生的辐射场。几微安的共模电流就会产生由几毫安的差模电流产生的辐射强度。

5.3.3 近场和远场

电磁场按照距离辐射源的远近可以分为近场(Near Field)和远场(Far Field),如图 5-13 所示。λ 是波长。

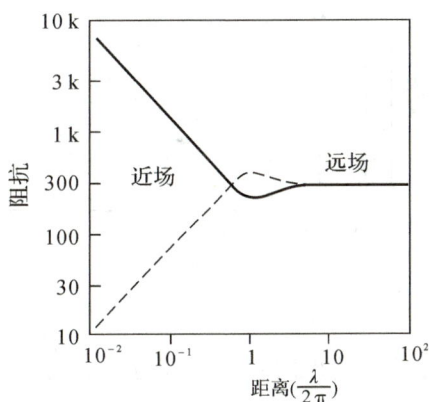

图 5-13 电磁波的阻抗与距离的关系

1)当距离辐射源的距离 $r < \dfrac{\lambda}{2\pi}$ 时,电场和磁场称为近场。

2)当距离辐射源的距离 $r > \dfrac{\lambda}{2\pi}$ 时,电场和磁场称为远场。

在近场区,电场的阻抗随距离 r 的增大而减小,磁场的阻抗随距离的增大而增大。当 $\dfrac{\lambda}{2\pi} \approx 1$ 时,电场的阻抗和磁场的阻抗接近。在远场区,电磁场在空气中的阻抗是恒定的,为 377 Ω。

通常把杆状天线和电路中高电压小电流的辐射源视为电偶极子,其近区场以电场为主;将环状天线和电路中具有低电压大电流的辐射源视为磁偶极子,其近区场以磁场为主。

5.3.4 傅里叶变换

根据傅里叶变换,一个周期性的信号会包含很多的频率分量。假设 $x(t)$ 是一个周期为 T 的周期信号,则 $x(t)$ 可以表示为

$$x(t) = a_0 + \sum_{k=1}^{\infty} A_k \cos(k\omega_0 t + \theta_k), \quad -\infty < t < +\infty$$

式中：$\omega_0 = 2\pi/T$。

从上式可见一个周期信号的频谱会包含很多的频率分量,包含直流、基波、二次谐波、三次谐波等。

在数字电路中,一个时钟信号的频谱会包含很多的频率分量。

(1)假如一个时钟信号的占空比为 50%,则它的频谱只包含奇次谐波,即一次谐波、三次谐波、五次谐波等。

(2)假如一个时钟信号的占空比不是 50%,则它的频谱既包含奇次谐波,也包含偶次谐波,即一次谐波、二次谐波、三次谐波等。

例如一个 10 MHz 的方波信号,(占空比＝50%)其频谱包含 10 MHz、30 MHz、50 MHz、70 MHz、90 MHz 等,如图 5-14 所示。

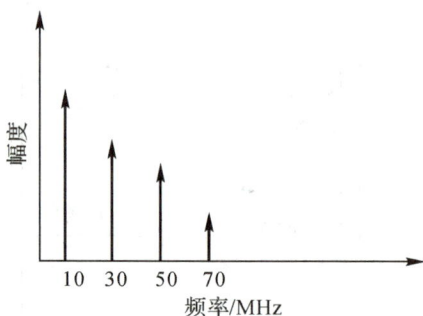

图 5-14　10 MHz 方波信号(D＝50%)的频谱图

通常数字电路中晶体振荡器输出的时钟信号的占空比为 40%～60%。

通常谐波频率越高,其幅度越小。

假如一个周期性脉冲信号的上升和下降时间为 t_r,脉冲宽度为 t_w,周期为 T,则该信号的波形如图 5-15 所示。其频谱如图 5-16 所示。

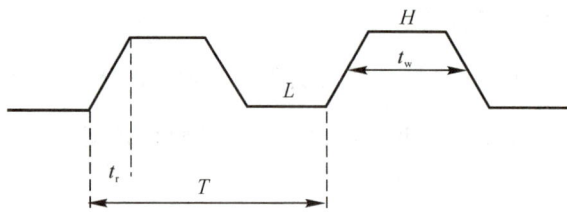

图 5-15　一个周期信号的波形图

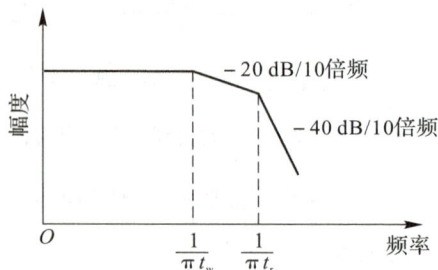

图 5-16　周期信号的频谱图

从图 5-16 可以看出,一个周期性脉冲信号的频谱有很多的频率分量,不仅包括它的谐波,还包含很多其他高频分量(跟它的上升时间和下降时间有关)。在频率从 0 至 $\frac{1}{\pi t_w}$,幅度是恒定的。在 $\frac{1}{\pi t_w}$～$\frac{1}{\pi t_r}$ 这个频率区间,幅度是随频率的升高而下降,下降的速率是－20 dB/10 倍频;当频率大于 $\frac{1}{\pi t_r}$ 时,幅度是随频率的升高而下降,下降的速率是－40 dB/10 倍频。

当上升时间 t_r 增大时，$\dfrac{1}{\pi t_r}$ 减小，意味着高频分量的衰减更快，即高频分量的幅度会减小。根据这个原理，对开关电源来说，可以通过增大功率管的开关时间来减小产生的高频噪声的幅度，进而减小 EMI。

5.3.5　双绞线

双绞线在电子设备中的使用非常广泛。它不仅可以提高抗电磁干扰能力，还可以减小产生的电磁辐射。

当外界的干扰信号作用在双绞线上时，外部干扰在双绞线两根导线上产生的噪声相同（共模干扰噪声），在接收端这些共模干扰相互抵消。节距越小（纽线越密），抗干扰的能力越强。

关于双绞线产生的电磁辐射，有以下特点：

(1) 双绞线两根线产生的磁场互相抵消。

假设 A 和 B 是一个电源的两根线。A 接电源的"＋"端，B 接电源的"－"端。A 线上的电流和 B 线上的电流是相反的，幅度是相等的。假如这两根线没有双绞的话，则这两根线产生的磁场是相加的。

假如双绞的话，则双绞线的相邻扭绞产生的磁场的方向是相反的，互相抵消（见图 5-17）。

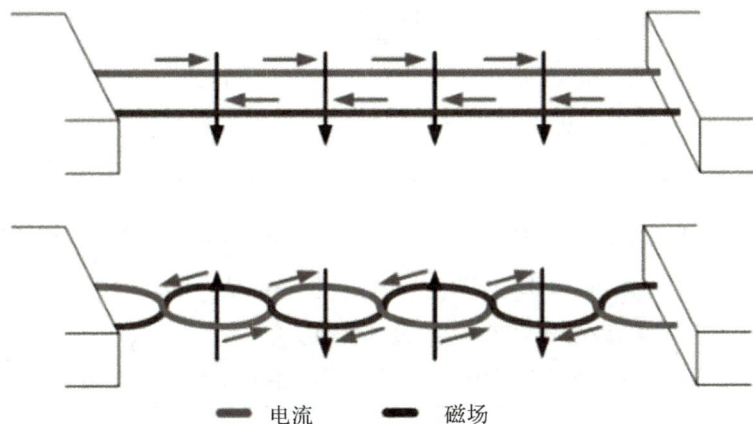

図 5-17　双绞线的磁场相互抵消

(2) 双绞线两根线产生的电场的互相抵消。

假如这两根线没有双绞的话，则这两根线产生的电场是相加的。

假如双绞的话，则双绞线的相邻扭绞产生的电场的方向是相反的，互相抵消。

(3) 让两根电缆紧紧靠在一起。

如果双绞的话，则可以使得两根线紧紧靠在一起，可以减小电流环路的面积，从而减小差模电流辐射，同时也可以提高抗干扰能力。

双绞线的节距越小（纽线越密），向双绞线周围空间的电磁辐射越小。

5.4 发射干扰的测试

5.4.1 传导发射干扰测试

电子设备产生的电磁干扰,一部分会沿着电源线传回到电源,从而对电源造成干扰。传导发射干扰主要是测试这种电磁干扰。

传导发射干扰主要是测试电源线(交流或直流),有些标准也需要测试某些信号或控制线。Class-A 传导发射干扰的标准要比 Class-B 要宽松一些,大概高十几 dB。

1. Class-A 传导发射干扰标准(见表 5 − 1)

表 5 − 1　Class-A 传导发射标准

频率/MHz	准峰值/dBμV	平均值/dBμV
0.15～0.50	79	66
0.50～30	73	60

2. Class-B 传导发射干扰标准(见表 5 − 2)

表 5 − 2　Class-B 传导发射标准

频率/MHz	准峰值/dBμV	平均值/dBμV
0.15～0.50	66～56	56～46
0.50～5.00	56	46
5.00～30.0	60	50

民品传导发射干扰测试的频率范围:150 kHz～30 MHz,采用准峰值检测或平均值检测。

3. 传导发射军用标准 MIL − STD − 461E,电源电压不同,标准也稍有不同

(1)电源(交流或直流)电压:28 V(见表 5 − 3)。

表 5 − 3　MIL − STD − 461E 传导发射标准(电源电压＝28 V 直流)

频率/MHz	峰值/dBμV
0.01～0.50	94～60
0.50～10.00	60

(2)电源(交流或直流)电压:115 V(见表 5 − 4)。

表 5 − 4　MIL − STD − 461E 传导发射标准(电源电压＝115 V 交流)

频率/MHz	峰值/dBμV
0.01～0.50	100～66
0.50～10.00	66

传导发射干扰的测试不一定需要在电磁屏蔽室里进行。当然在专门的电磁兼容测试和认证机构对电子设备和产品进行电磁兼容认证的时候,一般都会在屏蔽室里进行。

5.4.2　辐射发射干扰测试

电子设备产生的电磁干扰,一部分会通过空间辐射出去,从而对其他电子设备和产品造成干扰。辐射发射干扰主要是测试这种电磁干扰。

辐射干扰的测试按标准要求应在开阔场地或电磁屏蔽室进行。然而,符合要求的开阔场地很难找到,故一般都在电磁屏蔽室进行。

电磁屏蔽室完全金属屏蔽,以屏蔽外界的电磁噪声。室内四周和屋顶用吸波材料来吸收反射波,降低发射波的影响。

受测产品一般放在一张木制桌子上,高度约 0.8 m。这张桌子可以水平旋转 360°。

测试过程:

(1)自动把受测产品旋转 180°来寻找辐射发射的最大幅度。

(2)自动把天线升高或降低(1～4 m)来寻找辐射发射的最大幅度。

(3)改变天线极化方向(水平方向或垂直方向)来寻找辐射发射的最大幅度。

(4)不同的频率范围换用不同的天线;

测试天线距离受测电子产品:3 m(民用标准);10 m(民用标准);1 m(军用标准)。

表 5-5 是当天线距离为 10 m 时,FCC Part 15 Class-A 和 Class-B 辐射发射干扰的标准。Class-A 辐射发射干扰的标准要比 Class-B 要宽松一些,大概高 10 dB。

辐射发射干扰的测试频率范围有些跟受测产品 EUT 的最高时钟频率有关,有些行业和产品测试频率范围是固定的。一般测试频率的下限大部分为 30 MHz。

表 5-5　Class-A 和 Class-B 辐射发射标准

频率/MHz	Class-A/(dBμV $\cdot$ m^{-1})		Class-B/(dBμV $\cdot$ m^{-1})	
	3 m	10 m	3 m	10 m
30～88	49.6	39	40	29
88～216	54	44	43.5	34
216～960	56.9	46	46	36
＞960	60	50	54	44

辐射发射干扰的军用标准要比民用标准高很多。大部分军用设备或产品需要屏蔽才能通过测试。

5.4.3　抗干扰/敏感度测试

1. 传导抗扰度测试

传导抗扰度测试是测试受测产品 EUT 对电源线上的传导干扰的敏感度。它是把一个干扰信号经过传导耦合的方式到受测产品的电源线上,测试 EUT 是否能正常工作。

传导干扰信号(频率范围为 150 kHz～80 MHz)由信号发生器产生,经过功率放大器放大后,经由 CDN 耦合到受测产品的电源线上。

有些产品除了电源线之外,还要把传导干扰信号耦合到通信线和接口线上(通过感性耦合和容性耦合两种传导耦合),监测受测产品 EUT 是否可以正常工作。

传导干扰信号是调幅信号,调制频率为 1 kHz,调制度为 80%。其测试等级和幅度见表 5 - 6。

表 5 - 6 传导干扰的测试级别

测试等级	干扰电压(有效值)
1	1 V
2	3 V
3	10 V

2. 静电抗扰度测试

静电抗扰度是测试人体的静电放电对受测产品工作的影响。人体的静电电压可高达几千伏到几十千伏。很多人都有这种体验,在北方的冬天,气候比较干燥,当穿毛衣或者羽绒服,摸到门的金属把柄时,人会被电一下,这就是静电放电。干燥的气候很容易产生静电,潮湿的气候不太会产生静电。

原则上,受测产品所有可能接触人体和容易受静电影响的部位,都要做静电抗扰度测试,例如面板上的按键、开关、接插件、机壳等地方。

静电放电有两个途径:接触放电(Contact Discharge)和通过空气放电(Air Discharge)。

静电放电时的瞬间电流可能很高,可达十几安,但持续时间很短,约 100 ns。瞬间电压可高达几千伏。

静电放电电流波形如图 5 - 18 所示。

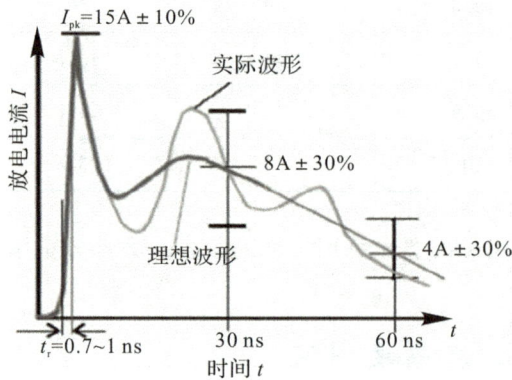

图 5 - 18 静电放电电流波形图

静电抗扰度测试级别见表 5 - 7。

表 5 - 7　静电抗扰度测试级别

接触放电		空气放电	
级别	静电电压	级别	静电电压
1	2 kV	1	2 kV
2	4 kV	2	4 kV
3	6 kV	3	8 kV
4	8 kV	4	15 kV

静电是由静电枪来产生的。

测试时,把静电枪对准受测产品容易受静电影响的部位(人手容易触碰到的地方),例如面板上的按键、开关、接插件、机壳等,发射静电到受测产品,看受测产品是否仍然能正常工作。

3. 快速脉冲群抗扰度测试

电力线上的感性负载,比如马达和继电器,当它们开关的时候,会产生一系列快速的脉冲群干扰,不但对受测产品的电源造成干扰,而且会耦合到受测产品的通信线,信号线和控制线等,从而影响电子设备的工作。快速脉冲群抗扰度测试就是测试这种干扰对受测产品的影响。

干扰信号是一系列的突发脉冲,其波形如图 5 - 19 所示。

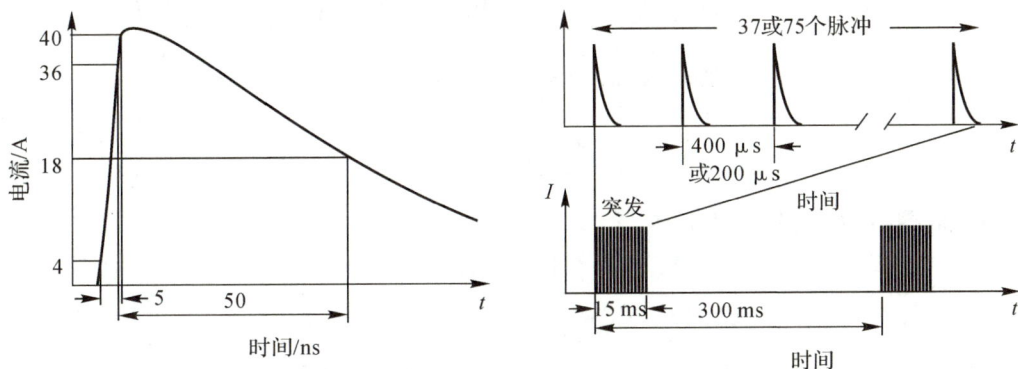

图 5 - 19　快速脉冲群干扰信号波形图

干扰信号的引入有两种方式:

(1)对于电源线(无论长短),通过传导耦合的方式把干扰信号加到电源线上。

(2)对于电缆长度超过 3 m 的通信,信号线和控制线,通常是通过电容耦合器来引入干扰。测试级别见表 5 - 8。

表 5 - 8　快速脉冲群干扰度测试级别

级别	电源接口		通信,信号和控制接口	
	电压	重复频率	电压	重复频率
1	0.5 kV	5 kHz	0.25 kV	5 kHz

级别	电源接口		通信,信号和控制接口	
	电压	重复频率	电压	重复频率
2	1 kV	5 kHz	0.5 kV	5 kHz
3	2 kV	5 kHz	1 kV	5 kHz
4	4 kV	2.5 kHz	2 kV	5 kHz

4. 浪涌抗扰度测试

浪涌抗扰度测试是测试自然界雷击或者电网中突然接入大电容负载时所产生的脉冲对受测产品的影响。

浪涌抗扰度测试通常是在受测产品的交流电源端测试,但有些标准也要做信号端测试。

浪涌干扰的波形如图 5-20 所示。

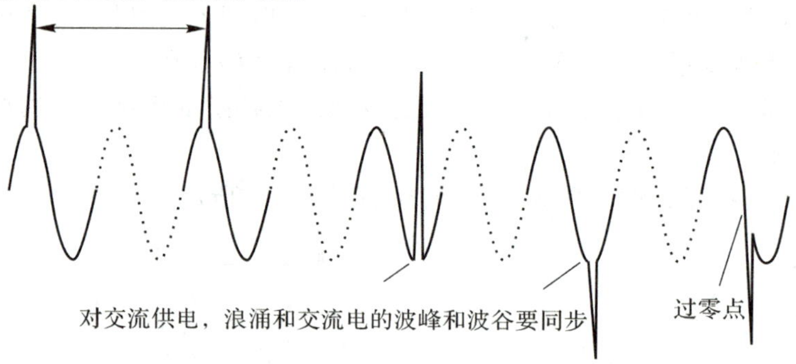

图 5-20 浪涌干扰波形图

浪涌干扰测试级别见表 5-9。

表 5-9 浪涌干扰测试级别

测试等级	测试电压
1	0.5 kV
2	1 kV
3	2 kV
4	4 kV

5. 辐射抗扰度测试

辐射抗扰度是测试受测产品在一定的电磁辐射环境中能否正常工作。

辐射抗扰度测试是在电磁屏蔽室里进行的。辐射干扰信号由信号发生器产生,经由功率放大器放大,经由天线发射出去,然后辐射到受测产品。

辐射干扰信号是频率可变的调幅信号,调制信号频率是 1 kHz,调制度是 80%。

辐射干扰信号的频率从 80 MHz 到 2.7 GHz。

受测产品距离天线的距离可以为：

(1)1 V/m：适用于军用产品。

(2)3 V/m：适用于民用产品。

(3)10 V/m：适用于民用产品。

(4)200 V/m：适用于汽车行业和军用产品。

5.5　抗干扰的解决方法

传导发射干扰、快速脉冲群干扰、浪涌干扰是干扰信号经过传导耦合的方式（阻性耦合、容性耦合及感性耦合）耦合到电源线和信号线上的，属于传导性干扰。静电干扰也可以通过传导的方式耦合到电源和信号线上，也可以归类为传导性干扰。另外静电也可以经过辐射的方式（空气放电）对电子设备产生干扰。

从设计之初就应该考虑抗干扰的问题。

5.5.1　减小耦合到电源线、通信电缆、控制信号电缆等的干扰

(1)如果可能的话，电源、通信、控制、输入输出信号的外接电缆尽可能选择屏蔽电缆，而且要把屏蔽电缆的屏蔽层360°连接到产品的金属外壳（如果外壳是金属的话）。可能的话，金属外壳要电接触良好的接到大地。这样可以减小耦合到这些外接电源和信号线上的传导性干扰。

(2)如果交流电源线、直流电源线和其他接口电缆无法用屏蔽电缆的话，要尽可能使用双绞线（见图 5-21）；如果无法使用双绞线，则要把单根电缆双绞起来或绑在一起。这样可以减小传导性干扰的影响。

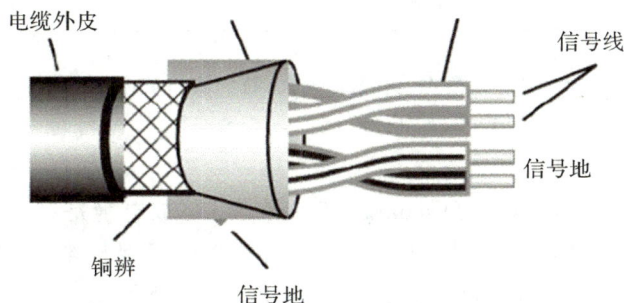

图 5-21　屏蔽双绞线示意图

假设两根电源线是绞在一起的，两根线的电压分别是 P_+ 和 P_-，这样电源电压＝P_+-P_-；这样当外界干扰耦合到这两根电源线的时候，由于这两根线是绞在一起的，耦合到这两根线的干扰 Δ 几乎是一样的，这样两根线的电压分别是 $P_++\Delta$ 和 $P_-+\Delta$。在接收端，关心的是这两根线的电压差，$(P_++\Delta)-(P_-+\Delta)=P_+-P_-$，可见外界干扰几乎没有影响。当然在实际中，由于干扰源距离电源线的距离不可能无穷远，所以耦合到两根线上的干扰会稍有不同，外界干扰仍然对电子设备会有些影响。

5.5.2　在电路的设计上,在电源线、通信电缆或其他外接信号线进入电子设备或电路板的入口处,加保护元件和抗干扰滤波电路

保护元件一般分为两类:

(1)并联元件。保护元件并联在电源线或其他可能受传导、静电、浪涌、快速脉冲群干扰的信号线上和地之间,在正常工作时这些并联元件呈现高阻抗,对正常工作没有影响;当有很大的瞬态干扰电压超过并联保护元件的额定工作电压时,这些并联保护元件呈现低阻,瞬态干扰电流通过并联元件流回地线,并将后级电压钳位在一个较低的电压,从而保护后级的电路正常工作,不受影响。并联保护元件有电容、静电保护二极管、瞬态抑制二极管(TVS)、多层压敏电阻(MOV)、片式压敏电阻(Varistor)、气体放电管(GDT)等。并联保护元件应该靠近电源线、通信线等外接电源、信号等进入电路板或设备的入口处(插座)。

(2)串联元件。串联元件串接在电源线或其他可能受传导、静电、浪涌、快速脉冲群干扰的外接信号线上,串入保护元件用来限制瞬态干扰电流进入电子设备,影响设备的正常工作。常用的串联元件比如保险丝、电感、磁珠、电阻、共模扼流圈等。

抗静电、快速脉冲群干扰和浪涌干扰电路框图,如图5-22所示。

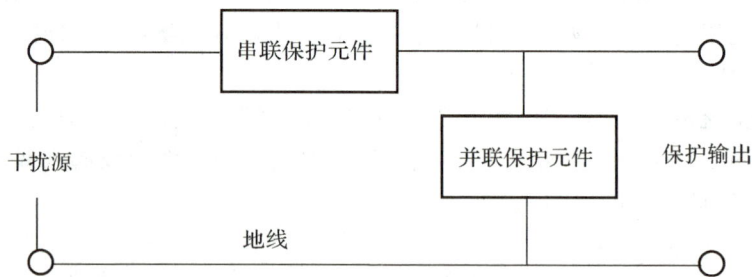

图5-22　抗静电、快速脉冲群干扰和浪涌干扰电路框图

1. 并联保护元件

(1)气体放电管(GDT,Gas Discharge Tube)。气体放电管是并联保护元件。它主要用作过压保护。气体放电管常用于抗浪涌电路,作为多级保护电路的第一级或前两级。气体放电管有两级式和三级式两种。其符号如图5-23所示。

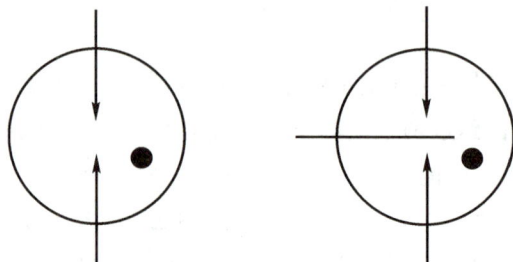

图5-23　气体放电管示意图

两级式主要用于线路间的保护,而三级式多了一个地线,主要用于线与地之间的保护。

气体放电管的工作原理是气体放电。管内有两个电极或多个电极,充有一定量的惰性气体。正常情况下,它的绝缘阻抗非常大,约为几千兆欧。当它两极的电压超过放电管的击穿电压时,气体就会被击穿而放电,由原来的绝缘状态转换为导电状态,导电状态下两极间维持的电压很低,一般在 20~50 V 之间,因此保护了后级的电路。

气体放电管的泄流能力很强,可达几十千安倍,因此一般放在保护电路的最前级。但反应时间较慢,为几百纳秒至数秒,比压敏电阻(纳秒级)和 TVS 二极管(皮秒级)慢很多。因此通常要和压敏电阻、TVS 二极管、串联保护元件等混合使用,后级的保护电路由压敏电阻、TVS 二极管、串联保护元件等组成。

气体放电管的寄生很小,为 1~5 pF,因此可以用在保护高频信号,比如电话线、交流电源的相线及中线的对地保护、信号线的对地保护等。

气体放电管使用寿命相对较短,经多次冲击后性能会下降。

选择气体放电管时,应注意:

1)应用于直流电路时,气体放电管的直流放电电压必须大于正常工作时的最电压 V_{D-max},一般为最高工作电压的 2 倍($2V_{D-max}$)。在交流电路中,放电电压为工作电压的 3 倍。

2)气体放电管的脉冲放电电压必须低于电路所能承受的最高瞬时电压值,才能保证在瞬间过压时气体放电管能比电路的响应速度更快,提前将过电压限制在安全值。

3)布线时,接地线应量短,并尽可能粗,以减小寄生电感,以便于泄放瞬态大电流。

(2)压敏电阻(MOV,Metal Oxide Varistor)。压敏电阻是并联保护元件。当压敏电阻两端的电压低于压敏电压时,它呈现高阻,对后级电路的正常工作没有影响。当它两端的电压超过压敏电压时,它呈现低阻,从而使浪涌电流流过,将后级电路的电压钳位到一个较低的电压,从而保护了后级电路。其符号如图 5 - 24 所示。

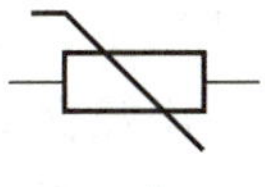

图 5 - 24　压敏电阻示意图

压敏电阻的响应时间为纳秒级,比气体放电管快,比 TVS 慢一点。

压敏电阻的结电容一般在几百皮法到几千纳法的数量级,因此一般不用于高速信号线路的保护。用于交流电源的保护时,因为结电容较大,所以漏电流较大,设计时要仔细考虑。

压敏电阻的容量较大,但通流容量(最大峰值电流)比气体放电管小。

压敏电阻可用于直流电源,交流电源,低频信号线路等的保护。

压敏电阻的寿命较短,经多次冲击后性能会下降。

选择压敏电阻时,压敏电阻的压敏电压要大于被保护电路的电源(直流或交流)电压。对于直流电源,一般为直流电源电压的 1.5~2 倍左右。

(3)瞬态电压抑制二极管(TVS,Transient Voltage Suppression diode)。TVS 二极管是并联保护元件。当正常工作时,它呈现高阻,对后级电路的正常工作没有影响。当 TVS 二极管两端的电压超过击穿电压时,它迅速由高阻状态转变为低阻状态,泄放由于异常过压导致的瞬时过电流,将异常过压钳位在一个较低的电压,从而保护了后级电路免受异常过压的破坏。异常过压消失后,它又恢复为高阻状态。

TVS 二极管的响应时间为皮秒级,是并联型保护器件中最快的。TVS 二极管有单向和双向之分。单向 TVS 二极管一般用于直流供电电路的保护,双向 TVS 二极管用于电压交变的电路的保护。

TVS 二极管的结电容一般在几皮法到几千纳法,既可以保护直流和低频电路,也可以保护高频电路。对于高频信号的保护,应选用低结电容的 TVS 二极管。一般 TVS 二极管的数据手册会给出一些建议。

TVS 二极管的通流容量较大,但比气体放电管和压敏电阻要小。

TVS 二极管由于具有极快的反应速度、低钳位电压、精准电压等特点,因而应用于对保护器件要求比较高的场合,例如直流电源线、通信口(如 RS - 232、RS - 485、CAN、USB、以太网等)、控制口等。它的使用最为广泛。

选择 TVS 二极管时,应注意:

1)TVS 的截止电压要大于被保护电路的最高直流工作电压 V_{D-max}。截止电压可选为 V_{D-max} 的 1.2~1.5 倍。

2)TVS 二极管的钳位电压要小于后级被保护电路的工作电压。

3)TVS 二极管的峰值脉冲电流要大于瞬态浪涌电流。

以上几种并联保护元件不能提供持续性的过压保护,只能提供瞬态的过压保护。

2. 串联保护元件

(1)热敏电阻。热敏电阻是串联保护元件,是一种限流保护元件,一般串联在线上。正常情况下,它的阻抗很小;当出现短路时,它的温度迅速升高而导致阻抗急剧增大,从而起到了限流保护的作用。

热敏电阻可用在电源线上,也可用在信号线上。热敏电阻的反应时间较长,在毫秒级以上。

(2)保险丝。保险丝属于串联保护元件,设备内部出现短路,过流时能够断开线路上的短路负载或过流负载,以保护设备。它一般用在直流电源或交流电源上。保险丝分为一次性保险丝和可复位型保险丝。

1)对于一次性保险丝,当流经它的电流过大而超过它的额定电流时,它会熔断,呈现开路。即使过流消失后,也不可恢复,需要更换一个新的保险丝。

2)对于可复位型保险丝,当流经它的电流过大时,它的阻抗变得非常大;过流消失后,它的阻抗又变为低阻,电路又可以正常工作。

保险丝的反应一般较慢,在毫秒级以上。

(3)滤波电路。TVS 二极管、压敏电阻等并联保护元件是限压型保护元件,把瞬时的过压钳位在一个较低的电压。由于静电干扰、快速脉冲群干扰、浪涌干扰、传导干扰等会包含高频的干扰,所以后级还需要无源滤波器来抑制这些高频干扰。高频干扰会包括差模干扰和共模干扰,所以滤波器也会包括差模滤波和共模滤波。

1)差模滤波器一般由电感、电容、磁珠等组成。

2)共模滤波器一般由共模抑制圈、Y 电容等组成。

3. 交流电源的抗传导,浪涌,快速脉冲群干扰保护和滤波电路

常用的交流电源的抗干扰保护和滤波电路如图 5 - 25 所示。

从图 5 - 25 可以看出,交流电源的抗干扰和保护电路既包括串联保护元件,如保险丝、电感、共模扼流圈,又包括并联保护元件,如压敏电阻 MOV、电容(C_X,C_Y)。

1)R_F 是保险丝,是串联保护元件。当输入电流过大时,它会熔断,以保护后面的电路。

2)并联保护元件压敏电阻是瞬时过压保护元件。正常工作时,它呈现高阻抗;当干扰信号电压超过它的压敏电压时,它呈现低阻抗,火线和零线上干扰信号大部分电流就通过压敏电阻流到地线上,从而起到保护作用。

3)串联保护元件电感和并联保护元件 C_X 构成低通滤波器。低通滤波器可以衰减干扰信号中的差模高频干扰。一般交流电的频率为 50 Hz/60 Hz,所以低通滤波器的截止频率可设为 600 Hz 以上,这样对交流电压没有多少影响。

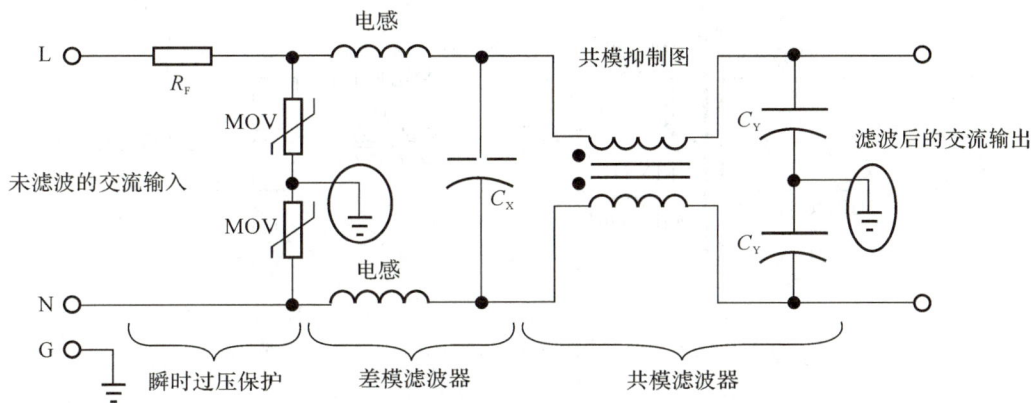

图 5 - 25　交流电源的抗干扰电路示意图

4)串联元件共模扼流圈和电容 C_Y 构成低通滤波器,衰减干扰信号中的共模高频干扰。同时共模扼流圈也有漏电感,所以也会和电容 C_X 构成低通滤波器,衰减干扰信号中的差模高频干扰。

5)接地线非常重要,它的阻抗和电感一定要小,在电路板上接地线要很粗。

6)设备中其他的信号线和电源线等,不要进入图中所示的抗干扰和保护区。

7)由于"L"和"N"之间的电压很高,通常为 110 V 或 220 V,所以这两条线之间的要有一定的距离,以确保安全性。请参看有关标准。

8)"L"和"N"的布线在满足安全性的前提下,尽可能靠近。

9)元件的放置要紧凑。

保护电路应放在电源线进入电路板或设备的入口处,这叫"御敌于国门之外",如图 5 - 26 所示。

现在有些交流电源插座已经集成了保护和滤波电路,在设计时可以考虑优先使用。

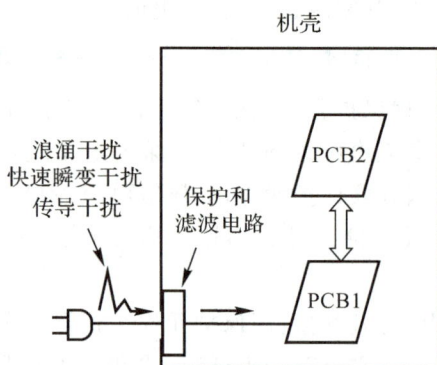

图 5-26　保护和过滤波电路的放置

4. 直流(DC)电源的抗传导、浪涌、快速脉冲群干扰保护和滤波电路

如果设备的供电是直流,直流电源的抗干扰保护和滤波电路如图 5-27 所示。

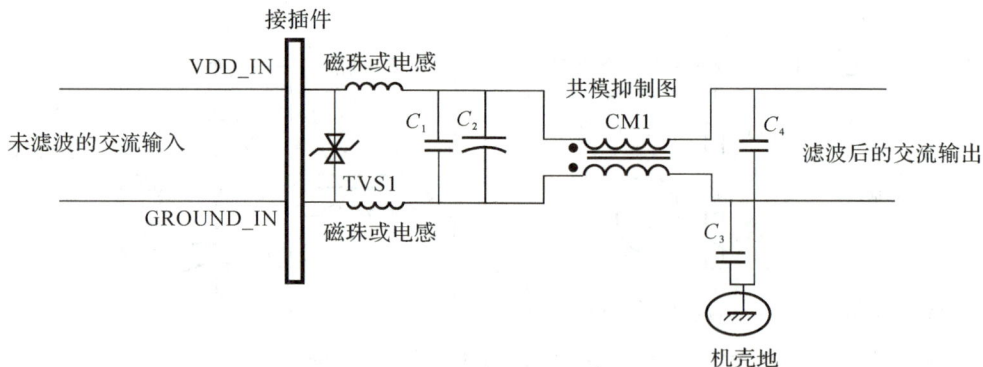

图 5-27　直流电源的抗干扰和保护电路

(1)TVS 是并联保护元件。正常工作的时候,它呈现高阻态;当干扰电压超过它的保护阈值时,它呈现低阻,干扰电流通过 TVS 流回到地,直流电压被钳位在 TVS 的额定保护电压值,从而保护了后面的电路。

(2)电感(或磁珠)和电容 C_1,C_2 构成低通滤波器,C_2 是有极性的大电容,如电解电容。因为是电源直流,所以低通滤波器的截止频率可以设置得很低。这个低通滤波器衰减干扰信号中的差模分量。

(3)共模扼流圈和电容 C_3,C_4 衰减干扰信号的共模分量,同时由于共模扼流圈还有一定的电感,和 C_3,C_4 一起也衰减掉干扰信号中的差模分量。

(4)接地线非常重要,它应当用一个很粗的导线接到金属机壳上,这根导线的电阻和电感越小越好。

(5)在电路板布线时,其他的信号线、电源线等,不要进入图中所示的抗干扰和保护区里。

(6)保护电路应放在电源线进入电路板或设备的入口处,如图 5-26 所示。

(7)元件的放置要紧凑,遵守差分布线的原则,以减小流路环路的面积,降低干扰的影响。

5. 通信接口的抗干扰设计

(1)RS‐232 串口的抗干扰保护和滤波。RS‐232 串口的抗干扰保护和滤波电路如图 5‐28 所示。

1)TVS 二极管离串口连接器越靠近越好。由于 RS‐232 的信号是双极性的,所以要选用双向 TVS 二极管。其他的保护元件(电容、电阻或磁珠)也应靠近串口连接器。

2)R 和 C 构成 π 型低通滤波器。为了不影响串口通信,这个低通滤波器的截止频率应该大于串口通信波特率的 10 倍。假设波特率为 9 600 b/s,则低通滤波器的截止频率应为 96 kHz。

3)图中所示的接地非常重要,接地线的阻抗和电感要尽可能小。最好在这些元件下面有一个"地"线层,然后通过多个过孔接到这个"地"线层上。

4)在电路板上,电路中其他的信号线和电源线不要进入保护和滤波电路所在的区域。

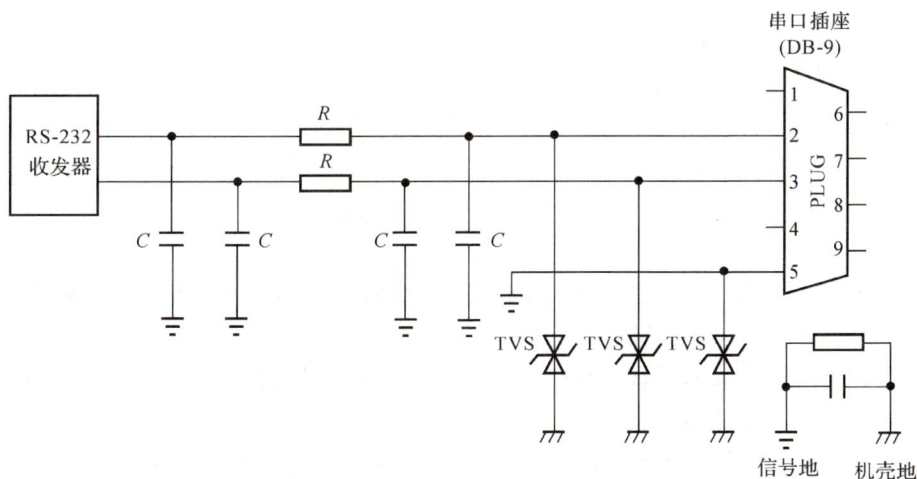

图 5‐28　RS‐232 抗干扰保护和滤波电路

(2)以太网口的抗干扰保护和滤波。以太网口的抗干扰保护和滤波电路如图 5‐29 所示。

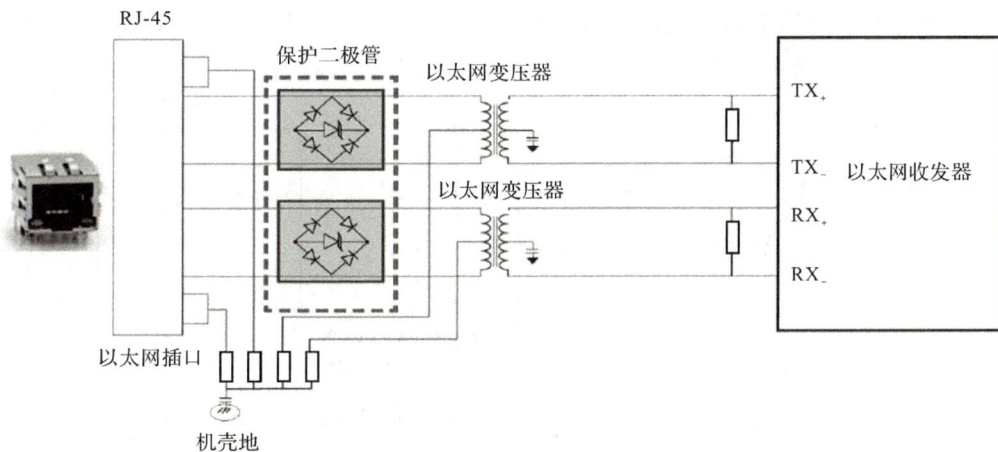

图 5‐29　以太网抗干扰保护和滤波

高级电力电子线路设计实践

1)保护二极管阵列离以太网口连接器 RJ-45 越近越好。以太网变压器也要尽量靠近 RJ-45。

2)接地线的阻抗和电感要尽可能小。

3)数据线的布线要严格遵守以差分布线的原则。

（3）USB 口的抗干扰保护和滤波。USB 口的抗干扰保护和滤波电路如图 5-30 所示。

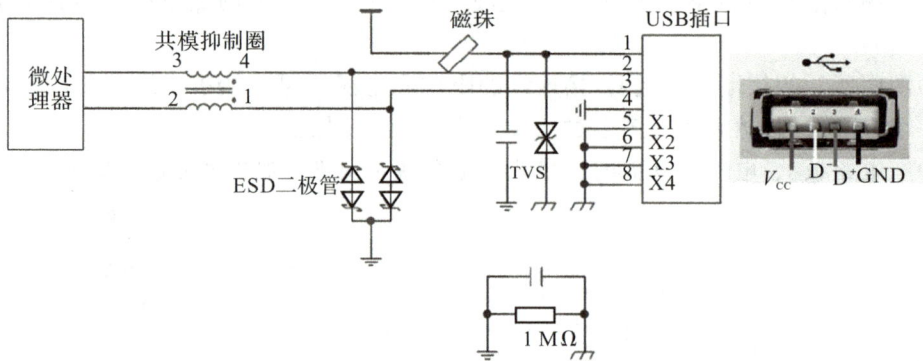

图 5-30　USB 抗干扰保护和滤波

1)TVS 二极管离 USB 连接器越靠近越好。其他的保护元件（电容、磁珠、ESD 二极管、共模扼流圈）也应靠近 USB 插座。

2)ESD 二极管的选择要视 USB 的通信速率而定。对于高速 USB,ESD 二极管的结电容一定要非常小,以免影响 USB 通信。

3)共模扼流圈用来衰减 USB 差分数据线上干扰信号中的共模分量。

4)图中所示的接地非常重要,接地线的阻抗和电感要尽可能小。最好在这些元件下面有一个"地"线层,然后通过多个过孔接到这个"地"线层上。

5)电路中其他的信号线和电源线不要进入保护和滤波电路所在的区域。

（4）其他信号（控制,输入输出等）的抗干扰保护和滤波。其他信号的抗干扰保护和滤波电路如图 5-31 所示。

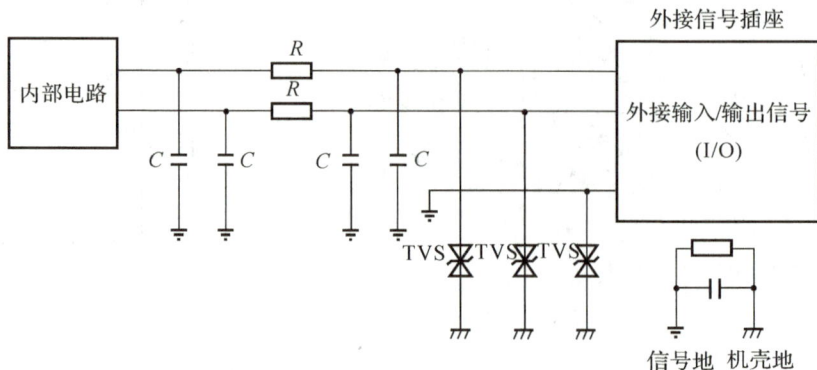

图 5-31　控制、输入输出等信号的保护和滤波电路

1）TVS 二极管距离外接信号插座越靠近越好。其他的保护元件（电容、电阻或磁珠）也应靠近插座。

2）R 和 C 构成 π 型低通滤波器。为了不影响这些信号的正常工作，这个低通滤波器的截止频率应该大于这些信号最高频率的 10 倍。假设这些信号的最高频率为 1 kHz，则低通滤波器的截止频率应为 10 kHz。

3）图中所示的接地非常重要，接地线的阻抗和电感要尽可能小。最好在这些元件下面有一个"地"线层，然后通过多个过孔接到这个"地"线层上。

4）电路中其他的信号线和电源线不要进入保护和滤波电路所在的区域。

（5）抗静电放电干扰的额外防护方法。除了以上所介绍的方法，对于静电干扰，可以利用以下方法来加强抗静电干扰能力：

1）人体容易接触到的元件，比如面板上的按钮、开关、发光二极管等，容易受静电的影响，要放上静电保护二极管、TVS、RC 等串联，并联保护元件来提供保护。

2）阻止静电到电路板上，这个可以通过机壳的金属屏蔽来实现。

3）提供一个静电到大地的放电路径，这个路径的电阻和电感必须非常小。如果机壳是导电性的，则可以把机壳通过一个低电感和低阻抗的导线接到大地上。

4）在电路板布线时，不要把线布在电路板的边缘，尤其是复位信号线、时钟线等，距离电路板的边缘越远越好。另外在电路板的边缘要放上一圈覆铜，然后用多个过孔把覆铜连接到地层上。这样做的目的是为静电提供一个到地的低阻抗的放电路径，从而把静电引导到地上，从而保护电路板上的元件的正常工作而不受静电的影响。

5）如果机壳上有开口，而电路板又靠近这个开口，要避免在电路板上开口的地方布线。

6）有些电子设备为了防潮、防腐蚀等，会在电路板上的元件表面涂一层物质。电路板上的这些元件涂层也可以帮助减少静电的影响。

5.5.3　经验分享

为了减小传导干扰、静电干扰、浪涌干扰和快速脉冲群干扰等的影响，可以采取以下措施：

1）电源、通信、控制、输入输出信号的外接电缆尽可能选择屏蔽电缆，以降低外界干扰耦合到这些电缆上。

2）如果电源、通信、控制、输入输出信号的外接电缆无法用屏蔽电缆的话，要把它们绞起来或绑在一起，以降低干扰的影响。

3）用串联和并联抗干扰保护元件来消除已经进入到外接电缆中的传导干扰，浪涌干扰和快速脉冲群干扰的影响。

4）保护和抗干扰电路应放在外接电缆进入设备或电路板的入口处。

5）并联保护元件的接地非常重要。接地线的阻抗和电感尽可能小。

6）保护和抗干扰电路中的元件放置要紧凑。

7）电路板布线时，避免其他的信号线进入保护电路区域。

5.6 降低电子产品的传导发射的方法

5.6.1 电流噪声

嵌入式系统中的直流-直流转换器通常是开关型直流-直流转换器,所以电源线上通常会有比较大的电流噪声。电源线上的电流噪声包括两部分:

(1)差模电流噪声,是电路正常工作时的电流,电流从电源"+"流出,从"－"端返回。从"+"端到负载的电流和从负载返回到"－"端的电流方向是相反的,如图 5-32 所示。

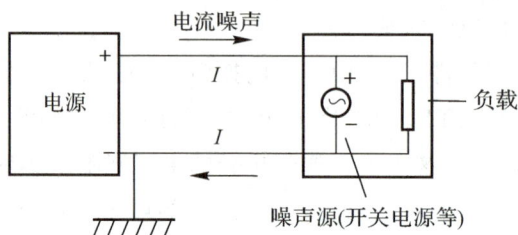

图 5-32 差模电流噪声

(2)共模电流噪声,电源两根线上的电流噪声是同方向的,主要是由于寄生电容的存在,电源和设备的地的电位差及空间电磁辐射在电源线上感应的同相电压叠加所形成(见图 5-33)。寄生电容包括电路板到大地的寄生电容、散热片对大地的寄生电容、变压器的初级和次级之间的寄生电容等。

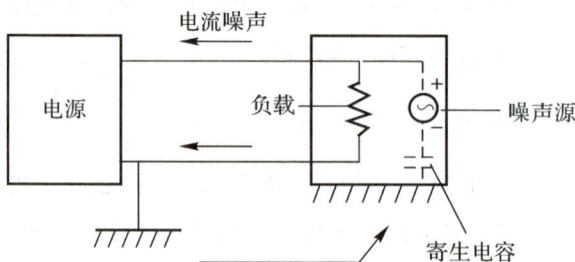

图 5-33 共模电流噪声

电源线上的电流噪声包括差模电流噪声和共模电流噪声,因此要采取以下滤波电路来减小差模电流噪声和共模电流噪声:

(1)用电感 L 和电容 C 构成 LC 低通滤波器,来抑制电源线上的差模电流噪声。低通滤波器的截止频率要视具体情况而定。在测试时可以更换电感和电容值来通过测试。

(2)用共模扼流圈、Y 电容、磁芯等来衰减电源线上的共模电流噪声。图 5-34 是一个典型的电源(直流或交流)线上差模电流噪声和共模电流噪声的滤波电路。

1)L_1 和 L_4 是两个共模扼流圈,用来抑制共模电流噪声。

2)C_2,C_3,C_4,C_5 是 Y 电容,用来抑制共模电流噪声,共模电流可以经 C_2,C_3,C_4,C_5 旁路到大地上。

3)L_2 和 L_3 是电感,和电容 C_1 组成一个 LC 低通滤波器来抑制差模噪声。

4)在设计中应当将降低传导发射干扰的电路同前面中所介绍的抗传导干扰,浪涌干扰和快速脉冲群干扰电路结合起来。

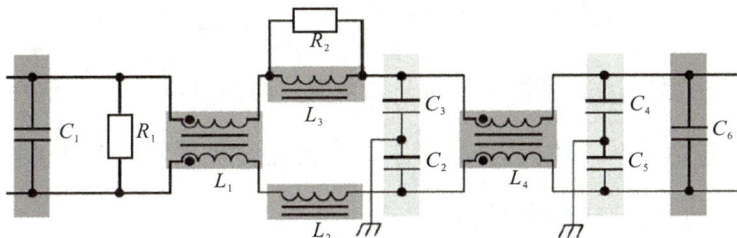

图 5 - 34　差模电流噪声和共模电流噪声滤波电路

5.6.2　开关电源输入滤波器的设计

开关电源输入滤波器的电路如图 5 - 35 所示,它由一个电感和电容组成。

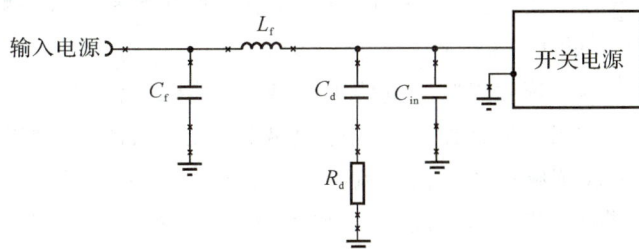

图 5 - 35　开关电源输入滤波器电路

L_f 和 C_f 构成了一个 LC 低通滤波器,C_d 和 R_d 起到阻尼的作用,消除由于 LC 低通滤波器的谐振对开关电源稳定性的影响。C_{in} 是开关电源的输入电容。通常 $C_d \geqslant 4C_f$,$R_d \approx \sqrt{L_f/C_{in}}$。

LC 低通滤波器的截止频率 f_C 为

$$f_C = \frac{1}{2\pi\sqrt{L_f C_f}}$$

LC 低通滤波器是一个二阶的低通滤波器,在过渡带,其下降速率为-40 dB/10 倍频。

通常需要确定低通滤波器所需要的衰减度,进而计算出截止频率。可以由以下方法来估算所需要的衰减:

1)假如用示波器可以测得输入电源的纹波电压的峰峰值,对低通滤波器的衰减度的要求是:

$$\text{Attn(dB)} = 20 \times \log\left(\frac{\text{Vin}_{\text{ripple}}}{1uV}\right) - V_{\text{max}}$$

高级电力电子线路设计实践

式中：$Vin_{ripple-pp}$为输入直流电压纹波的峰峰值,示波器的测量值；V_{max}为特定电磁电容标准所允许的值,dBμV。

2)根据输入电流的基波的幅度来确定。假设电源输入电流是一个方波,则所需要的衰减由以下公式估算：

$$\text{Attn(dB)} = 20 \times \log\left[\frac{\frac{I_{out}}{\pi^2 f_s C_{in}}\sin(\pi D)}{1\mu V}\right] - V_{max}$$

式中：f_s为开关电源的开关频率；I_{out}为开关电源的输出电流；C_{in}为开关电源的输入电容；D为开关电源的PWM的占空比,对于工作在连续状态的降压开关电源,$D = \frac{V_{out}}{V_{in}}$；$V_{max}$为特定电磁电容标准所允许的值,dBμV。

由以上公式可以看出,开关电源的输出电流越大,PWM的占空比越高,则所需要的衰减越大；开关频率越高,输入电容越大,则所需要的衰减越小。

选择滤波电感和电容时,应注意：

1)电感值一般选为$1\sim10\ \mu H$,以减小它的直流阻抗(DCR),从而减小由DCR导致的损耗。电感的额定饱和电流要大于输入最大电流,一般可选择大于输入最大电流的1.5~2倍。

2)电感的自谐振频率要远大于LC低通滤波器的截止频率f_C,一般电感的自谐振频率要大于截止频率f_C的10倍以上。

3)电容的寄生电感和等效串联阻抗要小,一般可选贴片陶瓷电容。

电感和电容构成的LC低通滤波器用来衰减频率较低的差模电流噪声,通常也需要串联一个磁珠来衰减较高频率的差模电流噪声。磁珠应选择适用于电源上的磁珠,其额定电流应大于输入最大电流,一般可选大于输入最大电流的1.5~2倍。

5.6.3 其他降低传导发射的方法

除了用以上的滤波电路来减小差模电流噪声和共模电流噪声,可以采用下列方法来降低传导发射：

1)尽量降低寄生电容,接地要良好,以减小共模电流。

2)电源线尽量用屏蔽电缆,屏蔽电缆的屏蔽层尽可能360°接到金属机壳上。

3)如果电源线不可以用屏蔽电缆的话,要把电源线双绞起来。

4)电源和产品之间采用星形接地法,以减小它们之间的电位差来减小共模电流噪声。

5)布线时不能将电源线和信号线或通信线绑在一起,以减小电源线对信号线或通信线的干扰。

6)产品中如果用开关DC-DC转换器,考虑用带有扩频性能的PWM控制器,可以把噪声能量从窄带频率范围(开关频率附近)散布到一个较宽的频率范围,从而通过EMC测试中的传导发射干扰测试,如图5-36所示。浅色曲线是没有采用扩频方式时测得的传导发射；深色曲线是采用扩频方式时测得的传导发射,比没有采用扩频方式时的传导发射的峰值(位于开关频率处)要低大约20 dB。

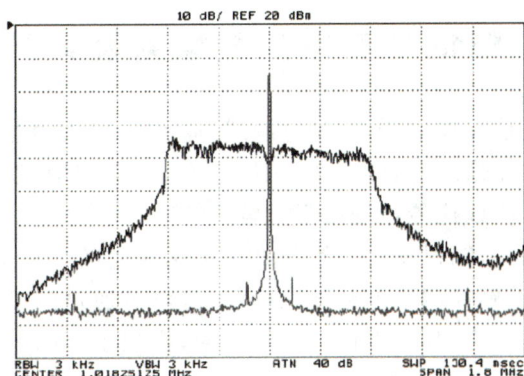

图 5-36　采用扩频方法减小传导发射

7)可以把电源线缠绕在磁芯上来构成共模扼流圈,如图 5-37 所示。这种共模扼流圈主要衰减高频率的共模电流噪声。

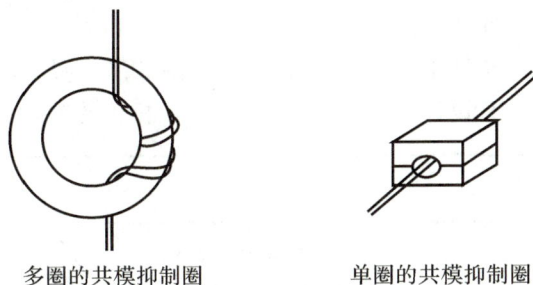

多圈的共模抑制圈　　　　　　　单圈的共模抑制圈

图 5-37　磁芯构成的共模抑制圈

5.6.4　经验分享

1)通常传导发射噪声包括差模电流噪声和共模电流噪声。

2)用 LC 低通滤波等来减小差模电流噪声。

3)用共模扼流圈、Y 电容等减小共模电流噪声。

4)电源线尽可能用屏蔽线;如果不可以用屏蔽线的话,要把电源线绞起来或绑在一起。

5)尽量减小寄生电容,以减小共模电流。共模电流通常是由于寄生电容造成的。

6)差模和共模滤波电路中的接地一定要良好。

7)传导发射干扰相对于辐射发射干扰,比较容易解决,因为干扰沿着导线传播的,而且频率较低,可以通过尝试不同的电感,电容和共模扼流圈来解决,而且不需要屏蔽室。

8)建议到正式的电磁兼容认证机构去做电磁兼容测试以前,如果自己公司有频谱仪,可以先在自己公司利用频谱仪和电流探头做初步的传导发射干扰测试。如果发现问题,可以先在自己公司解决。在有一定的把握之后,再去做正式的认证。这样可以节省时间和经费。

5.7　降低电子产品的辐射发射的方法

传导发射干扰是通过导体耦合,比如电源线、通信线、信号和控制线等,可以通过加入共模滤波器和差模滤波器来解决,相对来说比较容易。而辐射发射(Radiated Emission)是通过空间,途径很多,所以比传导发射干扰较难解决。

在电磁兼容的测试中,辐射发射干扰测试是最难通过的。从电路设计开始就要重视辐射发射干扰的控制,以确保能通过测试,否则一旦没有通过测试的话,就需要重新做一次甚至几次电路板才能解决问题,不仅浪费了时间,推迟了产品的上市时间,而且浪费金钱。做一次电磁兼容认证测试要花不少的钱。

众所周知,变化的电流会产生变化的磁场,向周围空间辐射。电子产品中有很多变化的电流,比如电源电流,产品中各个供电电压的电流,逻辑器件状态改变时的充放电电流等,所以有很多的辐射源,向周围空间辐射电磁干扰。另外变化的电压也会产生变化的电场,向周围空间辐射。电路中有很多的信号线,当其逻辑状态变化时,电压也变化,就会产生变化的电场,向周围空间辐射。

辐射发射的控制是一个从下到上的系统工程,如图 5-38 所示,要从以下几个方面同时着手:电路和结构设计、PCB 设计、内部电缆 EMC 设计、机箱的屏蔽设计、I/O 端口滤波。

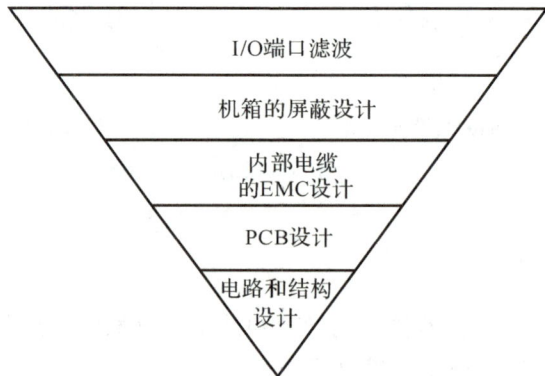

图 5-38　辐射发射的控制框图

5.7.1　辐射发射强度的计算

1. 差模电流的辐射强度

任何信号都需要一个电流回路,无论是数字信号,还是模拟信号。

图 5-39 所示的是一个电流环路,一个信号电流从元件 U_1 的一个引脚到元件 U_2 的一个引脚,然后经 U_2 的接地引脚返回到 U_1 的接地引脚,构成了一个电流环路。这是正常工作时的电流。

假设 A 代表图 5-39 中电流环路的面积,f 代表信号电流的频率,I_C 代表电流的幅度,则在距电流环路距离为 r 的地方,电流环路产生的电磁波辐射强度 E 为

$$E = 1.317 \times 10^{-14} \times \frac{f^2 A I_C}{r}$$

这个公式是电磁兼容中非常重要的一个公式,也可以说是辐射发射干扰中最重要的公式之一,很多减小辐射发射干扰的措施中都会用到这个公式。

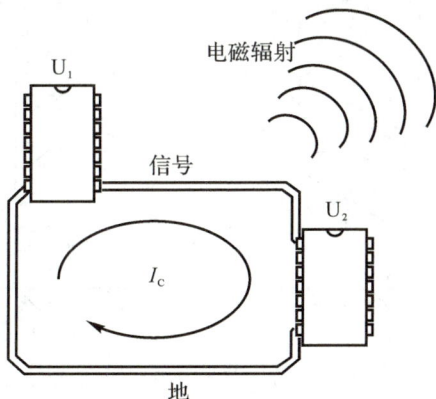

图 5 - 39　一个电流环路示意图

从这个公式可以看出,为了减小辐射发射干扰,可以从以下几个方面着手:
(1)设法减小电流环路的面积。
(2)设法减小电流环路电流的频率。
(3)设法减小电流环路电流的幅度。

2. 共模电流的辐射强度

共模辐射是由电路中不需要的电压降产生的,这种电压降使系统的某些部件与真正的"地"之间形成一个共模电压差,通常是由电路中的寄生电容引起的。一般来说,共模辐射来自于系统中的电缆。

共模发射可以模拟成一个短的单极子天线,天线由共模电压驱动。

在距离这个导线 r 处,共模电流的电磁波的辐射强度 E 为

$$E = 1.257 \times 10^{-6} \times \frac{f L I_{CM}}{r}$$

式中:f 为共模电流的频率;L 为导线长度;I_{CM} 为共模电流的幅度。

从以上公式可以看出,共模辐射强度和电流的频率成正比,和导线长度成正比,和电流的幅度成正比。共模电流示意图如图 5 - 40 所示。

为了减小共模电流产生的电磁辐射强度,可以从以下几个方面着手:
(1)降低共模电流的频率;
(2)减小电缆的长度;
(3)减小共模电流幅度。

在产品的设计和布局阶段很容易控制差模辐射,共模辐射却较难通过。

差模电流只有比共模电流大至少三个数量级,它产生的辐射强度才能等于共模电流产生的辐射场。几微安的共模电流就会产生几毫安的差模电流产生的辐射强度。另外一

高级电力电子线路设计实践

个重要的概念是,根据天线理论,当一根导线的长度是信号波长的 1/2 时,这根导线就是一个很好的天线,向周围空间的电磁辐射最大。

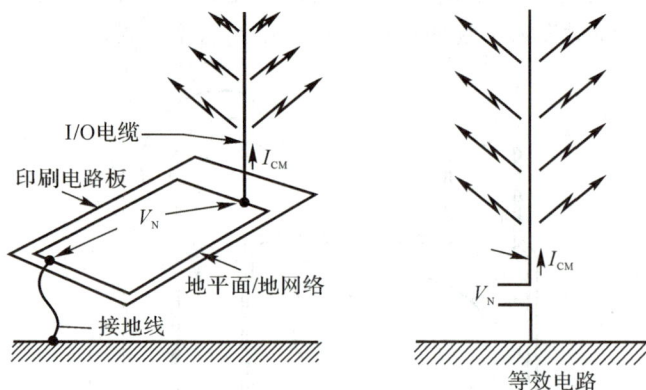

图 5-40 共模电流示意图

信号波长 $\lambda = \dfrac{3\times10^8}{f}$ m,f 是信号的频率,3×10^8 m/s 是电磁波在空气中的传播速度。例如信号频率是 100 MHz 的话,其波长为 3 m。则当导线的长度为 1.5 m 时,其辐射强度最大。

5.7.2 辐射发射的抑制

1. 辐射发射的抑制——元件的选择

辐射发射的控制从元件的选择开始。

(1)在电子产品中,如果低速元件可以满足要求,就不要选择高速元件。一是高速元件较耗电,因此要求较大的电源供电电流,这样电源电流环路辐射发射会较强;二是高速元件信号的上升时间/下降时间较短,因此信号频率较高,造成的电磁辐射就较高。对于一个上升时间为 t_r 的信号,其最高频率为

$$f_{max} = \frac{0.35}{t_r}$$

比如一个 1 kHz 的方波信号,假设信号的上升时间为 1 ns,其最高频率为 $f_{max} = \dfrac{0.35}{1\ ns} = 350$ MHz;如果上升时间为 10 ns,则其最高频率为 $f_{max} = \dfrac{0.35}{10\ ns} = 35$ MHz。

(2)尽量选择表面封装(SMD)的 IC,尽量避免用双列直插封装(DIP)IC。原因有几个,一是双列直插封装元件构成的电流环路面积较大,二是双列直插封装的 IC 所占电路板面积较大,所以元件之间的距离较远,这样就会增大信号电流环路的面积,三是双列直插封装元件管脚的寄生电感 L_{lead} 较大,当信号跳变时,由于 $L_{lead}\dfrac{di}{dt}$,信号会产生较大的过冲和下冲,导致信号电流的高频增大。这几个因素都会加大电磁辐射。

(3)尽量选择表面封装的无源元件,如电容、电阻和电感等,尽量避免用通孔的无源元

件,尤其是去耦电容、阻抗匹配电阻等,一定要用表面封装的。一是通孔元件占用面积较大,因此构成的电流环路面积较大,二是通孔元件的引脚的电感较大。这两个因素都会加大电磁辐射。另外当大规模生产时,表面贴装元件的生产比较容易。

(4)尽量避免用集成电路插座。原因有三个:一是加大了电流环路面积;二是增加了管脚的电感,造成信号产生较大的过冲和下冲,电流频率增大,这两个因素导致电磁辐射加大;三是当电子产品遭受振动的时候,容易接触不良,影响正常工作。在产品的开发调试阶段可以用插座,但做电磁兼容认证测试时不要用插座,正式产品也不要用插座。

(5)在满足性能的前提下,尽量选择低功耗元件。这样可以减小产品的功耗,因而电源模块的电流就较小,从而减小电磁辐射。

(6)对于开关电源,尽量选用表面贴装的屏蔽电感,避免用非屏蔽电感,尤其是开关电源中所用的电感,最好用表面贴装的屏蔽电感,而且电感的高度越低电磁辐射越小。

(7)有些连接器,已经把 EMI 滤波器集成在连接器里,如果可能的话,可以考虑使用这种带 EMI 滤波器的连接器。

(8)如果可能的话,尽量选择带有内置程序存储器和数据存储器的微处理器。一是可以减小功耗,从而减小电源的电流;二是由于程序存储器和数据存储器是内置,因而电流环路面积小。这两个因素导致电磁辐射的减小。

2. 辐射发射的抑制——电路的设计

电路设计对减少辐射干扰也发挥着非常重要的作用。下面是电路设计时要采用的一些减小辐射发射。

(1)电源的去耦。在集成电路(IC)每个电源脚附近都要放上一个去耦电容。这个去耦电容一般为 $0.001\sim0.1\ \mu F$,通常用表面贴装陶瓷电容。去耦电容的位置越靠近电源引脚越好,而且要通过过孔连接到电源层和地线层上。

(2)IC 集成了很多的 CMOS MOSFET。IC 的 MOSFET 开关的瞬间,会有一个高频的充电/放电电流,如果 IC 附近没有去耦电容,就需要从较远的电源处来获取这个电流,这样高频电流环路的面积较大,辐射发射就会增加;如果 IC 附近有去耦电容,开关瞬间所需的高频的充电/放电流就可由这个去耦电容供给,这样高频电流环路的面积就会减小,从而减小辐射发射。

(3)如果一个 IC 有好多个电源引脚,除了在靠近每个电源引脚放置一个去耦电容外,还要在 IC 的四周放一个或几个 $1\sim10\ \mu F$ 的电容。这些电容的作用和去耦电容的作用相似,也是作为电荷存储器,使得不需要从较远的电源处来获取 IC 所需的较高频电流,从而减小较高频率电流的面积,进而减小电磁辐射。这些电容的位置可以离 IC 稍远一些。

(4)高速数字的设计要遵守高速数字电路的设计原则,一定要注意高速数字信号的阻抗匹配,以保证高速数字信号的完整性,减少信号的过冲、下冲及振铃,从而减小高速数字信号电流环路的高频电流,从而减小辐射发射。通常是在高速数字信号靠近源的地方放置一个小的串联电阻 R_S(通常为 $10\sim50\ \Omega$),使得 $R_0+R_S=Z_0$,R_0 是信号源的输出阻抗,Z_0 是电路板上信号线的阻抗。

(5)振荡器是一个很大的辐射源。在振荡器的电源上要加上磁珠和去耦电容。去耦电容要靠近振荡器的电源脚。同时在时钟线上串入一个小阻值电阻(几十欧姆)或磁珠,这个电阻和磁珠要靠近振荡器的时钟输出脚。电路如图 5-41 所示。

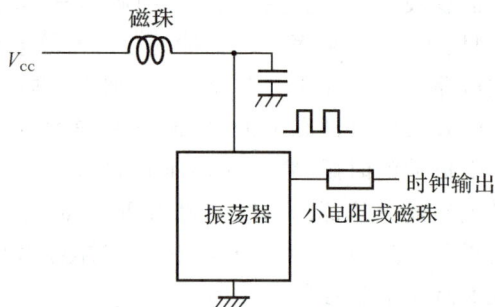

图 5-41　振荡器电路图

　　电源线上磁珠的作用是防止振荡器所需的高频电流耦合到电源线上,从而减小辐射发射。磁珠对低频呈现低阻抗,对高频呈现高阻抗,因此减小高频电流。这个磁珠应选择用于电源线的磁珠。这种磁珠对直流或低频的阻抗很低,对高频有很高的阻抗。

　　时钟线上串联磁珠的作用是减小时钟信号的高频分量,从而减小时钟信号构成的电流环路的高频电流,因此减小辐射发射。这个磁珠应选择适用于高频信号的磁珠,对时钟信号频率的阻抗较低,对远高于时钟信号的频率有很高的阻抗。

　　时钟线上串联小电阻的作用是阻抗匹配。因为振荡器时钟信号的输出阻抗较低,为 10~30 Ω,而电路板上信号线的阻抗为 75~100 Ω,如果没有串联小电阻的话,阻抗就会不匹配,如果时钟线较长的话,时钟信号就会产生发射,因此时钟信号就会有过冲和下冲,电流环路中的高频电流就会增大,因而辐射发射增大。

　　磁珠有多种,设计时要根据信号的频率高低来选用不同的磁珠,如适用于电源线的磁珠,适用于低频信号的磁珠,适用于高频信号的磁珠。

　　(6)电源滤波。在电源线的入口,加上差模和共模滤波电路,用来抑制差模和共模噪声引起的共模辐射干扰和差模辐射干扰,如图 5-42 所示。

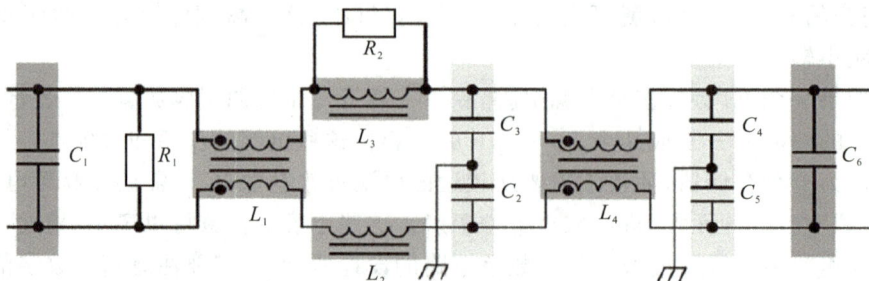

图 5-42　共模滤波和差模滤波电路

　　C_1 和 C_6 是 X 电容,一般为 1 μF 左右,抑制差模噪声,在 150 kHz~1 MHz 频率范围内很有效。

　　C_2,C_3,C_4 和 C_5 是 Y 电容,4 700 pF 左右,抑制高频共模噪声,在 8~10 MHz 频率范围内很有效。

L_1 和 L_4 是共模扼流圈,抑制共模噪声。L_2 和 L_3 是电感,用来抑制差模噪声。

以上差模和共模滤波电路要放在电源线进入电路板的地方,元件的放置应尽量减小输入和输出之间的耦合,另外电路板上其他的信号线不能进入或靠近这个区域。尤其是高频信号线,应远离这个区域。另外图中的接地要良好。

(7)在以太网、USB、CAN、RS-485、1553 等差分通信的数据线上串入共模抑制圈。

1)以太网接口电路(见图 5-43)。对差分通信来说,数据线是差分的,差分信号两个信号的电流方向是相反的,因此它们产生的电磁辐射方向也是相反的,所以大部分电磁辐射会互相抵消掉,而且一般来说它们是双绞在一起的,差分线的电流环路面积较小,因此差模电磁辐射较小。

但对某种原因造成的共模噪声来说,共模噪声的电流环路面积很大,而且由于差分线上的共模噪声是同相的,所以产生的电磁辐射是叠加在一起,这就使得共模噪声造成的电磁辐射较大,所以要在差分数据线上串入共模扼流圈。共模扼流圈对差分信号影响很小,但对共模噪声的衰减很大,可以减小共模噪声造成的电磁辐射。

在以太网的差分数据线上串入共模扼流圈,以抑制共模噪声。差分数据线的布线要严格遵守差分布线的原则,另外两个发光二极管的输入也要滤波(可串入一个磁珠)。二极管的控制线通常来自以太网控制器,会有高频噪声耦合到控制线上,如果不滤波的话,高频噪声就可能耦合到差分数据线上,从而造成较大的了电磁辐射。

另外电路板上其他的信号线不能进入或靠近这个区域。尤其是高频信号线,应远离这个区域。

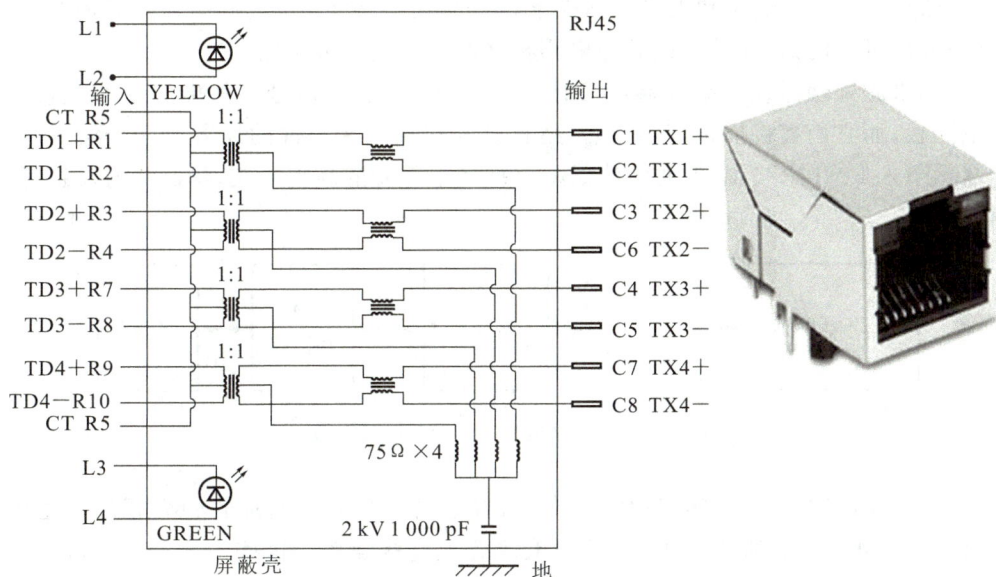

图 5-43　以太网接口

2)USB 接口电路(见图 5-44)。在 USB 差分数据线上串入共模扼流圈,用来衰减共模噪声,减小差分数据线上的共模噪声造成的电磁辐射。共模扼流圈要尽量靠近 USB 连接器。

在 USB 电源线上加上磁珠和电容构成的低通滤波器。它们的作用是减小电源电流中的高频分量,从而减小 5 V 电源线和地线构成的环路的电磁辐射。

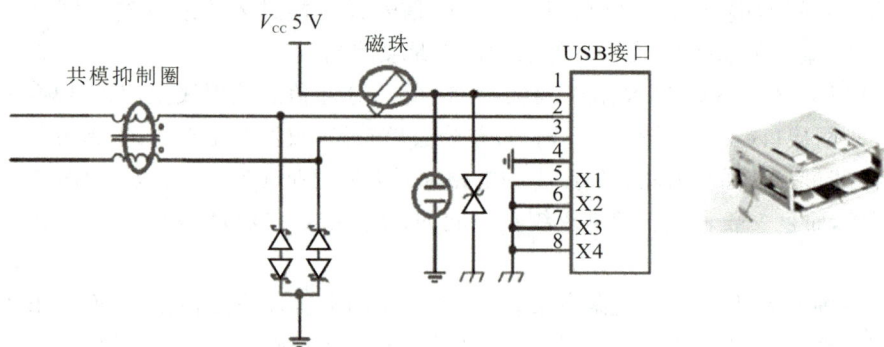

图 5-44　USB 接口电路

3)CAN、RS-485、1553 接口电路。在 CAN、RS-485 和 1553 差分数据线上串入共模扼流圈,共模扼流圈要尽量靠近 CAN、RS-485 和 1553 连接器。

4)RS-232 串口。在 RS-232 串口的数据线上串入低通滤波器(RC、磁珠等),在不影响通信的前提下,尽量压低输出信号的频率,从而减小信号电流环路的电流频率,以降低辐射发射。低通滤波器的截止频率应为通信波特率的 10 倍左右,这样对通信就不会有影响。

5)其他出入电路板的信号(控制、输入/输出等)。在其他信号线上引入低通滤波器(RC、磁珠等),在不影响正常工作的前提下,尽量降低输出信号的频率,以降低辐射发射。

(8)如果可能的话,和外界或其他电路板之间尽量用差分传输。

(9)如果微处理器或可编程器件(FPGA/CPLD)等有些信号要从电路板通过接插件离开电路板,而它们离接插件较远的话,则有必要在靠近接插件的地方放一个缓冲器,在缓冲器后引入 EMI 滤波器(低通滤波器),以抑制不需要的高频谐波,降低辐射发射,如图 5-45 所示。

图 5-45　电路板长距离信号线的处理

MCU 和 FPGA 的时钟频率通常很高(可高达几百兆赫兹),而且包含很多的逻辑电路,所以来自 MCU 和 FPGA 的信号通常会耦合上高频噪声。这些信号如果不经过缓冲器和 EMI 滤波器而直接出去的话,这些信号构成的环路就有高频电流,从而导致较大的电磁辐射。经过缓冲器的话,缓冲器会过滤掉一些高频干扰。假设 MCU 和缓冲器都是 3.3 V CMOS 逻辑器件。V_{OL} 是 MCU 输出为"0"的信号电平,V_{OH} 是 MCU 输出为"1"的信号电平,V_{noise} 是耦合到信号上的噪声电平。当 MCU 输出为"0"时,缓冲器的输入 $V_{in}=V_{OL}+V_{noise}$。3.3 V CMOS 的逻辑输入低电平阈值为 0.8 V,只要 $V_{in}<0.8$ V,缓冲器的

输出就是 V_{OL}；当 MCU 输出为"1"时，缓冲器的输入 $V_{in}=V_{OH}+V_{noise}$。3.3 V CMOS 的逻辑输入高电平阈值为 2.3 V。只要 $V_{in}>2.3$ V，缓冲器的输出就是 V_{OH}。可见经过缓冲器后，高频噪声被大大衰减了，当然仍然会有小部分高频噪声由于寄生电容的存在，仍然会耦合到缓冲器的输出。

EMI 滤波器进一步衰减输出信号的高频分量，从而减小了输出信号构成的电流环路的高频电流，进而减小了电磁辐射。另外在满足要求的前提下，可以选择上升时间/下降时间较长的缓冲器。

(10)在分配连接器管脚时，如果可能的话，要尽量保证每个信号线或每几个信号的旁边有一个地线，如图 5-46 所示。要选择管脚之间距离短的连接器。这样可以减小信号电流环路的面积，从而减小辐射发射。

(11)有些微处理器和 FPGA 等芯片的功耗很大，因此要用金属散热片来帮助散热，金属散热片一定要很好地接地。这是因为金属散热片和被散热的元件之间有寄生电容的存在，从而会经寄生电容耦合一些电磁噪声到金属散热片上，金属散热片的尺寸比较大，如果不良好接地的话，它就是一个很好的天线，把耦合到它上面的电磁噪声辐射到周围空间。金属散热片要通过尽可能多的金属柱连接到电路板的地线上。金属柱可以有一个、两个、三个、四个或更多。金属柱均匀放置。

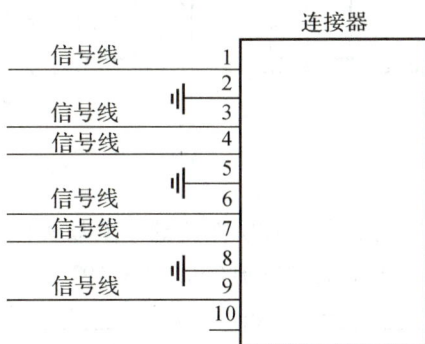

图 5-46　连接器管脚的分配

(12)FPGA/CPLD 和某些微处理器的 IO 的驱动能力和上升/下降速率可以通过 FPGA/CPLD 的开发软件或固件进行设置。在不影响性能的前提下，驱动能力要设置为弱，上升/下降速率要尽可能设置为慢。这样可以减小信号环路电流的频率，从而减小辐射发射。

(13)微处理器、FPGA/CPLD 或其他 CMOS 逻辑器件不用的输入引脚要接地或接电源，不要悬空。接地或接电源取决于这些芯片内部是否有上拉或下拉电阻。如果没有上拉或下拉电阻，则要接地。如果有下拉电阻，则接地；如果有上拉电阻，则接电源。因为这些没有用到的输入引脚如果悬空的话，输入阻抗很高，所以很容易耦合上高频噪声，通过输入引脚辐射出去。

(14)如果电子设备中有多个电路板，这些电路板之间要进行通信，通过电缆连接。如果这些电路板的地的电位不同的话，就会产生共模电流，如图 5-47 所示。

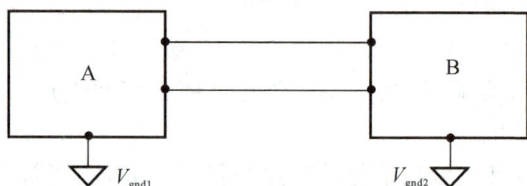

图 5-47　地电位差异导致的共模电流

A 和 B 是两个电路板,两个电路板之间要进行通信。如果电路板 A 的地的电位 V_{gnd1} 和电路板 B 的地的电位 V_{gnd2} 不同的话,就会产生共模电流。由于共模电流环路的面积很大,所以产生的辐射发射很大。

以下几种方法可以减小共模电流引起的辐射发射:

1)利用光电隔离或其他隔离器(如变压器、数字隔离器等)把 A 和 B 之间的信号隔离,这样就可以阻断共模电流的路径,这样就大大减小了共模电流,从而减小了辐射发射(见图 5-48)。

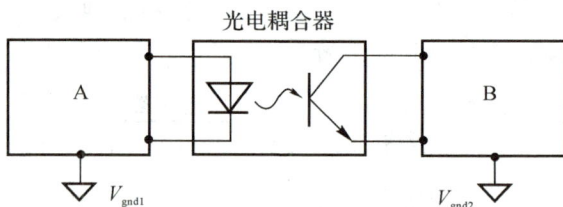

图 5-48　光耦隔离

2)在 A 和 B 之间的信号线上串入共模扼流圈。共模扼流圈对共模电流的衰减很大,从而减小了共模电流,因而减小了辐射发射(见图 5-49)。

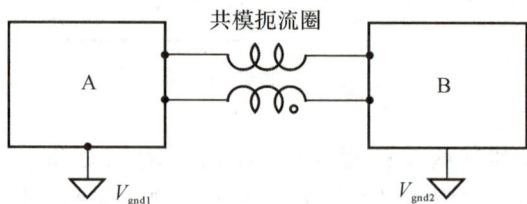

图 5-49　共模扼流圈抑制共模电流

3)通过单点接地(星形接地)消除或减小共模电流(见图 5-50)。

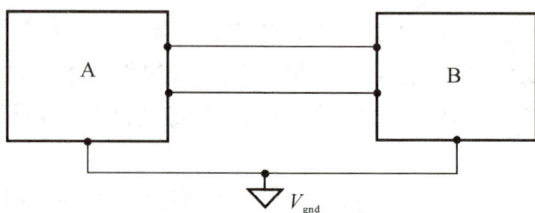

图 5-50　单点接地减小共模电流

共模电流的存在是由于两个(多个)电路板的地的电位不同而引发的。如果用单点接地且良好接地的方法,则可以消除两个(多个)电路板的地的电位差别,这样共模电流就会大大减小。这样就大大减小了共模电流造成的辐射发射。

3. 辐射发射的抑制——板卡的设计

(1)板卡上的板对板的连接器应该选用具有良好接地和屏蔽性能的连接器,并且管脚之间的距离尽可能近,并分配足够的管脚给地线。

这样可以减小电流环路的面积,从而减小了辐射发射。另外屏蔽也会减小电磁辐射。

(2)每个板卡的电源要隔离开,而且用星形连接法。电源在进入每个板卡之前,要通过用电感、磁珠、电容等构成的低通滤波器进行滤波,如图 5-51 所示。

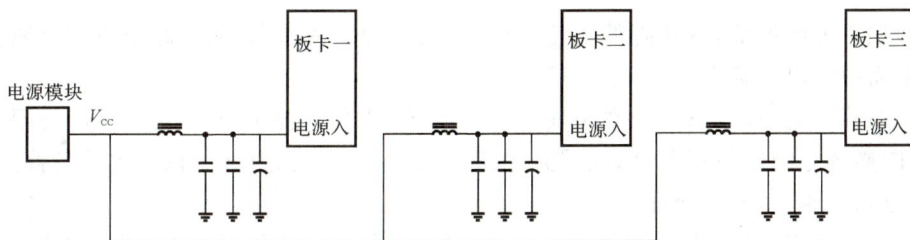

图 5-51　板卡的电源滤波

低通滤波器减小了电源中的高频电流,因而减小了辐射发射。另外电源采用星形接法,也减小了电源电流环路的面积,从而减小了辐射发射。

(3)在母板上靠近每个板卡连接器的地方要放上信号缓冲器,来缓冲进出板卡的信号。

(4)母板应该用多层电路板,并分配足够的地线层。

(5)板卡之间在母板的走线应严格遵守高速信号布线原则。

4. 辐射发射的抑制——开关电源

开关电源是嵌入式系统中一个很大的噪声源。在开关电源中,电流环路中的电流很大,电流的频率很高,而且电流环路的面积也大,所以开关电源的电磁辐射大。要用到电感或变压器,电感和变压器的电磁辐射较大,所以设计开关电源时一定要小心,要清楚开关电源中的高 $\frac{di}{dt}$ 的电流环路和高 $\frac{dV}{dt}$ 节点,在电路板上放置相关元件和布线时时,尽量减小高 $\frac{di}{dt}$ 的电流环路的面积,从而减小高 $\frac{di}{dt}$ 的电流环路产生的差模电流电磁辐射;尽量减小高 $\frac{dv}{dt}$ 节点的尺寸,以减小高 $\frac{dV}{dt}$ 电压节点的产生的共模辐射。很多开关控制器的生产厂家都会给出一些指导意见。

开关电源的 EMC 设计要点:

(1)尽量避免使用隔离电源,因为隔离电源需要用到变压器,而变压器会产生较大的电磁干扰。

(2)在开关直流-直流转换器的输入端,加入图 5-52 所示的 π 型滤波器,以减小直流-直流转换器直流输入中的电流频率,进而减小辐射发射。输入电容和滤波电容对高频电流来说,阻抗很小,近似于短路,可以减小高频电流环路的面积;电感对高频电流的阻抗较大,衰减了高频电流。因此 π 型滤波器减小了电磁辐射。输入电容和滤波电容要靠近开关直流-直流转换器。

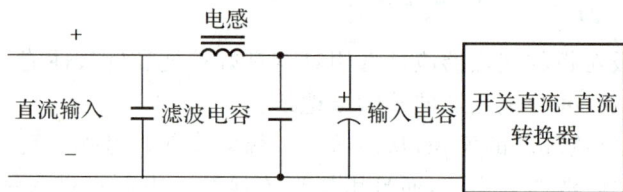

图 5-52　开关电源的输入滤波器

(3)如果可能的话,尽量降低直流-直流转换器的开关频率,从而减小电流环路的电流频率,因而减小电磁辐射。

(4)在开关电源的设计中,尽量使用屏蔽电感,避免使用非屏蔽电感。这是因为非屏蔽电感向周围空间辐射强度高,而屏蔽电感向周围空间的辐射强度低。电感的高度越低,其距离电路板越近,辐射越小。

(5)有的屏蔽电感会标注出短引脚和长引脚,如图 5-53 所示,应该把短引脚的一端接到开关电源中的开关节点$\left(高\dfrac{\mathrm{d}V}{\mathrm{d}t}节点\right)$。短引脚是电感线圈绕组的开始,它距离电路板较长引脚要近,而且比长引脚要短,所以可以减小电感的电磁辐射。这同样适用于非屏蔽电感。

图 5-53　电感的短引脚和长引脚

(6)图 5-54 是一个开关降压 DC-DC 转换器。放置元件和布线时,设法减小如图 5-54 所示的两个电流环路的面积,因而减小辐射发射。

1)电流环路 1:高位开关管关闭时,低位开关管打开,电流就会流经:输入电容 C_{in}→高位开关管→电感→输出电容 C_O→输入电容 C_{in}。

2)电流环路 2:高位开关管打开时,低位开关管关闭,电流就会流经:输出电容 C_O→感→低位开关管→输出电容 C_O。

3)电流环路 1 和电流环路 2 应远离电路板的边缘,尤其是电感,一定不要靠近电路板的边缘,否则电磁辐射会较大。

4)输入电容 C_{in} 的位置特别重要,它离高位开关管的距离越近越好。图 5-55 是高位开关管的电流波形。DT 是高位开关管导通时间。T 是开关周期。可见当高位开关管导通时,其电流从 0 跳变到 i_{min};当高位开关管断开时,其电流从 i_{max} 跳变到 0。这个电流

环路就是高 $\dfrac{\mathrm{d}i}{\mathrm{d}t}$ 电流环路。由傅里叶变换可以得知,在上升沿和下降沿,电流包含了很高的频率分量。这些高频电流来自于输入电容 C_{in}。如果输入电容 C_{in} 距离高位开关管很近,意味着高 $\dfrac{\mathrm{d}i}{\mathrm{d}t}$ 电流环路的面积很小。因此产生的差模电磁辐射就越小。

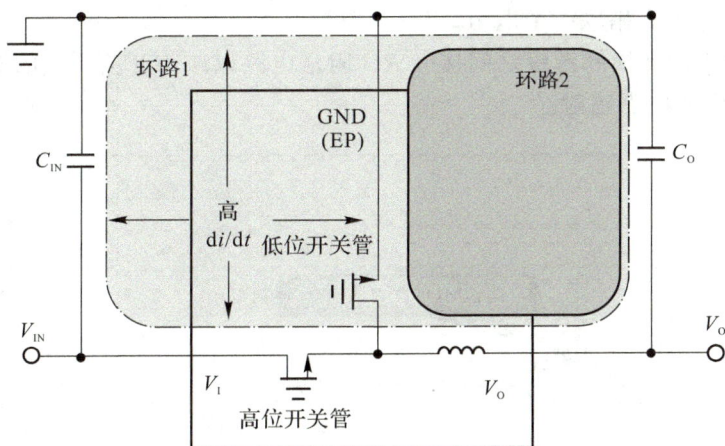

图 5-54　开关降压直流-直流转换器的电流环路

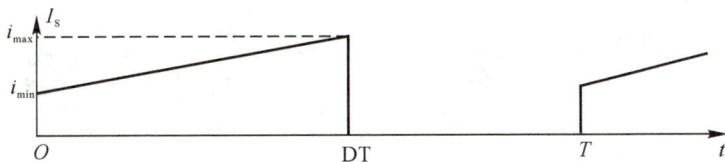

图 5-55　开关降压直流直流变换器中高位开关管的电流波形

5)高位开关管的源级和低位开关管的漏极接在一起,这个节点叫开关节点(SW, Switch Node)。这个节点的波形是一个 PWM 脉冲波形,幅度为输入电源电压 V_{in},而且上升/下降时间很短,它就是高 $\dfrac{\mathrm{d}V}{\mathrm{d}t}$ 节点;另外当开关时,由于开关管的寄生电感加上导线的寄生电感和开关管的输出电容形成谐振电路,所以在脉冲的下降沿和上升沿会有振铃,所以它产生的电磁辐射很大。布线时尽量减小这个节点的尺寸,同时把它下面的一层设为地线层,以减小它产生的共模电磁辐射。

图 5-56 就是开关节点的波形。图 5-56 是以开关降压直流/直流变换器为例,抛砖引玉。对于开关升压 DC-DC 转换器,其他类型的开关电源、逆变器等也同样适用。

1)找出开关电源中高 $\dfrac{\mathrm{d}i}{\mathrm{d}t}$ 电流环路,如图 5-54 所示。

2)放置元件时,设法减小高 $\dfrac{\mathrm{d}i}{\mathrm{d}t}$ 电流环路的面积,以减小电磁辐射。

3)找出开关电源中高 $\dfrac{\mathrm{d}V}{\mathrm{d}t}$ 节点,如图 5-54 所示。

高级电力电子线路设计实践

4)尽量减小高$\dfrac{\mathrm{d}V}{\mathrm{d}t}$节点的面积,以减小电磁辐射。

5)减慢高位开关管的导通来减小 $\mathrm{d}i/\mathrm{d}t$,这样可以减小高频电流,从而减小电磁辐射(见图5-57)。这样做可能会稍微增大高位开关管的功耗。可以采用以下的方法:

a. 在高位开关的栅极串入一个电阻。

b. 在自举电容上串联一个电阻。

c. 在低位管的漏极和源级之间接入 RC 阻尼电路以减小开关节点的振铃,从而减小开关节点的产生的电磁辐射。

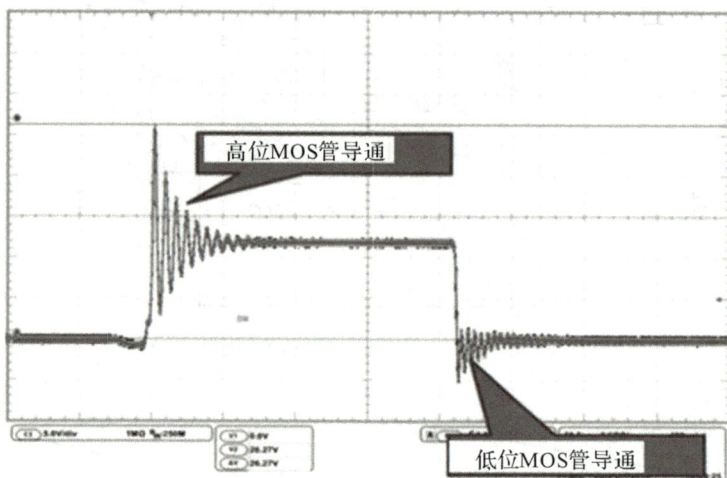

图 5-56　开关降压直流/直流变换器开关节点的波形

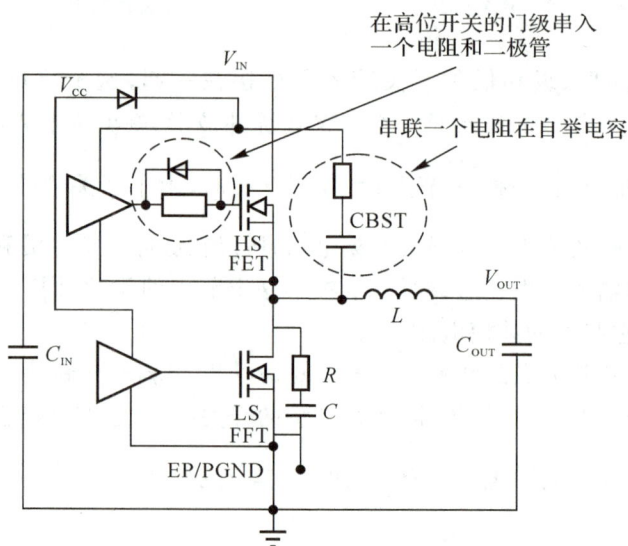

图 5-57　减慢高位功率 MOSFET 的导通来减小电磁辐射

(7)开关 DC-DC 转换器中的功率 MOSFET 如果功耗较大,就需要用金属散热片或其他散热片进行散热。通常功率 MOSFET 的漏极要接金属散热片,出于安全考虑,一般不要直接把金属散热片接到 MOSFET 的漏极上,尤其是 MOSFET 漏极上的电压很高时。通常金属散热片和 MOSFET 漏极之间要用电绝缘但导热性很好的材料进行隔离,金属散热片和 MOSFET 漏极之间会有寄生电容 C_{dh}。用作开关的功率 MOSFET 的漏极在开关时电压会发生较大变化(dV/dt),噪声就会经过寄生电容 C_{dh} 耦合到散热片上,通过散热片辐射出去。

(8)把金属散热品良好接地,可以减小电磁辐射发射,但有可能增大电源线上的共模电流,因此传导发射干扰会增大,要权衡一下。但通常传导发射可以通过共模扼流圈来抑制。

(9)现在有一些非金属散热器,比如陶瓷散热器和塑料散热器,它们不会产生电磁辐射,所以可以考虑使用它们来减小电磁辐射。

(10)可以在散热片上贴上吸波材料来降低电磁辐射。

(11)有些 PWM 控制器的开关时钟是扩频的,开关时钟的频率不是一个固定的频率,而是散布在一个频率范围内,这样产生的辐射发射的能量不是集中在一个频率点上,而是散布在一个频率范围内,这样辐射发射的能量的峰值就会减小,从而有助于通过 EMC 测试。

5. 辐射发射的抑制——电路板(PCB)设计

当一个信号在电路板上时,它会产生一个电场(由于电压变化)和磁场(由于电流变化)。如果这个信号是在顶层或底层(微带线),返回电流是通过邻近的参考平面(地线层/电源层)。大部分返回电流会经邻近的参考平面返回,部分电场和磁场则会辐射到周围的空间,如图 5-58 所示。

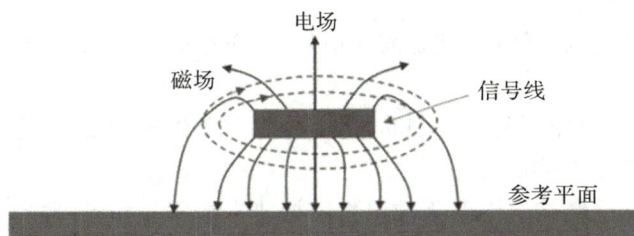

图 5-58　微带线和它周围的电场和磁场

图 5-59 是一个微带线,假设它的宽度是 W,和参考平面的距离为 H。

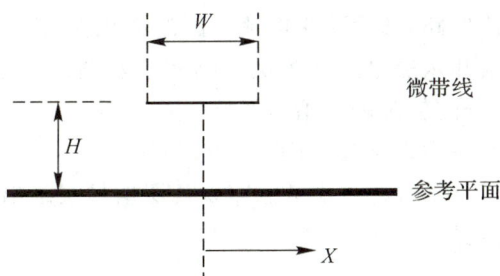

图 5-59　微带线示意图

在参考平面上微带线的下方,在距离微带线的中心 X 的地方,其电流分布是 X 的函数,有

$$J(X)=\frac{I_{\text{Total}}}{W\pi}\left[\tan^{-1}\left(\frac{2X-W}{2H}\right)-\tan^{-1}\left(\frac{2X+W}{2H}\right)\right]$$

式中:I_{Total} 是返回的总电流。在微带线中心下方的参考平面,$X=0$,则

$$J(0)=\frac{I_{\text{Total}}}{W\pi}\left[\tan^{-1}\left(\frac{-W}{2H}\right)-\tan^{-1}\left(\frac{W}{2H}\right)\right]$$

图 5-60 是 $J(x)$ 的曲线图,横轴表示 X/H,竖轴表示 $J(X)/J(0)$。

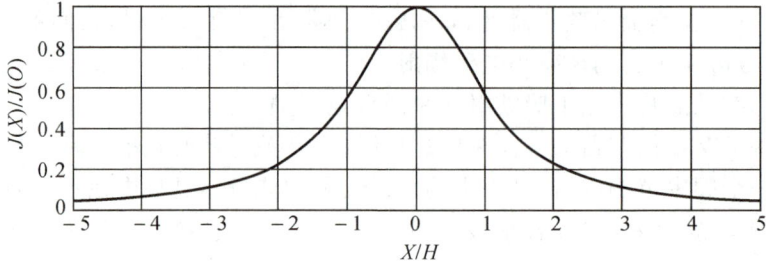

图 5-60 微带线的返回电流分布图

从图 5-60 中的曲线可以看出:

1)大部分返回电流是靠近微带线中心的参考平面。

2)在距离微带线较远的地方的参考平面,仍然会有小部分的返回电流。

3)微带线距离参考平面的距离越小越好,这样对于同样的 X,返回电流会更集中在微带线下方的参考平面。

4)布线时,不要把信号线(尤其是高速信号线)布在电路板的边缘,否则会有很大的电磁辐射到信号线周围的空间。

电路板的设计对电磁辐射的抑制非常重要,尤其是对于机箱不是屏蔽机箱的电子设备,电路板的设计是非常关键的一环。

(1)电路板的层叠结构。电路板的层叠结构非常重要。如有可能,尽可能用多层电路板。把一层或几层分配给地线层和电源层。分层的原则是,尽量保证每个信号布线层紧挨一个电源层或地线层(最好是紧挨地线层,因为通常地线层比电源层更完整。因为通常嵌入式系统中通常有好几个供电电压(如 3.3 V,1.8 V 等),所以电源层通常会被分成几个区域,每个供电电压占有一块区域,所以不完整)。这样可以为电路板上的电源线/信号线提供一个很靠近的电流回路,从而减小电流环路的面积,从而减小电磁辐射。图 5-61和图 5-62 是四层电路板和六层电路板的层叠结构示意图。如果电路板有更多层,则分层原则是一样的,而且要分配较多的层给地线层。

电路板的层数设计要考虑以下几方面:

1)如果芯片的封装是 BGA,则需要考虑需要几层信号层扇出所有信号。一般芯片的生产厂家都会给出一些意见。

2)芯片的密度。

3)成本。层数越多,价格越贵。

4)电路板走线阻抗控制和电源完整性要求。

5)EMC 方面的考虑。

假设电路板的厚度为 1.5 mm。图 5-61、图 5-62 是一个四层板和六层板的层叠结构举例及每一层的介质厚度。根据具体情况,也可以有其他的层叠结构。从图上可以看出,每一个布线层都紧挨一个电源层或地线层。

1)四层板:时钟线和高速信号线布线在顶层,靠近地线层,因为地线层通常比较完整,这样可以使得时钟线和高速信号线及它们的电流回路形成的电流环路面积最小,因此可以减小电磁辐射。

2)六层板:时钟线和高速信号线布在信号层 H1,靠近地线层。如果信号层 H1 是水平走线的话,信号层 V2 的走线就要垂直走线,这样是为了减小这两层之间的信号之间的寄生电容,进而减小电容性耦合。

3)尽量减小信号层和地线层/电源层之间的距离,以减小信号的对外的电磁辐射。

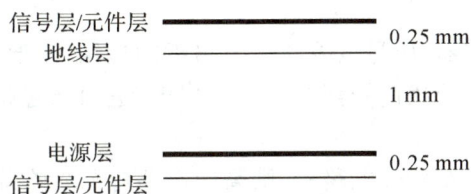

信号层/元件层 —————————— 0.25 mm
地线层 ——————————

1 mm

电源层 —————————— 0.25 mm
信号层/元件层 ——————————

图 5-61　四层板的层叠结构示范

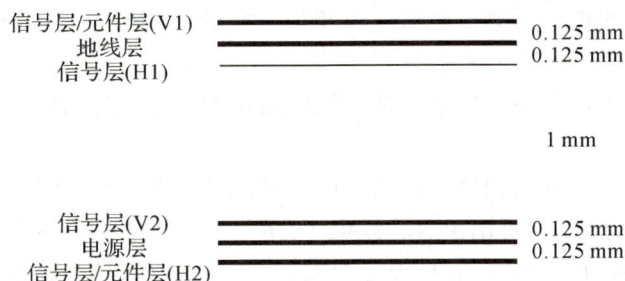

信号层/元件层(V1) —————————— 0.125 mm
地线层 —————————— 0.125 mm
信号层(H1) ——————————

1 mm

信号层(V2) —————————— 0.125 mm
电源层 —————————— 0.125 mm
信号层/元件层(H2) ——————————

图 5-62　六层板的层叠结构示范

(2)电路板布线。

1)如果电路板上有多个地线层,要把多个地线层用尽可能多的过孔连接起来。

2)在电路板的四周放上多个接地过孔,这样就形成了一个法拉第笼,起到屏蔽的作用。过孔和过孔的距离要小于 $\lambda/20$,λ 是电路板上最高频率的信号的波长。

3)在布线的时候,高速时钟线、高速信号线等尽量用带状线,带状线位于两个地线层或地线层、电源层之间,地线层和电源层起到了屏蔽的作用,因此可以减小带状线的电磁辐射。其他低速信号线可用微带线。同时设计微带线和带状线时,选择合适的宽度,以达到阻抗匹配,提高高速信号的完整性,降低过冲和下冲,减小电磁辐射。

4)电路根据不同的功能分区,分为电源电路、模拟电路、数字电路、交流电路,如图 5-63 所示。

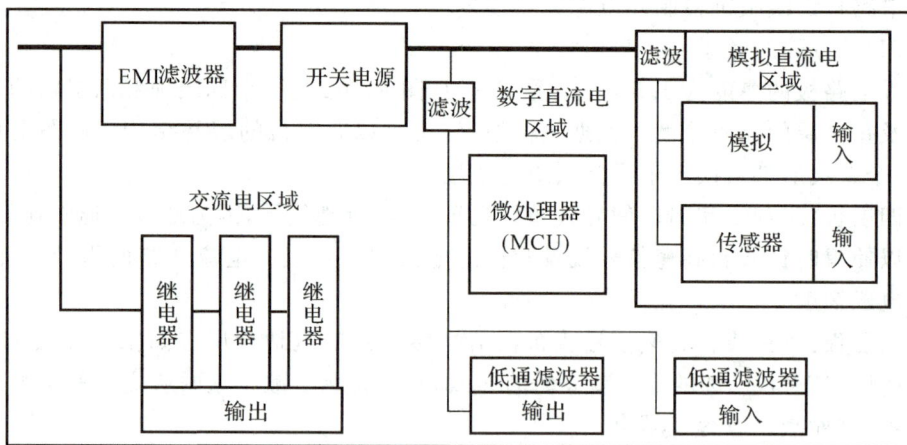

图 5-63　电路板的分区示意图

5)进出电路板的连接器,应尽量放置在电路板的边缘,不要放在电路板的中间,这样可以防止电路板上的高频干扰信号耦合到连接器上,进而通过接在连接器上的电缆辐射出去。

6)如有信号从高频电路离开电路板,则高频电路应放置在靠近这些信号相对应的连接器。尽量缩短高频走线的长度,以减小电流环路面积,减小电磁辐射。

7)避免把振荡器和时钟产生电路放在电路板的边缘,或者进出电路板的信号和相对应的连接器。时钟线也应远离这些信号线和相对应的连接器,以防止时钟信号耦合到信号线和连接器上。

8)避免把微处理器等高速数字元件靠近电路板的边缘和进出电路板的信号和相对应的连接器。

9)数字电路的电源供电和模拟电路的电源供电要分开,要采用星形结构,而且在进入数字电路和模拟电路之前,要用由磁珠或电感,电容构成的 LC 低通滤波器进行滤波。

10)电路板上的相关的高速元件要尽量靠近,以缩短高速信号线的长度,有以下效果:

a. 信号线的长度越短,其信号的完整性越好,过冲和下冲就小,因此电磁辐射强度就小。

b. 信号线的长度越短,则信号线和它的电流回路形成的电流环路的面积越小,因此电磁辐射强度越小。

c. 信号线的长度越短,则电磁辐射强度就越小。

11)高速数字的布线不要随便换层,尽量布在同一个信号层上,尤其是高速时钟信号。因为换层的时候,要用到过孔,过孔有寄生电感和寄生电容,所以信号线的阻抗会发生变化,因此会发生信号的反射,产生过冲和下冲,从而导致电磁辐射增加;如果要换参考层,比如参考层从地线层换为电源层,则应在换层过孔附近放上一个贴片陶瓷电容,这个电容的两端连接到地线层和电源层上。

12)差分高速信号的走线要严格按照差分布线的原则,并尽量远离其他的高速信号和电源线。

13) 要保证地线层的完整性,不要随便在地线层或电源层上开槽;如果地层或电源层上有槽,则在地线层紧邻的布线层上布线时,信号线不要跨过这个槽,信号线一定要在布在地层或电源层的上面。因为高速信号电流的回路是沿着电感最小的路径,而不是最短路径,所以如果信号线跨过这个开槽,信号线和它的回路电流形成的电流环路面积就较大,因此造成的电磁辐射就较大;而且信号线的阻抗也会在开槽的地方发生变化,因此信号会产生反射,产生过冲和下冲,电磁辐射会加大。图 5-64 所示的是一个信号线在地线层相邻的布线层上跨越了地线层上的开槽,从而造成较大的电磁辐射。图 5-65 所示的是一个正确的布线方式,信号线布在地线层的上方,因而电磁辐射较小。

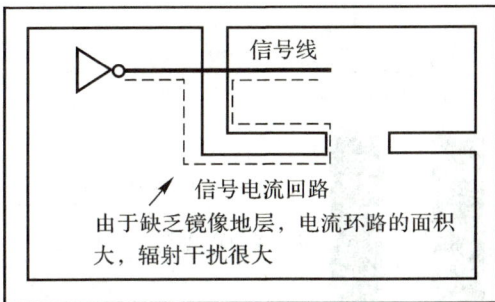

图 5-64　信号线跨越地线层上的开槽,
造成较大的电磁辐射

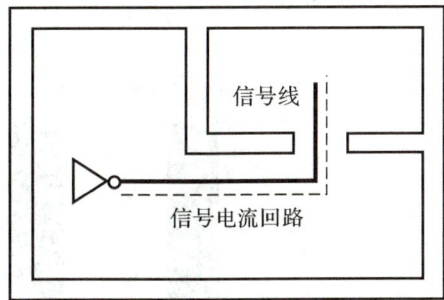

图 5-65　信号线布在地线层的上方,
减小了信号电流环路的面积

14) 在电路板布线时,在添加覆铜后,要检查每一个地线层和电源层,以确保地线层的完整性,避免出于某些原因(比如多个过孔太过靠近等)造成地线层上形成开槽,导致电磁辐射增强,如图 5-66 所示。

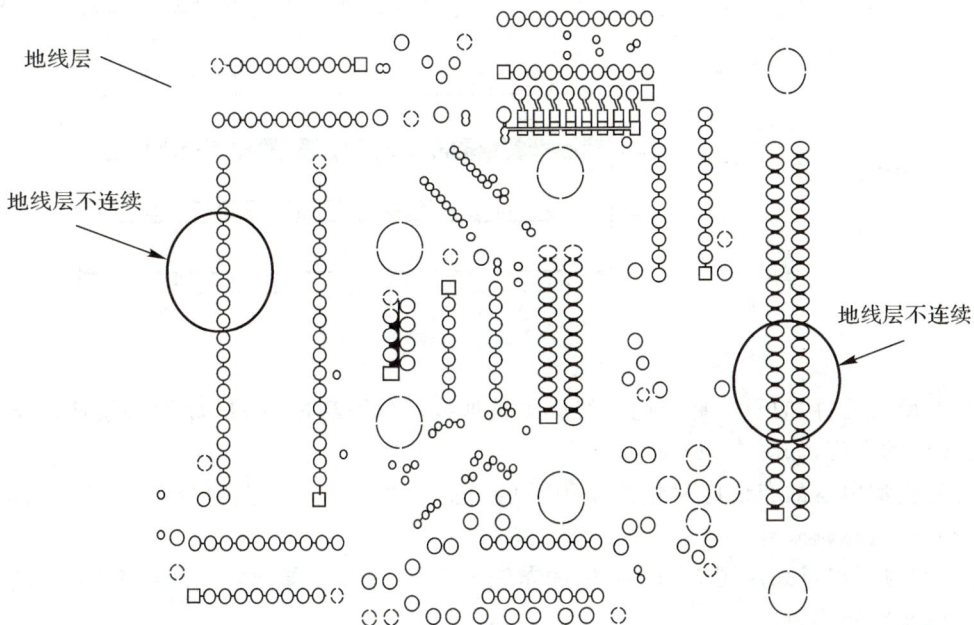

图 5-66　地线层不连续形成开槽

15)高速线布线拐弯时应避免直角走线,要用 45°角或用圆弧线。如果是直角走线,由于在拐弯处线的宽度变宽,所以特征阻抗变小,从而产生反射,高速信号线就会有过冲和下冲,导致电磁辐射增大。如果用 45°角或用圆弧线,则高速信号线的特征阻抗没有太大变化,就不会产生反射,进而避免了电磁辐射。尤其是射频信号的走线,拐弯时应走圆弧线。

16)线的间距要遵守 3W(两根线中心至中心的距离)规则,W 是线的宽度。关键信号线到差分信号的距离要大于线的宽度的 3 倍以上;关键信号线到非关键信号线的距离要大于 3 倍的线的宽度。这是为了减小两根线之间的耦合电容,从而减小信号之间的耦合,如图 5-67 所示。

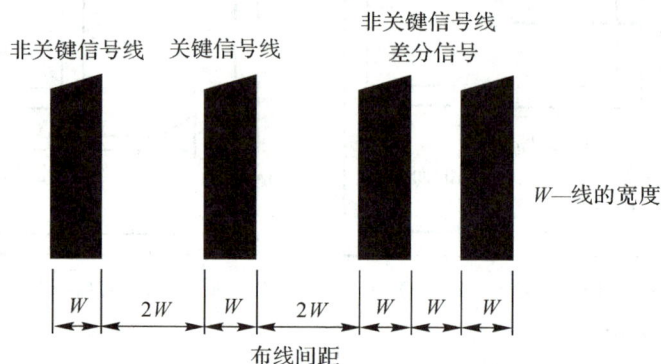

图 5-67　电路板的导线间距

17)如图 5-68 所示,如果电路板有地线层和电源层,则电源层必须被地线层包围超过 $20H$,H 是电源层到地线层的高度,这是为了防止电源层上的高频噪声辐射出电路板。

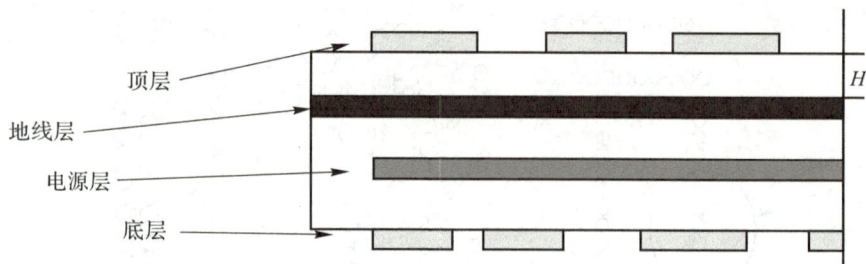

图 5-68　地线层包围电源层

18)所有元件和顶层/底层的布线必须被地线层包围超过 $20H$,H 是顶层或底层到邻近地线层的高度,如图 5-68 所示。

19)去耦电容的布线应尽量减小引线的电感。图 5-69 是几种布线和引线的电感。从左到右,电感越来越小。

布线时要尽量采用图 5-69 右边的布线方式,以减小去耦电容引线的电感,提高去耦效果,减小电磁辐射。

20)当电路板没有地线层和电源层时,电源线和地线布线时尽量避免形成电源环路和地线回路。电源线和地线要紧挨着,以减小电源电流环路的面积,减小电磁辐射。图 5-70 电源线的布线就形成了一个电源环路,各个芯片的电源电压不会完全一样,所以这个环路中就会有电流,从而造成较大的电磁辐射。图 5-71 电源线的布线就消除了电源环路,从而减小电磁辐射。

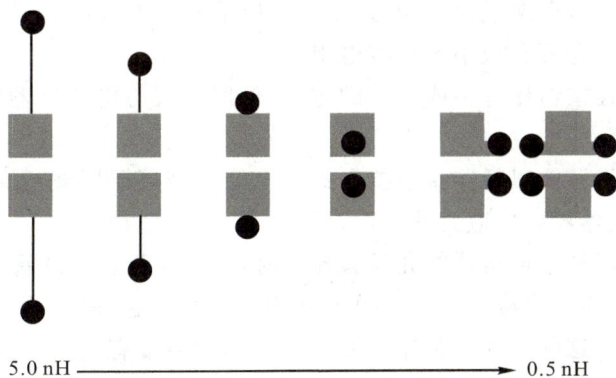

5.0 nH ────────────────────────────▶ 0.5 nH

图 5-69　去耦电容的布线

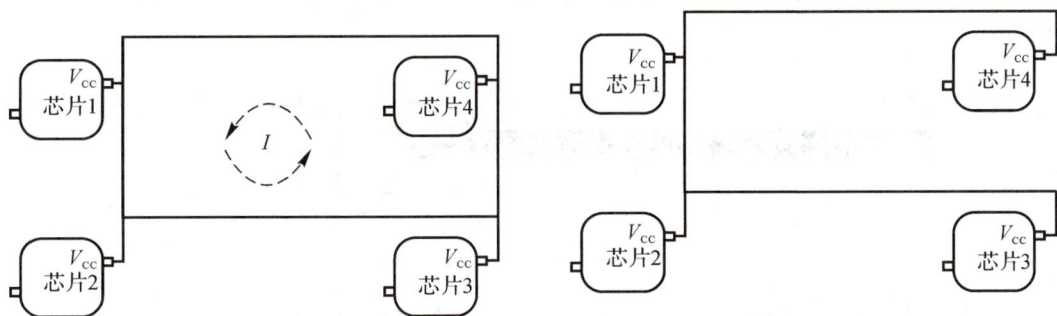

图 5-70　电源线的布线造成成电源环路

图 5-71　电源线的这种布线避免了电源环路

6. 辐射发射的控制——电缆的布局设计

电缆是电子产品中一个主要的电磁辐射发源地,很多 EMC 问题是电缆造成的。电缆的布局设计非常重要。电缆的长度通常较电路板的走线要长很多,而且信号和地线或电源和地线信号之间的间距较大,因此形成的电流回路面积大。在信号线/电源线离开电路板之前,一定要对电缆上的信号进行滤波,以抑制掉高频噪声和限制信号的带宽(不影响正常工作),从而减小电磁辐射。通常使用磁珠、磁珠加电容和共模扼流圈等进行滤波。电缆包括连接到机箱外的电缆和设备内部用于连接不同电路板之间的电缆。

(1)尽可能使用屏蔽电缆,尤其是连接到机箱外的电缆。

(2)尽可能使用双绞线电缆。

(3)尽可能使用相邻线的间距小的电缆,这样可以减小电流环路面积。

(4)尽可能缩短电缆的长度,这样可以减小电流环路的面积。

(5)把信号分类,弱信号电缆和电源电缆、高速信号电缆要分开,不要把电源、高速信号线绑在一起。

（6）电缆要尽可能靠近机壳。

（7）如果使用屏蔽电缆的话，电缆屏蔽层与电连接器的接法要正确。

屏蔽电缆的屏蔽层在整个长度上都应当保持完整，若存在接缝或断裂，都会影响屏蔽效果。电连接器与屏蔽电缆配套使用时，要注意以下两个方面：

1）电连接器与机壳要有很小的搭接电阻。

2）屏蔽层与电连接器用焊接或压接的方法，使屏蔽层与电连接器形成 360°封闭式搭接，以避免电磁泄露。

电连接器后壳设计能以低连接阻抗方式将电缆的屏蔽层围绕后壳同心的连接起来，另外，在后壳至连接器界面也应为低阻抗。

当电缆的屏蔽层和电连接器的壳没有连接时，电缆屏蔽效果最差。

"猪尾巴（Pig-Tail）"连接是指将电缆的屏蔽层拧在一起，呈线状，然后经由连接器的引脚连接到接地点。这种方式安装比较方便。但这种连接有两个缺点，一个是破坏了屏蔽层的封闭性，在屏蔽层至机壳这一段没有形成电磁屏蔽；另一个是"猪尾巴"的电感较大，屏蔽层的连接阻抗随着频率的增大而增大，降低了屏蔽效果。因此要尽量避免"猪尾巴"连接。图 5-72 中的几种接法不能保证屏蔽层和机壳有 360°的接触，所以屏蔽效果不是很好。

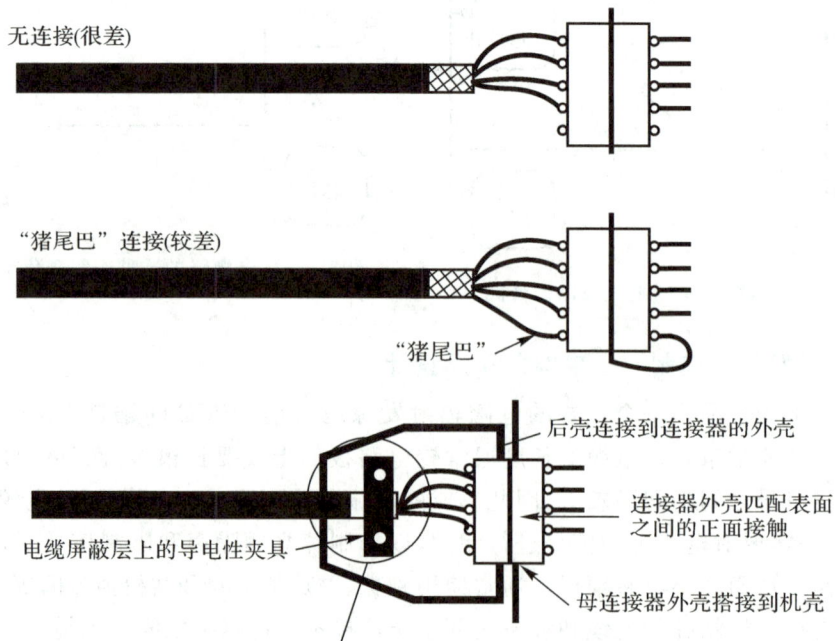

图 5-72　电缆屏蔽层的连接方法

图 5-73 是使用铠装来保证电缆屏蔽层与电连接器后壳良好的 360°接触。使用可变形开口的铠装，将其套在电缆屏蔽层上，然后将屏蔽层翻到铠装外，用细金属丝将屏蔽层与铠装缠好，再用焊锡沿圆周焊好，以保证电缆屏蔽层与电连接器后壳良好的 360°接触。

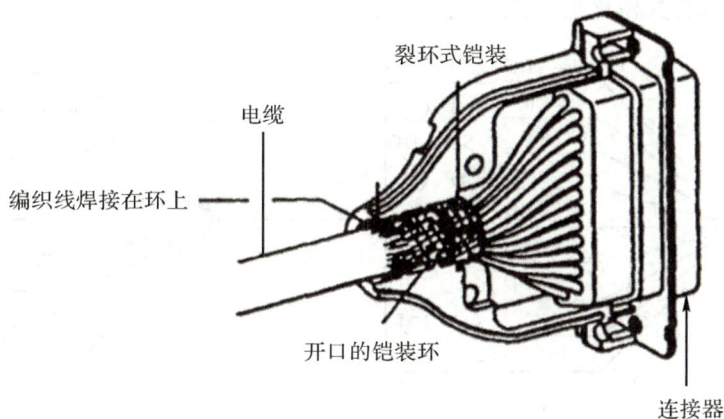

裂环式铠装

电缆

编织线焊接在环上

开口的铠装环

连接器

(8)屏蔽连接器和机箱的连接(见图 5-74)。

1)保证屏蔽电缆的屏蔽层和机箱之间的连接阻抗很小。

2)有必要的话,使用 EMC 垫片。

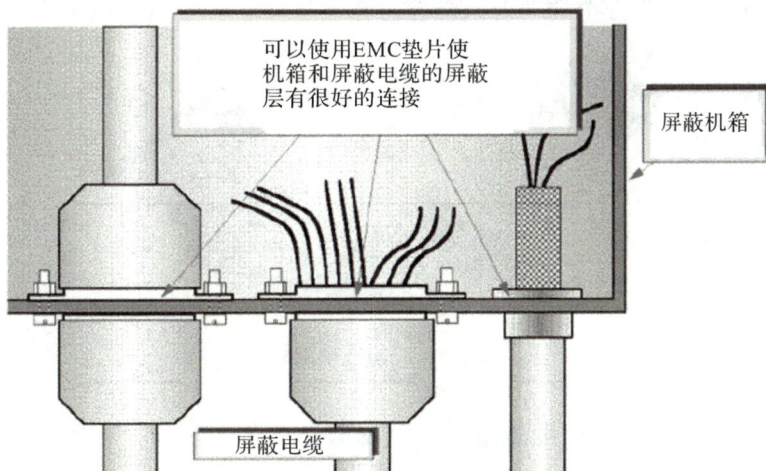

可以使用EMC垫片使机箱和屏蔽电缆的屏蔽层有很好的连接

屏蔽机箱

屏蔽电缆

图 5-74　屏蔽连接器与机箱的连接示意图

(9)要考虑电缆信号的传输线效应和阻抗匹配。

(10)合理地分配电缆上的信号、地线和电源,最好是每一个信号线紧挨一个地线,电源线紧挨地线,这样可以减小信号电流环路的面积和电源电流环路的面积,从而减小电磁辐射,如图 5-75 右面所示。

(11)条件允许时,使用光缆,因为光缆不会产生电磁辐射。

(12)条件允许时,使用一个电路板(总线板)代替电缆,连接机箱内的几个电路板。总线板上的地层对减小电磁辐射有很大的帮助。

(13)对于非屏蔽电缆或屏蔽电缆,如有必要,可把电缆绕在铁氧体磁芯上,这样可构成共模扼流圈,抑制共模电流造成的电磁辐射。

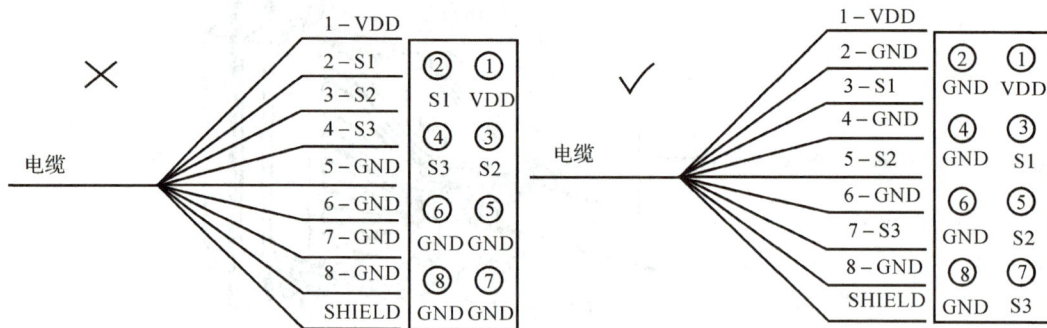

图 5 - 75　电缆上信号的分配示意图

1)各种铁氧体磁芯,有扁平的、圆柱形的,应根据具体情况选用不同的铁氧体磁芯。

2)可以考虑用柔性电路板(Flex Circuit)代替电缆来连接两个设备或两个电路板,柔性电路板的其中一层可以作为地线层,另外一层用来走信号线或电源线等,如图 5 - 76 所示。这样信号的电流环路面积就很小,而且可以在柔性电路板上放上磁珠等滤波元件,因此可以大大减小电磁辐射,但是柔性电路板的成本较高。

图 5 - 76　柔性电路板

7. 辐射发射的控制和抗电磁辐射——屏蔽

电磁屏蔽对抑制电磁辐射和抗电磁辐射干扰非常有效。电磁屏蔽是指以某种导电材料制成的屏蔽壳体将整个设备封闭起来,形成电磁隔离,使得设备内部产生的电磁场不能越出设备而干扰外部设备,而外部的电磁场也不能进入设备内部而影响设备内部电路的正常工作。

有时不需要把整个设备屏蔽起来,而只需要把某个区域屏蔽起来,以抑制这个区域内产生的电磁场辐射出这个区域,或者防止外部的电磁干扰进入这个区域内部而影响这个区域内部电路的正常工作。一般这个区域是设备中产生的电磁辐射最强的部分,比如开关电源等,或者是输入信号非常小的模拟输入电路部分,如手机中的射频模拟输入前端电路等。这种屏蔽属于局部屏蔽。

屏蔽壳体可以是导电金属,比如铜、钢、铝等,也可以是在非导电壳体(比如塑料)上镀一层金属膜,以减小设备重量和成本。

(1)电磁屏蔽的原理。电磁屏蔽的原理是屏蔽体对电磁场能量的反射和吸收。屏蔽体的屏蔽效果可以用屏蔽体对电磁场强度的衰减强度,即屏蔽效果(SE,Shield Effect)来衡量。它的定义是在同一点无屏蔽时的电磁场强度和加了屏蔽以后的电磁场强度的比值,通常用 dB 来表示。

$$SE = 20\lg\left(\frac{E_0}{E_S}\right)(dB) \text{ 或 } SE = 20\lg\left(\frac{H_0}{H_S}\right)(dB)$$

式中:E_0 为无屏蔽时在某一点的电场强度;E_S 为有屏蔽时在某一点的电场强度;H_0 为无屏蔽时在某一点的磁场强度;H_S 为有屏蔽时在某一点的磁场强度。

屏蔽效果由三部分构成:

1)反射损耗。这是由于电磁波在空间的阻抗和在屏蔽壳里的阻抗不一样。在空气中的阻抗是 377 Ω,但电磁波在屏蔽壳里的阻抗非常小,所以会在屏蔽壳的表面产生反射,把部分电磁波反射回去。假设电磁波的强度是 E_0,反射回去的电磁场强度是 E_1,那反射损耗 $R = E_0 - E_1$(见图 5-77)。

2)吸收损耗。由于屏蔽壳有一定的厚度,会把进入其中的一部分电磁波吸收掉。假设刚进入屏蔽壳的电磁波的场强为 E_2,从屏蔽壳出去的电磁波场强度为 E_3,则屏蔽壳的吸收损耗 $A = E_2 - E_3$(见图 5-78)。

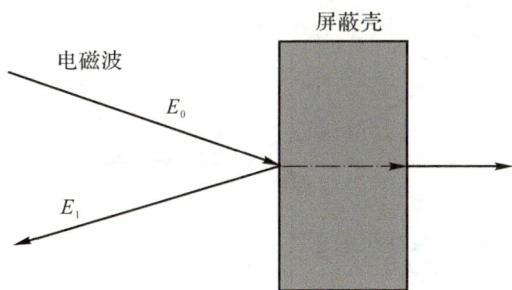

图 5-77　电磁波的反射

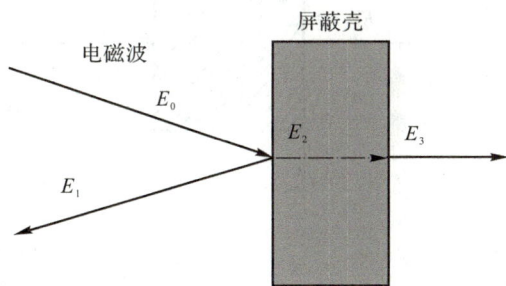

图 5-78　电磁波的吸收

3)多次反射损耗 B。由于屏蔽壳的阻抗和空气的阻抗不一样,电磁波会在屏蔽壳内产生多次反射,这也会对进入屏蔽壳的电磁波产生一些衰减(见图 5-79)。

屏蔽效果 $SE = R + A + B$。

(2)反射损耗。反射损耗的计算公式如下:

1)对于近端电场,有

$$R_E = 322 + 10\lg\left(\frac{\sigma_r}{\mu_r f^3 r^2}\right)$$

2)对于近端磁场,有

$$R_E = 14.6 + 10\lg\left(\frac{f r^2 \sigma_r}{\mu_r}\right)$$

3)对于远端电磁场,有

$$R_E = 168 + 10\lg\left(\frac{\sigma_r}{\mu_r f}\right)$$

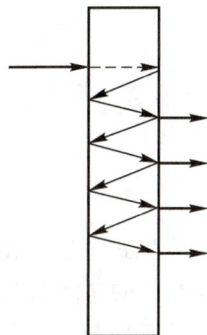

图 5-79　电磁波的多次反射

σ_r：相对导电率。$\sigma = \sigma_r \sigma_0$。$\sigma_0$ 是空气的导电率，为 5.82×10^7 F/m。σ 是屏蔽材料的导电率。

μ_r：相对导磁率。$\mu = u_r u_0$。μ_0 是空气的导磁率，为 $4\pi \times 10^{-7}$ H/m。μ 是屏蔽材料的导磁率。

r：电场或磁场辐射源和屏蔽壳之间的距离。

对于反射损耗，屏蔽壳的厚度对反射损耗没有影响，而且反射损耗随频率的升高而降低。

（3）吸收损耗。吸收损耗是当一个电磁波通过屏蔽壳时电磁场的能量的损耗。当电磁场穿过一个厚度为 t 的屏蔽壳时，电磁场强度是呈指数下降的，如图 5-80 所示。其计算公式为：

$$E_1 = E_0 \mathrm{e}^{\frac{-t}{\delta}}$$

式中：E_0 为进入屏蔽壳的电磁场强度；E_1 为穿出屏蔽壳的电磁场强度；δ 是屏蔽壳趋附效应的深度。趋附效应是当电流在金属中流动时，当电流频率越高的时候，电流越趋向于在金属的表面流动。

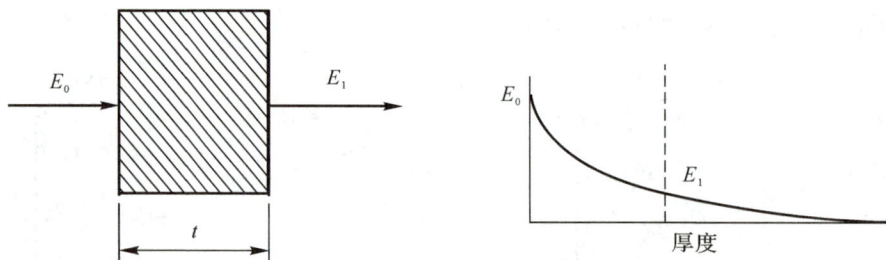

图 5-80　电磁波的吸收损耗与厚度的关系

吸收损耗的计算如下：

$$A_E(\mathrm{dB}) = 8.6 \frac{t}{\delta}$$

δ 的计算公式如下：

$$\delta = \sqrt{\frac{1}{\pi f \mu \sigma}} = \frac{2.6}{\sqrt{f \mu_r \sigma_r}}$$

式中：f 为信号的频率；μ 为屏蔽壳材料的导磁率；σ 为屏蔽壳材料的导电率。

因此

$$A_E(\mathrm{dB}) = 8.6 \frac{t}{\delta} = 8.6 (t \sqrt{\pi f \mu \sigma})$$

从上面公式可以看出：

1）屏蔽壳的厚度越厚，吸收损耗越大。厚度增加一倍，吸收损耗增大 8.6 dB（2.7 倍）。

2）信号频率越高，吸收损耗越大。

3）屏蔽壳材料的导电性越好，吸收损耗越大。

4）屏蔽壳材料的导磁性越好，吸收损耗越大。

表 5-10 列出了一些常用的金属材料的相对导电率和相对导磁率。

表 5-10 不同金属材料的相对导电率和相对导磁率

材　料	相对导电率 σ_r	相对导磁率 μ_r
银	1.05	1
铜	1	1
金	0.7	1
铝	0.61	1
黄铜	0.26	1
青铜	0.18	1
钢	0.1	1 000
不锈钢	0.02	500
镍	0.03	20 000

（4）多次反射损耗。多次反射产生的损耗的计算公式为

$$B(\text{dB}) = 20\lg\left(1 - e^{\frac{-2t}{\delta}}\right)$$

式中：t 为屏蔽壳厚度；δ 为趋附效应的深度。

（5）屏蔽效果–远端电磁场。对于远端电磁场，总的屏蔽效果是反射损耗和吸收损耗之和。可以忽略多次反射损耗。这是因为反射损耗非常大，所以可以不考虑多次反射损耗。

从公式可以看出，反射损耗随频率的升高而降低，而吸收损耗随频率的升高而升高。当频率较低时，反射损耗占主导地位；当频率较高时，吸收损耗占主导地位。图 5-81 所示屏蔽材料为铜，其厚度为 0.05 cm，对于远端电磁场，其总的屏蔽效果和频率的关系。

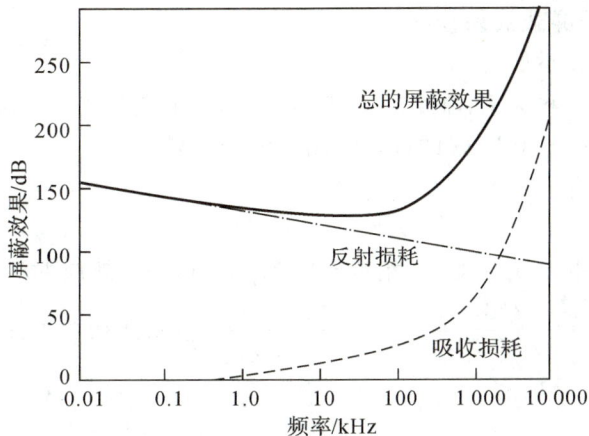

图 5-81 铜的屏蔽效果与频率的关系（远端电磁场）

（6）屏蔽效果–近端电场。总的屏蔽效果是反射损耗和吸收损耗之和，多次反射损耗可以忽略不计。这是因为反射损耗非常大，大部分电场已反射回去，所以可以忽略多次反

射损耗。

从公式可以看出,反射损耗随频率的升高而降低,而吸收损耗随频率的升高而升高。当频率较低时,反射损耗占主导地位;当频率较高时,吸收损耗占主导地位。

(7)屏蔽效果–近端磁场。总的屏蔽效果是反射损耗,吸收损耗和多次反射损耗之和。如果屏蔽壳的厚度较厚,吸收损耗大于 10 dB,则多次反射损耗可以忽略不计,否则要包含多次反射损耗。

从公式可以看出,反射损耗随频率的升高而升高,而吸收损耗也随频率的升高而升高。当频率较低时,反射损耗占主导地位;当频率较高时,吸收损耗占主导地位。

图 5–82 就是屏蔽材料为铝,其厚度为 0.05 cm,对于近端电场和磁场,其总的屏蔽效果和频率的关系。

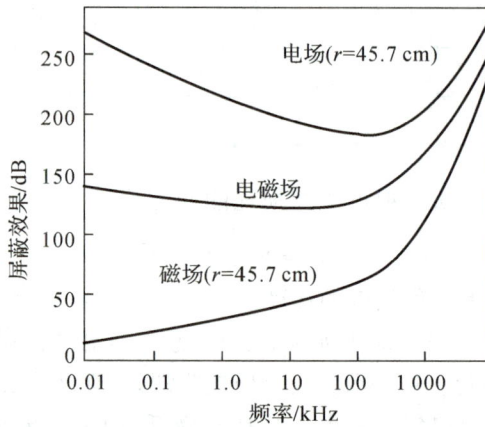

图 5–82 铝的屏蔽效果与频率的关系(近端电场和磁场)

从图 5–82 可以看出,对于频率较低的磁场,屏蔽效果很差。选择导磁率较高的屏蔽材料,如镍,对磁场的屏蔽效果较好。

(8)屏蔽效果计算举例。

例 1 假设屏蔽材料为铝,厚度为 0.081 28 cm,屏蔽壳距离电场源的距离为 30.5 cm,计算此屏蔽壳对频率为 10 kHz 的近端电场的屏蔽效果。

对于近端电场,有

$$SE = R + A$$

对于铝,相对导电率 $\sigma_r = 0.61$,相对导磁率 $\mu_r = 1$,趋附效应的深度为

$$\delta = \frac{2.6}{\sqrt{f\mu_r\sigma_r}} = \frac{2.6}{\sqrt{10\times10^3\times1\times0.61}} \text{ cm} = 0.084 \text{ cm}$$

吸收损耗为

$$A_E(\text{dB}) = 8.6\times\frac{t}{\delta} = 8.6\times\left(\frac{0.081\ 28}{0.084}\right) \text{ dB} = 8.4 \text{ dB}$$

反射损耗为

$$R_E = 322 + 10\lg\left(\frac{\sigma_r}{u_r f^3 r^2}\right) = \left[322 + 10\lg\left(\frac{0.61}{1\times(10\times10^3)^3\times0.305^2}\right)\right] \text{ dB} = 210 \text{ dB}$$

总的屏蔽效果为
$$SE=R+A=(210+8.4)\text{dB}=218.4 \text{ dB}$$

例 2 假设屏蔽材料为铜,厚度为 0.038 1 cm,屏蔽壳距离磁场源的距离为 2.5 cm,计算此屏蔽壳对频率为 10 kHz 的近端磁场的屏蔽效果。

对于近端磁场,有
$$SE=R+A+B$$

对于铜,相对导电率 $\sigma_r=1$,相对导磁率 $\mu_r=1$,趋附效应的深度为
$$\delta=\frac{2.6}{\sqrt{f\mu_r\sigma_r}}=\frac{2.6}{\sqrt{10\times10^3\times1\times1}} \text{ cm}=0.066 \text{ cm}$$

吸收损耗为
$$A_E(\text{dB})=8.6\frac{t}{\delta}=8.6\times\frac{0.038\ 1}{0.066} \text{ dB}=5 \text{ dB}$$

反射损耗为
$$R_E=14.6+10\lg\left(\frac{fr^2\sigma_r}{u_r}\right)=\left[14.6+10\lg\left(\frac{10\times0.025^2\times1}{1}\right)\right] \text{ dB}=22.56 \text{ dB}$$

多次反射损耗为
$$B(\text{dB})=20\lg(1-e^{\frac{-2t}{\delta}})=20\lg\left(1-e\times\frac{-2\times0.025}{0.066}\right) \text{ dB}=-3.29 \text{ dB}$$

总的屏蔽效果为
$$SE=R+A+B=(22.56+5-3.29) \text{ dB}=24.3 \text{ dB}$$

例 3 假设屏蔽材料为铜,厚度为 0.081 28 cm,屏蔽壳距离磁场源的距离为 3 m,计算此屏蔽壳对频率为 10 kHz 的远端电磁场的屏蔽效果。

对于远端电磁场,有
$$SE=R+A$$

对于铜,相对导电率 $\sigma_r=1$,相对导磁率 $\mu_r=1$,趋附效应的深度为
$$\delta=\frac{2.6}{\sqrt{f\mu_r\sigma_r}}=\frac{2.6}{\sqrt{10\times10^3\times1\times1}} \text{ cm}=0.066 \text{ cm}$$

吸收损耗为
$$A_E(\text{dB})=8.6\times\frac{t}{\delta}=8.6\times\frac{0.081\ 28}{0.084} \text{ dB}=8.4 \text{ dB}$$

反射损耗为
$$R_E=168+10\lg\left(\frac{\sigma_r}{u_rf}\right)=\left[168+10\lg\left(\frac{1}{1\times10\times10^3}\right)\right] \text{ dB}=128 \text{ dB}$$

总的屏蔽效果为
$$SE=R+A=(128+8.4)\text{dB}=136.4 \text{ dB}$$

(9)屏蔽壳上的开槽对屏蔽效果的影响。

如果屏蔽壳上有孔,假设孔的尺寸为 L,则屏蔽效果为
$$SE=20\lg\left(\frac{\lambda}{2L}\right) \text{ dB}$$

式中:λ 是信号的波长,

$$\lambda = \frac{3 \times 10^8}{f} \text{ m}$$

式中:f 是信号的频率。

如果孔的尺寸等于信号波长的一半,则屏蔽效果为 0 dB,即没有屏蔽效果。孔的尺寸减小一半,则屏蔽效果增大 6 dB。

一般来说,屏蔽壳上如果要开孔,则孔的尺寸要小于最高频率信号波长的 1/20,这可以提供超过 20 dB 的屏蔽效果。

如果屏蔽壳上有多个孔,假如孔的数目为 n,孔的尺寸都一样,则屏蔽效果会降低,降低的幅度为

$$\Delta SE = -20 \lg \sqrt{n}$$

如果有两个孔,则屏蔽效果减小 3 dB。如果有四个孔,则屏蔽效果减小 6 dB。

有孔的情况下的屏蔽效果举例:假设一个屏蔽壳上有 10 个同样尺寸的孔,要求对 100 MHz 的电磁波有 20 dB 的屏蔽效果。计算孔的最大尺寸。

10 个孔造成的屏蔽效果减小 $\Delta SE = -20 \lg \sqrt{10}$ dB $= -10$ dB。

所需的屏蔽效果 SE $= 20$ dB $+ 10$ dB $= 30$ dB。

$$\lambda = \frac{3 \times 10^8}{100 \times 10^6} = 3 \text{ m}$$

$$SE = 20 \lg \left(\frac{\lambda}{2L} \right) \text{ dB} = 30 \text{ dB}$$

$$\frac{\lambda}{2L} = 10^{\frac{30}{20}} = 31.6$$

所以

$$L = \frac{\lambda}{2 \times 31.6} = \frac{3}{63.2} \text{ m} = 0.047 \text{ m} = 4.7 \text{ cm}$$

孔的最大尺寸为 4.7 cm。

(10)设备的屏蔽。屏蔽阻断了电磁波的传输,把电磁波吸收或发射回来,从而大大降低电子设备产生的辐射干扰,也可以降低外界的辐射干扰对电子设备的影响。屏蔽在电磁兼容的测试中非常重要。有些设备,如军用电子设备,对辐射干扰要求非常严格,所以只有用金属屏蔽才能通过辐射发射测试。

常见的屏蔽体大都为金属结构,如机箱机柜。除去金属外壳,还有显示窗、通风口、线缆接口、按键面板等。全封闭的金属机箱是不存在辐射超标问题的,引起辐射问题的经常是显示窗、通风口、线缆、机箱缝隙等部位。

1)一般来说,0.5 cm 厚的金属,对频率 1 MHz 以上的电磁波有较好的衰减效果,对于频率 100 MHz 以上的电磁波有非常好的衰减效果。但对于频率 1 MHz 以下的电磁波,效果不好。

2)机箱的形状最好是长方形,长宽比为 3∶2。避免正方形,因为容易引起电磁共振。

3)当电磁干扰频率较高时,利用高导电率的金属材料(如铜等)中产生的涡流,形成对

外来电磁波的抵消作用,达到屏蔽的效果。

4)当电磁干扰频率较低时,要采用高导磁率的金属材料(如镍等),从而使磁力线限制在屏蔽体内部,防止扩散到屏蔽的空间去。

5)铜和铝有很高的导电率,但导磁率低(大约为 1)。钢铁在低频有较高的导磁率(大约 300)。但当频率大于 100 kHz 时。导磁率降到 1 左右。

6)增加金属材料的厚度可以提高对电磁波的衰减,提高屏蔽效果。

7)1 mm 厚的钢铁可以对低频和高频电磁信号提供较高的衰减。

a. 不同金属,不同厚度的情况下屏蔽效果不同。

b. 对频率为 1 kHz 的屏蔽效果,镍最好,钢铁次之,接下来是铜,铝最差。

c. 对频率为 10 kHz 的屏蔽效果,钢铁最好,镍次之,接下拉是铜,铝最差。

d. 对频率为 100 kHz 的屏蔽效果,钢铁最好,铜次之,接下拉是镍,铝最差。

8)在屏蔽机箱上开孔会影响屏蔽效果。要尽量减少在机箱上开孔(见图 5-83)。

$$屏蔽效果(dB)=20\lg\left(\frac{\lambda}{2d}\right)$$

式中:λ 是电磁信号;d 是开口的大小。

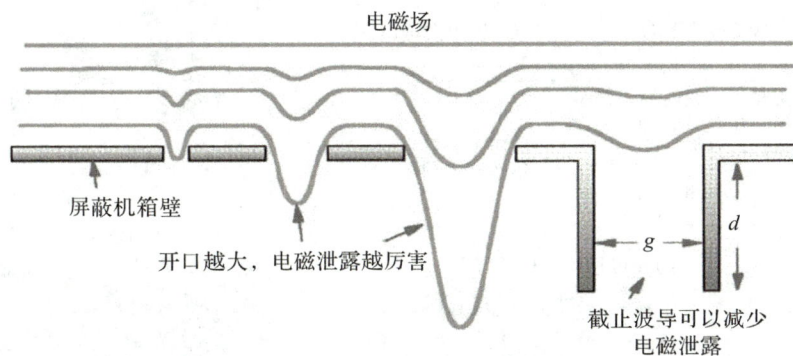

图 5-83　屏蔽机箱开槽对屏蔽效果的影响

从以上公式可以看出:

a. 对某一大小的开孔,信号频率越低,屏蔽效果越好。

b. 对某一频率的电磁信号,开孔越小,屏蔽效果越好;开孔越大,屏蔽效果越差。开孔的尺寸要小于 $\lambda/20$。

c. 电缆,噪声较大的电路或布线等不要靠近开孔。

d. 波导形状的开孔可以帮助减少电磁泄露。

e. 尽量避免在屏蔽机箱上开孔。如果要开孔,孔的尺寸要尽可能小。孔最好是圆形。

f. 如果需要开一个大的孔,可用多个小的孔代替一个大的孔。比如通风需要的一个大的孔,可以用多个小孔来代替,也可以考虑波导形开孔。

9)如图 5-84 所示,用 EMC 垫片来提高机箱上下两部分的电连接的完整性,以保证 EMC 屏蔽效果。

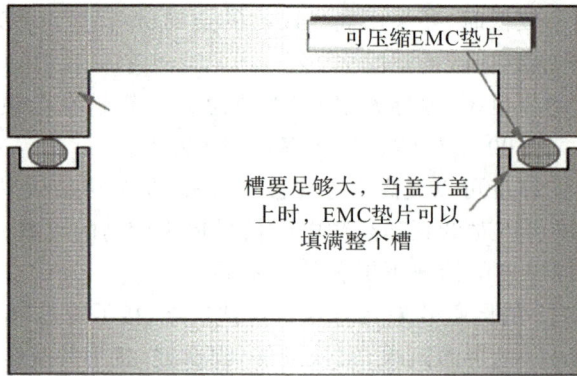

图 5-84 用 EMC 垫片提高机箱上下两部分的电连接

10)用导电 EMC 垫片、金属网等来堵塞连接处,缝隙、门和可移动面板的电磁泄漏,保持屏蔽的完整性(见图 5-85)。

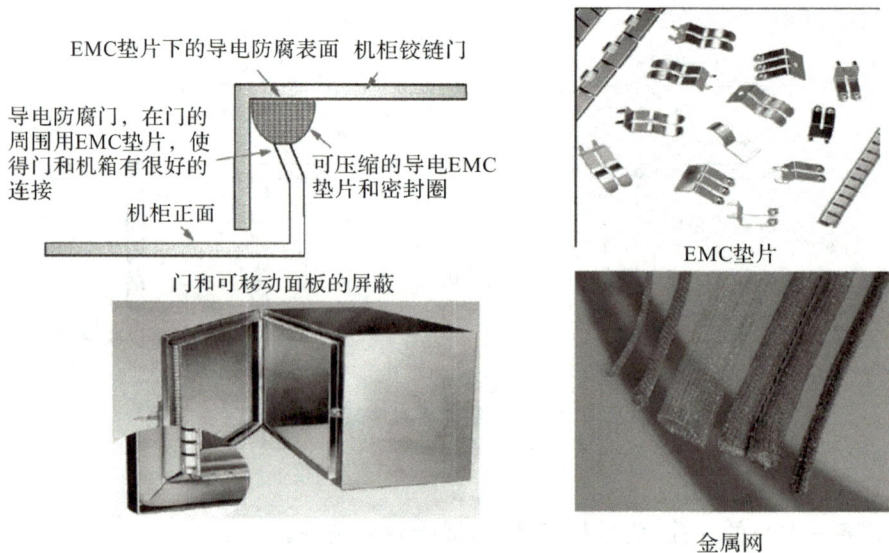

图 5-85 用 EMC 垫片、金属网等提高屏蔽的完整性

11)显示器,触摸屏等的屏蔽(见图 5-86)。对于军工类、医疗类的产品,显示窗口的电磁屏蔽十分必要。视窗类屏蔽主要用到的材料有电镀膜屏蔽玻璃和夹丝网屏蔽玻璃等。需要注意的是,这两种材料对低频 2 MHz 左右的屏蔽效果都比较差。

a. 对不需要额外屏蔽的显示器,触摸屏等的屏蔽示意图。

把整个设备用金属机箱屏蔽起来,除了不需要屏蔽的显示屏、触摸屏等。

对设备内进出显示屏、触摸屏的信号进行过滤波,以滤掉高频干扰和限制信号的带宽,减小辐射。

b. 对需要额外屏蔽的显示器、触摸屏等,需要用透明屏蔽窗。

c. 玻璃夹金属网构成的屏蔽窗在玻璃上镀上很薄的金属膜构成。金属膜网或导电镀膜一定要与屏蔽机箱紧密接触。必要时使用 EMC 垫片来保证良好的电连接。

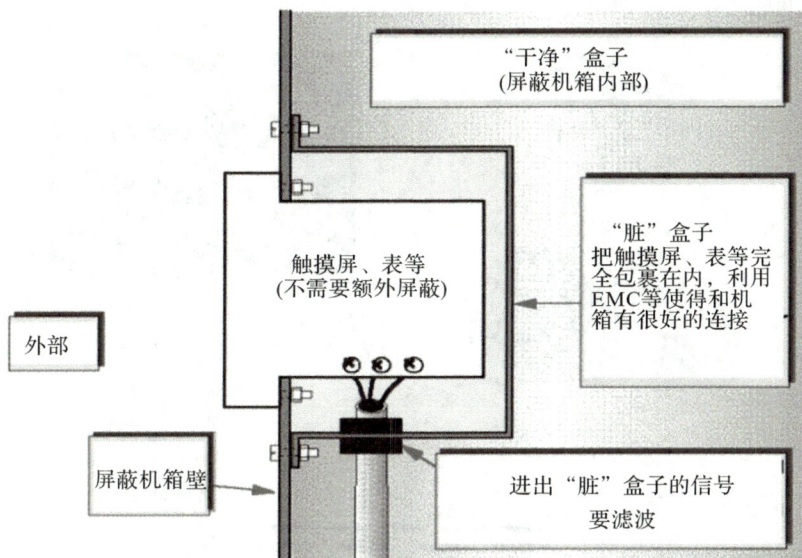

图 5-86 不需要额外屏蔽的显示器等的屏蔽示意图

12)通风口的屏蔽(见图 5-88)。

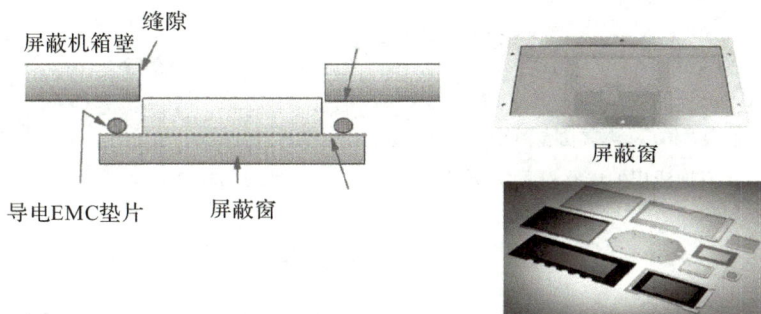

图 5-87 显示器、触摸屏的屏蔽示意图

a. 由于通风的需要,需要在屏蔽机箱上开孔。孔的尺寸越大,通风效果越好,但屏蔽效果越差;孔的尺寸越小,通风效果越差,但屏蔽效果越好。避免开一个大孔,可用多个小孔。

金属的厚度越厚,屏蔽效果越好;频率越高,屏蔽效果越差。

b. 可用金属网对风扇出口进行屏蔽。但值得注意的是,金属网对 10 MHz 以下的低频几乎没有屏蔽效果,如图 5-88 所示。

13)局部屏蔽。有时也可以采取局部屏蔽的方法来减小电磁辐射或减小外界的电磁辐射对微弱信号电路的影响。和对整个机箱进行金属屏蔽相比,这种方法虽然屏蔽的效果不如整个机箱屏蔽的效果,但成本低。如很多手机中的射频电路中就采取这种方法。如图 5-89 所示,用一个焊接到电路板上的屏蔽盒来进行屏蔽。屏蔽盒上有一些开孔,目的是为了散热,但孔的尺寸要尽可能小。另外进出屏蔽盒的电源和信号等要在进入屏蔽盒的地方进行滤波。屏蔽盒要焊接到电路板上的地上,而且屏蔽盒和电路板上的地之间的缝隙要尽可能小。

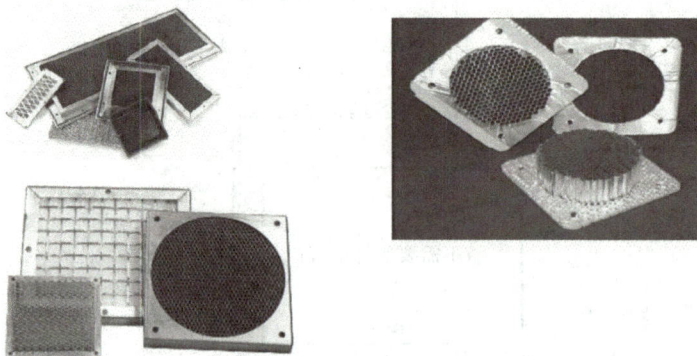

图 5-88 通风口的屏蔽

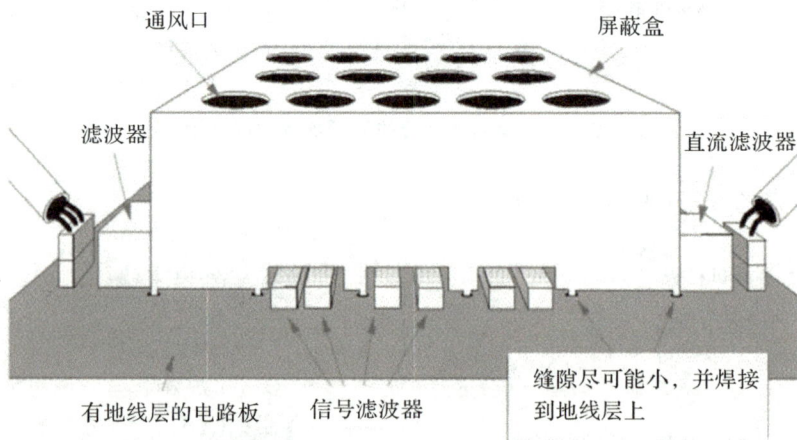

图 5-89 局部屏蔽示意图

14)连接器和机箱之间的电连接要良好,不能有缝隙。图 5-90 所示的 USB 连接器和机箱之间的电连接就不好,有很大的缝隙存在,这样就会有较大的电磁辐射泄漏出来。

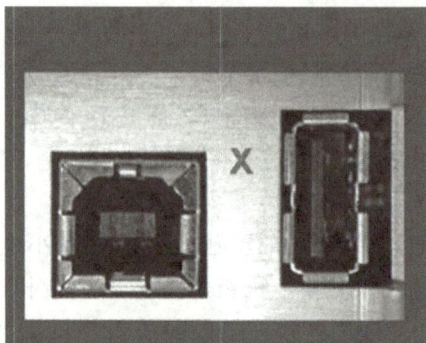

图 5-90 USB 连接器和机箱的电连接不好

15)几种接地线的举例(见图 5-91)。接地线的电阻和电感一定要小。电阻和电感越小,接地效果越好。

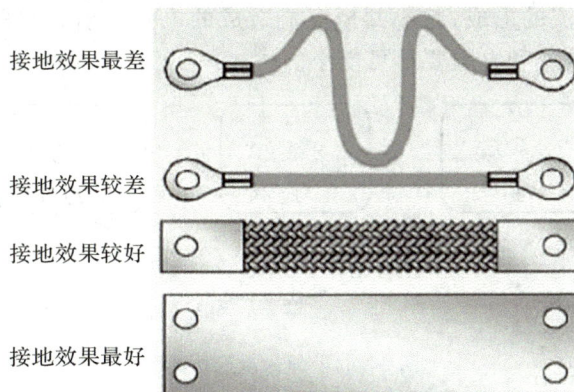

接地效果最差

接地效果较差

接地效果较好

接地效果最好

图 5-91　接地线的比较

8. 用吸波材料(EMI Absorber)来抑制电磁辐射

吸波材料可以吸收电磁波,从而减小电磁辐射。吸波材料是不导电的,因此可以贴在芯片的表面、传输线上、电缆上、散热片上、屏蔽机箱的缝隙处等处(见图 5-92、图 5-93)。

吸波材料

图 5-92　吸波材料贴在芯片的表面降低电磁辐射

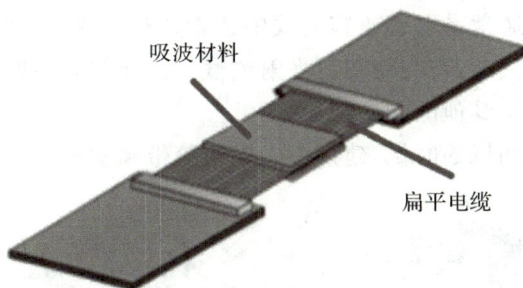

吸波材料

扁平电缆

图 5-93　吸波材料贴在电缆上降低电磁辐射

9. 系统集成时电磁辐射的控制

在系统集成时,即使其中的每个分系统都通过了电磁辐射发射测试,也不能说整个系

统就会通过。在系统集成时,要注意以下几个方面:

(1)各个分系统的地要采用星形接法,这样可以减小分系统之间的地的电位差,从而减小甚至避免共模电流的形成,减小共模电流造成的电磁辐射(见图 5 - 94)。接地线要用很粗的导体,它的电感和电阻要尽可能小。

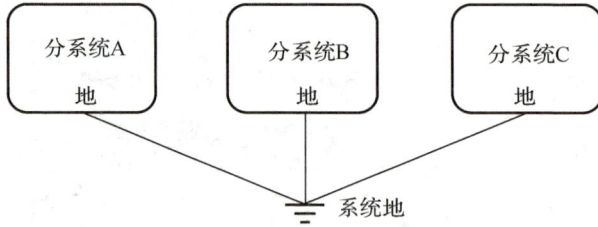

图 5 - 94　地的星形接法

(2)各个分系统的电源也要采用星形接法,这样可以减小电源电流环路的面积,从而减小电磁辐射(见图 5 - 95)。

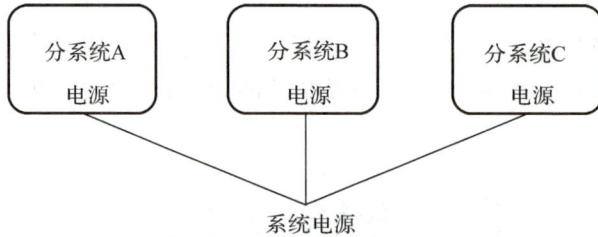

图 5 - 95　电源的星形接法

(3)连接各个分系统的电缆是很大的辐射源,这些电缆上的共模电流会产生很大的辐射,这些电缆的长度要尽量短,而且在这些电缆上套上磁环来减小共模电流,从而减小电磁辐射。另外可以考虑用柔性电路板来代替电缆,以此来降低电磁辐射。

10. 辐射发射超标问题的解决

辐射发射干扰测试通常是电磁兼容测试中最难通过的测试,所以当正式的电磁兼容认证机构做电磁兼容测试时,首先做辐射发射测试。这样如果辐射发射测试失败的话,就不用再浪费时间和金钱做其他的测试项目。

去做电磁辐射发射测试的时候,建议带上铜箔胶带和铁氧体磁环(见图 5 - 96)。

图 5 - 96　铜箔胶带和铁氧体磁环

在做电磁辐射测试时,如果测试结果超标,则可以一步一步通过以下的方法来缩小范围,最后找出根源。

(1)测试结果会告诉是哪些频率上电磁辐射超标。

(2)众所周知,电缆就是一个天线。当电缆的长度接近于 1/2 波长时,会是一个很好的天线,电磁辐射最大。外接电缆一般长度较长,是一个很大的辐射源,很多辐射发射问题超标都是由外接电缆引起的。首先拿掉 EUT 上的所有的外接电缆(除正常工作所需的电源电缆除外),然后一次插入一根电缆,看插进那些电缆时测试结果超标。然后在这些造成辐射问题的电缆上套上适当的磁环,再看测试结果是否超标。如果可以通过辐射测试,则可以作为一个临时的解决办法。如果拿掉这些电缆后,测试结果没有改善,则辐射超标问题就不是由这些电缆造成的。可能是由电源电缆或 EUT 本身的辐射造成的。很多时候电缆造成的辐射超标问题是由于电缆的电连接器和机箱之间的接地不够良好造成的。

(3)可在电源电缆上套上磁环,如果测试结果仍然没有改善,则电源电缆的共模噪声不是造成辐射超标的原因。如果有很大改善,则电源电缆的共模噪声是造成辐射超标的原因之一。如果套上磁环后通过了电磁辐射测试,则可以作为一个临时的解决办法。

(4)接下来检查机箱上是否有开槽和缝隙。如果开槽和缝隙的尺寸接近波长的 1/2,则是一个很好的天线。用铜箔胶带把开槽和缝隙处盖住,同时把电缆的电连接器和机箱之间的缝隙也盖住,然后再做电磁辐射测量。测量时,一块一块地把铜箔胶带移走,同时密切留意电磁辐射幅度的变化,这样就可以找出是哪一个开槽或缝隙造成电磁辐射超标,同时把结果要记录下来。

(5)以上这些可以在电磁兼容测试机构做电磁辐射测试时进行。

有时在电磁兼容测试机构没有足够的时间来解决辐射发射超标问题,可以在公司的实验室里继续进行。通常需要以下的测试设备:

(1)频谱分析仪(见图 5-97)。

(2)近场电场探头,用来测量近场电场强度(见图 5-98)。

(3)近场磁场探头,用来测量近场磁场强度(见图 5-98)。

(4)电流探头,用来测量电缆上的共模电流(见图 5-99)。

(5)天线,用来测量远场电磁场强度,有时需要和一个低噪声放大器一起使用。

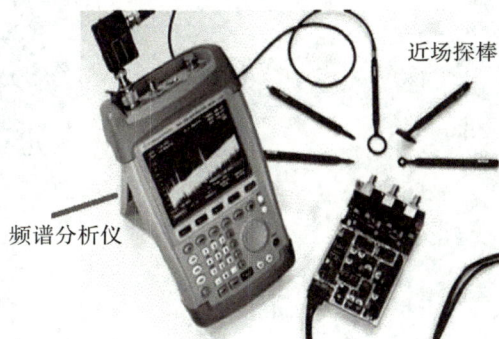

图 5-97　便携式频谱分析仪

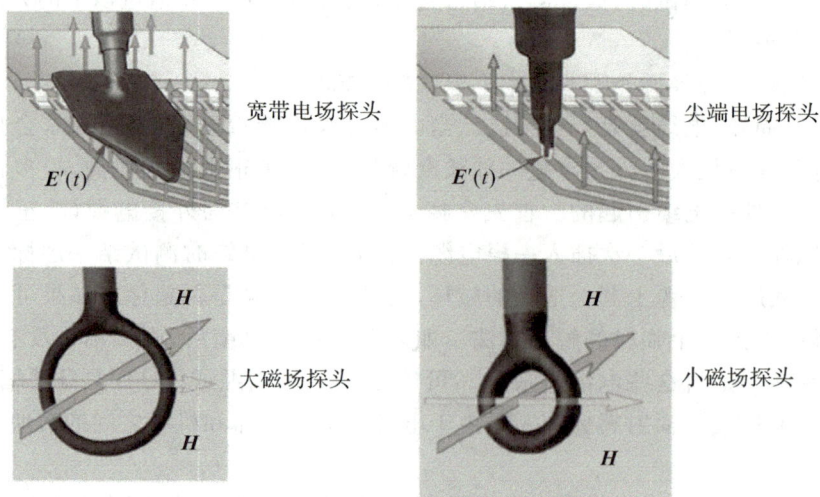

图 5 - 98　近场电场和磁场探头

图 5 - 99　电流探头

（6）宽带探头用来定位电磁辐射发射的一个区域。尖端探头用于隔离一个特定的迹线或针尖的噪声源，进而发现传输线损坏或阻抗不匹配造成的电磁辐射发射问题。

（7）磁场探头可用于验证机箱的完整性。用探头沿着机箱的接缝处移动。对于探测如大电流开关电路或变压器的噪声源十分有效（见图 5 - 100）。

图 5 - 100　用磁场探头来寻找电磁噪声源

(8)天线通常放在木制的桌子上,桌子高度大概 1 m。天线离被测设备的距离 1 m 以上。天线的频率范围要覆盖电磁辐射辐射测试的频率范围。在实验室解决电磁辐射发射问题时,在没有对被测设备做任何改动前,做一次电磁辐射测试,记录下原始结果。然后每次对被测设备做一次改动,比如加上铁氧体磁环,用铜箔胶带盖住开孔等,要对比每个改动前和改动后的结果,来判断改动是否有效,同时和原始结果作比较。

(9)利用电流探头来测量电缆上的共模电流。很多辐射问题都是由于电缆上的共模电流造成的,利用电流探头可以测量电源电缆、信号电缆等的共模电流,进而采取措施解决辐射超标问题。图 5-101 示意的是用电流探头测量电源电缆上的共模电流。

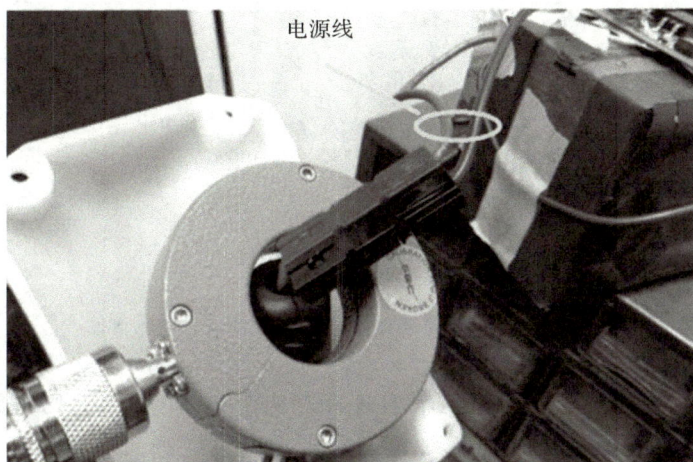

图 5-101　利用电流探头测量电源电缆上的共模电流

一般来说,开关电源和时钟是主要的噪声源。一个数字时钟信号包含很多谐波。如果时钟信号的占空比为 50%,则谐波只有奇次谐波,如一次谐波、三次谐波、五次谐波等。如果时钟信号的占空比不是 50%,则谐波有奇次谐波和偶次谐波,如一次谐波、二次谐波、三次谐波、四次谐波、五次谐波等。通常晶体振荡器的输出时钟的占空比为 40%~60%。这种情况下,通常奇次谐波的幅度要比偶次谐波的幅度大。图 5-102 是一个 33 MHz 时钟信号的频谱。

从图中可以看出,33 MHz 时钟信号的频谱包括 33 MHz(基频)、66 MHz(二次谐波)、99 MHz(三次谐波)、132 MHz(四次谐波)、165 MHz(五次谐波)、198 MHz(六次谐波)、231 MHz(七次谐波)、264 MHz(八次谐波)、297 MHz(九次谐波)等。

如果被测产品的电磁辐射超标,则要根据测试结果,了解是在哪些频率上辐射超标,然后再进行推断,找出源头。比如如果在 300 MHz 上辐射超标,而设备中没有 300 MHz 的信号,则很有可能是由于某个 100 MHz 的信号的三次谐波造成,或 60 MHz 的信号的五次谐波造成的,然后再用近场电场探头或近场磁场探头检查电路板上哪些地方有 100 MHz 或 60 MHz 的信号、100 MHz 信号或 60 MHz 信号是否靠近电连接器或机箱的开槽或缝隙,是否靠近电路板的边缘等,进一步缩小范围,直至最终找到罪魁祸首。

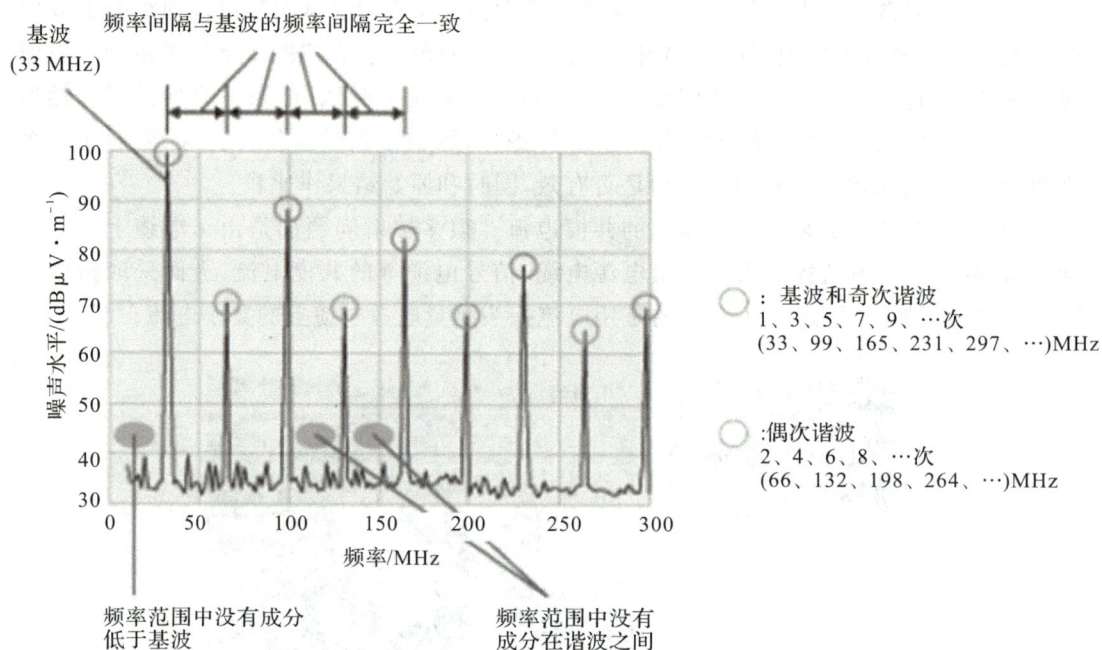

图 5-102 一个典型的 33 MHz 时钟信号的频谱图

例 4 一个工业用报警设备电磁辐射超标。这个设备有 RS-485 接口和以太网接口。检查后有两个发现:一是 RS-485 电缆和以太网电缆进入屏蔽机箱内部,这样内部的高频噪声就会耦合到 RS-485 电缆和以太网电缆上,通过这两个电缆辐射出去;二是检查电路板的布线后发现,靠近 RS-485 电连接器和以太网电连接器 RJ-45 的地方,有一些高速信号线的下面没有地线层和电源层,如图 5-103 所示圈起来的信号,其中包括以太网 PHY 芯片的 20 MHz 时钟信号,这样信号构成的电流环路面积就比较大,电磁辐射就比较大,然后耦合到 RS-485 电缆和以太网电缆上,产生共模噪声,进而造成更大的电磁辐射,导致电磁辐射超标。

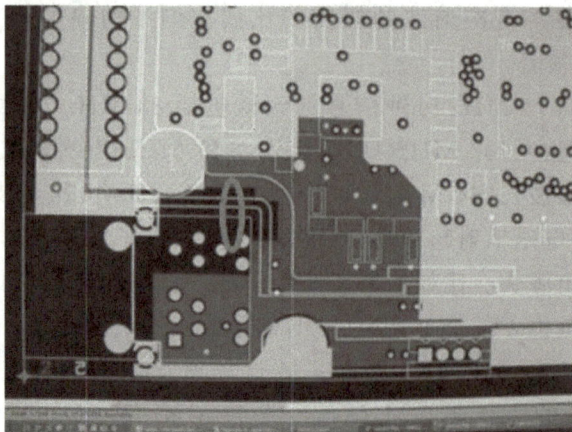

图 5-103 地线/电源层不完整,高速信号线没有布在地线层和电源层上

补救办法之一是在 RS-485 电缆和以太网电缆上套上适当的磁环,这样可以抑制共模噪声,通过电磁辐射测试。另外是修改电路板,使地线层更完整,把图 5-103 所示的高速信号线都布在地线层上方,这样就可大大降低耦合到 RS-485 电缆和以太网电缆上的噪声。

例 5　一个力矩测量设备电磁辐射超标。这个设备中有微处理器,带触摸屏的 LCD 液晶显示器等。电磁辐射超标的几个频率介于 90～200 MHz 之间。大部分的电磁辐射来自于 LCD 液晶显示器。拆开后发现几个问题。一是液晶显示器的屏蔽不好,有缝隙存在,电磁辐射会从缝隙泄露出去;二是显示器是"悬浮的",和屏蔽机箱之间没有电连接;三是当用近场探头去靠近视频信号电缆时,发现此电缆上有很强的共模电流,频率大约是 95 MHz。

采取以下几个措施减小电磁辐射:

1)把液晶显示器的前面和后面有缝隙的地方用铜箔胶带堵塞住,增强屏蔽效果,防止电磁泄露,如图 5-104 所示。

图 5-104　用铜箔胶带把前盖和后盖的缝隙堵塞住

2)用铜箔胶带把液晶显示器的金属壳和屏蔽金属机箱连接起来,确保液晶显示器和屏蔽机箱电连接良好,如图 5-105 所示。

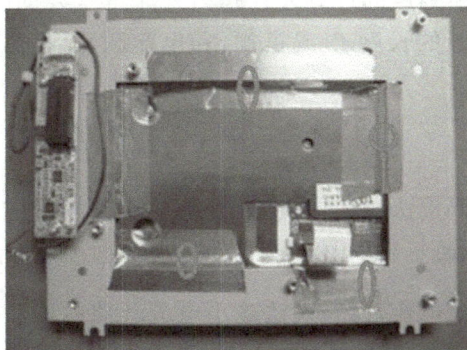

图 5-105　利用铜箔胶带确保液晶显示器和屏蔽机箱之间良好的电连接性

3)在视频信号电缆上套上扁平磁环,用来抑制电缆上的共模噪声,减小此电缆造成的电磁辐射问题,如图 5-106 所示。

采取以上几个措施后,通过了电磁辐射测试。

图 5 - 106   在视频信号电缆上套上扁平磁环来抑制此电缆上的共模噪声

5.7.3   经验分享

(1)电磁辐射发射测试是电磁兼容测试中最难通过的测试。

(2)电磁辐射干扰的控制是一个从下到上的系统工程,要从以下几个方面同时着手:电路的结构设计、电路板的设计、内部电缆的设计、机箱的屏蔽设计、I/O 端口滤波。

(3)下面的电磁辐射强度的计算公式是非常重要的一个公式。从公式中可以得知,电磁辐射强度跟电流环路的面积 A 成正比,和电流频率 f 的二次方成正比,和差模电流的大小 I_{C} 成正比。

$$E = 1.317 \times 10^{-14} \times \frac{f^2 A I_{\mathrm{C}}}{r}$$

因此要减小电磁辐射,就要设法减小电流环路的面积,减小差模电流的频率,减小差模电流的幅度。减小差模电流的电磁辐射的很多措施都是围绕这几个方面来着手的。

(4)共模电流电磁辐射强度的计算公式是另外非常重要的一个公式。从公式中可以得知,电磁辐射强度跟导线的长度 L 成正比,和电流频率 f 成正比,和共模电流的大小 I_{CM} 成正比。

$$E = 1.257 \times 10^{-6} \times \frac{f L I_{\mathrm{CM}}}{r}$$

因此要减小电磁辐射,就要设法减小导线的长度,减小共模电流的频率,减小共模电流的幅度。减小共模电流的电磁辐射的很多措施都是围绕这几个方面来着手的。

(5)找出电路中的高 $\frac{\mathrm{d}i}{\mathrm{d}t}$ 电流环路,设法减小电流环路的面积,以减小高 $\frac{\mathrm{d}i}{\mathrm{d}t}$ 电流环路产生的差模电流辐射。

(6)找出电路中的高 $\frac{\mathrm{d}v}{\mathrm{d}t}$ 节点,设法减小它的尺寸,以减小高 $\frac{\mathrm{d}v}{\mathrm{d}t}$ 节点产生的共模电流辐射。

　　(7)在开关电源中,可以通过增大功率 MOSFET 的导通和关断的时间来减小电磁辐射,但效率会稍微减小。

　　(8)在开关电源中,可以减小开关频率来减小电磁辐射,但可能电感或变压器的体积会变大。

　　(9)选择元件的时候,尽量选择寄生电感小的表面贴装元件。

　　(10)电路板的设计和电路板的层叠结构非常重要,尤其是机箱不是屏蔽机箱的电子设备。尽可能每一个布线层紧挨一个地线层或电源层。

　　(11)设备中不能有任何悬浮的金属导体,比如电路板上的悬浮的敷铜区,悬浮的螺丝等,应该把这些悬浮的金属导体直接接地或通过电容接地。

　　(12)由于通常电缆的长度较长(从零点几米到几米),接近于信号的 1/2 波长,会是一个很好的天线,所以要特别小心。对于 300 MHz 的信号,其波长是 1 m。很多电磁兼容的问题是由于电缆造成的。当有辐射发射问题的时候,首先要检查电缆。

　　(13)电缆的电连接器最好放在电路板的边沿,进出电路板的信号和电源要用磁珠、电容等进行低通滤波。

　　(14)在设备内部,两个电路板之间的连接可以考虑用柔性电路板代替普通电缆。

　　(15)设备内部的电缆走线应尽量贴近机壳,以利用机壳的来减小耦合到电缆的电磁干扰。

　　(16)外接电缆上的共模电流会造成很大的电磁辐射,可以在电缆上套上磁环来抑制共模电流,减小电磁辐射。

　　(17)如果机箱是屏蔽机箱的话,尽量保持机箱屏蔽的完整性,尽量少在机箱上开孔,孔的尺寸要小于最高频率波长的 1/20。可能的话,用多个小孔来代替一个大孔。尽量避免屏蔽机箱上的缝隙,可以考虑用 EMC 垫片、金属网等。电缆的电连接器和机箱的电连接性要好。屏蔽电缆和电连接器的金属壳的电连接要保证 360°。

　　(18)可以用吸波材料来降低电磁辐射。

　　(19)电磁辐射测试最好有 6 dB 的裕量,这样可以保证在任何情况下,设备中元件的容差不会造成电磁辐射超标。

第6章 电子系统的可靠性设计

一台电子设备中有很多元器件,包括电子元件和机械元件等。电子元件又分为无源元件(如电阻、电容、电感、变压器、磁珠、接插件等)和有源元件(二极管、双极性三极管、场效应晶体管、振荡器、模拟集成电路、数字集成电路等)。任何一个电子元件的失效都有可能造成整台电子设备的失效。

随着现代电子设备复杂程度的提高,其所包含的电子元器件数量也越来越多,例如汽车里就有很多各种各样的有源和无源电子元件,传统的汽油驱动的汽车有4万到5万多颗电容,而最新的电动汽车的电容则超过11万多颗。任何一个电容的失效都会造成整个系统的失效。如果刹车控制系统中某一个去耦电容失效,比如3.3 V的去耦电容短路,那将会造成系统中的电源无法正常工作,进而影响整个刹车系统的正常工作。

因此电子设备整机的可靠性和每个电子元件的可靠性是息息相关的。设计时须考虑每个电子元件的可靠性,即使是一个小的元件也不能忽略,正所谓"千里之堤,毁于蚁穴"。设备所处的工作环境复杂多样,气候条件,机械作用等是影响电子设备的主要因素,须采取适当的防护措施,将各种不良影响降低到最低限度,以保证电子设备稳定,可靠的工作。

6.1 电子设备整机的可靠性和各个电子元件的关系

6.1.1 元器件的可靠性

1. 元器件可靠性指标

(1)失效率。假设 λ 是一个元件的恒定的失效概率,则它在时间 t 的失效率

$$R(t) = e^{-\lambda t}$$

上式在可靠性分析中应用非常广泛,适用于很多的电子设备。从这个公式可以看出,时间越久,可靠性越差。

(2)平均故障间隔时间。MTBF(Mean-Time-Between-Failure,平均故障间隔时间)是衡量一个元件或产品的可靠性指标。

$$\text{MTBF} = \frac{T(t)}{r}$$

式中：$T(t)$ 是元件或产品总的工作时间；r 是故障次数。

因此

$$R(t) = e^{-\lambda t} = e^{-t/\text{MTBF}}$$

$$\lambda = \frac{1}{\text{MTBF}}$$

假设一个元件的 MTBF 为 10^6 h，从 $R(t) = e^{-\lambda t}$ 曲线可知，统计表明只有 36.7% 的元件可以工作这么长时间。60.6% 的元件能够预计工作 5×10^5 h，如图 6-1 所示。

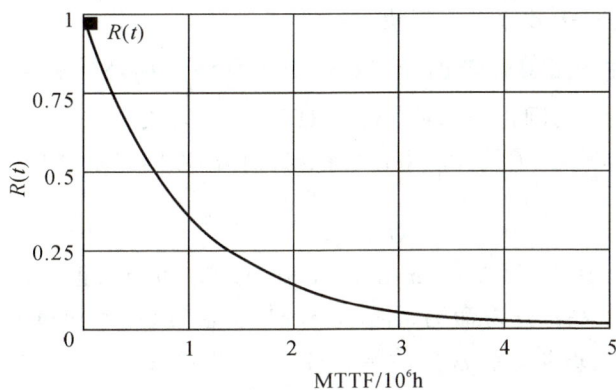

图 6-1　MTTF-$R(t)$

（3）失效次数。FIT(Failure in Time)，一个元件或产品在给定时间内的失效次数，是另一个用来衡量可靠性的指标，一般是指在 10^9 h 内的失效次数。

元件的生产厂家会给出元件的 MTBF 或 FIT 的数值，可以去生产厂家的网站或询问生产厂家得知。

2. 半导体器件可靠性曲线

半导体器件的可靠性可以用图 6-2 的曲线来表示。这个曲线很像一个浴缸，所以又叫浴缸曲线。

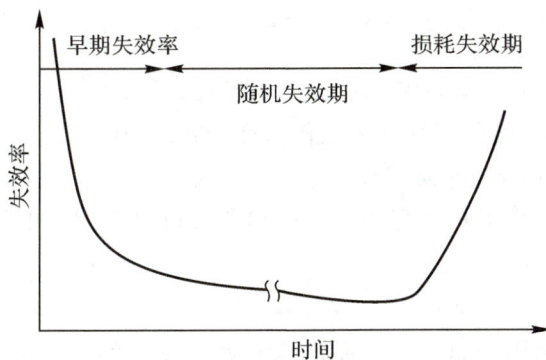

图 6-2　电子元器件的失效曲线图

高级电力电子线路设计实践

电子元器件的失效可以分为三个阶段：

(1)早期失效期。持续时间很短,失效率随时间的流逝而减小。它发生在半导体器件开始加电使用后的很短一段时间。其主要是由于半导体器件生产过程中的某些缺陷,如晶元(wafer)中混入微小的粉尘或者晶元材料缺陷造成的。在这个阶段,失效率下降很快。可以通过提高环境温度和工作电压来加速这个过程。开车的人都知道,新车需要一段时间来磨合。这个过程就相当于新车的磨合期。

(2)随机失效期。持续时间很长。是半导体器件正常工作的时间。在这个期间,失效率是一常数,基本不变。失效是随机的。

(3)耗损失效期。持续时间较短。半导体器件长期使用后,由于磨损和疲劳,寿命到了尽头。在这个阶段,失效率上升很快。

3. 电子元器件的可靠性与温度、电压、湿度和温度循环的关系

(1)温度加速因子与阿伦尼乌斯(ARRHENIUS)公式。

阿伦尼乌斯公式建立了元件的寿命特征与工作温度的关系,即温度加速模型。

$$AF_T = e^{\frac{E_a}{k}(\frac{1}{T_O} - \frac{1}{T_S})}$$

式中:AF_T 为温度加速因子(Acceleration Factor);T_O 为产品正常使用下的开尔文温度(绝对温度);T_S 为产品加速寿命测试时的环境应力温度(绝对温度);E_a 为激活能,典型值为 $0.7 \sim 1$ eV;k 为玻尔兹曼常数,$k = 8.617 \times 10^{-5}$ eVk^{-1}。

假设一个元件在温度为 T_S 时的 MTBF 为 n,则在温度为 T_2 时,其 MTBF 为 $n \times AF_T$。从此公式可以看出,当正常使用下的温度 T_O 小于于温度 T_S 时,$AF_T > 1$,所以温度为 T_O 时的 MTBF 要大于温度为 T_S 时的 MTBF。

例 1 假设温度 T_S 为 55 ℃,一个元件在此温度时的 MTBF 为 10^6 h,$E_a = 0.7$ eV,计算此元件在温度为 0 ℃ 和 85 ℃ 时的 MTBF。

(1)当 T_O 为 0 ℃ 时,有

$$AF_T = e^{\frac{E_a}{k}(\frac{1}{T_O} - \frac{1}{T_S})} = e^{\frac{0.7 \text{ eV}}{8.617 \times 10^{-5}}(\frac{1}{0+273} - \frac{1}{55+273})} = 146.8$$

则温度为 0 ℃ 时此元件的 MTBF $= 146.8 \times 10^6$ h。

(2)当 T_O 为 85 ℃ 时,有

$$AF_T = e^{\frac{E_a}{k}(\frac{1}{T_O} - \frac{1}{T_S})} = e^{\frac{0.7 \text{ eV}}{8.617 \times 10^{-5}}(\frac{1}{85+273} - \frac{1}{55+273})} = 0.125$$

则温度为 85 ℃ 时此元件的 MTBF $= 0.125 \times 10^6$ h。

从上面可以看出,元件的可靠性随工作温度的升高而降低。

(2)电压加速因子(Eyring 模型)。

电子元件的实际工作电压对它的可靠性和寿命也有影响。电压加速因子 AF_V 的计算公式为

$$AF_V = e^{\beta(V_S - V_{op})}$$

式中:AF_V 为电压加速因子;V_S 为产品加速寿命测试时的应力电压;V_{op} 为实际工作电压;β 为 $1/V$。

假设一个元件在电压为 V_S 的 MTBF 为 n，则当实际工作电压为 V_O 时，其 MTBF 为 $n \times AF_V$。从此公式可以看出，当正常使用下的电压 V_O 小于于电压 V_S 时，$AF_V > 1$，所以电压为 V_O 时的 MTBF 要大于电压为 V_S 时的 MTBF。

例 2　假设电压 V_S 为 10 V，一个元件在此电压时的 MTBF 为 10^6 h，计算此元件在电压为 5 V 的 MTBF。

$$AF_V = e^{\beta(V_{test} - V_{op})} = e^{1 \times (10-5)} = 148.4$$

则电压为 5 V 时此元件的 MTBF $= 148.4 \times 10^6$ h。

从上面可以看出，元件的可靠性随电压的降低而提高。

(3) 湿度加速因子(Hallberg 和 Peck 模型)。

湿度对电子元件的寿命也有影响。湿度加速因子 AF_{RH} 的计算公式为

$$AF_{RH} = \left(\frac{RH_S}{RH_{op}}\right)^n$$

式中：AF_{RH} 为湿度加速因子；RH_S 为产品加速寿命测试时的应力湿度；RH_{op} 为实际工作时的相对湿度；n 为湿度的加速常数，一般为 2～3。

假设一个元件在湿度为 RH_S 的 MTBF 为 m，则当实际工作时的湿度为 RH_{op} 时，其 MTBF 为 $m \times AF_{RH}$。从此公式可以看出，当正常工作时的湿度 RH_{op} 小于湿度 RH_S 时，$AF_{RH} > 1$，所以湿度为 RH_{op} 时的 MTBF 要大于湿度为 RH_S 时的 MTBF。

从上面可以看出，元件的可靠性随湿度的升高而降低。

(4) 温度变化加速因子(Coffin - Mason 公式)。

温度的变化对电子元件的可靠性也有影响。

$$AF_{TE} = \left(\frac{\Delta T_S}{\Delta T_{op}}\right)^n$$

式中：AF_{TE} 为温度变化加速因子；ΔT_S 为产品加速寿命测试时的应力温度变化；ΔT_{op} 为实际工作时的温度变化；n 为温度变化的加速常数，一般为 4～8。

假设一个元件在温度变化为 ΔT_S 的 MTBF 为 m，则当实际工作时的温度变化为 ΔT_{op} 时，其 MTBF 为 $m AF_{TE}$。从此公式可以看出，当正常工作时的温度变化 ΔT_{op} 小于温度变化 ΔT_S 时，$AF_{TE} > 1$，所以温度变化为 ΔT_{op} 时的 MTBF 要大于温度变化为 ΔT_S 时的 MTBF。

从上面可以看出，元件的可靠性随温度变化的升高而降低。

电子元件的可靠性跟它的使用条件，比如温度、电压、电流等，有很大的关系。比如钽电容 593D10X9010D8T，电容值为 100 μF，额定工作电压 10 V。当工作环境温度为 25 ℃，工作电压为 10 V 时，它的平均无故障时间是 39×10^6 h；而当工作环境温度是 25 ℃，工作电压为 5 V 时，它的平均无故障时间 MTBF 是 255×10^9 h，可见当工作电压降低时，其平均无故障时间 MTBF 大大提高；另外当工作环境温度为 85 ℃，工作电压为 5 V 时，其它的平均无故障时间 MTBF 是 83×10^9 h，可见当工作环境温度升高时，其平均无故障时间减少。

表 6-1 是钽电容 593D10X9010D8T 在温度为 25 ℃ 的条件下，它的平均无故障时间和工作电压的关系。

表 6-1　MTBF 对工作电压@25 ℃

工作电压（V）	平均无故障时间/10^6 h
2	230 467
4	230 255
6	115 233
8	1 719
10	39

表 6-2 是钽电容 593D10X9010D8T 在工作电压为 6 V 的条件下，它的平均无故障时间和工作温度的关系。

表 6-2　MTBF 对工作温度@6 V 工作电压

工作温度（℃）	平均无故障时间/10^6 h
0	196 579
25	115 233
50	73 356
75	49 825
100	35 641
125	26 592

对半导体元件来说，半导体的结温度对它的可靠性有很大的影响。表 6-3 是一个 NPN 三极管的平均无故障时间和结温度的关系。

表 6-3　MTBF 对半导体结温度

结温度（℃）	平均无故障时间/10^6 h
55	4130
100	38.7
125	4.57
150	0.694
175	0.13

6.1.2　系统的可靠性模型

任何电子设备都是由若干个元器件组成的。要估算整个系统的可靠性，一方面要知道构成系统的各个元器件在相应使用条件下的可靠性，另一方面要知道各个元器件的可靠性与整个设备的关系。

1. 串联系统

最常见的可靠性模型是串联系统。假设一个系统是由 n 个元件或子系统所组成,任何一个元件或子系统的失效都会导致整个系统的失效。而且任何一个元件或子系统的失效都是独立的,跟其他元件或子系统没有关系,这类似于串联系统。如图 6-3 所示。

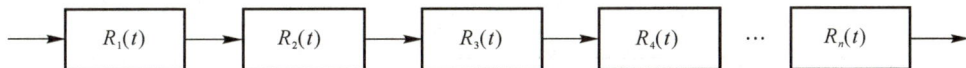

图 6-3　串联系统示意图

$R_1(t),R_2(t),R_3(t),R_4(t),\cdots,R_n(t)$ 是每个元件或子系统在时间 t 的可靠性。只有当每个元件或子系统都正常工作,整个系统才能正常工作。所以整个系统在时间 t 的可靠性 $R_s(t)$ 为

$$R_s(t)=R_1(t)\times R_2(t)\times R_3(t)\times R_4(t)\times\cdots\times R_n(t)=\prod_{i=1}^{n}R_i(t)$$

假设每个元件或子系统的失效率是恒定的,则

$$R_s(t)=e^{-\lambda_1 t}\times e^{-\lambda_2 t}\times e^{-\lambda_3 t}\times e^{-\lambda_4 t}\times\cdots\times e^{-\lambda_n t}=\exp\left(-\sum_{i=1}^{n}\lambda_i t\right)$$

假设 λ 是整个系统的失效率,则

$$\lambda=\lambda_1+\lambda_2+\lambda_3+\lambda_4+\cdots+\lambda_n$$

假设 MTBF_s 是整个系统的平均无故障时间,则

$$\frac{1}{\text{MTBF}_s}=\frac{1}{\text{MTBF}_1}+\frac{1}{\text{MTBF}_2}+\frac{1}{\text{MTBF}_3}+\frac{1}{\text{MTBF}_4}+\cdots+\frac{1}{\text{MTBF}_n}$$

众所周知,每个元件或子系统在时间 t 的可靠性都小于 1,从以上公式可以看出,对串联系统来说,

1) 系统里的元件或子系统越多,其可靠性越低,平均无故障时间越短。比如假如系统中有 5 个元件或子系统,如果所有 5 个元件或子系统的可靠性都是 0.999 9,则整个系统的可靠性就是 $0.999\,9^5=0.999\,5$。

2) 假如大部分元件或子系统的可靠性都很高,而只有其中一个元件或子系统的可靠性较低,则整个系统的可靠性会被这个元件或子系统拉低,整个系统的平均无故障时间也较低。比如假如系统中有 5 个元件或子系统,如果其中 4 个元件或子系统的可靠性都是 0.999 9,但如果其中 1 个元件或子系统的可靠性为 0.8,则整个系统的可靠性为 $0.999\,9^4\times 0.8=0.799\,68$,所以要着重优化可靠性较差的元器件。

2. 并联结构

为了提高系统的可靠性,可把多个相同的子系统并联起来。平时只有一个子系统在工作,其他子系统作为备份,如果这个子系统失效,则另外一个子系统将接替这个失效的子系统,整个系统仍能正常工作。只有当所有的子系统都失效时,整个系统才会失效。这就是通过增加冗余的方法来提高可靠性。

并联结构如图 6-4 所示。

假设一个系统是由 2 个相同的子系统并联,每个子系统的可靠性 $R(t)=0.8$,则整个

系统的可靠性 $= 1 - [1 - R(t)]^2 = 1 - 0.2^2 = 0.96$。

可见并联结构可以提高系统的可靠性,但把多个相同的子系统并联起来,成本、功耗等会上升很多。

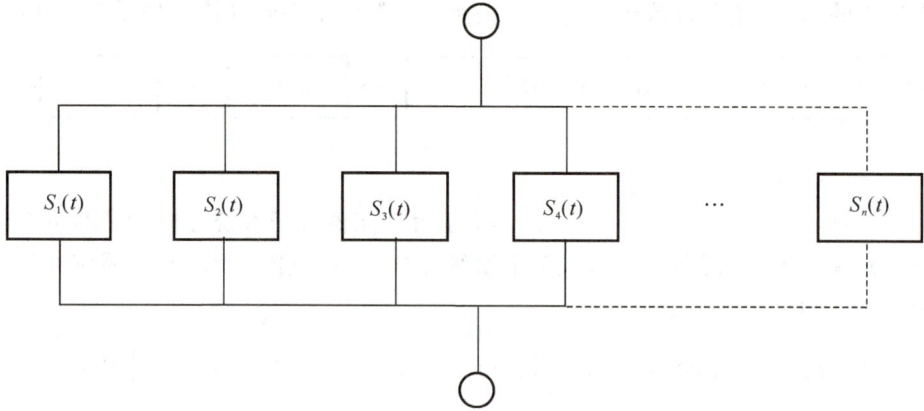

图 6 - 4　并联结构示意图

3. 串联加并联结构

单纯的并联结构可以提高可靠性,但成本、功耗等会增加很多。因此可以考虑采用串联加并联的结构。在一个系统中,如果某个元件或子系统的可靠性较低,可以考虑在并联一个或多个相同的元件或子系统在这个元件或子系统上作为备份,如图 6 - 5 所示,假设 $R_3(t)$ 的可靠性较低,可以并联一个相同的元件或子系统 $R'_3(t)$。

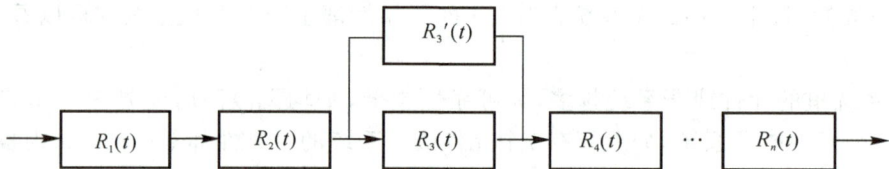

图 6 - 5　串并联结构

假设一个系统有 5 个子系统,其中 4 个子系统的可靠性为 0.999 9,而另外一个子系统 X 的可靠性为 0.8,为了提高可靠性,可并联一个相同的子系统在这个子系统 X 上,则整个系统的可靠性 $0.999\ 9^4 \times [1 - (1 - 0.8)^2] = 0.959\ 6$。

6.2　元件的降额使用

从以上几例可以看出,为了提高系统的可靠性和平均无故障时间(MTBF),降额使用非常必要。所谓降额,就是在使用电子元件时,施加于电子元件上的应力(如电压、电流、温度等)要低于此元件的额定值。比如对一个额定电压为 10 V 的钽电容,使用时它两端的工作电压不要超过 5 V。

电子元件降额应力系数(Derating Factor)的定义是

$$降额应力系数 = \frac{实际工作电压(或电流、功率、温度等)}{额定工作电压(或电流、功率、温度等)} \times 100\%$$

电子元件的降额应力系数越小,则电子元件上承受的应力(电压、电流、功率、温度等)越小,其可靠性越高。

下面就介绍各种电子元件的降额应用。

6.2.1　电阻的降额使用

电阻是电子设备或产品中最经常用的元件之一。对电阻来说,额定功率和工作温度是两个最重要的指标;另外对于有些应用在高电压环境下(电压大于 50 V)的高阻值电阻,额定电压也是一个重要的指标。

除了一些特殊用途,建议在设计中尽量使用精度为 1% 的表面贴装金属膜电阻。

通常电阻生产厂家的数据手册都会给出电阻的工作温度范围和额定功率。通常数据手册中的额定功率 P_{max} 是在温度小于或等于 T_s(电阻的满功率环境温度,通常为 70 ℃)的条件下。当温度大于 70 ℃ 时,电阻的额定功率会随温度呈线形下降。当温度等于 T_{max} 时(电阻的最高工作温度,通常为 155 ℃),电阻的额定功率为 0,如图 6-6 所示。

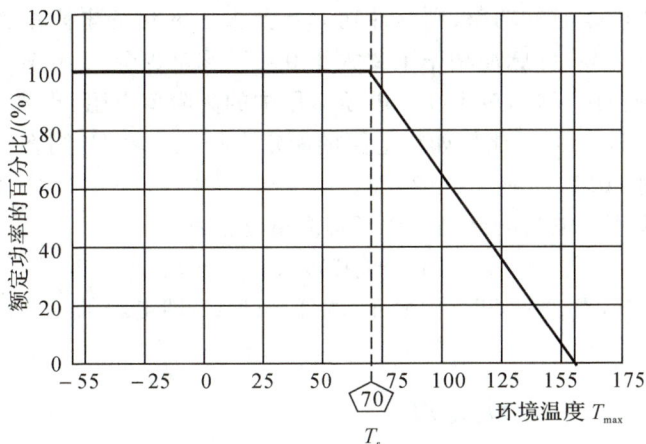

图 6-6　电阻的额定功率与温度的关系

为了提高可靠性,电阻功率的降额系数是 60%,使用时电阻的实际功率为

$$P_R \leqslant 在某个温度下的额定功率 \times 60\%$$

电阻在某个温度下的额定功率可以由以上曲线计算出来。

(1)当温度低于或等于 T_s(通常为 70 ℃)时,电阻的实际功率应小于电阻额定功率的 60%,即 $P_R \leqslant P_{max} \times 60\%$。

(2)当温度高于 T_s(通常为 70 ℃)时,假设环境温度为 T_C,则电阻的实际功率为

$$P_R \leqslant \frac{T_{max} - T_C}{T_{max} - T_s} P_{max} \times 60\%$$

例 3　假设环境温度为 50 ℃(小于 70 ℃),电阻的额定功率为 250 mW,则电阻的实际功率 P_R 应小于 250 mW × 60%(=150 mW)。

例 4 假设环境温度 T_C 为 100 ℃，电阻的额定功率为 250 mW，则电阻的实际功率

$$P_R \leqslant \frac{155 \text{ ℃} - 100 \text{ ℃}}{155 \text{ ℃} - 70 \text{ ℃}} \times 250 \text{ mW} \times 60\% = 97 \text{ mW}$$

即此电阻在环境温度 100 ℃ 的条件下，其实际功率应小于额定功率的 38.8%。

图 6-7 是功率降额要求曲线。

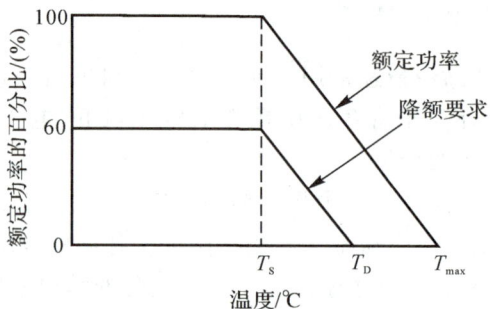

图 6-7　电阻的功率降额的温度曲线

　　如果电阻承受的是脉冲功率，则脉冲功率不要大于 6 倍的电阻的额定功率。例如电阻的额定功率是 0.1 W，则脉冲功率不要大于 0.1 W×600% = 0.6 W。

　　除了功率降额使用以外，对于在高电压应用中的高阻值电阻，也要考虑电压的降额使用。电压降额系数是 60%。比如如果电阻的额定电压是 200 V，则在实际应用中电阻两端的电压不要超过 60%×200 V = 120 V。

　　电阻的温度降额。电阻的最高工作环境温度 T_D 为

$$T_D < T_s + 60\% \times (T_{max} - T_s)$$

如果 $T_s = 70$ ℃，$T_{max} = 155$ ℃，则 T_C 小于 121 ℃，即电阻的工作的环境温度应小于 121 ℃。

6.2.2　电容的降额使用

　　电容也是电子设备或产品中最经常用的元件之一。比如通常的汽油驱动的汽车要用到四万多个各类电容，而新型的电动汽车要用到超过十万多个电容。工作温度和额定电压是两个最要的指标；对于钽电容和电解电容，电流纹波也是一个重要的指标。

　　电容分为铝电解电容（Aluminum Electrolytic Capacitor）、钽电容（Tantalum Capacitor）、陶瓷电容（Ceramic Capacitor）等。

1. 陶瓷电容的降额使用

　　陶瓷电容的电压降额系数是 80%。即陶瓷电容的最高实际工作电压不超过陶瓷电容额定电压的 80%。

　　比如陶瓷电容的额定电压是 10 V，则在实际应用中陶瓷电容两端的最高实际电压不要超过 10 V×80% = 8 V。

　　陶瓷电容的温度降额系数是 80%。即陶瓷电容的实际最高工作温度不超过陶瓷电容额定工作温度的 80%。

比如陶瓷电容的额定最高工作温度为 125 ℃,则在实际应用中陶瓷电容的工作温度不要超过 125 ℃×80％＝100 ℃。

2. 钽电容的降额使用

钽电容分为聚合物钽电容(Polymer Tantalum Capacitor)和 MnO_2 钽电容,这两种钽电容的降额要求不一样。聚合物钽电容比 MnO_2 钽电容的 ESR 要小,可靠性要好,而且当由于过压等原因而损坏时不会起火。MnO_2 钽电容在由于过压等原因而损坏时会起火,所以有些设备不可以用 MnO_2 钽电容。

通常钽电容生产厂家的数据手册都会给出钽电容的工作温度范围和额定电压。通常数据手册中的额定电压 V_R 是在温度小于或等于额定温度 T_R(钽电容的额定温度,通常为 85 ℃或 105 ℃)的条件下。当温度大于 T_R 而低于最高工作温度 T_{max} 时,钽电容的额定电压会随温度呈线形下降。钽电容的最高工作温度 T_{max} 通常是 125 ℃。

钽电容的温度通常高于环境温度。钽电容的 ESR 和纹波电流 I_{ripple} 造成的功耗 $P_{ripple}＝I_{ripple}^2×ESR$ 会使钽电容的温度升高,高于环境温度。

(1)聚合物钽电容的降额使用。当聚合物钽电容的温度不超过额定温度 T_R(85 ℃或 105 ℃)时,对于额定电压 $V_R≤10$ V 的聚合物钽电容的电压降额系数是 90％。即最高实际工作电压不超过额定电压的 90％。

比如一个聚合物钽电容的额定电压是 10 V,则在实际应用中,当钽电容的温度不超过 T_R 时,此电容两端的最高实际电压不要超过 10 V×90％＝9 V。

当聚合物钽电容的温度超过额定温度 T_R(85 ℃或 105 ℃)时,对于额定电压 $V_R≤10$ V 的聚合物钽电容。当温度上升到 125 ℃时,其额定电压减小到 $\frac{2}{3}V_R$,即额定电压减小了 $\frac{1}{3}V_R$。那么可以计算出在 T_R 至 125 ℃的温度区间内,在某一个温度下的额定电压,进而计算出在这个温度下的电压降额。

比如一个聚合物钽电容的额定电压 V_R 是 10 V,额定温度 T_R 为 85 ℃,在 125 ℃时,其额定电压为 7 V,则在实际应用中,当钽电容的温度为 100 ℃,额定电压 $V_{R-100℃}＝$
$$V_R-\frac{10\text{ V}-7\text{ V}}{125\text{ ℃}-85\text{ ℃}}(100\text{ ℃}-85\text{ ℃})＝8.875\text{ V}$$,则当温度为 100 ℃时,此电容两端的最高实际电压不要超过 8.875 V×90％＝7.98 V。

当聚合物钽电容的温度不超过额定温度 T_R(85 ℃或 105 ℃)时,对于额定电压 $V_R>10$ V 的聚合物钽电容的电压降额系数是 80％。即最高实际工作电压不超过额定电压的 80％。

比如一个聚合物钽电容的额定电压是 16 V,当钽电容的温度不超过 T_R 时,则在实际应用中此电容两端的最高实际电压不要超过 16 V×80％＝12.8 V。

当聚合物钽电容的温度超过额定温度 T_R(85 ℃或 105 ℃)时,对于额定电压 $V_R>10$ V 的聚合物钽电容。当温度上升到 125 ℃时,其额定电压减小到 $\frac{2}{3}V_R$,即额定电压减小了 $\frac{1}{3}V_R$。那么可以计算出在 T_R 至 125 ℃的温度区间内,在某一个温度下的额定电压,进而计算出在这个温度下的电压降额。

比如一个聚合物钽电容的额定电压 V_R 是 16 V,额定温度 T_R 为 85 ℃,在 125 ℃ 时,其额定电压为 10.67 V,则在实际应用中,当钽电容的温度为 100 ℃,额定电压 $V_{R-100C} = V_R - \dfrac{16 \text{ V} - 10.67 \text{ V}}{125 \text{ ℃} - 85 \text{ ℃}}(100 \text{ ℃} - 85 \text{ ℃}) = 14 \text{ V}$。当温度为 100 ℃ 时,此电容两端的最高实际电压不要超过 14 V×80% = 11.2 V。聚合物钽电容的额定电压的温度曲线如图 6 - 8 所示。

通常建议使用额定电压为 10 V 的聚合物钽电容,用于电压为 3.3 V,2.5 V,1.8 V 和 1.5 V 等电源的去耦;使用额定电压为 6.3 V 的聚合物钽电容,用于 1.2 V 和 1.0 V 等电源的去耦。

聚合物钽电容的电流纹波的降额系数是 70%。由于钽电容的等效串联阻抗 ESR 较大,较大的电流纹波会造成 ESR 上的功耗 $P_{ESR} = I_{ripple}^2 \times ESR$ 较大,从而造成钽电容发热。比如钽电容在 25 ℃ 时的电流纹波是 0.5 A,则实际应用中此电容的电流纹波 $I_{ripple} \leqslant$ 0.5 A×70% = 0.35 A。

聚合物钽电容的浪涌电压 V_s 的降额系数是 70%。比如额定浪涌电压是 10 V,则实际应用中此电容的浪涌电压 $V_s \leqslant$ 10 V×70% = 7 V。

聚合物钽电容的温度降额是 15 ℃,即实际工作的最高温度要低于额定最高工作温度 15 ℃。例如额定最高工作温度为 125 ℃,则实际工作的最高温度要低于 110 ℃,如图 6 - 8 所示。

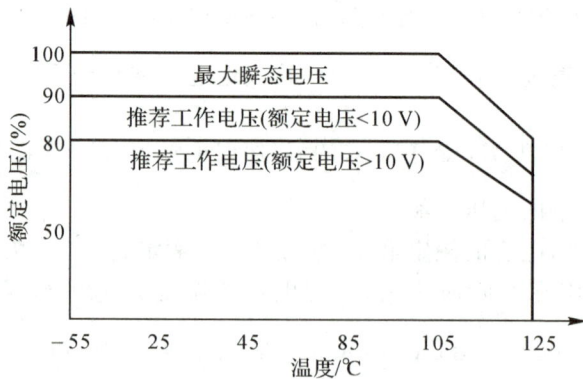

图 6 - 8　聚合物钽电容的额定电压的温度曲线

(2)MnO_2 钽电容的降额使用。MnO_2 钽电容的温度不超过额定温度 T_R(85 ℃ 或 105 ℃)时,MnO_2 钽电容的电压降额系数是 50%。即最高实际工作电压不超过额定电压的 50%。

比如一个 MnO_2 钽电容的额定电压是 10 V,则在实际应用中,当钽电容的温度不超过 T_R 时,此电容两端的最高实际电压不要超过 10 V×50% = 5 V。

当 MnO_2 钽电容的温度超过额定温度 T_R(85 ℃ 或 105 ℃)时,当温度上升到 125 ℃ 时,其额定电压减小到 $\dfrac{2}{3}V_R$,即额定电压减小了 $\dfrac{1}{3}V_R$。那么可以计算出在 T_R 至 125 ℃ 的温度区间内,在某一个温度下的额定电压,进而计算出在这个温度下的电压降额。

比如一个 MnO_2 钽电容的额定电压 V_R 是 10 V,额定温度 T_R 为 85 ℃。在 125 ℃ 时,其额定电压为 7 V。则在实际应用中,如果钽电容的温度为 100 ℃,则其额定电压 $V_{R-100\ ℃} = V_R - \dfrac{10\ V - 7\ V}{125\ ℃ - 85\ ℃}(100\ ℃ - 85\ ℃) = 8.875\ V$,则当温度为 100 ℃ 时,此电容 两端的最高实际电压不要超过 8.875 V×50% = 4.44 V。

一般 MnO_2 钽电容的生产厂家都会给出一个工作电压对应于环境温度的曲线图,可 以从此图中得到某个温度下的额定电压,如图 6-9 所示。

MnO_2 钽电容的电流纹波的降额系数是 50%。由于钽电容的等效串联阻抗 ESR 较 大,较大的电流纹波会造成 ESR 上的功耗 $P_{ESR} = I_{ripple}^2 × ESR$ 较大,从而造成钽电容发 热。比如钽电容在 25 ℃ 时的电流纹波是 0.5 A,则实际应用中此电容的电流纹波要小于 或等于 0.5 A×50% = 0.25 A。

MnO_2 钽电容的浪涌电压 V_S 的降额系数是 50%。比如额定浪涌电压是 10 V,则实 际应用中此电容的浪涌电压 $V_S ≤ 10\ V × 50\% = 5\ V$。

MnO_2 钽电容的温度降额是 15 ℃,即实际工作的最高温度要低于额定最高工作温 度 15 ℃。

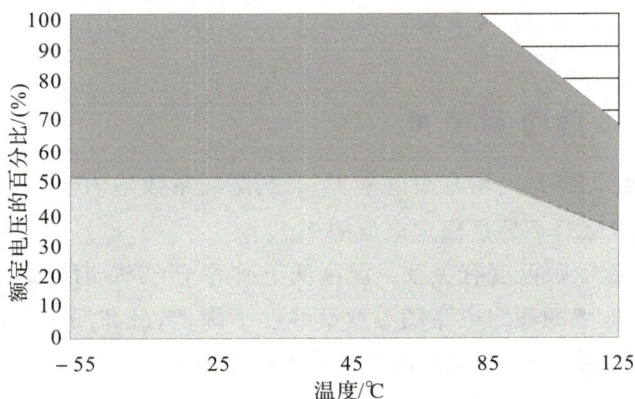

图 6-9　MnO_2 钽电容的额定电压的温度曲线

(3)铝电解电容的降额使用。铝电解电容依赖电容内电解液的存在。而电解液会随着 时间而慢慢挥发,所以电容值也会慢慢减小。尤其当温度升高时,挥发会加快。因此它的寿 命较短,一般电容的数据手册都会给出电容在某个温度下的寿命(一般是当温度为 105 ℃ 时,寿命为 2 000~80 000 h),而且温度每升高 10 ℃,寿命会减小一半。因此在环境温度 高,可靠性要求高,寿命长的电子设备中尽量避免使用铝电解电容。如果必须使用铝电解 电容,要根据数据手册和实际工作环境来计算出它的寿命。电压、环境温度等要足够的降 额。图 6-10 是一个铝电解电容的寿命对温度的曲线图。当温度为 105 ℃ 时,其寿命为 2 000 h;当温度为 85 ℃ 时,其寿命为 20 000 h;当温度为 65 ℃ 时,其寿命为 200 000 h。

电压降额系数是 60%。即最高实际工作电压不超过额定电压的 60%。

比如一个电解电容的额定电压是 10 V,则在实际应用中,此电容两端的最高实际电 压不要超过 10 V×60% = 6 V。

电流纹波（I_{ripple}）降额系数是 60%。

浪涌电流降额系数是 60%。

温度降额为 25 ℃。通常铝电解电容的等效串联阻抗 ESR 较大，当电流纹波较大时，会造成 ESR 上的功耗（$P_{ESR}=I_{ripple}^2 \times ESR$）引起的电容发热。使用铝电解电容要特别注意这一点。而且铝电解电容的漏电流 $I_{leakage}$ 也较大，尤其是在高温的时候，这也会造成功耗（$P_{leakage}=I_{leakage} \times U_V$，$U_V$ 是电容两端的电压），从而导致温度升高。使用时一定要注意这些。

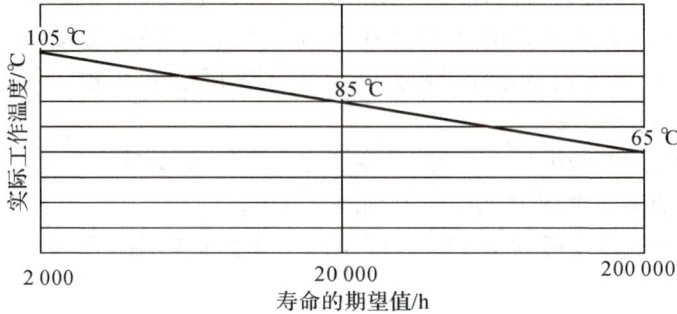

图 6-10　铝电解电容的预期寿命与实际工作温度曲线

6.2.3　电感的降额使用

电感电流（直流电流 I_{DC}、均方根电流 I_{RMS}）的降额系数是 70%，即电感实际工作时的电流（均方根电流、RMS）不超过额定电流的 70%。

电感的额定电流也跟温度有关系。温度低于或等于 85 ℃ 时，额定电流是恒定的；当温度高于 85 ℃ 时，电感的额定电流随温度呈线性下降，当最高温度 T_{max} 为 125 ℃，额定电流降到零。电感的额定电流-温度曲线如图 6-11 所示。

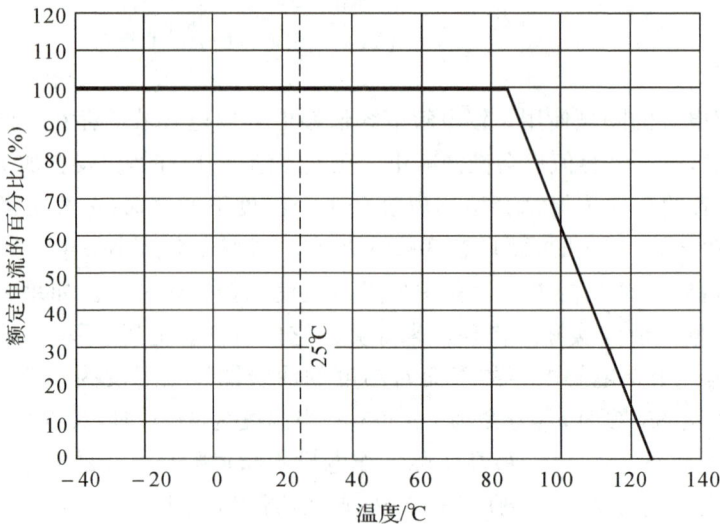

图 6-11　电感的额定电流的温度曲线

当电感温度 T_L 高于 85 ℃而小于 125 ℃时,从上述曲线可以计算出在这个区间内某一个温度下的额定电流,进而计算出在这个温度下的电感的电流降额。

比如一个电感的额定电流是 10 A(电感温度≤85 ℃)。在 125 ℃时,其额定电流为 0A。则在实际应用中,如果电感的温度为 100 ℃,则其额定电流 $I_{Rms\text{-}100\,℃}$ = $\dfrac{10\ A-0\ A}{125\ ℃-85\ ℃}$(125 ℃-100 ℃)=6.25 A,则当温度为 100 ℃时,此电感的最高实际电流不要超过 6.25 A×70%=4.375 A。

电感的工作温度会高于环境温度 T_A,因为电感的直流阻抗 DCR 造成的功耗 $P = I_{RMS}{}^2 \times DCR$ 和磁芯造成的功耗会导致电感温度的升高 T_{inc},所以电感的温度 $T_L = T_A + T_{inc}$。

电感的温度要降额 35 ℃。假设电感的最高温度为 T_{max},则电感的实际工作时的温度 T_L(包括电感的功耗导致的温度升高)不超过 $T_{max} - 35$ ℃。

6.2.4　半导体器件的降额使用

对半导体器件来说,结温度、额定电压、额定电流等都是很重要的指标。

半导体元件的结温度对它的寿命影响很大。图 6-12 是集成电路的结温度和集成电路的寿命(相对值)的关系。

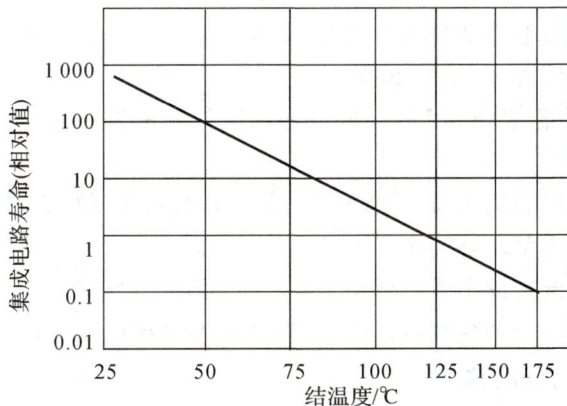

图 6-12　集成电路的寿命与结温度的关系曲线

假设集成电路结温度为 125 ℃时的寿命为 N h,则当结温度为 25 ℃,其寿命大约为 1 000N h;当结温度为 50 ℃时,其寿命大约为 100N h;当结温度为 175 ℃时,其寿命大约为 0.1N h。

从图 6-12 可见半导体元件的结温度对它的寿命影响很大。为了提高可靠性,提高寿命,应尽量降低半导体元件的结温度。为了降低结温度,要尽量降低半导体元件的功耗,采取适当的散热措施,包括加散热片、通风或利用液体来散热等等。

1. 大规模 CMOS 集成电路的降额使用

大规模 CMOS 集成电路包括微处理器、存储器、FPGA、专用定制集成电路 ASIC 等。

(1)结温度的降额。CMOS 集成电路的结温度要降额 15 ℃;假设此集成电路的最高

高级电力电子线路设计实践

结温度为 $T_{J\text{-max}}$，则此集成电路的工作时的最高结温度不可以超过 $T_{J\text{-max}}-15\ ℃$。

例如，如果某集成电路的最高结温度为 $150\ ℃$，则此集成电路的工作时的最高结温度不可以超过 $135\ ℃$。

（2）大规模集成电路输入/输出脚和电源脚的输出电流的降额。单个输出脚的输出最大电流的降额系数是 50%。

例如，假设某集成电路输出脚的最大电流为 $20\ mA$，则在实际工作时，此集成电路输出脚的最大电流不超过 $10\ mA$。

当集成电路有多个电源而需要一定的加电/关电顺序时，要保证加电/关电顺序有足够的裕量。

（3）大规模集成电路的电源电压。集成电路的电源电压要保证在任何情况下都落在最大工作电压和最小工作电压之间。

静态输入信号电压的最大值不要超过规定最大电源电压 $0.25\ V$；假设正电源电压为 V_{CC}，则输入信号的电压 $V_{in}\leqslant V_{CC}+0.25\ V$。

静态输入信号电压的不要低于 $-0.25\ V$，即 $V_{in}\geqslant-0.25\ V$。

2. 小规模集成电路的降额

小规模集成电路的功耗不大，所以和大规模集成电路相比，对降额的要求要低一些。

单个输出脚的输出最大电流的降额系数是 60%。

结温度降额 $20\ ℃$；假设此集成电路的最高结温度为 $T_{J\text{-max}}$，则此集成电路的工作时的最高结温度不可以超过 $T_{J\text{-max}}-20\ ℃$。

最大工作频率，降额系数是 80%；假设最大工作频率为 $f_{clk\text{-max}}$，则实际工作时钟频率 $f_{clk}\leqslant f_{clk\text{-max}}\times80\%$。

静态输入信号电压的最大值不要超过规定最大电源电压 $0.25\ V$；假设正电源电压为 V_{CC}，则输入信号的电压 $V_{in}\leqslant V_{CC}+0.25\ V$。

静态输入信号电压的最小值不低于 $-0.25\ V$，即 $V_{in}\geqslant-0.25\ V$。

当输出信号去驱动一个容性负载时，容性负载不要超过 $50\ pF$。

3. 分立半导体元件的降额

分立半导体元件包括场效应晶体管 MOSFET、双极性三极管 BJT、二极管等。

（1）功率场效应晶体管的降额。

结温度、漏-源电压（漏极到源极电压）V_{DS}、连续正向电流（漏极电流）I_D 等是功率场效应管最重要的指标。

结温度降额 $25\ ℃$，或者不超过 $140\ ℃$，以其中较低的为准。

例如，假设此功率 MOSFET 的最高结温度为 $150\ ℃$，则此功率 MOSFET 的实际工作最高结温度不可以超过 $125\ ℃$。

漏-源电压 V_{DS} 降额系数为 70%。

例如，假设某功率 MOSFET 的漏-源击穿电压 V_{DS} 为 $100\ V$，则此功率 MOSFET 的实际工作漏-源电压不可以超过 $70\ V$。

正向连续漏极电流 I_D 降额为 60%。

例如,假设某功率 MOSFET 的最大漏极连续电流 I_{D-max} 为 10 A,则此功率 MOSFET 的工作时的漏极连续电流 I_D 不可以超过 6 A。

(2)功率双极性三极管的降额。结温度、集电极–发射极电压 V_{CE}(集电极到发射极电压)、连续正向电流(集电极电流)I_C 等是功率双极性三极管最重要的指标。

结温度降额为 25 ℃ 或不超过 140 ℃,以较低的为准。

例如,假设此功率双极性三极管的最高结温度为 150 ℃,则此功率双极性三极管的实际工作最高结温度不可以超过 125 ℃。

集电极–发射极电压 V_{CE} 降额为 70%。

例如,假设某功率双极性三极管的集电极–发射极击穿电压 V_{CE} 为 100 V,则此功率双极性三极管的实际集电极–发射极电压 V_{CE} 不可以超过 70 V。

连续正向集电极电流 I_C 降额为 60%。

例如,假设某功率双极性三极管的最大集电极正向连续电流 I_{C-max} 为 10 A,则此功率双极性三极管的工作时的正向集电极连续电流 I_C 不可以超过 6A。

(3)功率二极管的降额。结温度、反向电压 V_R、正向导通电流 I_F 等是功率二极管最重要的指标。

结温度降额为 25 ℃ 或不超过 140 ℃,以较低的为准。

例如,假设功率二极管的最高结温度为 150 ℃,则此功率二极管的实际工作最高结温度不可以超过 125 ℃。

反向电压 V_R 降额为 70%。

例如,假设功率二极管的最高反向电压为 100 V,则此功率二极管的实际工作反向电压 $V_R \leqslant 70$ V。

正向导通电流 I_F 降额为 60%。

例如,假设功率二极管的最大正向电流为 1 A,则此功率二极管的实际工作正向电流 $I_F \leqslant 0.6$ A。

(4)发光二极管的降额。如果发光二极管连续工作,功率降额为 50%。

例如,假设发光二极管的最大功耗为 70 mW,则此发光二极管的实际工作功耗 $P \leqslant 42$ mW。

如果发光二极管断断续续工作,功率降额为 70%。

举例,假设发光二极管的最大功耗为 70 mW,且不是一直连续工作,而是断断续续工作,则此发光二极管的实际工作功耗 $P \leqslant 49$ mW。

结温度降额为 25 ℃。

例如,假设发光二极管的最高结温度 T_{J-max} 为 95°,则此发光二极管的实际工作时的结温度 $T_J \leqslant 70°$。

反向电压降额为 70%。

例如,假设发光二极管的最高反向电压 V_{R-max} 为 5 V,则此发光二极管的实际工作时的反向电压 $V_R \leqslant 3.5$ V。

正向电流降额为 60%。

例如,假设发光二极管的最大正向电流 I_{F-max} 为 20 mA,则此发光二极管的实际工作

高级电力电子线路设计实践

时的正向电流 $I_F \leqslant 12$ mA。

(5)小功率稳压二极管的降额。

功率降额为 70%。

例如,假设稳压二极管的最大功耗为 500 mW,则此稳压二极管的实际工作功耗 $P \leqslant$ 350 mW。

结温度降额为 25 ℃。

例如,假设稳压二极管的最高结温度 T_{J-max} 为 150°,则此稳压二极管的实际工作时的结温度 $T_J \leqslant 125°$。

6.2.5 机电元件的降额

1. 继电器的降额

连续电流降额对不同的负载有不同的要求。

(1)对于电阻性负载,电流降额为 70%。

例如,假设继电器的最大电流 I_{max} 为 20 A,负载是纯电阻,则此继电器的实际工作时的电流 $I \leqslant 14$ A。

(2)对于电容性负载,电流降额为 70%。

例如,假设继电器的最大电流 I_{max} 为 20 A,负载是电容,则此继电器的实际工作时的电流 $I \leqslant 14$ A。

(3)对于感性负载,电流降额为 50%。

例如,假设继电器的最大电流 I_{max} 为 20 A,负载是电感,则此继电器的实际工作时的电流 $I \leqslant 10$A。

(4)对于马达,电流降额为 30%。

例如,假设继电器的最大电流 I_{max} 为 20 A,负载是马达,则此继电器的实际工作时的电流 $I \leqslant 6$ A。

2. 风扇

风扇的降额应当参照生产厂家的指标。

1)如果风扇的供电是直流,则最高直流电压降额 5% 以上。

例如,假设风扇的最高直流电压 V_{DC-max} 为 13.2 V,则此风扇的实际工作时的直流电压 $V_{DC} \leqslant 12.5$ V。

2)风扇的速度降额要 75% 以上。

例如,假设风扇的最高速度为 10 000 r/min,则此风扇的实际工作时的速度 $\leqslant$ 7 500 r/min。

3)最低工作温度降额 15 ℃。

例如,假设风扇的最低工作温度为 -10 ℃,则此风扇的实际工作时的温度 $\geqslant 5$ ℃。

3. 接插件的降额

1)电流(均方根值,最大值)的降额为 50%。

例如,假设接插件的最大电流 I_{max} 为 5 A,则此接插件的实际工作时的电流 $I \leqslant 2.5$ A。

2)绝缘电压降额为 50%。

例如,假设接插件的最大绝缘电压 $V_{Insl\text{-}max}$ 为 1 000 V,则此接插件的实际工作时的绝缘电压 $V_{Insl} \leqslant 500$ V。

3)插拔次数降额为 50%。

例如,假设接插件的插拔次数为 500 次,则此接插件的实际工作时的插拔次数为 250 次。

当插拔接插件时,如果接插件上管教的电流或电压低或为零,则可以提高接插件的可靠性。

6.3　嵌入式系统的热管理(Thermal Management)

如果半导体元件过热,就会影响它的可靠性和工作寿命。

对于半导体元件来说,非常重要的一个参数就是它的结温度。结温度不是工作环境温度 T_A。半导体元件会由于功耗而发热。半导体的结温度 T_J 由如下公式计算:

$$T_J = T_A + \theta_{J\text{-}A} \times P$$

$\theta_{J\text{-}A}$ 是此元件的半导体结到周围环境的热阻系数,单位是℃/W。P 是此半导体元件的功耗。$\theta_{J\text{-}A} \times P$ 就是此半导体元件由于本身的功耗而引起的温度升高。可见半导体的结温度 T_J 比周围环境温度要高。

半导体的结温度 T_J 对它的寿命有直接的影响。图 6-13 是 TI 公司的一个微处理器的失效率和工作时间、结温度 T_J 的关系。假设此微处理器当结温度 T_J 为 105 ℃时的工作寿命为 10 年。从图中可以看出,当结温度升高时,此微处理器的寿命减少。

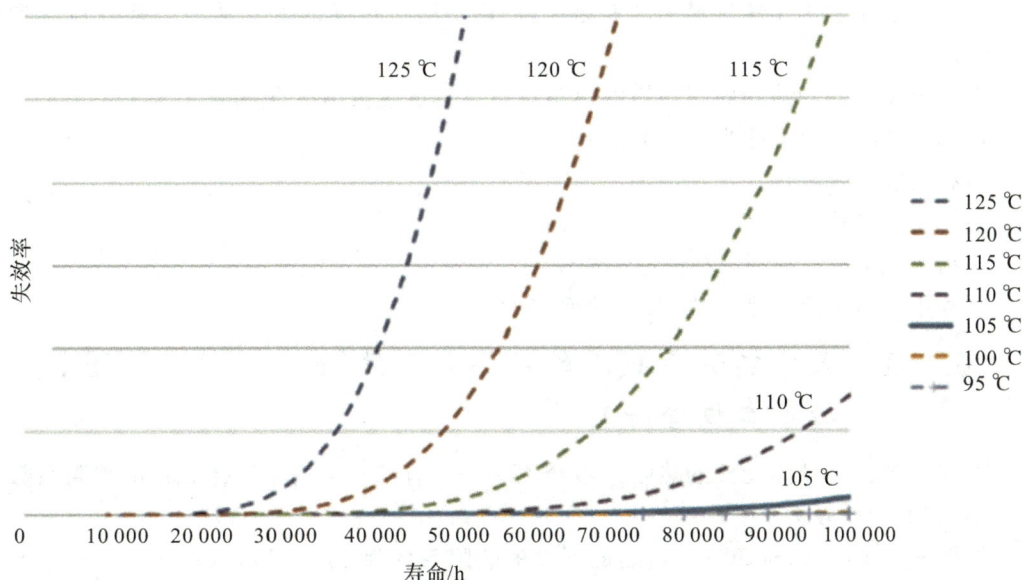

图 6-13　微处理器的寿命跟结温度及工作时间的关系

当结温度 T_J 小于 105 ℃时,结温度 T_J 每降低 10 ℃,它的工作寿命增加一倍。因此如果结温度 T_J 为 95 ℃,则它的工作寿命为 20 年。

当结温度 T_J 大于 105 ℃时,结温度 T_J 每升高 10 ℃,它的工作寿命就减少一半。所以如果结温度 T_J 为 125 ℃时,它的工作寿命只有两年多。

以上的数据只是对某微处理器而言。只是为了抛砖引玉,对所有的半导体元件都有指导意义,只是具体数据可能不一样,但总体趋势是一样的。

可见为了要提高半导体的工作寿命,一定要设法降低半导体的结温度 T_J。从公式可以看出,为了降低结温度 T_J,有以下几个途径:

1)降低工作环境温度 T_A。

2)降低 $\theta_{J\text{-}A}$,即此元件的半导体结到周围环境的热阻系数。

3)降低半导体的功耗。

工作环境温度 T_A 大部分时候是不可控的,是嵌入式系统的硬性指标。所以通常为了降低结温度 T_J,主要是要降低半导体的功耗和降低热阻系数 $\theta_{J\text{-}A}$。

降低半导体的功耗的方法在"嵌入式系统的低功耗设计"一节中已有介绍,另外在"电源的设计"一节中也有介绍。

在嵌入式系统设计的时候,一定要估算每个半导体元件,尤其是微处理器、FPGA、线形稳压电源、功率 MOSFET 等功耗比较大的元件的功耗,进而根据它们的热阻系数 $\theta_{J\text{-}A}$ 和工作环境的温度,估算出它们的结温度 T_J,来决定是否要采用某种方式,降低它们的结温度 T_J。

散热有两种方式:热辐射和热传导。

热辐射是热量通过辐射的方式散发到周围的空间。它取决于导体的表面积和空气的流动速度。表面积越大,辐射散热的效果越好;空气流动的速度越快,则散热就越快。

热传导是通过热导性材料来散发热量,把热量通过传导的方式从一个地方传导到另外一个地方。

降低半导体的从结到周围环境的热阻系数 $\theta_{J\text{-}A}$ 的主要方式包括:

1)选择热阻系数小的半导体元件;

2)利用电路板散热;

3)加装散热片;

4)利用风扇进行通风,又叫风冷技术;

5)利用液体的流动来散热,又叫液冷技术。

6.3.1 选择热阻系数小的半导体元件(如功率 MOSFET、功率二极管等)

不同封装的半导体元件的热阻系数会不一样。有的封装的半导体元件的热阻系数会比较小,有的会比较大。

如图 6-14 所示,SOIC-8 封装的元件的热阻系数为 83 ℃/W,PowerPAK SO-8 封装的元件的热阻系数为 23 ℃/W。这是因为 PowerPAK SO-8 的焊盘的面积很大,因此散热效果好。

在设计时应尽量选用热阻系数小的半导体元件。带有热焊盘（Therma Pad）的半导体元件的热阻系数比较小。优先选择这些带有热焊盘的半导体元件。

SO-8 封装　　　　　　　　　　　　　　　PowerPAK SO-8 封装

图 6 - 14　SO - 8 封装 与 PowerPAK SO - 8 封装

6.3.2　利用电路板进行散热

提高散热的最好方法是提高与发热元件直接接触的 PCB 自身的散热能力，通过电路板传导出去或散发出去。可以采用大面积敷铜的方式来提高敷铜的面积，提高散热能力。有些芯片的底部有一个大的热焊盘。可以在这个热焊盘上敷大面积铜，以增强散热能力。敷铜建议开窗或采用栅格状。如图 6 - 15 所示。

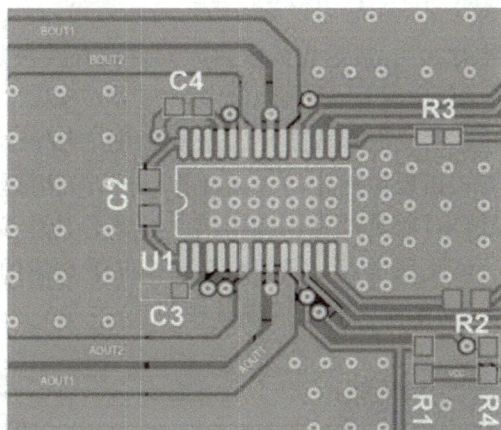

图 6 - 15　热焊盘,热过孔阵列及大面积敷铜

为了进一步提高散热能力,可以在 U1 热焊盘上放置热过孔阵列,如图 6 - 15 的热焊盘上有 18 个热过孔。这些热过孔会连到电路板的内层和另一面。可以在电路板的内层和另一面敷大面积的铜。

图 6 - 16 就是敷铜的面积跟热阻系数（敷铜到周围环境）的关系。从图中可以看出,当敷铜面积增大到 800 mm^2,其热阻系数从 140 ℃/W 降到 62 ℃/W;但当敷铜面积进一步增大时,热阻系数则降低很慢。

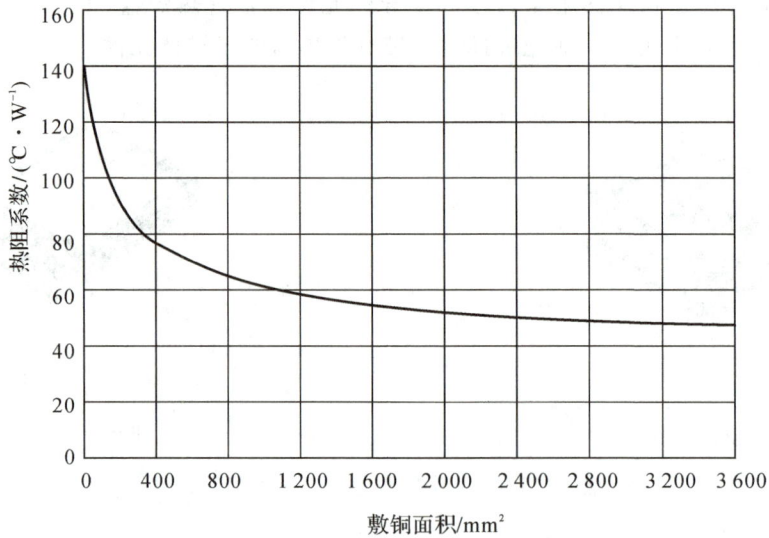

图 6-16 敷铜的热阻跟敷铜面积的关系

为了进一步提高电路板的散热能力,可以增加电路板的敷铜厚度,例如把敷铜厚度提高到 75 μm 甚至 105 μm。

另外减小电路板的厚度,可以减小散热路径,对散热也有帮助。

6.3.3 利用散热片进行散热

散热片是热通过传导的方式,热量先从发热元器件传导到散热片上,再由散热片通过辐射的方式散发到周围空间(见图 6-17)。

散热片的散热效果和它的表面积成正比。散热片的表面积越大,散热效果越好。在工程中就是通过翅片的方式拓展散热片的表面面积,进而强化散热效果。

另外散热片本身的材料对散热效果也有影响。散热片的主要材料是铝和铜,因为铝具有高的热传导率和不易氧化的优点。铜的热传导率几乎是铝的两倍,但成本高,而且比较重。另外散热片的材料还有 AlN 陶瓷和硅材料。

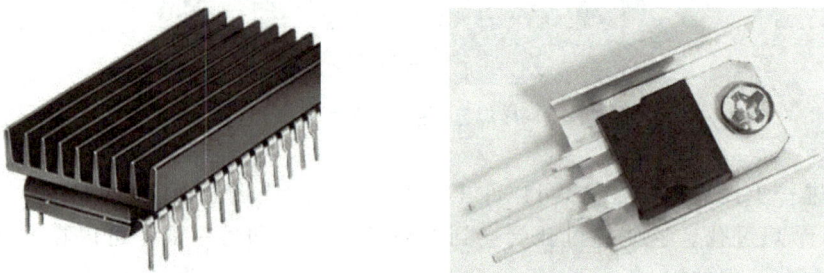

图 6-17 散热片的连接

由于散热片的表面和发热元件的表面通常不是很平坦,通常为了使得散热片和发热元件之间有很好的热接触,从而确保散热效果,通常在散热片和发热元件之间要放置热接触材料(TIM,Thermal Interface Material),这种材料有很好的导热性,同时也有很好的电绝缘性(见图 6-18)。有的时候散热片要接到某些高压元件上,比如功率 MOSFET 等的漏极,而漏极有非常高的电压,比如 400 V,这就要求热接触材料有很好的电绝缘性。

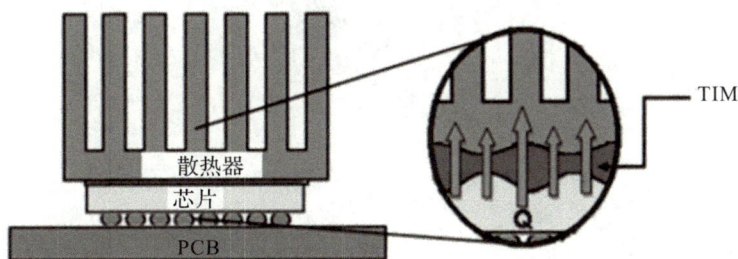

图 6-18　在散热片和发热元件之间插入 TIM

为了减小 EMI,散热片一般要良好地接地。因为散热片和发热元件之间会存在寄生电容,这样发热元件(如微处理器)上的高频噪声就会通过寄生电容耦合导散热片上。散热片的尺寸又比较大,如果不接地,就会是一个完美的天线,把高频噪声辐射出去,造成电磁电容的问题。

6.3.4　利用风扇进行通风,又叫风冷技术

通过风扇加快电子元器件周围的空气流动,带走热量。这种方式较为简单便捷,应用效果显著。风扇的速度越快,空气流动就越快,散热效果就越好。

利用风冷技术来散热的时候,通常需要在机箱上开洞。一般不要开一个很大的洞,要开很多小的洞。这是为了减小辐射发射。请参考第 5 章。

风扇是机电元器件,要留意它的寿命。

6.3.5　利用液体的流动散热

利用液体的流动进行散热,又叫液冷技术。液冷技术是将大部分热量通过液体循环介质带走的一种散热降温技术。液体循环是利用泵。液体可以是水,也可以是其他液冷,如液氮等。

6.3.6　利用散热导管

散热导管充分利用了热传导原理与相变介质的快速热传递性质,透过散热导管将发热元器件的热量迅速传递到离发热元器件较远的地方(如机壳外部),其导热能力超过任何已知金属的导热能力。热管的传热速度和传热量是同体积金属的几百倍。

除了在机箱上加装风扇,有些时候如果个别半导体元件,如用在台式电脑和服务器内的高性能的微处理器和 FPGA,因为发热非常厉害,所以会在微处理器和 FPGA 的上面加装散热片和风扇,如图 6-19 所示。

图 6-19　散热片加风扇降低微处理器的温度

散热设计的小技巧：

（1）在水平方向上，大功率器件尽量靠近电路板的边沿放置；在垂直方向，大功率器件尽量靠近电路板上方放置，以便减小这些器件对其他器件温度的影响。

（2）设备内电路板的散热主要靠空气流动，所以在设计时要研究空气流动路径。

（3）对温度比较敏感的元件最好放置在温度较低的区域。不要将它们放在发热元件的正上方。

（4）将功耗高和发热大的器件布置在散热最佳位置附近。

（5）在电路板上放置元件的时候，尽量避免将功耗较高的元件集中放置，尽量分散放置，以防止电路板局部因发热元件过于集中而过热。

（6）在利用风扇来散热的时候，尽量将发热元件靠近通风口放置；而且放置元件的时候，要根据空气流动路径来合理放置元件。

（7）有很多仿真软件可以对系统进行热仿真，应尽量利用这些软件。

6.4　电子设备的防护

潮湿、盐雾、霉菌等对电子设备的影响很大，其中潮湿的影响是最主要的（湿度越大，元件的可靠性越差）。另外在运输和使用过程中，电子设备也很容易受到外部的震动和撞击。这些都会影响电子设备的可靠性。

6.4.1　潮湿的影响与防护

1. 潮湿的影响

（1）绝缘下降。在材料（元器件、电路板等）表面形成的水膜，由于其电阻低加上杂质和污垢的分解，材料表面电阻就降低。由于大气中的一氧化氮、盐和日光的作用，被材料吸附了的水膜就将形成离子化的导电薄膜，导致表面电阻下降。

（2）材料变形。当产品中的湿气或挥发物与周围介质发生交换时，聚酚压制品和氨基塑料的尺寸就会随着质量的变化而发生变化。由于扩散系数极小，起初仅仅是产品的表面层参加挥发物的交换。由于产品尺寸不均匀变化，延伸率小的硬性塑料的整个截面上会产生很大的内应力,该应力会大大地改变起始的物理机械性能,并使材料发生翘曲,产生表面很深的裂缝,以致损坏。

(3)潮湿腐蚀。潮湿腐蚀是由于湿气凝聚而在零件上形成的电解质层下产生的腐蚀。

潮湿的大气腐蚀速度比干燥的大气腐蚀速度快。在潮湿大气腐蚀的条件下,金属表面会形成电解质薄膜。因为在大气中,水膜几乎都含有溶解了的盐类或酸类。这种大气腐蚀与金属腐蚀及金属完全浸入电解质时的电解腐蚀的情况类似,并且与局部的微量元素的作用有关。

(4)电偶腐蚀。不同的金属在潮湿大气条件下接触时,会形成许多微温差电偶。一种金属成为阳极,湿膜就成为电解质,而另一种金属则成为阴极。金属与金属之间在电化序上距离越远,也就是说,金属与金属之间的电位差越大,则接触腐蚀的可能性就越大。

2. 潮湿的防护

电子设备受到潮湿空气的侵蚀,会在元器件或材料表面凝聚一层水膜,并渗透到材料内部,从而造成绝缘材料的表面导电率增加,体积电阻率降低,介质损耗增加,零部件电气短路,漏电或击穿等。潮湿还能引起覆盖层起泡甚至脱落,使其失去保护作用。

防潮湿的措施很多。常用的方法有:

(1)在电子设备表面涂覆一层绝缘性薄膜来阻隔外界环境对电子元件的侵蚀。这层薄膜可以是有机物,无机物或者是两者的结合。涂覆后的薄膜能够紧密贴合电子元件的表面,并且具有较高的透明性,不会对电子元件的性能产生明显的影响。此外还具有较好的绝缘性能,能够有效防止电子元件之间的短路和漏电。涂覆薄膜需要一定的技术要求和工艺控制,要保证涂层的厚度和涂层的均匀性,过厚或不均匀的涂层可能会影响电子元件的散热和信号传输。涂层厚度通常为 $25 \sim 127 \ \mu m$。太厚的话会影响散热。

(2)灌封。用热熔状态的树脂,橡胶等将电器组件浇注封闭,形成一个与外界完全隔离的独立的整体。

(3)采取降湿和空气循环方法干燥过滤空气。

(4)对材料进行憎水处理,降低产品的吸湿性。

(5)采用耐腐蚀的材料,抑制潮湿的影响。

(6)用抗气候环境性能优良的浸渍材料来填充某些织物性的绝缘材料和组件中的空隙和毛细管等。

(7)对储存的元器件、零部件、组件和半成品采用密封干燥包装。

6.4.2 盐雾的影响与防护

盐雾主要发生在海上和近海地区,因盐碱被风刮起或盐水蒸发而形成的一种带有盐分的雾状气体。

1. 盐雾的影响

盐雾会对电子设备的性能造成严重的影响,主要表现在以下几个方面:

(1)腐蚀:盐雾会与金属表面反应,形成氯化物等化学物质,导致金属表面腐蚀,严重影响电子设备的使用寿命;

(2)漏电:盐雾容易在设备的导线和电路板上形成导电的盐层,导致电路短路,甚至损坏电子元器件;

(3)湿度:盐雾中含有大量的水分,会导致电子设备内部潮湿,容易引发电路短路和元器件损坏;

(4)细小的盐粒破坏电子设备的机械性能,加速机械磨损,减少寿命;

(5)导线电缆绝缘层发黏,防护套腐蚀。

2. 盐雾的防护

盐雾的防护方法主要有:

(1)在电子组件表面喷涂三防漆以阻隔;

(2)采取措施减小相接触的不同电化序金属材料间的电位差;

(3)采用电化学方法在被保护的金属表面形成一层抗腐蚀性强的钝化膜,保证镀层厚度,选择适当的镀层种类;

(4)采用密封机壳或机罩,使设备与盐雾环境隔开;

(5)对关键组件进行灌封或其他密封措施。

6.4.3 霉菌的影响和防护

1. 霉菌的影响

霉菌在一定温度,湿度(一般 25～35 ℃,相对湿度 80％以上)的环境条件中,繁殖生长迅速,其分泌的弱酸会腐蚀电路板上的金属细线,损坏电路功能。

2. 霉菌的防护

(1)选用不长霉的材料和采用防霉剂处理零部件或组件;

(2)对电子组件进行干燥密封;

(3)对电子组件采用三防涂覆层,破坏和消除霉菌的生长条件。

6.4.4 震动和冲击的影响与防护

1. 震动和冲击的影响

震动和冲击对电路板会产生很大的影响,主要表现在以下几个方面:

(1)电路板连接失效:电路板上的连接器可能会因为震动而松动,导致接触不良甚至连接失效。

(2)引脚脱落:电路元件通常需要焊接在电路板上,焊接点通过引脚与电路板连接。在受到强烈震动作用时,引脚可能会从焊接点或元件表面剥离,导致元件脱离电路。

(3)元件破裂:表面贴装陶瓷电容等元件容易破裂。震动作用后,元件可能因为表面应力产生裂纹或缺陷,最终导致元件破裂失效。

(4)电路板故障或者损坏:长期振动对电路板有很大的损害,在严重情况下,可能导致电路板损坏,进而影响设备的正常运行。

2. 震动和冲击的防护

(1)对于大而重的元件应用固定夹或其他方式牢固地加以固定,并进行灌封。

（2）灌封整个电路板连接器,使电路板及其上面的元件成为一个整体,消除元件和电路板之间的耦合震动。

（3）在电路板设计时,可以采取结构优化的设计方法,提高电路板的抗振能力,并增加连接件的可靠性。可以适当增加电路板的厚度来提高抗震动能力。

（4）在运输和包装过程中,应该选择合适的包装和运输方式,使得电路板得到很好的保护。

（5）制造电路板时应该严格按照制造工艺,保证电路板的质量达标,包括选择材料、加工工艺等方面。

（6）采取适当的采取适当的减震措施,将特殊的弹性元件(如减震器)正确安装在设备和支承结构之间,可在一定频率范围内减小震动的影响。

6.5　小　　结

电子系统的可靠性设计至关重要。电子元器件的寿命有限,容易受到温度、湿度、震动等环境因素的影响。为了提高电子系统的可靠性,应注意以下几点：

（1）系统的可靠性跟系统中的每一个电子元器件的可靠性都有关系。

（2）系统越复杂,元器件越多,其可靠性越差。

（3）可以采取增加冗余的方法来提高系统的可靠性。

（4）半导体元件的可靠性跟它的结温度有很大的关系。结温度越高,可靠性越差;反之亦然。半导体元件的结温度不可以超过 150 ℃。为了降低结温度,一方面要尽量降低它的功耗,另一方面要采取各种各样的方式去帮助它散热,比如用散热片,风扇,热导管等方式。

（5）元件(包括有源元件和无源元件)的可靠性跟施加在它身上的应力(比如电压等)、温度、湿度、环境温度的变化快慢等都有关系,这些因素都会影响元件的可靠性和寿命。

（6）为了提高元件的可靠性和寿命,要采用降额的方法来提高它的可靠性,进而提高整个系统的可靠性。

（7）如果电子设备的工作环境比较恶劣,则要采取防潮、防盐雾、防霉菌等措施。

（8）采取适当的措施提高电子设备的抗震动和冲击能力。

参 考 文 献

[1]　JOHNSON H，GRAHAM M. High-speed digital design：a handbook of black magic[M]. Hoboken：Pearson，1993.

[2]　HALL S H，HALL G W，MCCALL J A. High-speed digital system design-a handbook of interconnect theory and design parctices[M]. Hoboken：John Wiley，2000.

[3]　TRAN T T. High-speed DSP and analog system design[M]. Heidelberg：Springer，2010.

[4]　CATSOULIS J. Designing embedded hardware[M]. Sebastopol：O'Reilly，2005.

[5]　GANSSLE J，NOERGAARD T. Embedded hardware[M]. Kidlington：Elsevier，2008.

[6]　ARNOLD K. Embedded controller hardware design[M]. Boulder：LLH Technology Publishing，2000.

[7]　MARWEDEL P. Embedded system design[M]. Heidelberg：Springer，2006.

[8]　BROWN G. Discovering the STM32 microcontroller[M]. Kidlington：Elsevier，2016.

[9]　BERGER A S. Embedded systems design：an introduction to processes，tools，and techniques[M]. Manhasset：CMP Books，2002.

[10]　NOERGAARD T. Embedded system architecture[M]. Kidlington：Elsevier，2005.

[11]　MANCINI R . Stability analysis of voltage-feedback op amps[R]. Dallas：Application Report from Texas Instruments，2001.

[12]　KUGELSTADT T. Active filter design techniques[R]. Dallas：Application Report from Texas Instruments，2001.

[13]　BENINGO J. 10 - steps to selecting a microcontroller[M]. Kidlington：Elsevier，2014.

[14]　庄奕琪. 电子设计可靠性工程[M]. 西安：西安电子科技大学出版社，2014.

[15]　夏靖波，陈雅蓉. 嵌入式系统原理与开发[M]. 3 版. 西安：西安电子科技大学出版社，2017.

[16]　王松林，吴大正，李小平，等. 电路基础[M]. 4 版. 西安：西安电子科技大学出版社，2021.

[17]　郑军奇. EMC 电磁兼容设计与测试案例分析[M]. 3 版. 北京：电子工业出版社，2018.

[18]　黄智伟. 印刷电路板（PCB）设计技术与实践[M]. 4 版. 北京：电子工业出版社，2011.

[19]　林福昌，李化. 电磁兼容原理及应用[M]. 北京：机械工业出版社，2009.

［20］ GREENT, SEMING P, WELLS C. Analog engineer's circuit: amplifiers ［R］. 2nd ed. Dallas: Application Report from Texas Instruments, 2019.

［21］ GREEN T, SEMING P, WELLS C. Analog engineer's circuit: data converters ［R］. 2nd ed. Dallas: Application Report from Texas Instruments, 2019.

［22］ 杨建国. 新概念模拟电路: 晶体管、运放和负反馈 ［M］. 北京: 人民邮电出版社, 2023.

［23］ 王守三. 电磁兼容的实用技术、技巧和工艺[M]. 北京: 机械工业出版社, 2007.

［24］ 陆廷孝. 可靠性设计与分析[M]. 北京: 国防工业出版社, 1995.